BIM 技术实战技巧丛书

Revit 与 Navisworks 实用疑难 200 问

何关培　丛书主编

何　波　主　编

王铁群
杨远丰　副主编

中国建筑工业出版社

图书在版编目（CIP）数据

Revit 与 Navisworks 实用疑难 200 问 / 何波主编．—北京：中国建筑工业出版社，2015.4
（BIM 技术实战技巧丛书）
ISBN 978-7-112-17974-9

Ⅰ.①R… Ⅱ.①何… Ⅲ. ①建筑设计—计算机辅助设计—应用软件—问题解答 Ⅳ. ①TU201.4-44

中国版本图书馆CIP数据核字（2015）第060711号

本书按照一问一答的形式，精心汇总整理了常用 BIM 软件 Revit 与 Navisworks 的典型应用疑难问题和解答，全书按照问题的专业和类型共 4 章，计 200 问，内容包括：Revit 通用问题、Revit 建筑结构模型创建问题、Revit 机电模型创建问题、Navisworks 模型集成和应用问题。由于这些问题的答案难以直接从软件的帮助文件和操作手册中找到，本书作者从实际项目案例的应用中精心归纳总结，提供了具体的、可操作的解决办法，问题针对性强，回答讲解透彻，条理清晰，叙述简洁明了，具有很强的指导性。

本书可作为工程建设 BIM 从业人员使用和学习参考书，也可作为大中专学校和科研机构相关专业人士的学习资料。

* * *

责任编辑：范业庶
书籍设计：京点制版
责任校对：张 颖 赵 颖

BIM技术实战技巧丛书
Revit与Navisworks实用疑难200问
何关培 丛书主编
何 波 主编
王轶群 杨远丰 副主编
*
中国建筑工业出版社出版、发行（北京西郊百万庄）
各地新华书店、建筑书店经销
北京京点图文设计有限公司制版
北京盛通印刷股份有限公司印刷
*
开本：787×1092 毫米 1/16 印张：22¼ 字数：484 千字
2015 年 4 月第一版 2016 年 8 月第二次印刷
定价：128.00 元
ISBN 978-7-112-17974-9
（27213）

本书编委会

主　　编：何　波

副 主 编：王轶群　杨远丰

编　　委：刘振新　朱凌玉　郝大辉　石天然　杨宗健

丛书主编：何关培

尊敬的读者，若您在阅读本书或使用相关软件过程中有疑难问题需要与专家沟通交流或请教，抑或您有图书出版的想法，敬请发邮件至：bimcabp@126.com。我们一定会及时答复。

丛书前言

学习软件操作和在实际项目中应用软件解决工程问题的过程正好是相反的，前者主要教授软件的每一个功能应该如何一步一步操作，而后者是要根据实际项目需求找到能较好解决问题的软件功能是哪一个。

对于工程技术人员来说，学会使用某一两个软件的操作相对容易，而掌握使用这一两个软件支持实际项目应用就要难得多；类似地，学会个人应用软件容易，学会团队应用软件困难；学会小项目应用软件容易，学会大项目应用软件难；学会单项应用软件容易，学会综合或集成应用软件困难；学会常规项目应用软件容易，学会特殊项目应用软件困难。目前培训软件操作的资料已经有不少，但是基本上都是介绍这些软件某个版本所有功能的具体操作方法的，对于学会软件功能的操作方法作用明显，但对于寻找解决方案支持实际项目应用的作用则比较有限。

广州优比建筑咨询有限公司核心团队成员在过去10多年的BIM应用实践和推广普及的过程中，碰到了大量购买了软件、接受了软件操作培训但是无法在实际项目中真正应用起来的企业和个人，也在帮助这些企业和个人把BIM变成企业的有效生产力的过程中积累了一些行之有效的具体经验和方法，结合目前国内企业和个人的BIM应用现状和需求，选择了一批能在最短时间内帮助具有软件基本操作能力的人员尽快建立项目实际应用能力的关键内容，以提问和解答的形式提供经过我们实践被证明是行之有效的方法和具体操作步骤。计划以解决BIM实际工程应用问题为出发点，跟踪BIM应用发展，收集和整理来自于BIM应用过程中的典型问题，积累的内容到一定规模后结集出版与同行交流。

BIM应用需要依靠具体的软件产品去实现，由于软件的版本几乎每年都在升级，因此一般的软件操作手册也都需要逐年跟随软件版本升级而更新。但实际上不管软件如何更新，在相当长的时间内，一个软件解决工程问题的核心价值、方法和能力是不会有本质变化的。因此丛书内容跟软件界面有关的截图虽然跟软件的具体版本有关，但是解决问题的基本方法和步骤具有相当长时间的稳定性，基本不会随着版本的变化而有大的变化。

BIM应用涉及不同项目类型、参与方、项目阶段、专业或岗位，需要用到的软件种类和数量众多，任何一个个人或团队能解决的问题都只能是一小部分，因此衷心希望有更多的行家里手加入到《BIM技术实战技巧丛书》的编写行列里面来，为BIM技术的普及应用添砖加瓦。

何关培

2015年3月

本书前言

在项目的 BIM 实施过程中，经常会被问到很多具体的关于 BIM 软件的使用问题，由于 BIM 软件的多样性和专业性，软件的实际操作者总会遇到哪些是效率最高的应用方法、哪些技巧能解决项目实际问题等，这些问题的答案往往不能直接从软件的帮助文档或操作手册中找到，本书的问题和解决方法都是作者们经过多年在实际项目的应用中遇到过的、经过归纳总结而成的经验和技巧，这些经验和技巧也许不是唯一的或最好的，但确实是能解决实际项目 BIM 应用问题的其中一种可行的方法或途径，我们衷心希望本书汇集的问题和解答能够在 BIM 从业人员实现从学会软件操作到实际项目应用的转变以及提升应用效率和水平的过程中出一份力。

本书汇总了 200 个目前常用 BIM 软件 Revit 和 Navisworks 在建筑项目上的典型应用疑难问题，采用与实际项目案例相结合的方法进行讲解，提供了具体的可操作的解决办法。

本书按问题的专业和类型分成四个部分：

（1）Revit 通用问题。

（2）Revit 建筑结构模型创建问题。

（3）Revit 机电模型创建问题。

（4）Navisworks 模型集成和应用问题。

由于问题之间并没有特别明显的逻辑关系，所以每部分的问题顺序我们尽可能按照实际工作流程进行编排。

除本书编委外，蔡楚雄、伦荣鸿、郑北南、刘伟超、谢娇阳、谢绍德、郑畅、张超俊也参与了本书的部分编写工作，感谢他们把自己在实际项目中研究和总结出来的宝贵经验分享给各位读者。

特别感谢广州优比建筑咨询有限公司副总经理张家立先生、教育培训总监程莉霞女士，书中很大一部分问题来自于他们对中建、中铁、中冶、中交下属企业等 BIM 应用培训班学员问题的收集和整理，使本书的内容更具广泛性和代表性。

本书使用 Autodesk 公司的 Revit 2014-2015 和 Navisworks Manage 2014-2015 版本进行编写，书中的软件界面和对话框等都以此为基础，随着软件的升级和版本的更新，今后新版本的软件界面和功能可能会有变化，但对解决问题的主要方法和思路不会有太大的影响。

目　录

第一章　Revit 通用问题... 1

第四章　Navisworks 模型集成和应用问题 279

第一章　Revit 通用问题

1. Revit 自带有多个项目样板，该如何选择？

项目样板主要用于为新项目提供预设的工作环境，包括已载入的族构件，以及为项目和专业定义的各项设置，如单位、填充样式、线样式、线宽、视图比例和视图样板等。

软件安装后，Revit 提供了自带的七个项目样板，主要是供不同的专业选用的。在图 1 的新建项目对话框中可以选择想要的样板文件，除了默认的“构造样板”外，在下拉框中还有“建筑样板”、“结构样板”、“机械样板”可供选择，这是 Revit 提供的指向样板文件的快捷方式，具体所对应的样板文件可在“开始 > 选项 > 文件位置”命令中设置，界面如图 2 所示。

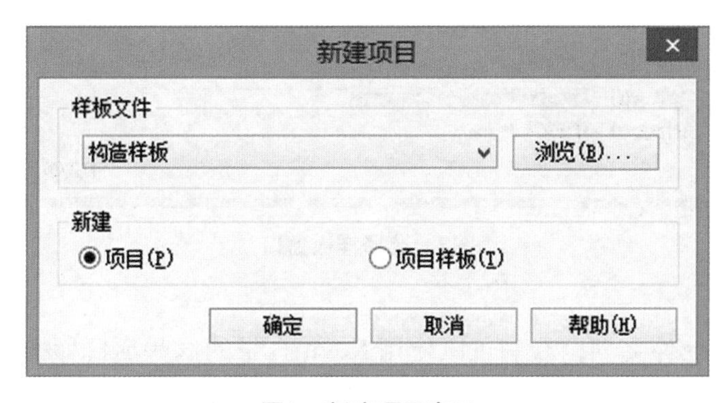

图1　新建项目窗口

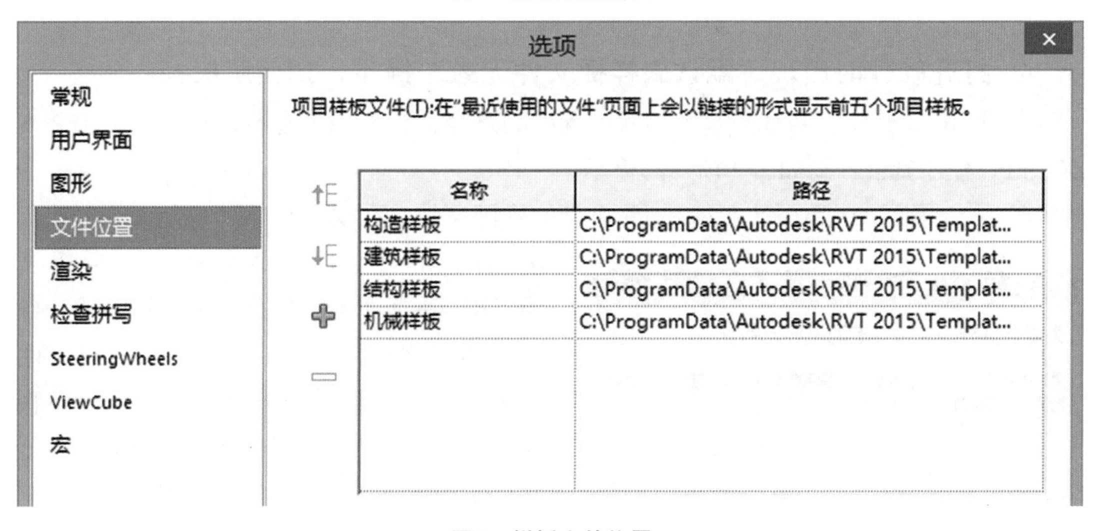

图2　样板文件位置

Revit 默认的“构造样板”包括的是通用的项目设置，“建筑样板”是针对建筑专业，“结构样板”是针对结构专业，“机械样板”是针对机电全专业（包括水、暖、电专业）。如果需要机电某个单专业的样板，可以单击“新建样板”对话框中的“浏览”按钮，在图 3 中选择 Electrical-DefaultCHSCHS（电气）、Mechanical-DefaultCHSCHS（暖通）或 Plumbing-DefaultCHSCHS（给水排水）专业样板。

图3　选择样板窗口

在使用 Revit 软件初期，我们可以使用 Revit 自带的这些项目样板，建立项目文件。当具备一定的使用经验后，我们就可以建立适合自己项目或自己企业使用的项目样板。

2. 打开软件时出现“默认族样板文件无效”提示，如何解决？

打开 Revit 软件，系统会自动加载设置好的路径，当路径设置不正确或者文件夹不存在时，程序就会弹出如图 4 所示的提示。

这时，需要确认是否已安装 Revit 自带的资源文件。在安装程序时，会自动在默认路径：C:\ProgramData\Autodesk\ 下生成名为“RVT+ 版本号”的文件夹，用于放置自带的资源文件，包括族文件、族样板文件和项目样板文件等。但要注意的是，当联网安装 Revit 时，程序会自动在网上下载此文件夹，如果离线安装或安装时未选择下载此文件夹，则需要事后手动下载。

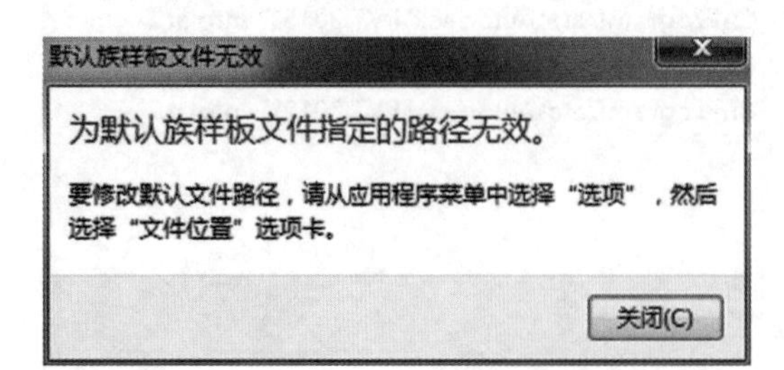

图4　“默认族样板文件无效”提示框

如果已经下载，但族样板文件未放置在默认路径，则需要在“开始 > 选项 > 文件位置”命令中设置。点击“族样板文件默认路径”按钮，可以设置自定义的路径，如图 5 所示。

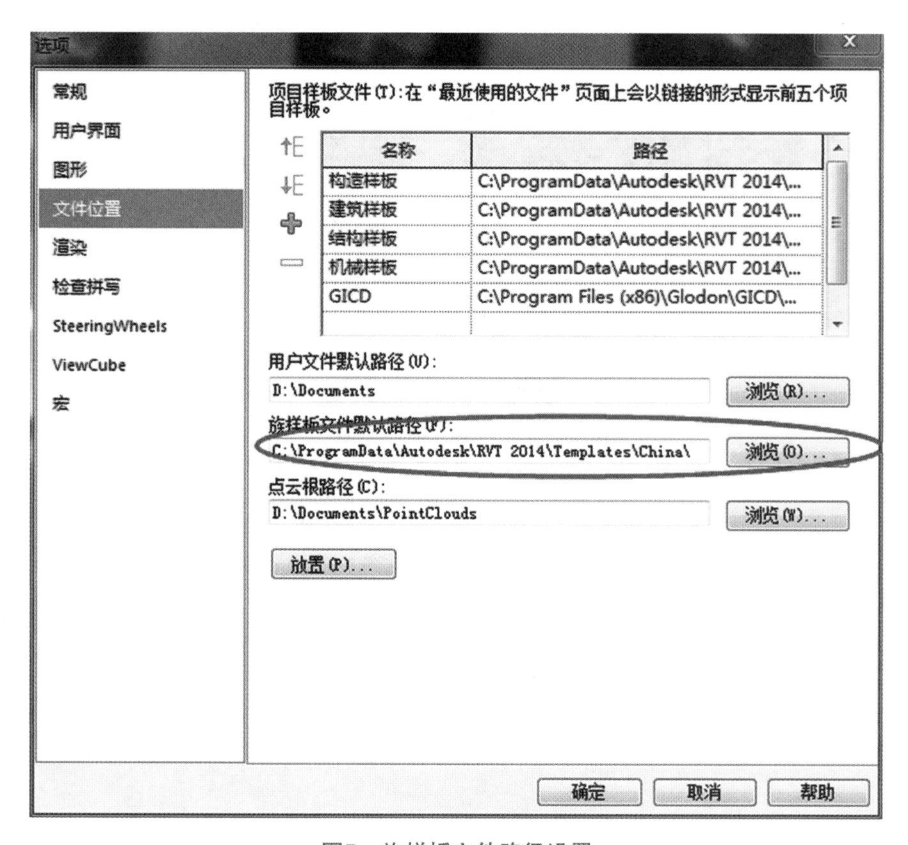

图5　族样板文件路径设置

单击图 5 中的“放置”按钮，在图 6 的对话框中可以设置族文件的路径。

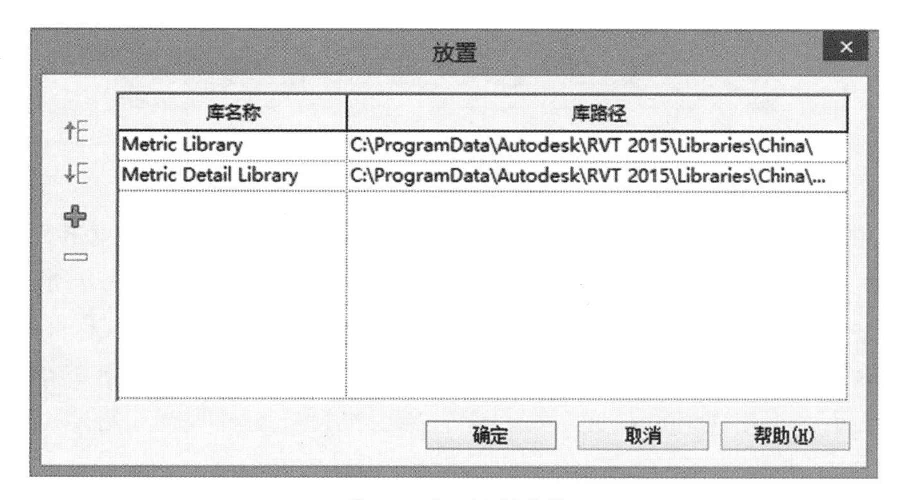

图6　族文件路径设置

3. 如何修改项目的单位？

选择功能区“管理 > 项目单位”命令（如图 7 所示），即会出现“项目单位”的对话框，如图 8 所示。

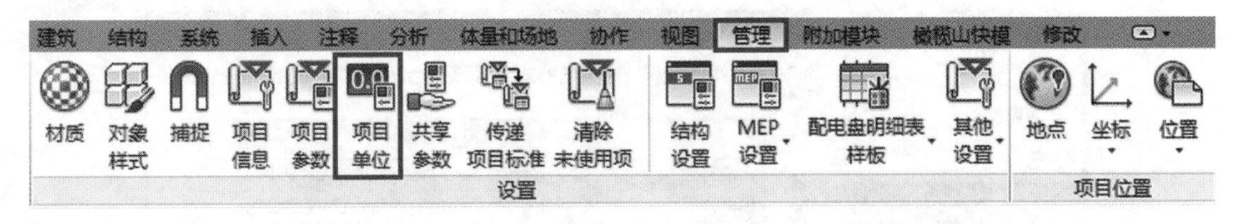

图7　项目单位命令

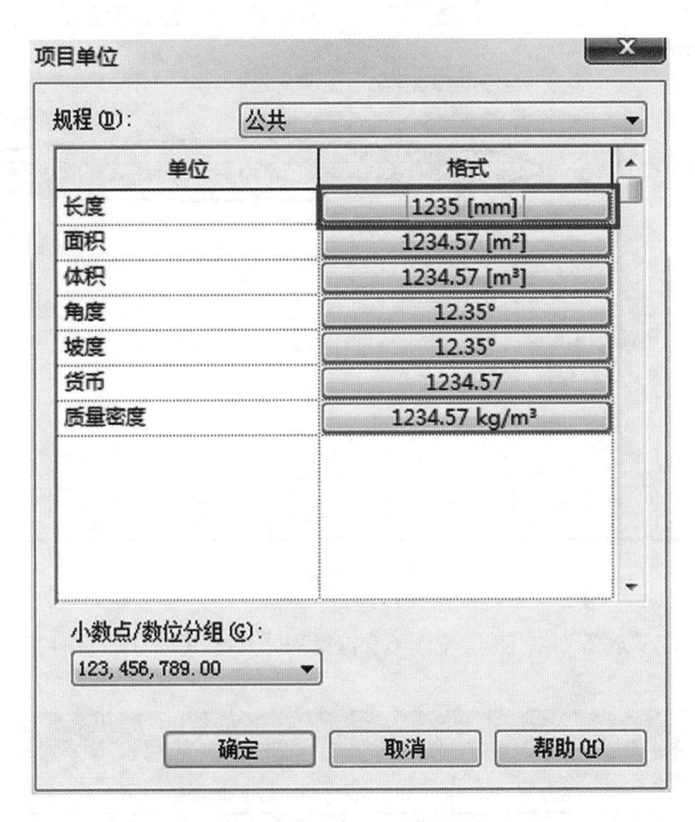

图8　项目单位设置窗口

点击格式栏，可以为长度、面积、体积等数值设置格式，比如，点击长度对应的“格式”对话框，就可以设置长度的单位、单位符号和舍入位数等，如图 9 所示。

这里的设置按规程分不同的页面，如管道尺寸等单位需在相应的规程页面里设置。注意，“单位符号”，如长度单位设为“mm”，则在标注时（如果标注族的单位设置为“按项目设置”）会出现“mm”的后缀，若不需要此后缀，建议设为“无”。

图9　格式设置窗口

4. 常用的"属性栏"或是"项目浏览器"看不到了，怎样打开？

在 Revit 界面，除了功能区的图标外，一般默认都会在界面的左方排列有"属性栏"和"项目浏览器"，用于显示族的属性和项目的视图列表，但有时会看不到这两个栏目，或是误操作关闭了，这时可以选择功能区"视图 > 用户界面"的下拉列表，如图 10 所示。

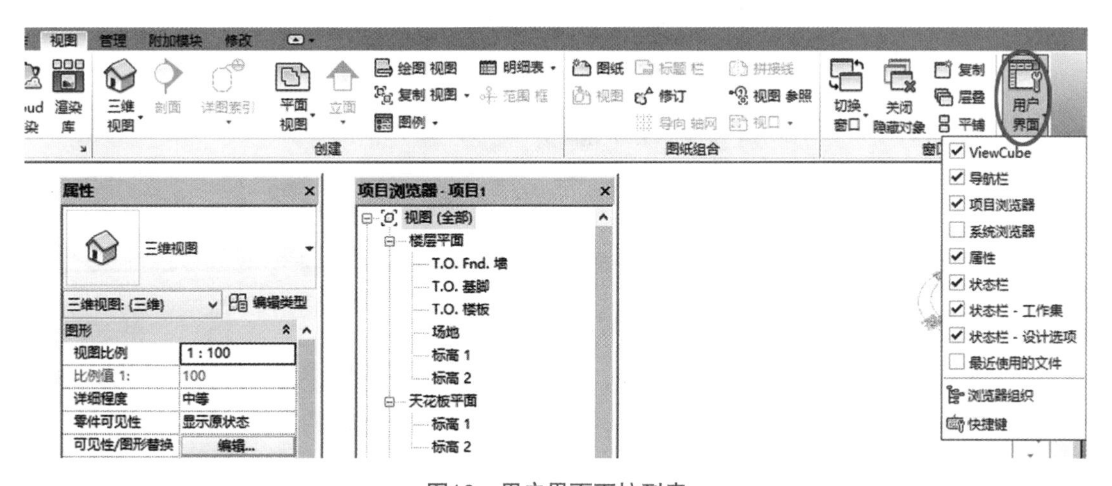

图10　用户界面下拉列表

点击钩选"属性栏"或"项目浏览器"，则相应的栏目就会显示出来。小方框里打钩就表示该栏目已打开。在该下拉列表中，还能设置导航栏、状态栏等的显示。

“属性栏”和“项目浏览器”都可以根据自己的习惯随意拖拽放置，当拖拽在软件的边界时，会吸附到界面的边界上，也可让属性栏与项目浏览器合并，合并后分开的方法也是通过拖拽的方法使其分开。

5. 选中的图形对象颜色可以自定义吗？

在 Revit 中，选中的对象其颜色默认设置为蓝色（RGB 000-059-189），若要自定义，可以选择“开始 > 选项 > 图形”，如图 11 所示，在颜色一栏选项设置中可以修改选择的图形对象的颜色。如果钩选“半透明”选项，则选择的图形对象将呈现出半透明的视觉效果。“预先选择”设置的是鼠标放在图形上，没有进行单击选择前，该图形的边框显示的颜色。“警告”设置的是当图形存在报错时显示的颜色。

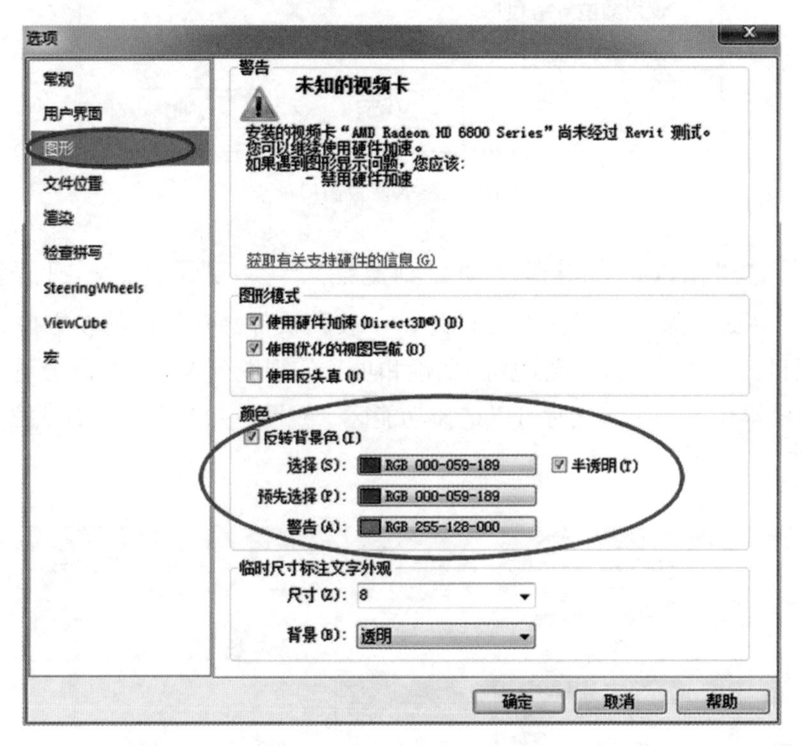

图11　图形颜色设置窗口

在“颜色”一栏，还需要说明的是“反转背景色”选项。Revit 默认的绘图区域背景为白色，在此处钩选“反转背景色”可将绘图区域的背景调整为黑色。

6. 在项目浏览器中，为什么有时楼层平面视图不按顺序排列？

在 Revit 软件中，一般轴网名称、标高名称、楼层名称等的排序，都会自动按照 1、2、3、4 或者 A、B、C、D 等流水顺序进行排列的，但当我们按我国施工图习惯将楼层名称用中文数字表示时，就有可能出现楼层平面视图不按顺序排列的情况。

以优比服务的番禺广汽变电站项目为例，当楼层名称为阿拉伯数字表示时，就会如图 12 所示排列，但当楼层名称为中文数字表示时，就会如图 13 所示，平面视图没有按楼层顺序排列。

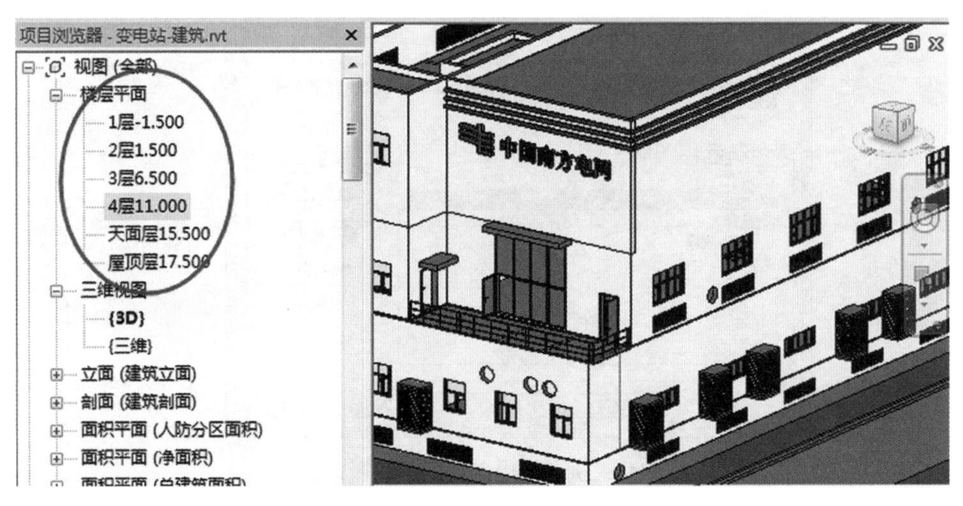

图12　楼层以阿拉伯数字命名

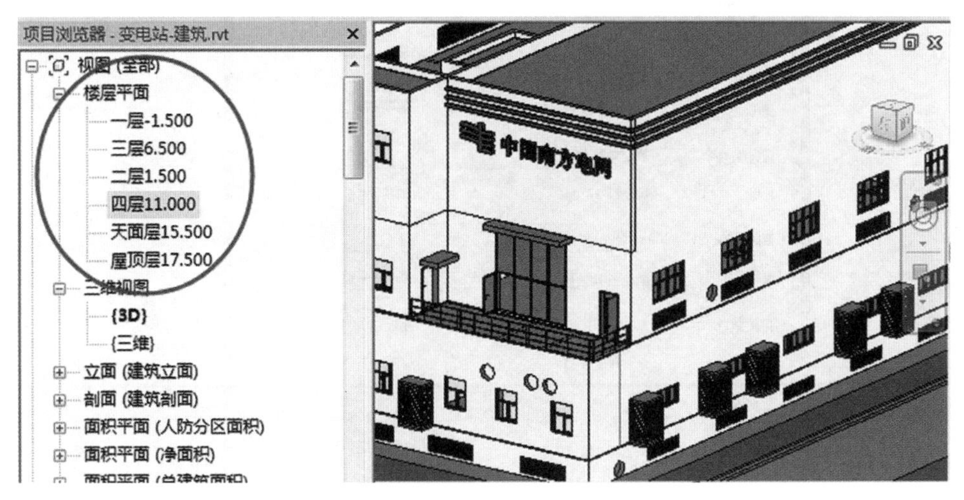

图13　楼层以中文数字命名

这时，如果希望仍然按楼层顺序排列，就需要选择“视图 > 用户界面 > 浏览器组织”命令，在如图 14 的对话框中，新建一个浏览器组织，在其属性“成组和排序”选项卡下，将排序方式设为“相关标高”，并按“升序”排列（图 15），点击“确定”按钮后，项目浏览器的楼层平面就按楼层顺序排列了，如图 16 所示。

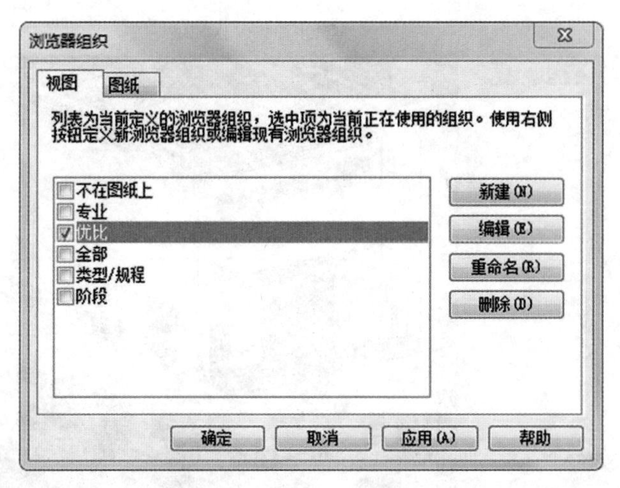

图14　浏览器组织设置窗口

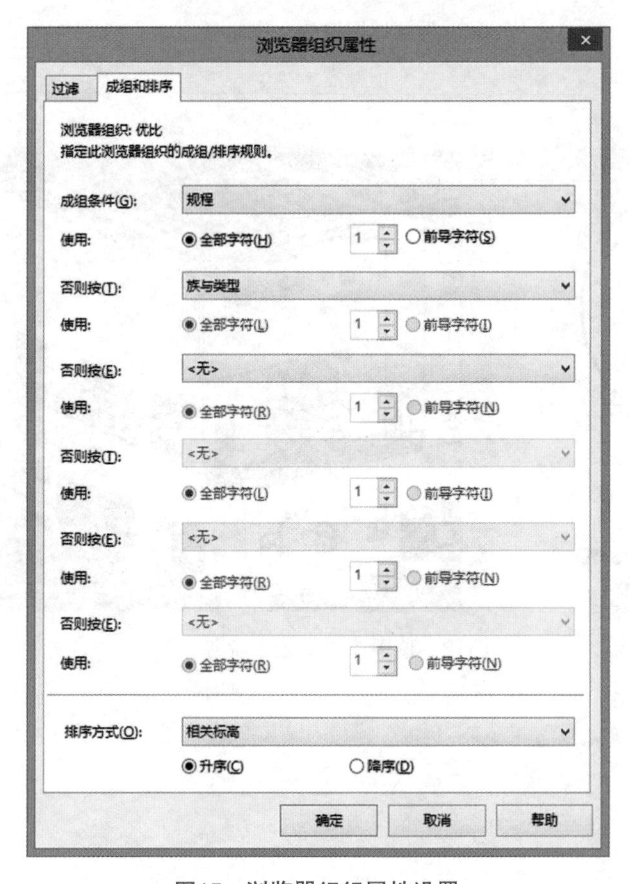

图15　浏览器组织属性设置

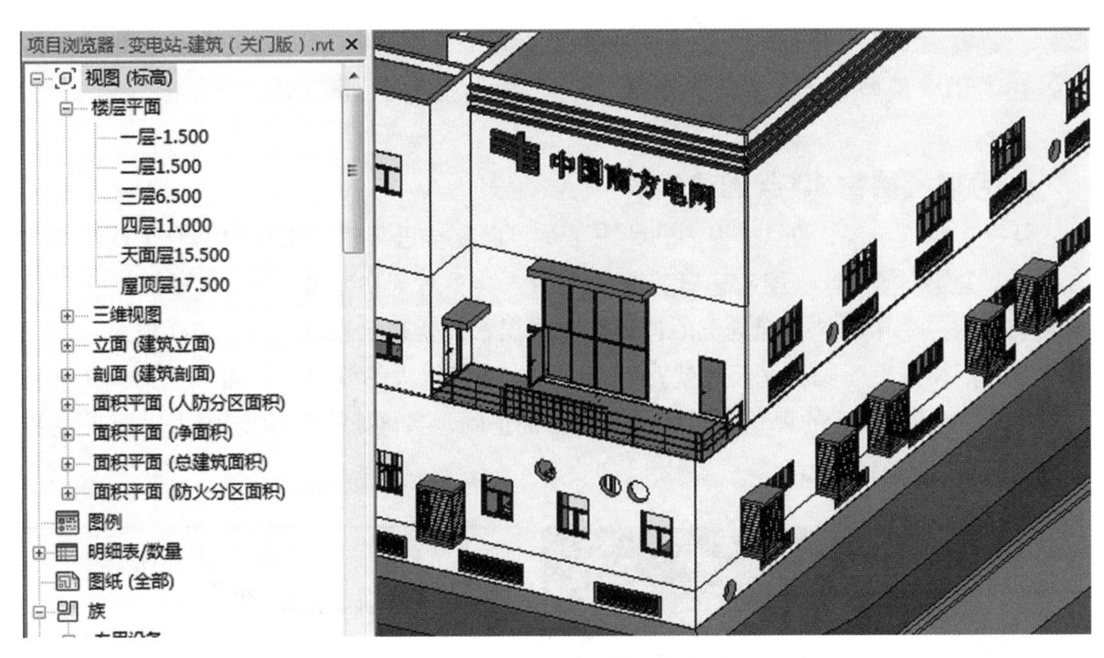

图16　按楼层顺序排列的平面视图

需要注意的是，Revit 中的标高和楼层平面视图是对应的，所以不管是修改标高名称，还是修改平面视图的名称，Revit 都会询问“是否希望重命名相应标高 / 视图”，一般为之后找图方便，都会选择“是”，之后 Revit 会自动让标高名称和平面视图名称保持一致。如果选择不一致后，要注意视图的对应性，可以通过在立面视图中右键标高符号，选择“转到楼层平面”来打开正确的楼层平面视图。

7. 建模时有顺序要求吗？

创建 BIM 模型是一个从无到有的过程，而这个过程所需要遵循的顺序是和项目的整体建造进程相关的。作为 BIM 软件，会将建筑构件本身的逻辑关系放到软件体系中，首先 BIM 软件会提供常用的构件工具，如“墙”、“柱”、“梁”、“风管”等。每种构件都具备其相应的构件特性，如结构墙或结构柱是要承重的，而建筑墙或建筑柱只起围护作用。一个完整的 BIM 模型的构件系统实际就是整个项目的分支系统的表现，模型对象之间的关系遵循实际项目中构件之间的关系，例如门窗，它们只能够建立在墙体之上，如果删除墙，放置在其上的门窗也会被一块删除，所以建模时就要先建墙体再放门窗。例如，消火栓族的放置，如果该族为一个基于面或基于墙来制作的族，那么放置时就必须有一个面或一面墙作为基准才能放置，建模时也得按这个顺序来建。

因此，在我们创建 BIM 模型时，一般就按照项目设计建造的顺序来进行。首先确定项目的标高、轴网。如果项目是从方案设计阶段开始的，可以先创建体量，推敲建筑形体，之后再利用体量细化得到建筑构件。如果已有方案，就可以直接开始布柱网，建

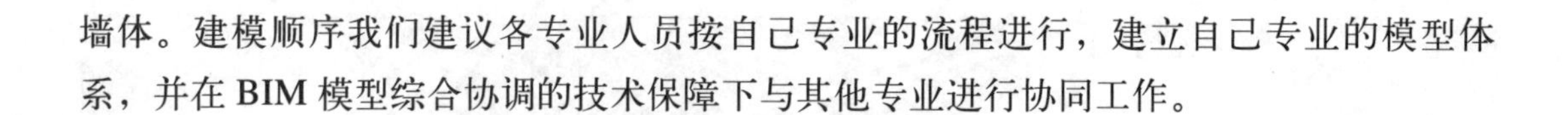
墙体。建模顺序我们建议各专业人员按自己专业的流程进行，建立自己专业的模型体系，并在 BIM 模型综合协调的技术保障下与其他专业进行协同工作。

8. 可以直接在 3D 视图建模吗？

从操作角度来说，在 3D 视图的状态下是可以直接进行建模工作的。对于软件初学者来说，总会觉得 3D 视图建模既直观又方便，其实对于初学者，在 3D 视图上建模经常会出现的一个错误就是视觉上的位置定义错误，经常都会发现在一个 3D 视图上建好模型，然后转到平面或者立面，就发现其位置出现了很大的偏差。如图 17 与图 18 两图的对比，井盖在图 17 的视角上看起来放置得很正确，当再换一个角度到图 18 后发觉其位置是有很大的偏差的。

图17　在三维中放置的井盖视角一

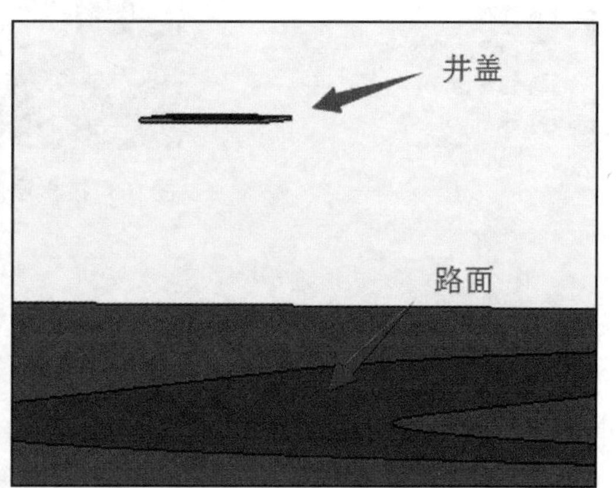

图18　在三维中放置的井盖视角二

产生这种情况是因为 Revit 建模有一个很重要的概念是“工作平面”，即使是在 3D 视图中，也需要确定好工作平面，才能将对象放置在准确的空间位置上。不确定工作平面，在 3D 视图中操作就很容易出错。所以，我们一般建议还是到可以准确定位的二维平面上去操作，或是确定好工作平面后再在 3D 视图中操作。

9. 如何自定义快捷键？

使用快捷键是提高建模效率的一个很重要的方法，由于每个人都有自己习惯的方式，所以除了使用 Revit 提供的默认快捷键，还可以自定义快捷键，具体方法如下。

（1）单击图标，打开应用程序菜单，单击“选项”命令，打开“选项”窗口，如图 19 所示；

（2）选择左侧栏的“用户界面”，点击“快捷键”的“自定义”按钮，打开“快捷键”窗口，如图 20 所示；

（3）选择需要定义快捷键的命令，然后在键盘上敲击需要指定的键；

（4）单击“确定”按钮完成自定义。

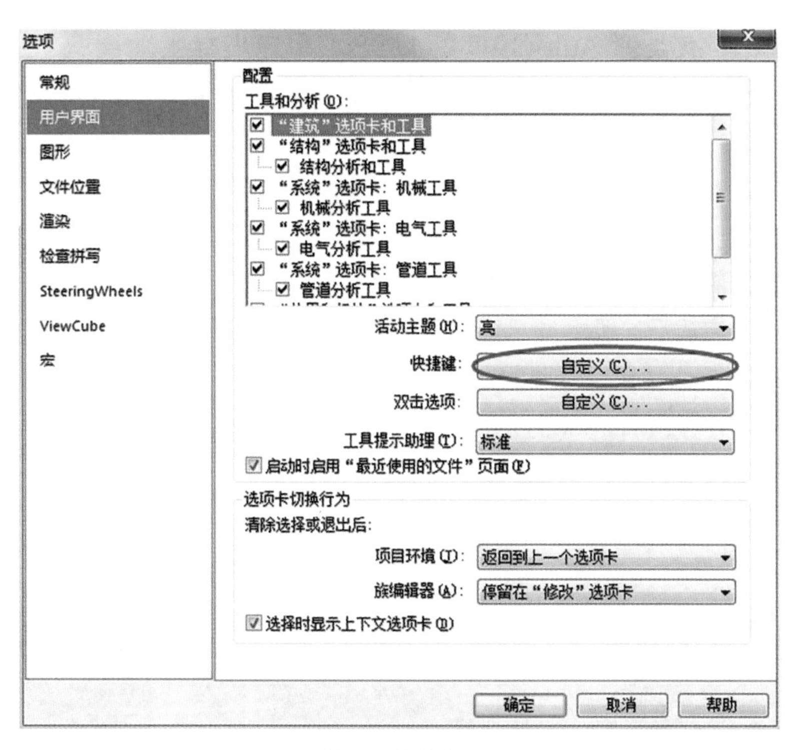

图19　选项窗口

图20　快捷键窗口

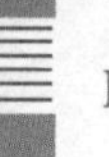

10. Revit 有类似 AutoCAD 的 UCS（用户坐标）功能吗?

Revit 软件可通过工作平面来实现类似 AutoCAD 中的 UCS（用户坐标）功能。具体方法如下。

（1）选择功能区“工作平面 > 设置”命令；

（2）在绘图区域选择工作平面，将光标移动到绘图区域上，高亮显示可用的工作平面。单击选择高亮显示的工作平面，如图 21 所示；

（3）设置完成后，需要显示工作平面来检查工作平面设置的状态。单击功能区“工作平面 > 显示”按钮，设置的工作平面将以青色显示，如图 22 所示。

设置好工作平面后，您可以在当前活动的工作平面上进行相关的工作，如创建一个圆柱体，如图 23 所示。

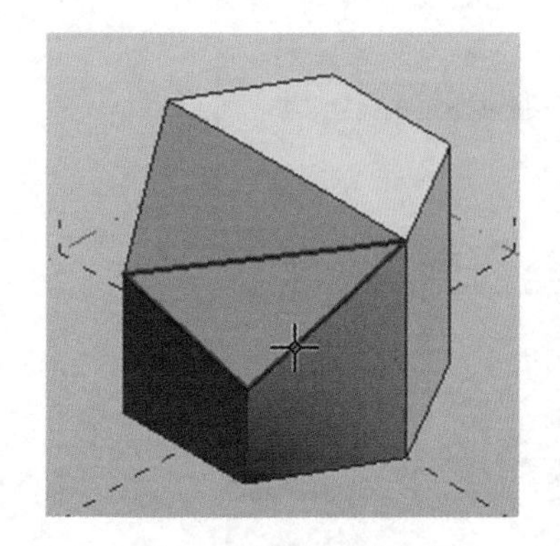

图21　选择工作平面

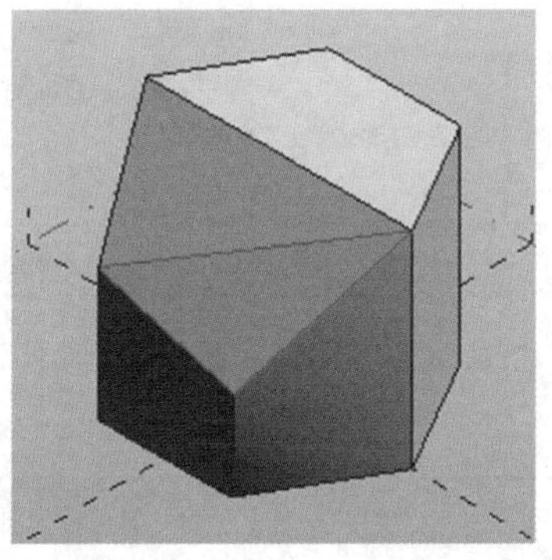

图22　显示工作平面

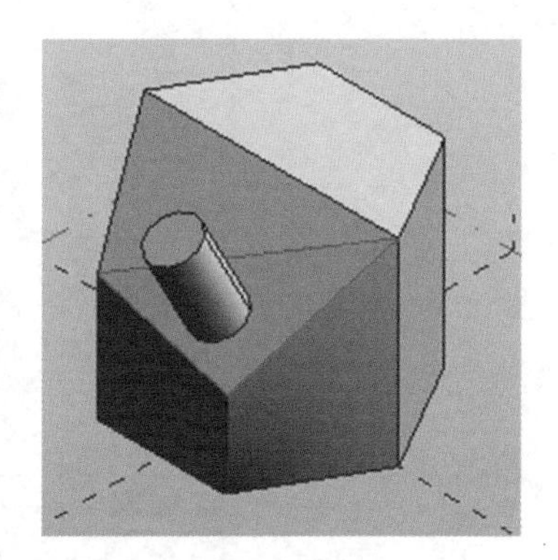

图23　在工作平面上工作

11. 为什么在新建的楼层平面视图上看不到轴网？怎么才能显示?

用 Revit 的“轴网”命令绘制的轴线都是有空间概念的，一般在其中一个平面上绘制的轴线都会出现在其他楼层平面上，但有时会发现，在画好轴线之后再新建楼层平面，轴线在后绘制的平面视图中不能显示。

这是因为，有空间概念的轴线并未和新建的平面视图相交，解决办法是进入一个立面视图，拖拽轴网标头与相应的标高相交，比如，未拖拽前如图 24 所示，右侧的三层平面视图中看不到轴网。

在北立面视图中拖拽轴网的顶部标头，与其他标高相交后，右侧的三层平面视图上就出现了南北方向的轴网，如图 25 所示。

东西方向的轴网，则需要在东立面或西立面进行同样的操作。

通常在创建项目初期，在 Revit 中最好先画标高，再画轴网，就可以避免此类情况的发生。

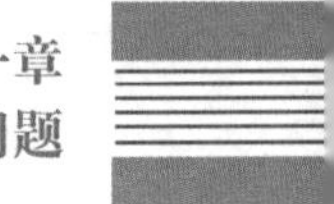

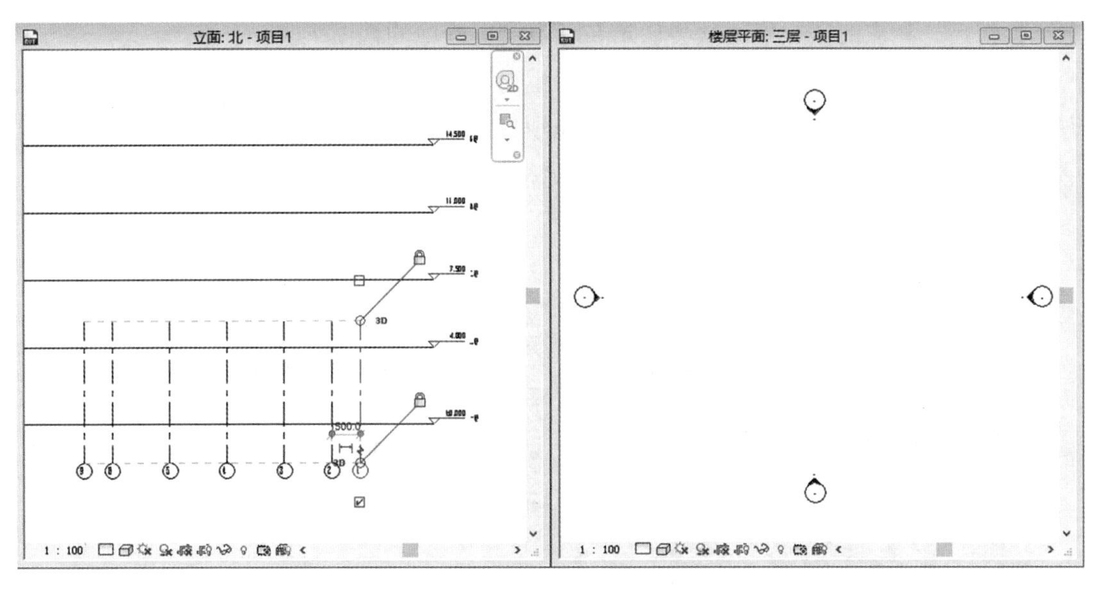

图24　轴网未在平面上显示

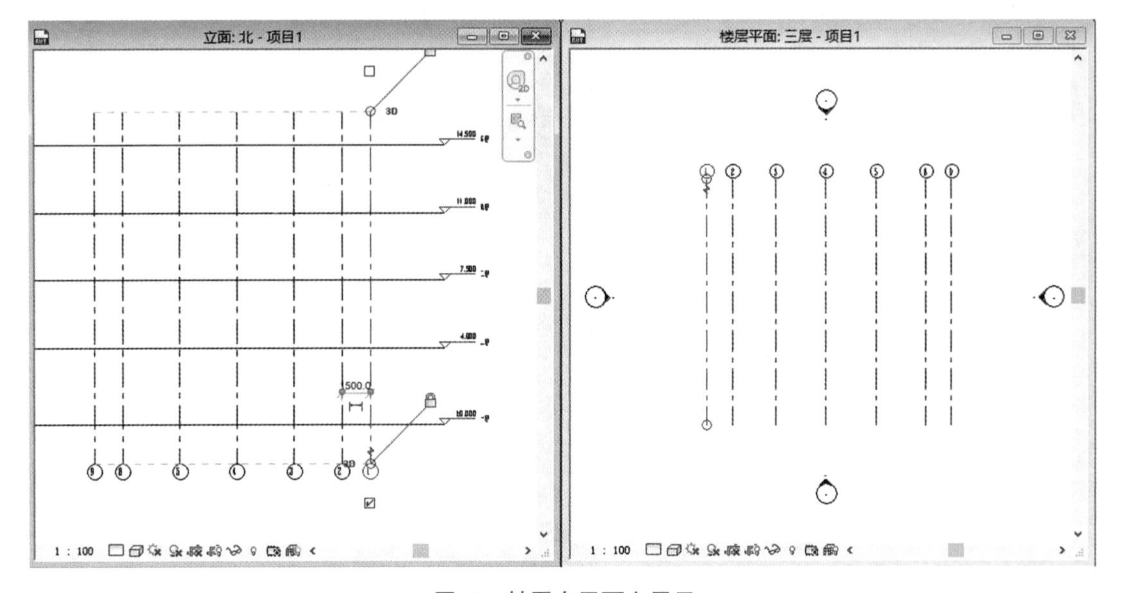

图25　轴网在平面上显示

12. 为什么有的标高不能生成楼层平面？怎样显示未生成的平面视图？

当用 Revit 的“标高”命令绘制标高时，每建立一个标高就对应生成一个楼层平面视图，但当我们用复制方法创建标高时，就不会自动生成平面视图。未生成平面视图的标高在 Revit 立面视图中，标头显示为黑色，生成了平面视图的标高标头为蓝色。

要显示未生成的平面视图，可点击“视图”选项卡中的“平面视图”按钮，选择“楼层平面”，在“新建楼层平面”对话框中会列出还未生成楼层平面的标高，点击选择需要创建的标高，按 shift 键或 ctrl 键，可以同时选择多个，如图 26 所示，点击“确定”按钮后，相应的楼层平面就会显示在项目浏览器中的视图列表中。

如果有些标高只是用于标注，不需要产生对应的楼层平面视图，就可以直接用复制方式创建，若已生成了平面视图，也可以在项目浏览器中，找到相应的楼层平面，右键单击“删除”按钮即可，如图 27 所示，删除楼层平面视图并不影响所绘制的标高。

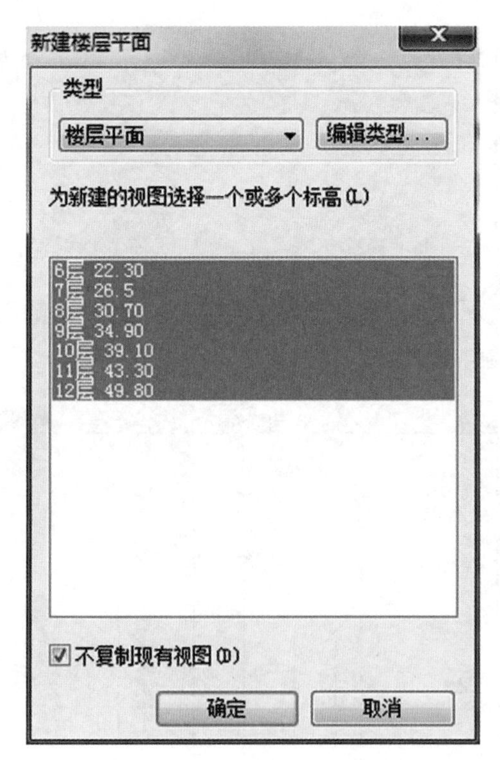

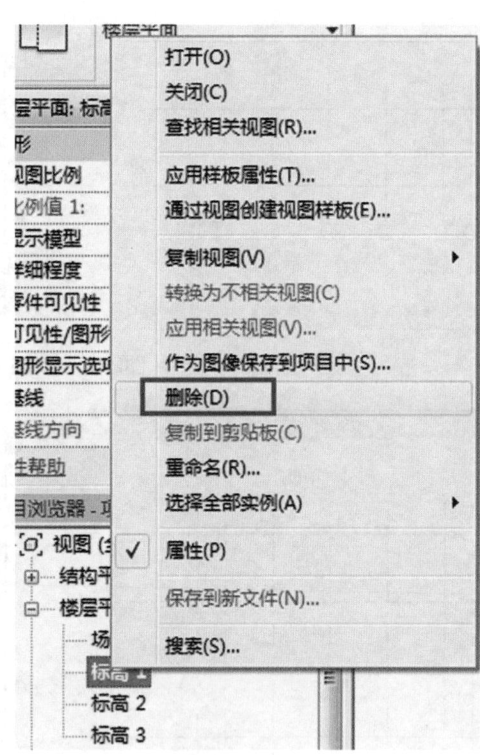

图26　新建楼层平面　　　　图27　删除楼层平面

13. 如果轴线不是单一线段，而是由多条线段组成，该怎样画？

当轴线不是由一段弧线或一段直线而是由多段线组成的折线时，不能直接点击轴网下的绘制线命令，要先点击旁边的“多段”按钮（如图 28 所示），进入多段线的编辑模式，再开始绘制。

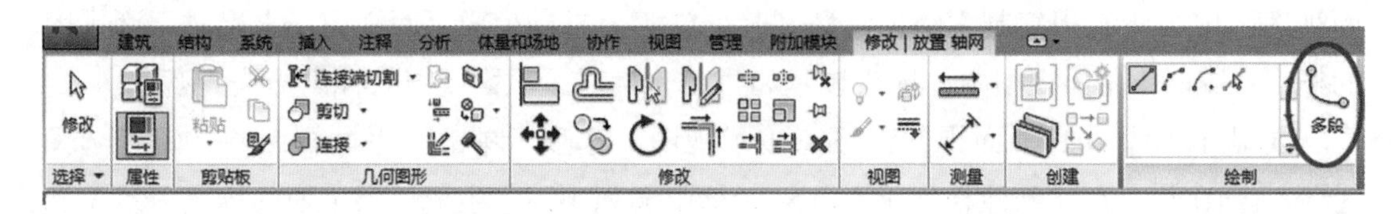

图28　轴网多段命令

注意，此时的编辑模式为一个二维线条的绘制状态，绘制出的轴线为粉红色的实线段，绘制完成后需要单击“完成”按钮（如图 29 所示），退出编辑模式。

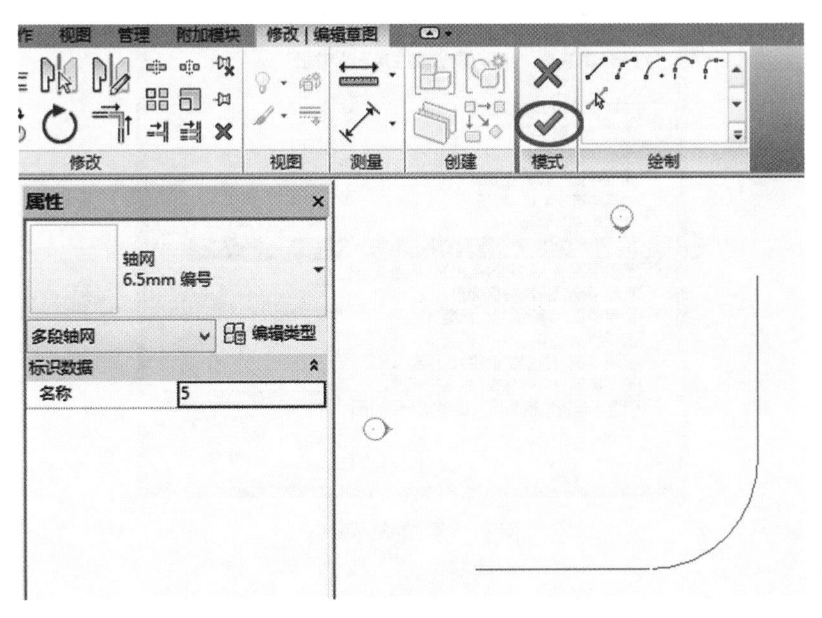

图29　绘制轴线

此类轴线的功能与单线式轴线基本一致，只是在修改时，要比单线式轴线多一项“编辑草图”，需进入草图编辑界面，修改轴线形状或轨迹，完成后再退出即可。

14. 轴网的 2D 与 3D 有什么区别？

Revit 软件的轴线默认都为 3D 模式，点击轴线，会在旁边出现一个“3D”标识符，点击此符号，就可以在 3D 与 2D 之前切换，如图 30 所示。如果轴线处于 2D 状态，则表明对此轴线所做的修改只影响本视图，不影响其他视图；如果处于 3D 状态，则表明所做修改会影响其他视图。

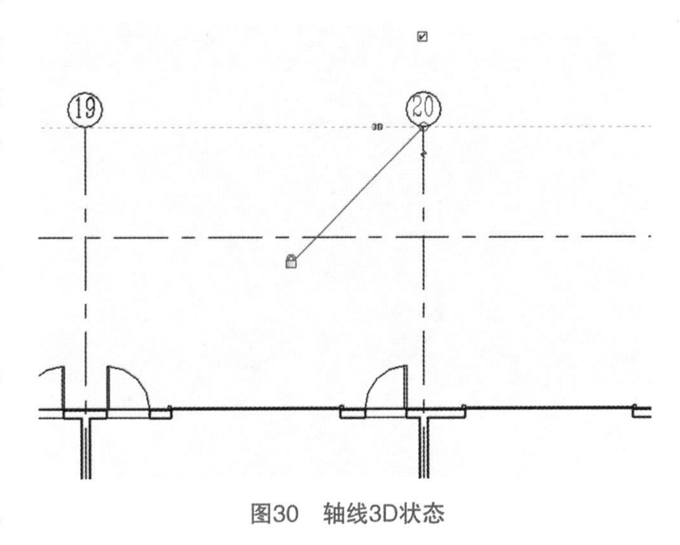

图30　轴线3D状态

当轴线变为 2D 模式时，它与其他 3D 轴线标头的位置锁定会自动解除，并自动与相邻的 2D 轴线标头的位置锁定。

如果希望在其他平面视图中应用修改后的 2D 轴线形式，可以选择 2D 轴线后，点击其修改栏的“影响范围”按钮，在其对话框中钩选要应用的平面视图，如图 31 所示，点定“确定”即可。

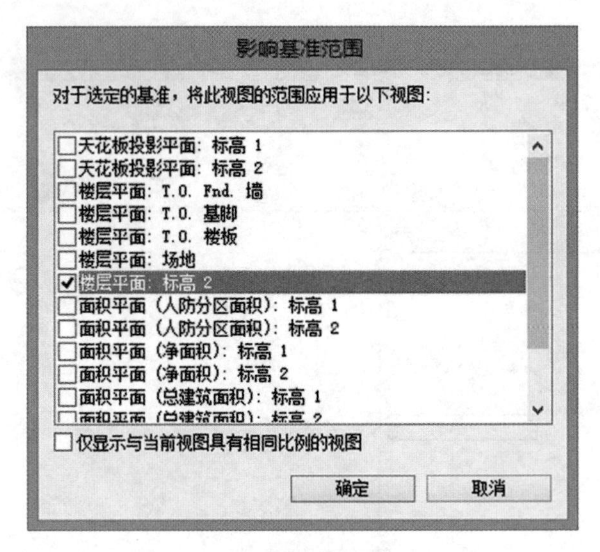

图31　影响范围窗口

15. DWG 格式的轴网文件在 Revit 里可以如何使用?

如果有现成的 DWG 格式的轴网文件，可以通过链接 CAD 命令，将 DWG 文件插入到某个平面视图中，再利用“轴网”命令的“拾取线”功能，按顺序拾取 DWG 文件的轴线，即可生成 Revit 的轴线。

注意，因为 Revit 的轴线编号会自动按顺序生成，所以在拾取过程中也最好按轴号顺序，可以先横向，后纵向。如图 32 所示，紫色轴线为 DWG 文件，黑色轴线为在 Revit 中生成的轴线。注意，Revit 不会自动避开 I、O 轴号，需手动更改。

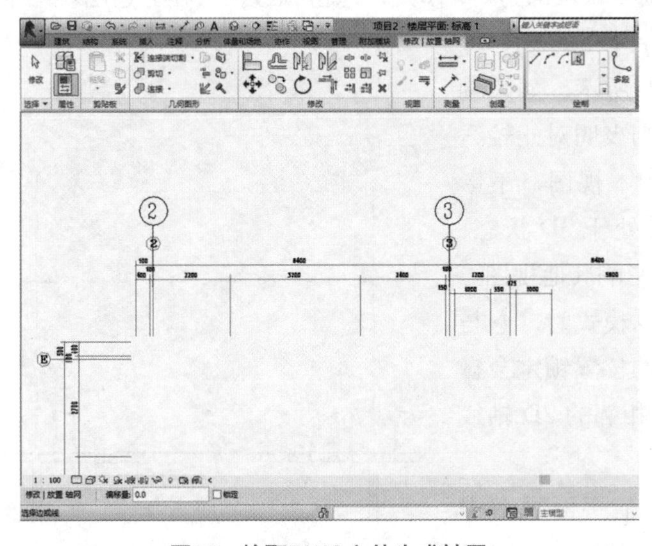

图32　拾取DWG文件生成轴网

16. 在选择模型对象时，怎样快速地批量选择所需的对象？

在 Revit 中，有多种方式可以选择对象，在实际操作时，可以通过几种选择方式结合使用，快速批量地选择对象。

（1）点选。

用光标点击要选择的对象。按住 Ctrl 键逐个点击要选择的对象，可以选择多个；按住 Shift 键点击已选择的对象，可以将该对象从选择中删除；将光标移到被选择的对象旁，当对象高亮显示时，可按 Tab 键在相邻的对象中作选择切换。

（2）框选。

按住鼠标左键，从左到右拖拽光标，可选择矩形框内的所有对象；从右向左拖拽光标，则矩形框内的和与矩形框相交的对象都被选择。同样，按 Ctrl 键可作多个选择，按 Shift 键可删除其中某个对象。

（3）选择全部实例。

先选择一个对象，点击鼠标右键，从右键菜单中选择“选择全部实例”（如图 33 所示），则所有与被选择对象相同类型的实例都被选中。后面的下拉选项是可以让选中的对象在视图中可见，或是在项目所有视图中都可见。

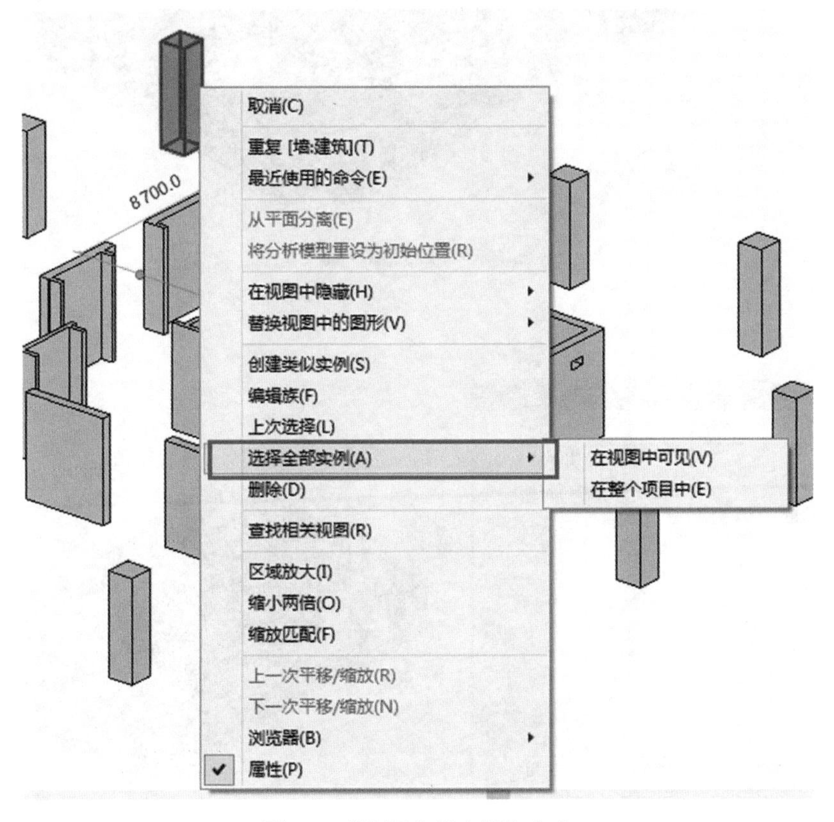

图33 “选择全部实例”命令

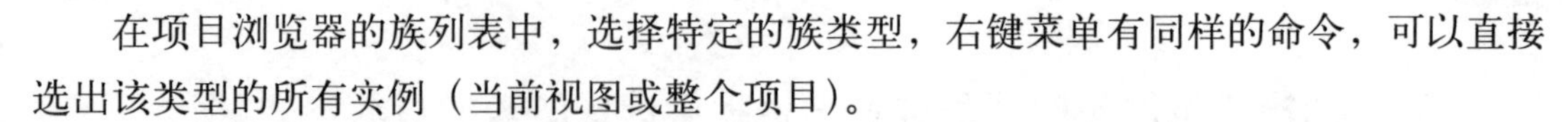

在项目浏览器的族列表中，选择特定的族类型，右键菜单有同样的命令，可以直接选出该类型的所有实例（当前视图或整个项目）。

（4）过滤器。

选择多种类型的对象后，单击“修改 > 过滤器”命令，如图 34 所示，在打开的“过滤器”对话框中，在其列表中钩选需要选择的类别即可。如图 35 中，钩选墙类别后，所有的墙就被过滤选中了，如图 36 所示。

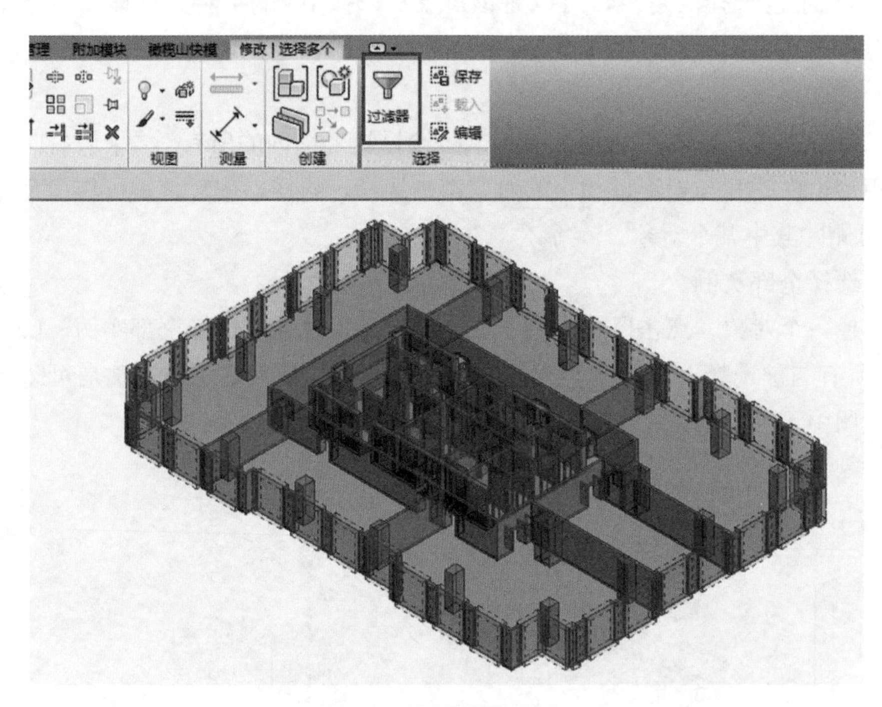

图34　“过滤器”命令

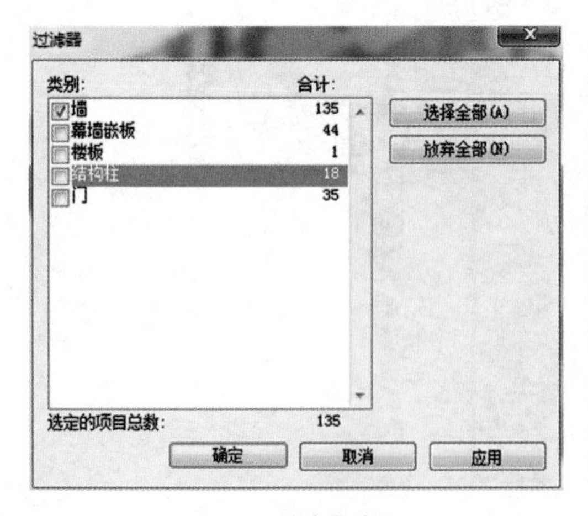

图 35　过滤器窗口

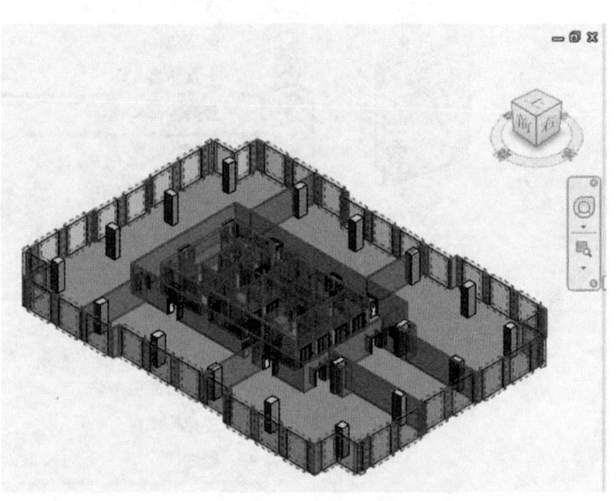

图36　应用“过滤器”后的选择

17. Revit 没有类似 AutoCAD 的图层功能，该如何控制模型对象的可见性？

Revit 没有类似 AutoCAD 的图层功能，要控制模型对象的显示与否，可以通过调整视图的可见性来控制模型对象的显示状态。

在视图属性窗口，单击“可见性 / 图形替换”的“编辑”按钮，打开视图“可见性 / 图形替换”窗口，如图 37 所示。

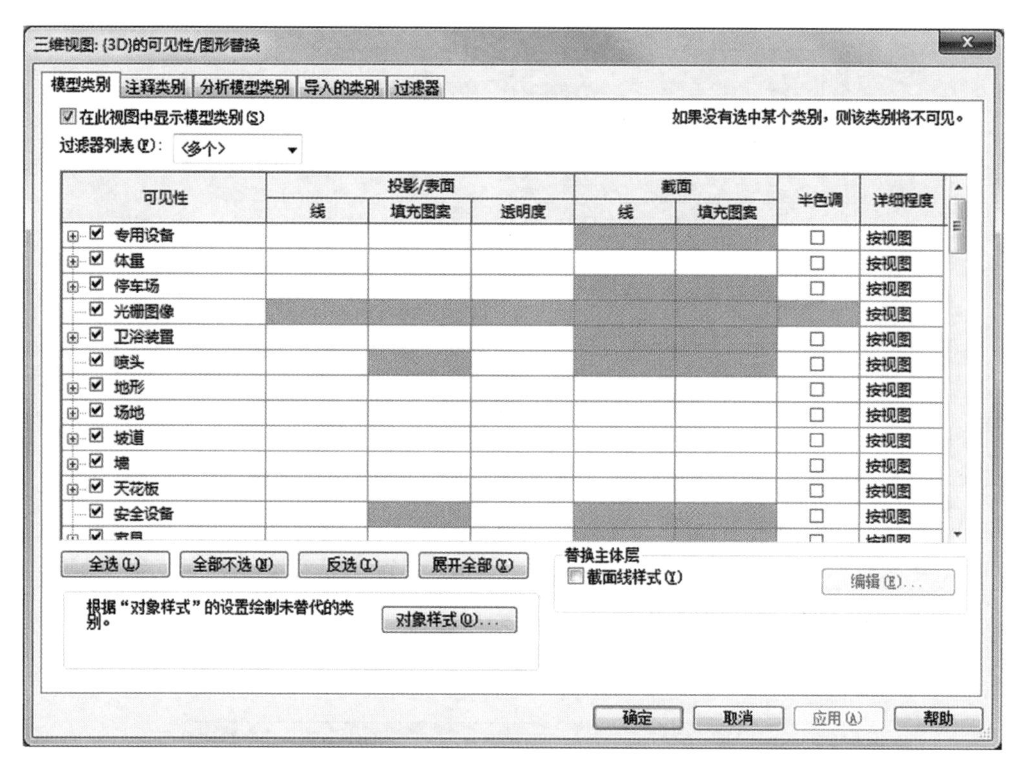

图37　视图“可见性/图形替换”窗口

选择要显示或不显示的模型对象类别以及注释类别，虽然 Revit 没有类似 AutoCAD 的图层功能，但 Revit 使用模型对象类别和注释类别来控制模型的可见性，更贴近工程行业的习惯。

需要注意的是，每个视图的可见性都是独立控制的，在当前视图设置好的可见性，在其他的视图中是不起作用的，如果希望当前设置好的可见性用于其他的视图，可以把当前视图创建成一个样板，然后把该视图样板应用到其他视图中，以避免重复的视图设置工作。把当前设置好的视图属性用于其他视图中的具体方法，请参阅本章第 45 问。

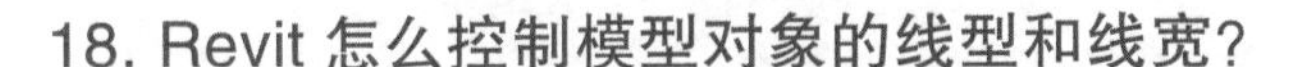

18. Revit 怎么控制模型对象的线型和线宽?

在 Revit 中可以通过“对象样式”和“线宽”来分别控制模型对象的线型和线宽。

(1) 对象样式:选择功能区“管理 > 对象样式”命令,打开“对象样式”窗口(图 38),Revit 分别对模型对象、注释等进行线型、线宽、颜色、图案等控制,但要注意的是,这里的线宽所用的数值只是线宽的编号而非实际线宽,例如,墙线宽的投影是 1,是代表使用了 1 号线宽,实际线的宽度在另外的线宽设置里。

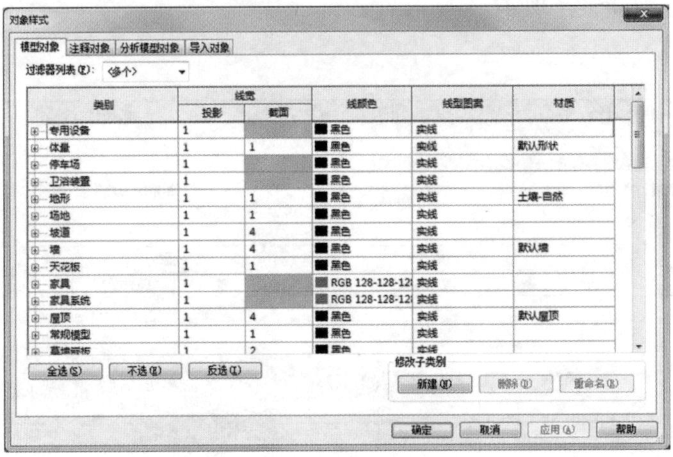

对象样式

模型对象 | 注释对象 | 分析模型对象 | 导入对象

过滤器列表(F): <多个>

类别	线宽		线颜色	线型图案	材质
	投影	截面			
专用设备	1		黑色	实线	
体量	1	1	黑色	实线	默认形状
停车场	1		黑色	实线	
卫浴装置	1		黑色	实线	
地形	1	1	黑色	实线	土壤-自然
场地	1	1	黑色	实线	
坡道	1	4	黑色	实线	
墙	1	4	黑色	实线	默认墙
天花板	1	1	黑色	实线	
家具	1		RGB 128-128-12	实线	
家具系统	1		RGB 128-128-12	实线	
屋顶	1	4	黑色	实线	默认屋顶
常规模型	1	1	黑色	实线	
幕墙嵌板	1	2	黑色	实线	

全选(S) 不选(E) 反选(I)

修改子类别: 新建(N) 删除(D) 重命名(R)

确定 取消 应用(A) 帮助

图38 “对象样式”窗口

(2) 线宽:选择功能区“管理 > 其它设置 > 线宽”命令,打开“线宽”设置窗口(图 39)。Revit 分别对模型线宽、透视图线宽、注释线宽进行线宽的设置,同时有些编号较大的线条,还对应不同的视图比例设置不同的线宽,例如 8 号线宽,它在模型显示时,如果视图比例是 1 : 50,其实际的线宽为 2mm,在比例是 1 : 100,其实际的线宽为 1.4mm 等。你可以根据需要调整、增加或删除这些参数。

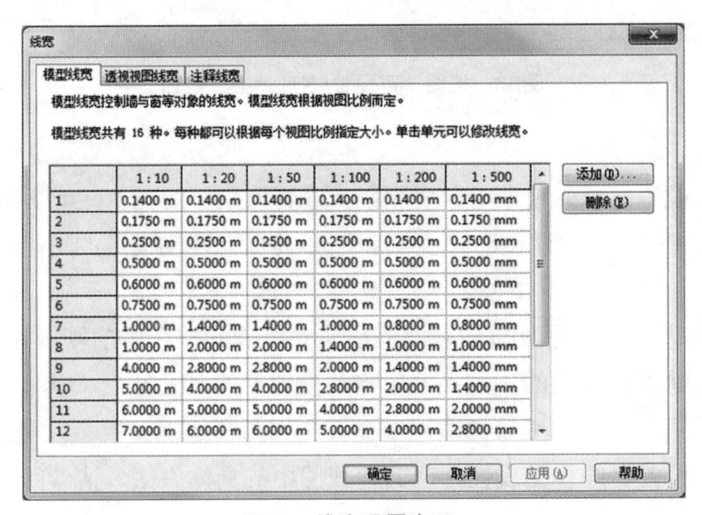

线宽

模型线宽 | 透视视图线宽 | 注释线宽

模型线宽控制墙与窗等对象的线宽。模型线宽根据视图比例而定。

模型线宽共有 16 种。每种都可以根据每个视图比例指定大小。单击单元可以修改线宽。

	1:10	1:20	1:50	1:100	1:200	1:500
1	0.1400 m	0.1400 m	0.1400 m	0.1400 m	0.1400 m	0.1400 mm
2	0.1750 m	0.1750 m	0.1750 m	0.1750 m	0.1750 m	0.1750 mm
3	0.2500 m	0.2500 m	0.2500 m	0.2500 m	0.2500 m	0.2500 mm
4	0.5000 m	0.5000 m	0.5000 m	0.5000 m	0.5000 m	0.5000 mm
5	0.6000 m	0.6000 m	0.6000 m	0.6000 m	0.6000 m	0.6000 mm
6	0.7500 m	0.7500 m	0.7500 m	0.7500 m	0.7500 m	0.7500 mm
7	1.0000 m	1.4000 m	1.4000 m	1.0000 m	0.8000 m	0.8000 mm
8	1.0000 m	2.0000 m	2.0000 m	1.4000 m	1.0000 m	1.0000 mm
9	4.0000 m	2.8000 m	2.8000 m	2.0000 m	1.4000 m	1.4000 mm
10	5.0000 m	4.0000 m	4.0000 m	2.8000 m	2.0000 m	1.4000 mm
11	6.0000 m	5.0000 m	5.0000 m	4.0000 m	2.8000 m	2.0000 mm
12	7.0000 m	6.0000 m	6.0000 m	5.0000 m	4.0000 m	2.8000 mm

添加(D)... 删除(E)

确定 取消 应用(A) 帮助

图39 线宽设置窗口

19. 如何创建四个正立面以外的其他角度立面视图?

我们知道，在 Revit 软件中，视图符号和视图都是相互关联的，默认的平面视图中有着东南西北四个立面符号，就对应于项目浏览器中的四个正立面视图。当我们需要创建其他角度的立面视图时，有以下三种方法。

（1）对齐墙放置。

在平面视图中，点击“视图”选项卡 中的“立面”下拉列表中的“立面”命令（如图 40 所示），移动光标到要创建立面的墙旁，会发现立面符号始终与墙保持正交，单击放置立面符号，则在项目浏览器中会自动创建一个立面视图，如图 40 中新增的“立面 1-a”。

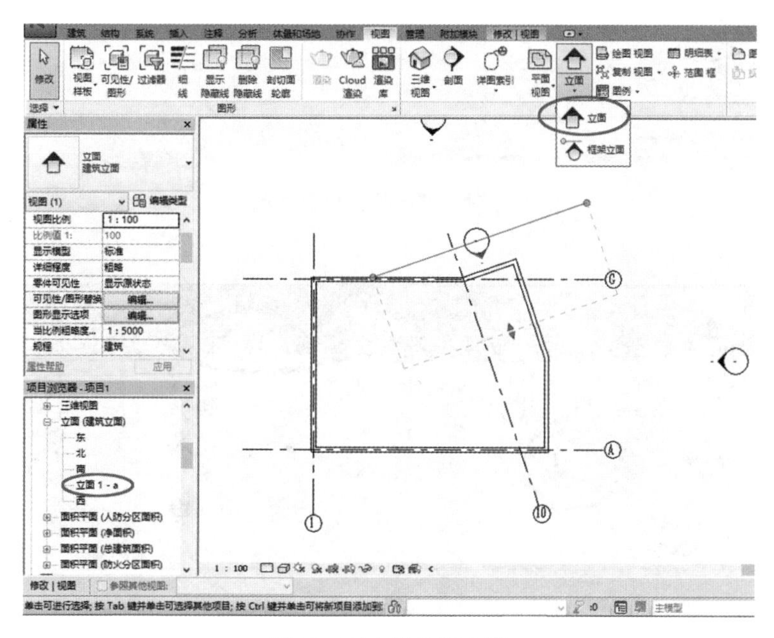

图40　对齐墙放置立面

（2）对齐轴线或参照平面放置。

在平面视图中，点击“视图”选项卡 中的“立面”下拉列表中的“框架立面”命令（如图 41 所示），移动光标到要创建立面的轴网或命名的参照平面旁，会发现立面符号始终与轴网或参照平面保持正交，单击放置立面符号，则在项目浏览器中会自动创建一个立面视图，如图 41 中新增的“立面 2-a”。

框架立面会以轴号或参照平面名称为相关基准，其“远裁剪偏移”值较小。

（3）放置后旋转。

当要创建一个固定角度的立面，或是没有墙或轴网参照，可以先用“立面”命令放置一个立面符号，之后再用工具栏的“旋转”命令，旋转到合适的角度（如图 42 所示）。或是点选立面符号的圆，拖拽出现在圆旁的“旋转”图标，立面符号也会旋转。

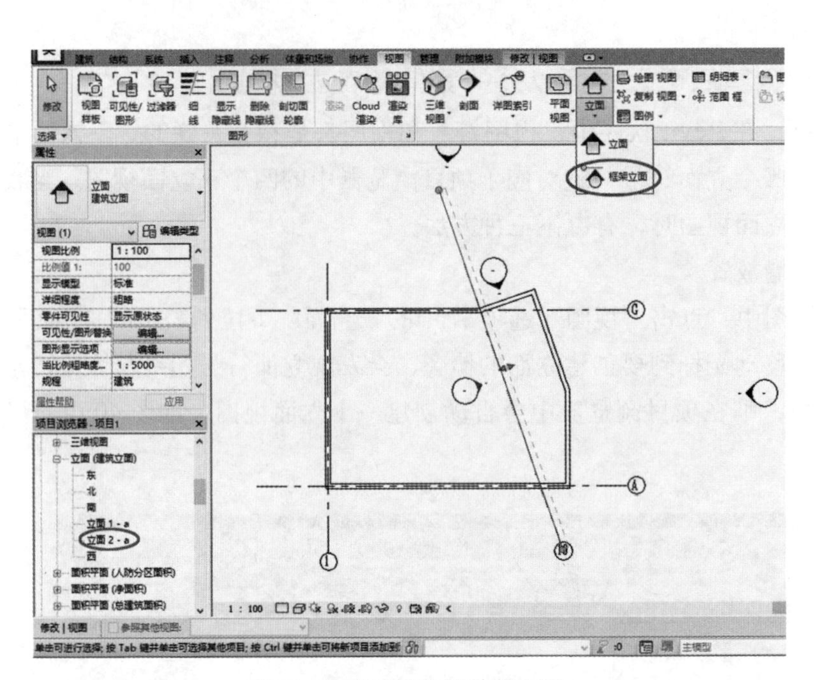
图41　对齐参照平面放置立面

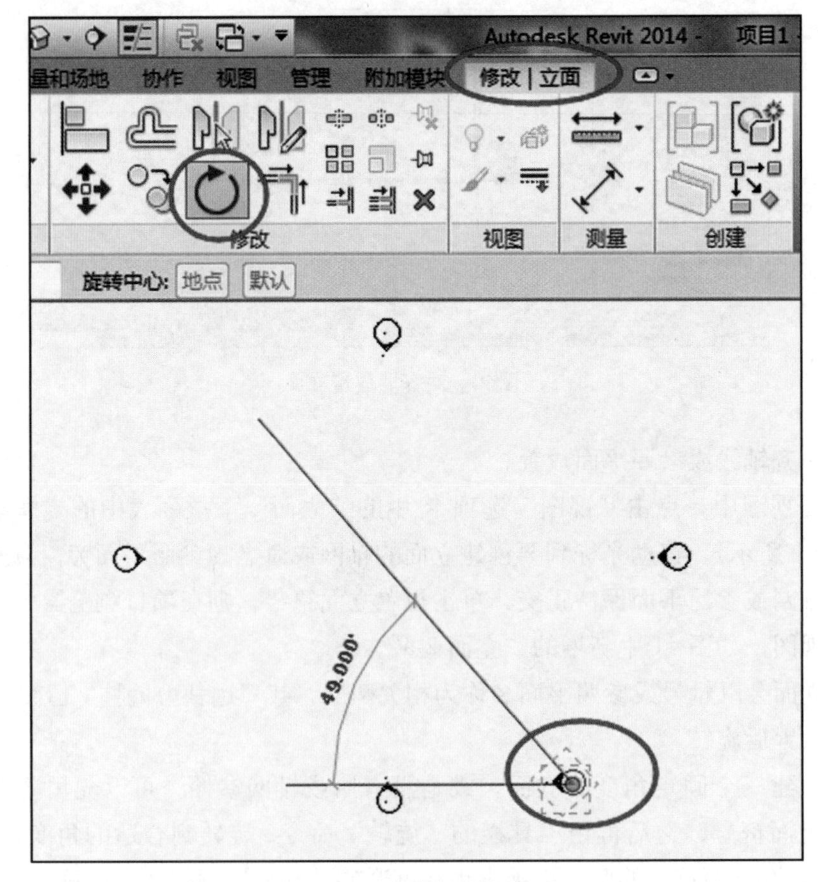

图42　旋转立面符号

20. 如何创建和楼层平面不垂直的斜立面视图?

用 Revit 的“立面”命令无法创建与楼层平面不垂直的斜立面视图，这时，我们可以通过三维视图中的“定向到一个平面”的方法来得到。

以优比土建培训课程的别墅项目为例，我们创建一个与图 43 中高亮显示的斜屋面正交的立面视图。

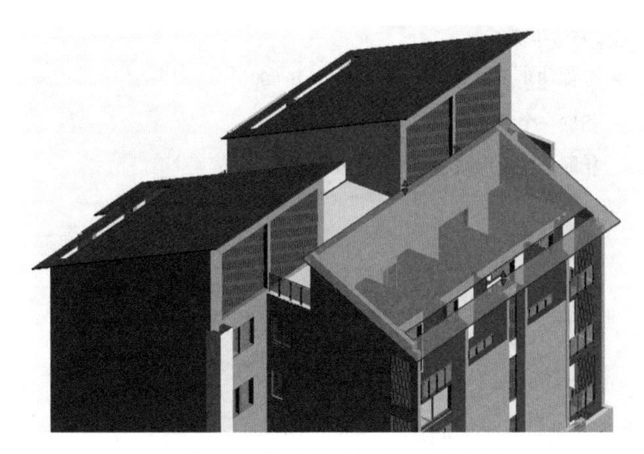

图43　优比土建课程别墅案例

方法为：

在三维视图中，右键 Viewcube，在下拉菜单中选择“定向到一个平面”，如图 44 所示。

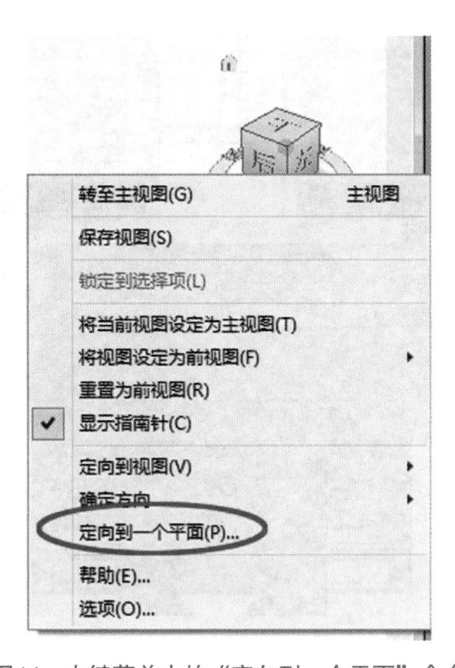

图44　右键菜单中的“定向到一个平面”命令

在弹出的“选择方位平面”对话框中（图 45），可以有三种方式指定方位平面。

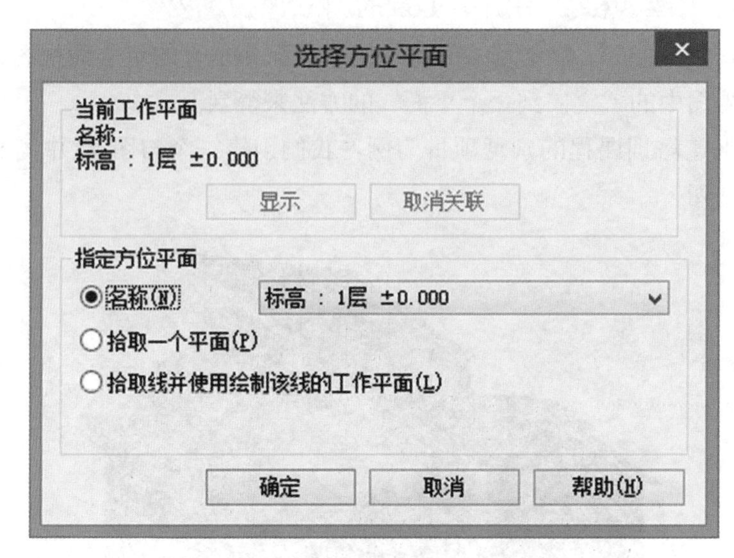

图45　选择方位平面窗口

如果选择“拾取一个平面”或“拾取线”，则程序会返回到三维视图中，通过移动鼠标拾取想要定位的面或线。当拾取了屋顶面后，视图将变成如图 46 所示。

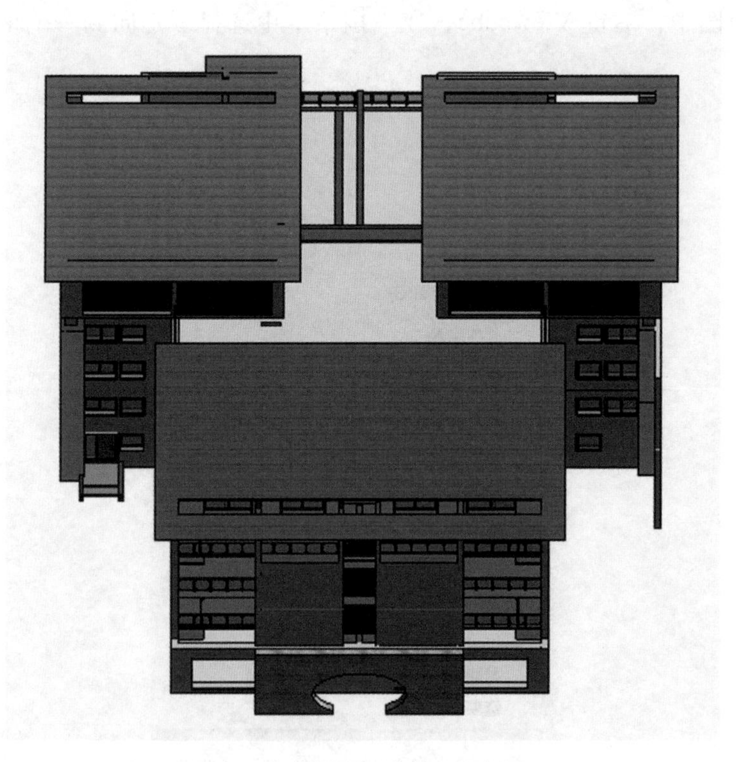

图46　与斜屋面正交的立面视图

如果选择“按名称”指定方位平面，就要到立面上创建一个和斜屋面平行的参照平面，并在其属性框中命名为“斜屋面”，如图 47 所示。

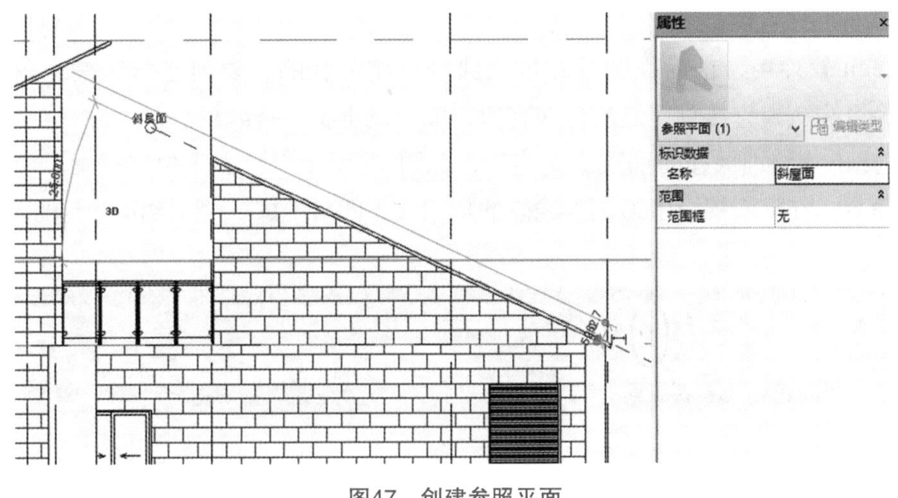

图47　创建参照平面

然后再到“选择方位平面”对话框中，在名称的下拉列表中选择名字为“斜屋面”的参照平面（如图 48 所示），则视图也将变成如图 46 所示。

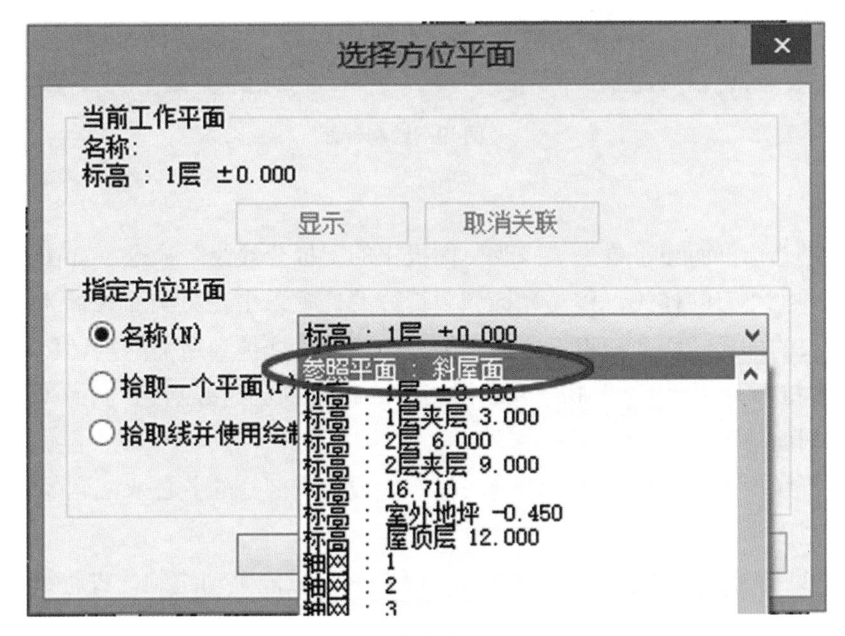

图48　指定参照平面

这里要注意的是，此方法得到的立面事实上还是一个三维视图，所以建议将此三维视图复制一个副本，将视图命名为“屋面正交立面”，这个视图之后就不要随意旋转了。

21. 如何创建折线剖？

在 Revit 软件中，剖面视图是和剖面线符号相关联的。要创建折线剖，我们要用“剖面”命令先创建直线剖，然后再在直线剖的基础上生成折线剖。

以优比土建培训课程的别墅案例为例，如图 49 所示，我们先用“视图”面板下的“剖面”命令，在平面视图中绘制直线段的剖面线，即可生成一个“剖面 1”视图。

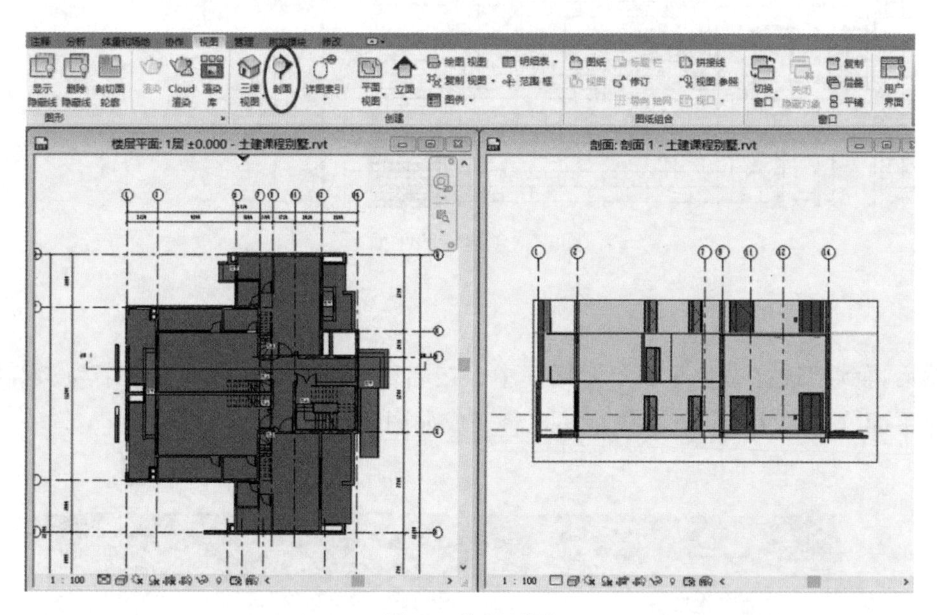

图49 绘制剖面

然后，选择剖面线，单击“修改”面板上的“拆分线段”命令（如图 50 所示），光标会变成一把小刀的样式，移动光标到要拆分的位置单击，将剖面线拆为两段。光标变成移动箭头的样式，将光标靠近要移动的剖面线段，拖拽到所需的剖切位置，再次单击“放置”按钮即可。如图 50 中，平面视图中的折线剖创建好后，“剖面 1”已自动更新为折线剖剖面视图。

对于折线剖，同样可以和直线剖一样，拖拽相应部分的蓝色双三角等标记，调整剖面的视图范围。

Revit 目前无法创建沿曲线展开的立面 / 剖面，只能手动绘制，或将多个立面 / 剖面拼接起来模拟展开的效果。

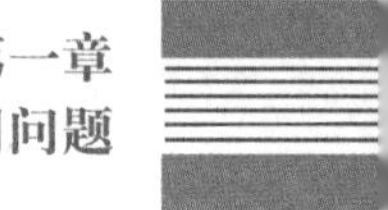

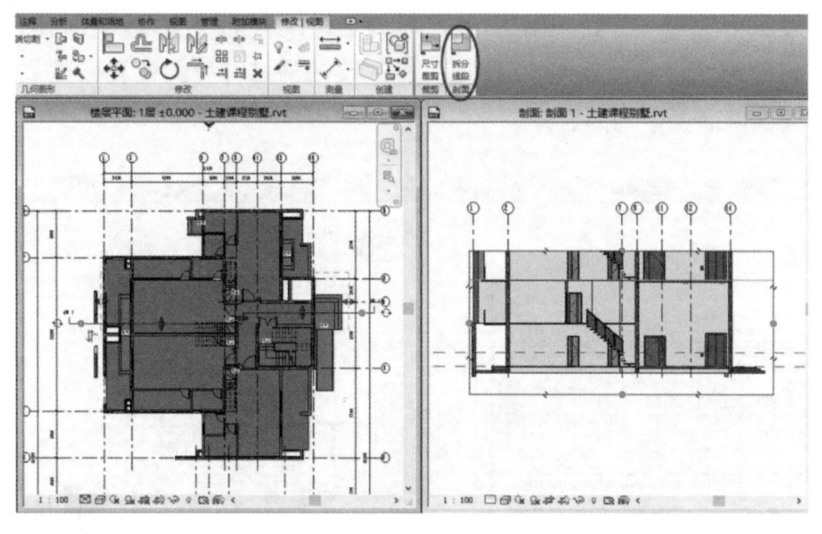

图50　折线剖剖面视图

22. 如何创建和楼层平面不垂直的剖面视图?

用 Revit 软件的“剖面”命令可以创建与当前视图垂直的剖面视图，若需要创建与楼层平面不垂直的剖面视图，可以通过在立面或剖面视图里创建剖面并旋转的方法来得到。

以优比土建培训课程的别墅项目为例，我们创建一个与图 43 中高亮显示的斜屋面平行的剖面视图。

转到北立面视图，用“剖面”命令绘制一竖向剖面（如图 51 所示），选择剖面符号，单击功能区“修改 > 旋转”命令，拖拽旋转基点到交叉点，旋转剖面符号与斜屋面平行。

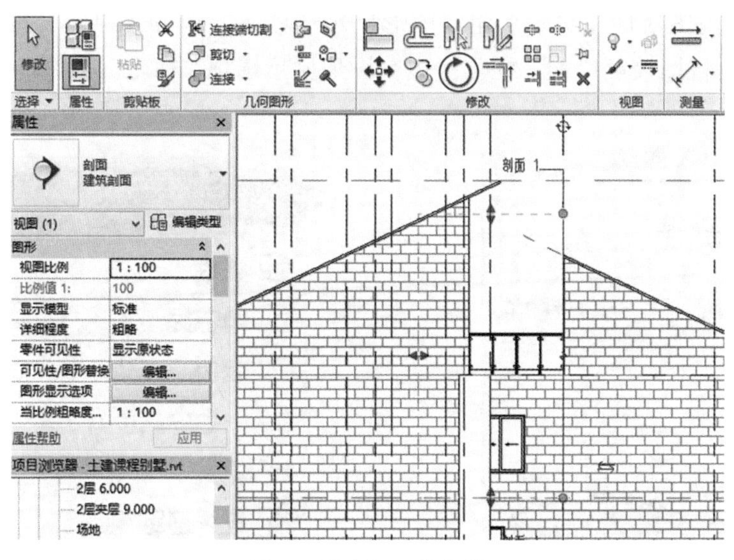

图51　绘制剖面并旋转

在右键菜单中选择“转到视图”，就可打开创建的剖面。会发现我们已得到了一个与斜屋面平行的剖面视图，如图 52 所示。通过移动剖面符号的位置，或是拖拽线段操作柄，可以调整剖面显示的内容。

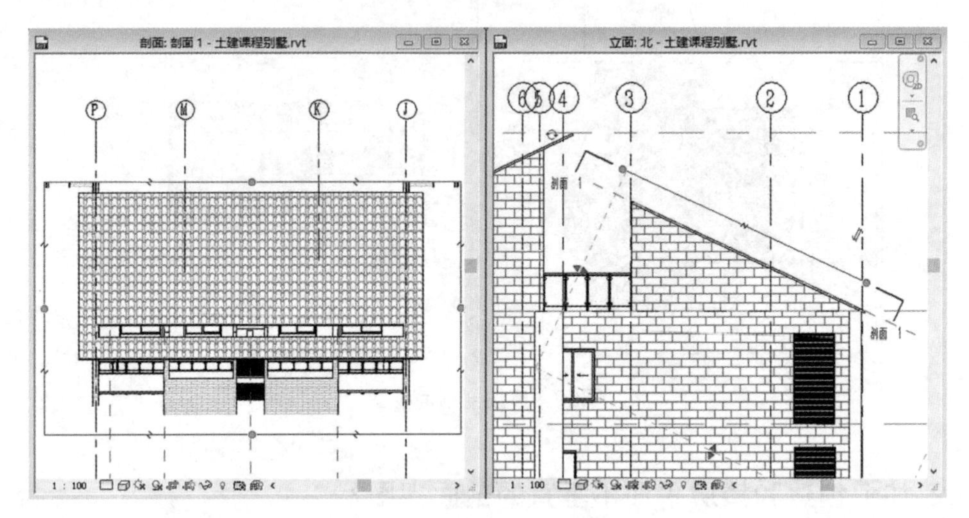

图52　与斜屋面平行的剖面视图

23. 如何在三维模型视图中产生光线的漫反射效果？

Revit 的三维视图模型显示样式有：线框、隐藏线、着色、一致的颜色、真实等，在“隐藏线、着色、一致的颜色和真实”样式下，还可以再增加一些显示效果，例如“投射阴影”和本章节要介绍的带光线漫反射效果的“显示环境光阴影”，当然这个效果不是严格按光线漫反射计算的真实效果，只是一种近似的模拟。具体方法如下。

（1）在三维视图属性窗口，单击“图形显示选项”右边的“编辑”按钮（如图 53 所示），或者点击视图控制栏的“视觉样式 > 图形显示选项”命令（如图 54 所示）；

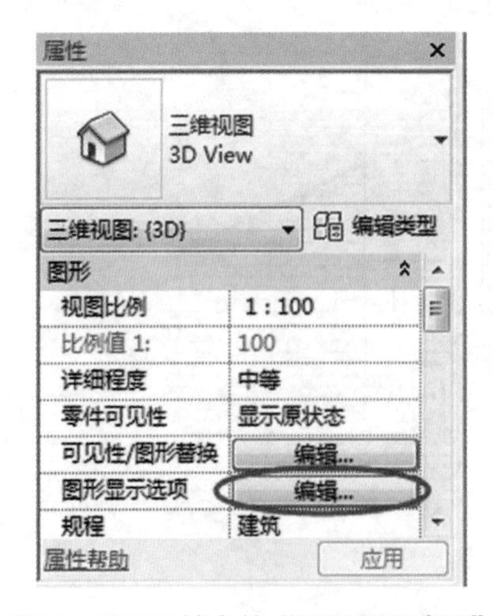

图53　视图属性中的“图形显示选项”

图54　视图控制栏中的“图形显示选项”

（2）打开“图形显示选项”窗口，如图 55 所示；

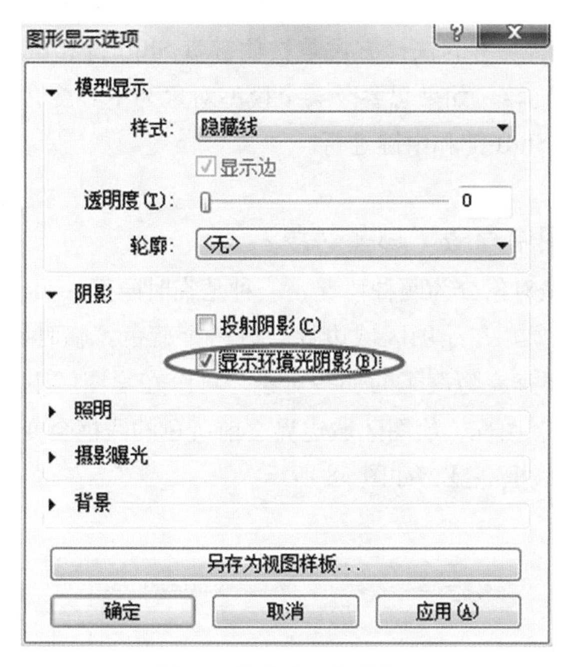

图55　图形显示选项窗口

钩选“显示环境光阴影”，单击“确定”按钮，三维显示就产生模拟光线漫反射的效果，图 56 所示。

图56　优比服务项目–合肥规划展示馆地下室模拟光线漫反射的效果

24. 三维视图中如何绕着某个模型对象为中心旋转观看？

在三维视图中，旋转观看的快捷方式是按住键盘 Shift 键和鼠标中键进行，这时旋转会以整个项目为中心旋转，如果想要以某个模型对象为中心旋转观看，可以先用鼠标选择该对象，然后再按 Shift 键和中键进行。

25. 怎么知道视图中隐藏了哪些对象？

在 Revit 视图中隐藏对象分为两种情况，一种是临时隐藏，另一种是永久隐藏。

临时隐藏了某些对象，在绘图区域边界会有一个蓝色“临时隐藏 / 隔离”的线框，如图 57 所示。我们想要查看隐藏了的那些对象，可以在绘图区下方的视图控制栏中点击“💡显示隐藏的图元”图标，绘图区域边界之前蓝色的线框会变成红色，临时隐藏的对象就会以一种蓝色的线框亮显，如图 58 所示。

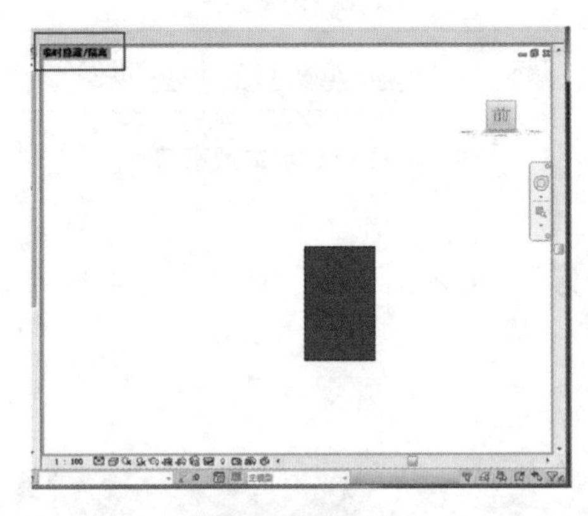

图57　临时隐藏

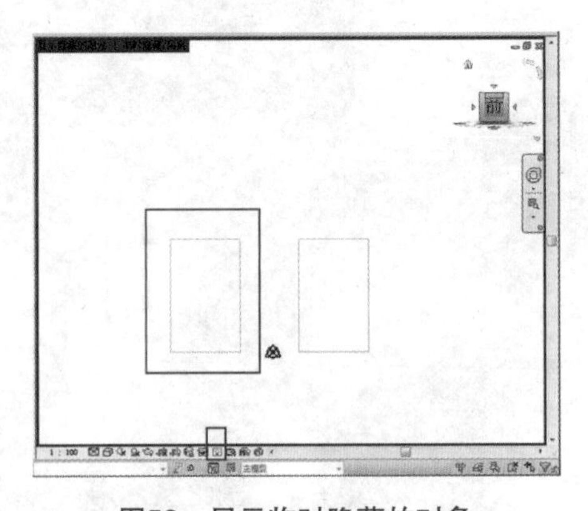

图58　显示临时隐藏的对象

在临时隐藏状态下，单击视图控制栏中“临时隐藏/隔离>将隐藏/隔离应用到视图”命令，即可永久隐藏。或是在当前视图的“可见性”对话框中，取消钩选某个类别，或是选中某个对象，在右键菜单中选择“在视图中隐藏”，都可在该视图中永久隐藏该类别。

永久隐藏在绘图区域边界是不会有蓝色“临时隐藏/隔离”的线框的，想知道永久隐藏了哪些对象，可以在视图控制栏中单击“显示隐藏的图元”图标，永久隐藏的对象就会以一种红色的线框亮显，如图 59 所示。

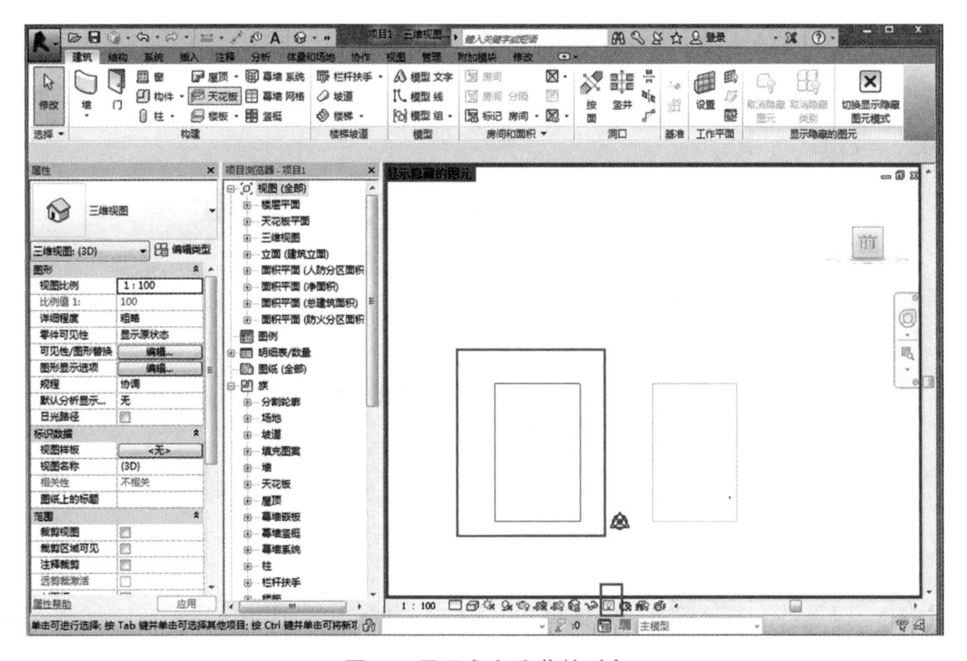

图59　显示永久隐藏的对象

若要取消隐藏，有两种方法：

(1) 在显示隐藏模式下，选中隐藏的对象，单击“修改>”命令取消隐藏图元或单击“”按钮，取消隐藏类别。

(2) 在对象上单击鼠标右键，然后单击“取消在视图中隐藏”按钮。

26. 在三维视图中，如何调整模型对象的剖切面颜色?

有时为了在三维视图中更好地展现剖切的模型显示效果，让剖切面可以高亮显示，可以通过视图属性的对象可见性进行设置，具体步骤如下。

(1) 在视图属性窗口，点击可见性“编辑”按钮，打开“可见性/图形替换”窗口；

(2) 在“模型类别”选项卡中，选择要高亮剖切显示的对象类别，单击“截面”下的“填充图案”项目，如图 60 所示；

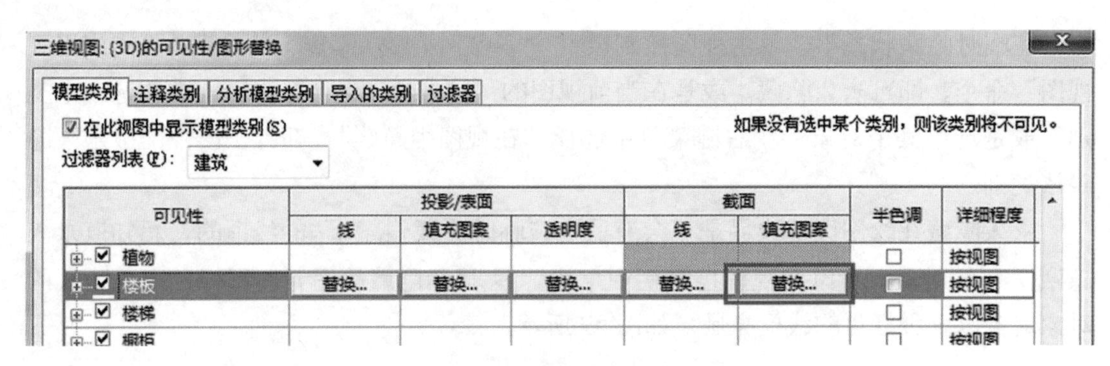

图60 可见性对话框

（3）在“填充样式图形”对话框中选择“颜色”和“填充图案”，如图 61 所示，单击“确定”按钮；

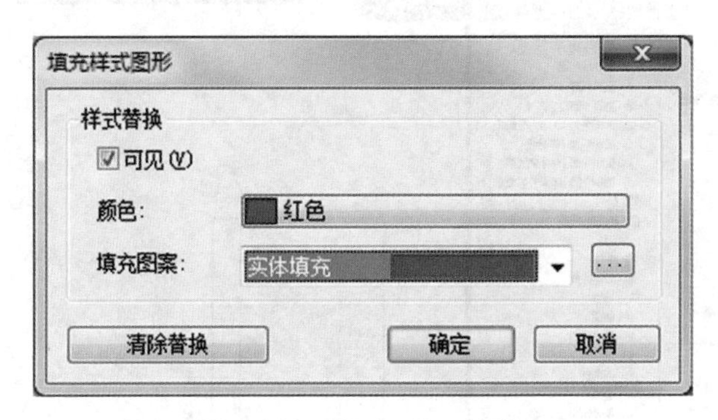

图61 填充样式图形对话框

(4) 在“可见性 / 图形替换”对话框中，单击“确定”按钮，设置完成，如图 62 所示。

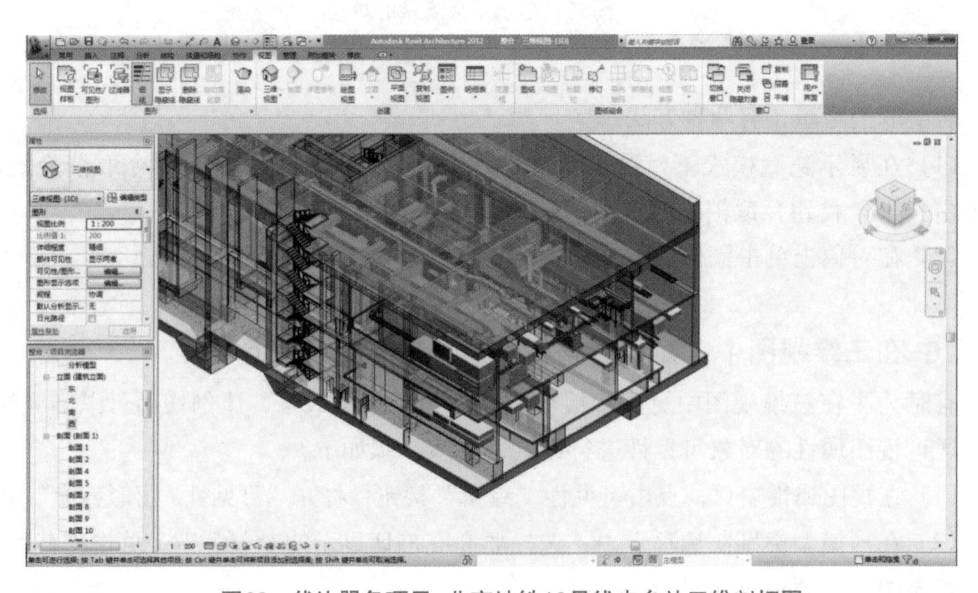

图62 优比服务项目-北京地铁10号线丰台站三维剖切图

27. 在三维视图中，如何一次调整三维剖面框剖切到的所有模型对象的剖切面颜色？

在 Revit 中，为了在三维视图中更好地展现剖切的模型显示效果，让剖切面可以高亮显示，可以逐一调整模型对象的剖面颜色（见第 26 问）。若想一次性为所有模型对象设置统一的剖面颜色，更快速的方法是通过设置三维视图的属性来实现。

以优比土建培训课程的别墅项目为例，在三维视图中，启用剖面框，将剖面框拖拽到合适的位置，如图 63 所示。并确保当前视图详细程度为“粗略”。

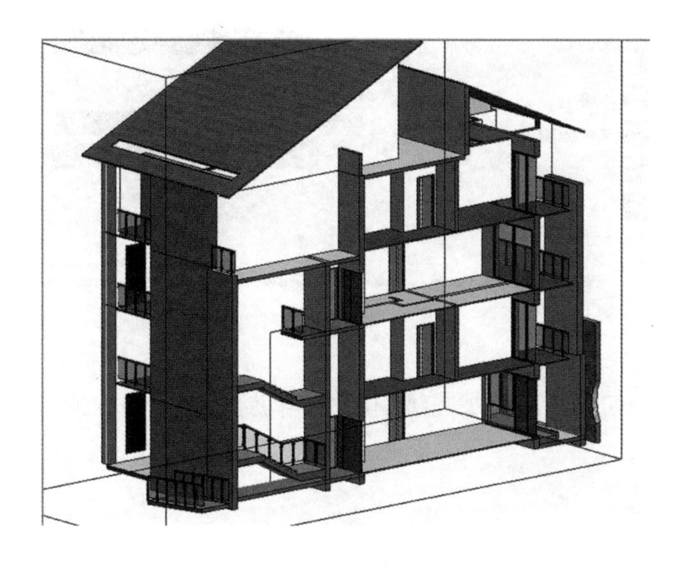

图63　三维剖切视图

这时，点击三维视图属性栏的“类型属性”命令，打开三维视图类型属性窗口，如图 64 所示，单击参数“粗糙土层材质”后的图标。

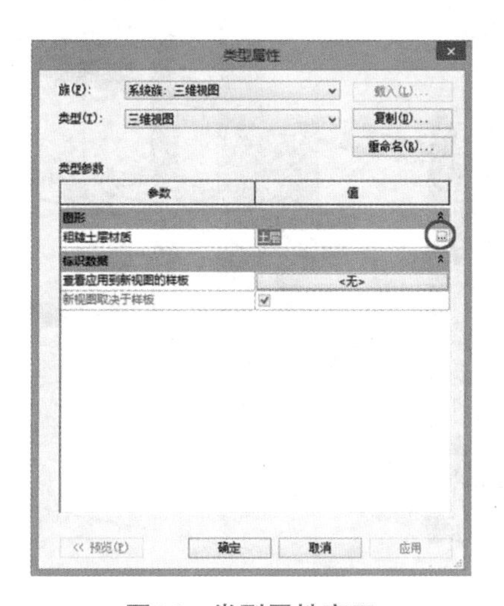

图64　类型属性窗口

在弹出的材质设置窗口中（图 65），建立一个“三维剖面显示”的材质，将其图形选项选择“着色”模式，将截面填充图案设为“实体填充”，并将颜色设为“蓝色”。

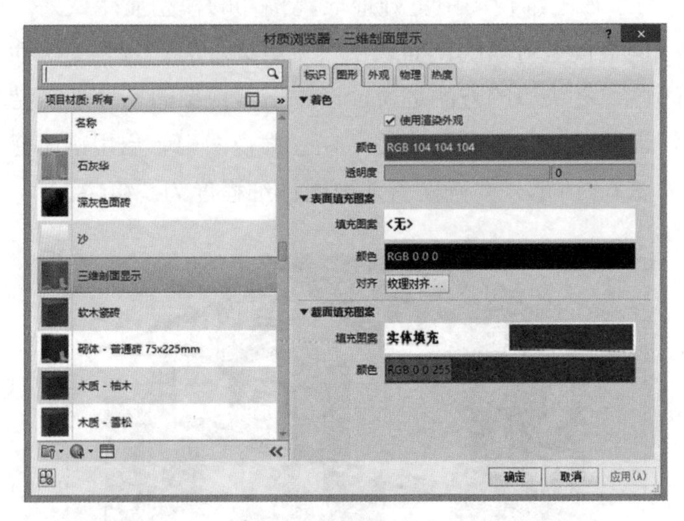

图65　材质设置窗口

单击“确定”按钮后，所有被三维剖面框剖切到的模型对象的剖面颜色都显示为蓝色了，如图 66 所示。

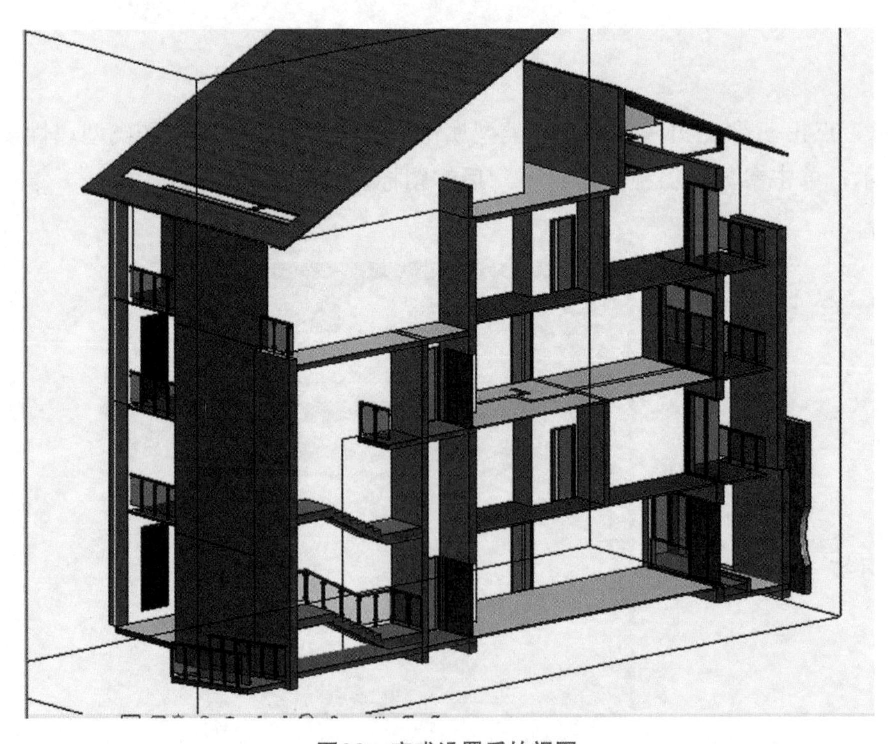

图66　完成设置后的视图

28. 如何实现在三维视图下，单独显示中间某楼层的模型？

在三维视图下默认显示的是整体模型，但有时希望显示某个楼层的模型，通常的做法是打开三维视图的剖面框，然后拖拽剖面框蓝色箭头控制柄，调整剖面框的大小来控制要显示的部位，比较麻烦，也不好精确控制剖面框的大小。

利用 ViewCube 重定向模型的视图功能，可方便、精确地定位到某个楼层，如图 67 所示。

图67　三维视图显示全部模型

在 ViewCube 上，点击鼠标右键显示关联菜单："定向到视图 > 楼层平面 > 楼层平面 : 6F"，如图 68 所示。

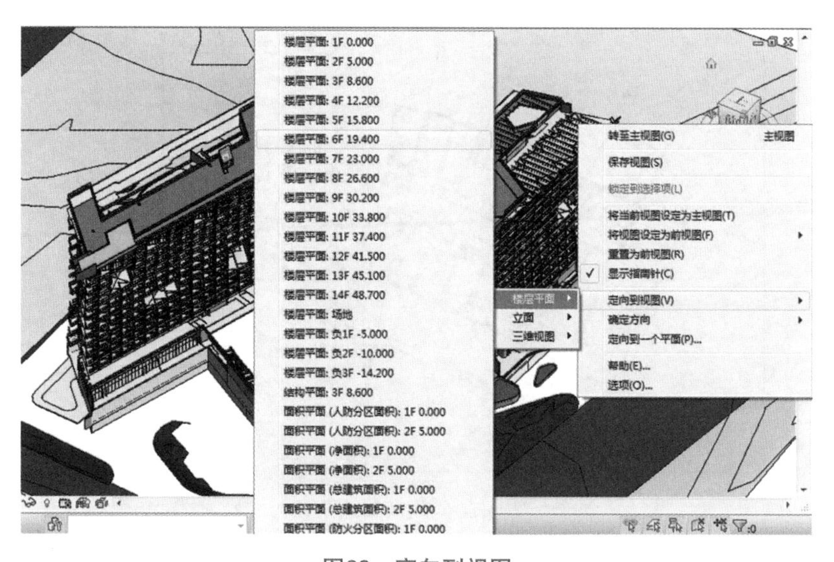

图68　定向到视图

视图即可定位到 6F 楼层的俯视图，切换到轴测图，原来显示的整体模型现在就只显示“6F”楼层的模型，如图 69 所示，其实此时是 Revit 帮我们建立了以“6F”楼层为单元的剖面框。

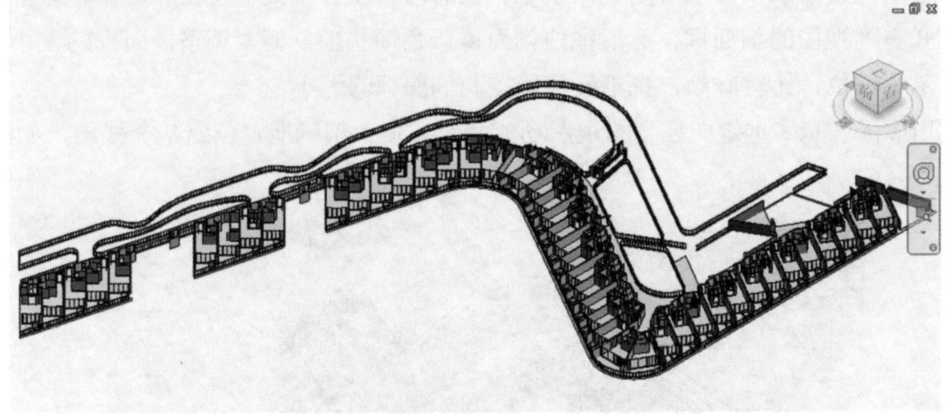

图69　三维视图显示定向楼层的局部模型

要恢复显示整体模型，只需在视图属性中把剖面框的钩选去掉即可。

29. 平面是斜的，怎么正着画图？

如果项目整体或局部平面是斜的，为了避免“歪着脖子”画图，同时也为了更精确地捕捉正交方向，需要对视图的方向作出调整。

如图 70 所示，在进行左侧区域的绘制时，可将视图旋转成按左侧横平竖直，操作步骤如下。

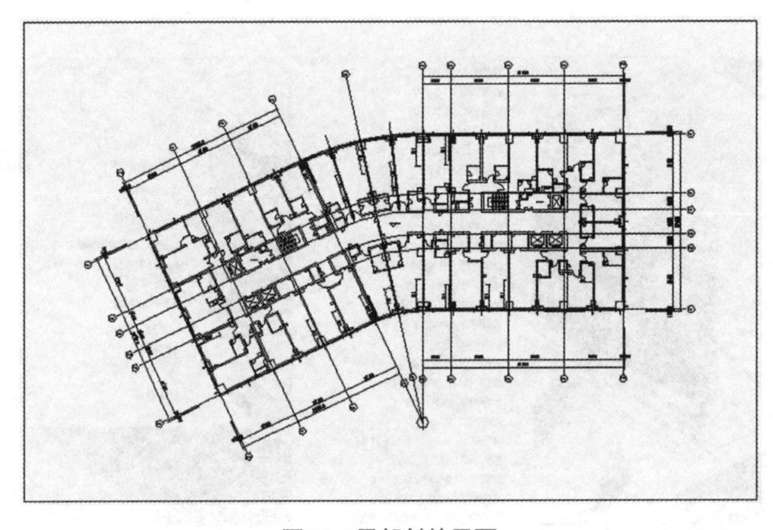

图70　局部斜的平面

（1）将视图的“方向”参数设为“项目北”（一般默认值就是“项目北”），并打开“裁剪区域”的可见性（即打开，是否裁剪视图都可以，只需要看见裁剪区域的矩形框）；

（2）选择裁剪区域的矩形框，单击“旋转”命令，将旋转中心移到参照线（如斜向轴线）的一端，然后将旋转起始线设为水平线，旋转结束线设为参照线即可。注意，起始线与结束线跟我们的直觉刚好是相反的，不要弄反了。也可以直接输入旋转的精确数值，同样需注意顺时针与逆时针，比如图 71 所示的例子，需旋转的角度为 25° 而非 –25° 。

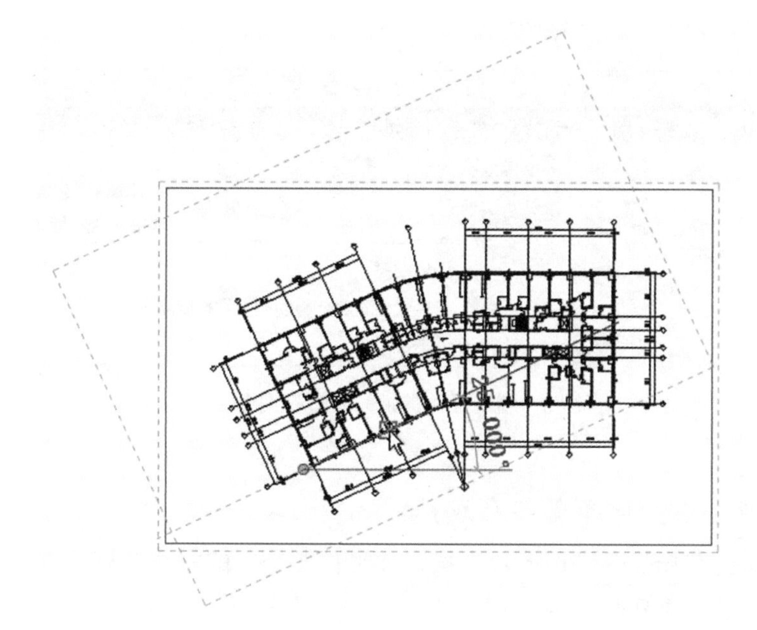

图71　旋转裁剪区域的矩形框

（3）结果如图 72 所示，视图已旋转过来。如果需要回复原样，可以重新选择参照线再旋转一次，或者将视图的“方向”参数先设为“正北”，再设为“项目北”，视图方向即回复原样。

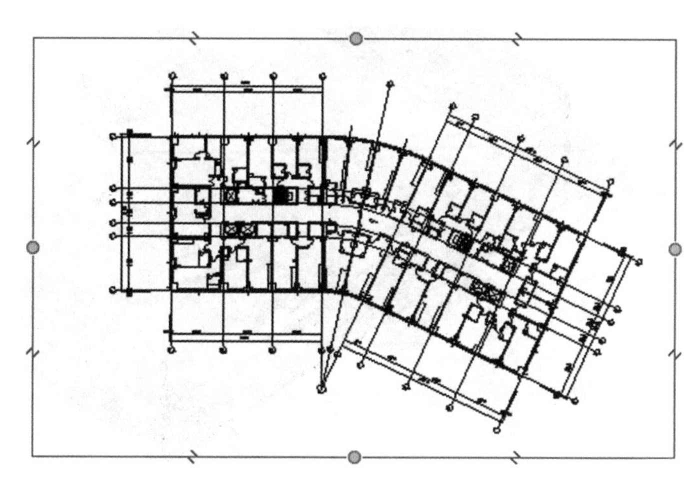

图72　裁剪框旋转后的视图

这里涉及到项目的“正北”与“项目北”两个概念，简单来说，“正北”为当前文件的绝对坐标的正北方向，“项目北”为控制全局的视图北向，通过“管理 >> 位置 >> 旋转项目北”命令可以对所有模型视图的方向作出统一设置，但此命令是影响全局的，且仅影响模型对象，不影响注释性图元（如文字），一般来说不应该在绘图过程中频繁修改。

利用二次开发，例如创筑的 Revit 插件（图 73）提供了上述操作的快速设置命令，直接拾取斜向对象或线条即可将视图旋转对齐。

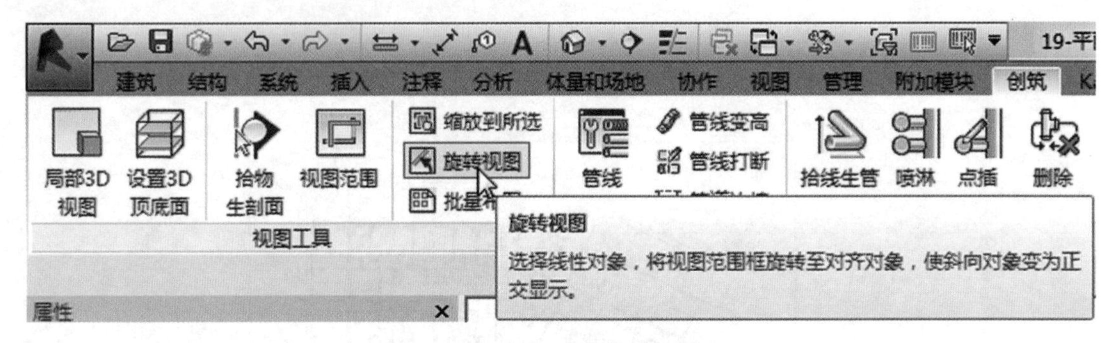

图73　创筑插件提供的旋转视图命令

30. 错层平面或夹层平面怎么表达？

有时候平面会有局部的错层或者夹层，如果按照统一的视图范围设置，可能平面表达不能满足设计意图的要求，如图 74 示例，大空间上部有一个设备管廊穿过，如果按照统一的视图范围设置，剖切高度在管廊上方，平面显示如图 75 所示，不满足表达要求。

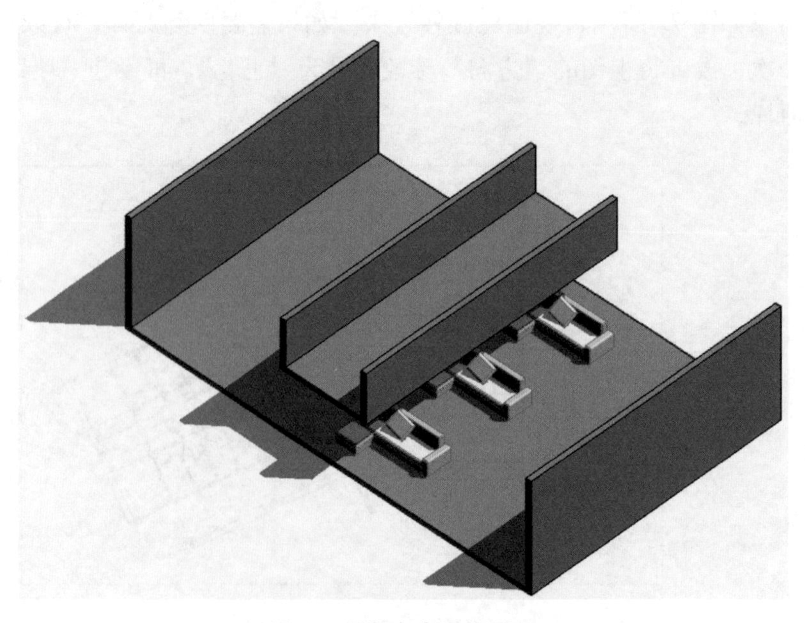

图74　局部有夹层的平面

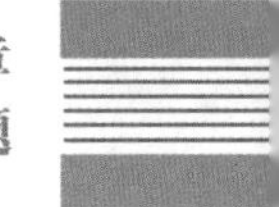

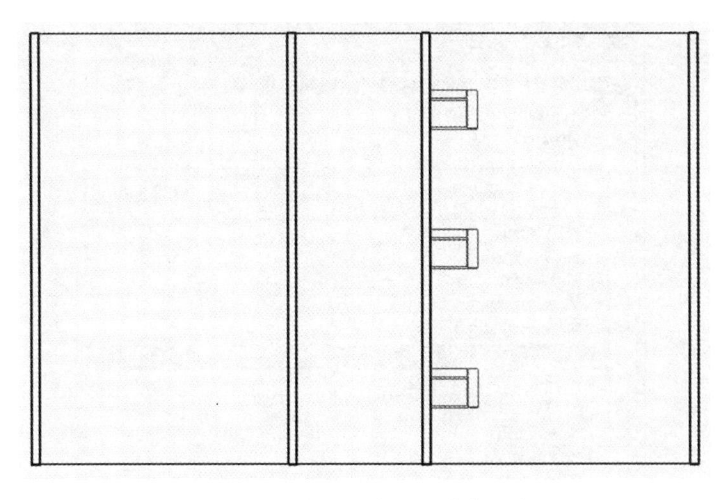

图75　视图剖切高度在管廊上方

这时可使用 Revit 软件的“平面区域”功能，将视图的局部单独设定视图范围，以满足表达要求。具体操作如下：选择“视图 > 平面视图 > 平面区域”命令，然后画出需要更改的区域范围，完成后这个平面区域有一个“视图范围”的参数，按需要设定该区域的视图范围即可，如图 76 所示。

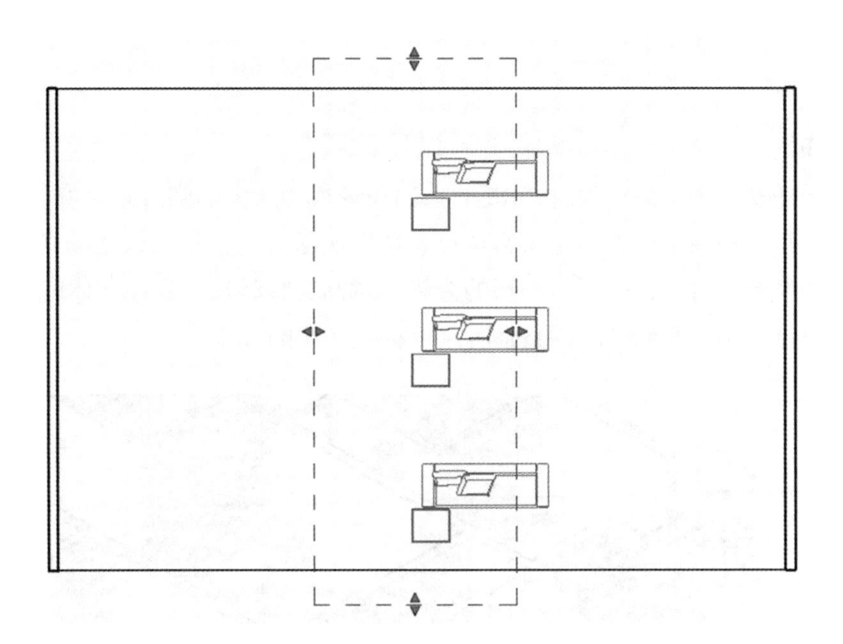

图76　修改局部剖切高度后的平面显示

当然，一般情况下平面图里不希望看到这个平面区域的边界线，只需在视图的可见性设置里，将注释栏里的“平面区域”关掉，如图 77 所示。

楼层平面: 1F的可见性/图形替换

模型类别 | 注释类别 | 分析模型类别 | 导入的类别 | 过滤器

☑在此视图中显示注释类别(S)

过滤器列表(F): <多个>

可见性	投影/表面 线	半色调
☑ 属性标记		☐
☑ 常规模型标记		☐
☑ 常规注释		☐
☑ 幕墙嵌板标记		☐
☑ 幕墙系统标记		☐
☐ 平面区域	替换...	☐
☑ 平面视图中的支撑符号		☐
☑ 建筑红线线段标记		☐
☑ 房间标记		☐
☑ 拼接线		☐
☑ 文字注释		☐
☑ 明细表图形		
☑ 机电设备标记		☐

全选(L) | 全部不选(N) | 反选(I) | 展开全部(X)

图77　关闭平面区域边界线的显示

平面区域经常还用来表达低窗的显示。当视图剖切高度高于窗顶时，平面上就不会显示这个窗。如果希望把窗表示出来，即可以按上述操作设定一个局部的平面区域，把低窗显示出来。需要注意的是，在一个视图里可以添加多个平面区域，这些平面区域可以共用边界，但不能交叉。

31. 临时尺寸标注的文字大小可以修改吗?

当点选任意一个模型对象时，Revit 会出现该模型对象的临时尺寸标注，如图 78 所示。该临时尺寸标注字体大小是像素单位，所以实际的观感与显示器屏幕的分辨率（每英尺显示的像素）有关，显示器屏幕的分辨率越高，临时尺寸标注字体就相对越小，对于高分辨率显示器，我们可以调整临时尺寸标注字体的大小。

图78　临时尺寸标注字体

打开 Revit 的“选项”窗口，在“图形”页，改变“临时尺寸标注字体外观”的尺寸，如图 79 所示。

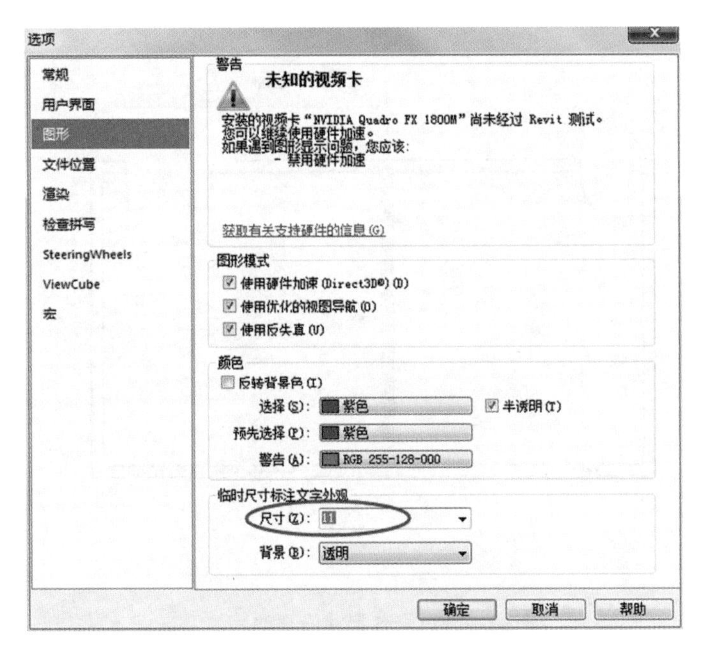

图79　临时尺寸标注字体外观设置

32. 如何利用尺寸标注控制模型对象间的关系？

在 Revit 中，尺寸标注是与被标注的模型对象相关联的，若删除对象，则相关的尺寸标注也会一并删除。尺寸标注的值是被标注对象的实际尺寸，若修改对象的尺寸，则尺寸标注的值会相应修改。反之，修改尺寸标注的值也可以驱动被标注对象的尺寸，也就是说，可以利用尺寸标注控制对象间的关系。方法如下。

以图 80 中蓝色显示的内墙为例，选中这面墙，就可看到下方出现了蓝色的临时尺寸标注，上方的永久尺寸标注数值也变为蓝色。

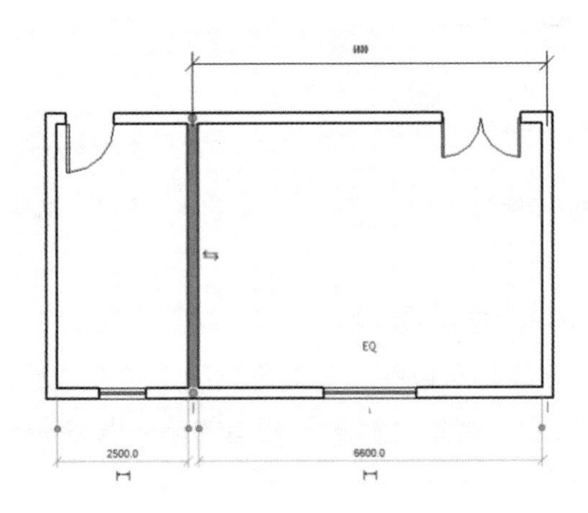

图80　选中对象出现的尺寸

此时，点击临时尺寸标注或永久尺寸标注上的文字，都可以修改其数值，如图 81 所示，修改永久尺寸标注上的数值后，墙体被自动驱动到合适的位置。

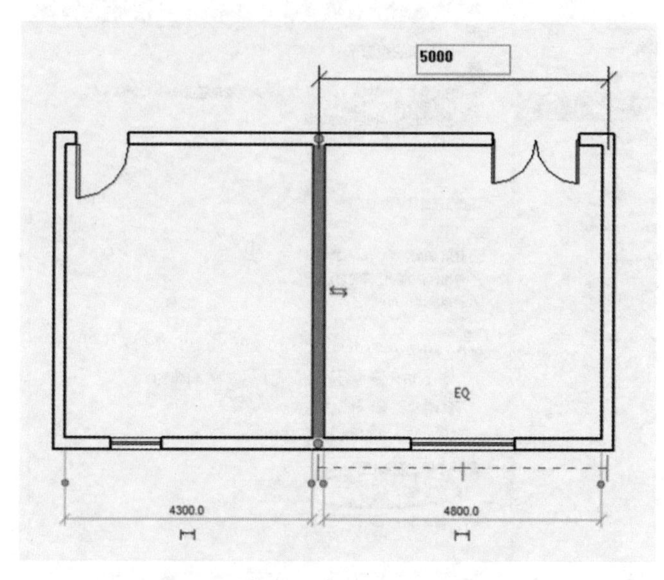

图81　通过修改尺寸值驱动墙体

选择尺寸，单击图标，将其锁定之后，可保持对象之间的相对尺寸。

利用尺寸标注，还可以直接进行“等分插门窗”。在标注好开间和门窗中心线位置后，点击尺寸标注上方的“EQ”标记（如图 82 所示），门窗即可按开间等分放置。此时，无论开间如何变化，该门窗将始终在等分的位置上，如图 83 所示。

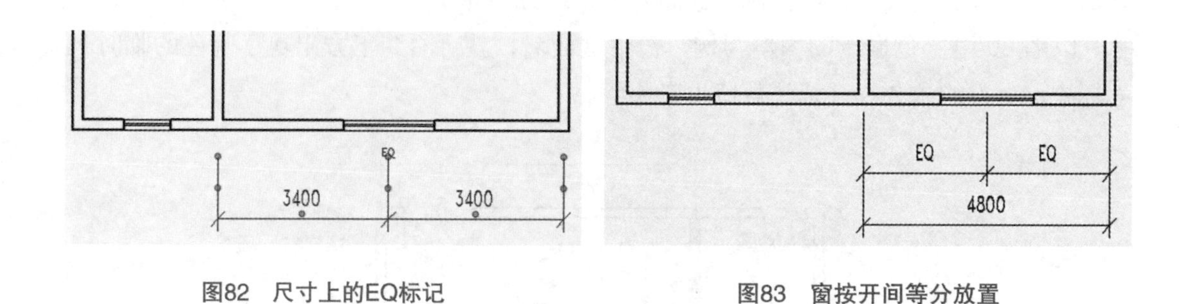

图82　尺寸上的EQ标记

图83　窗按开间等分放置

33. 如何统计墙体构造层的数量？

我们都知道，用 Revit 软件可以按模型对象分门别类地统计数量，但有时，我们需要统计的是某种材质的数量，特别是有多层构造的墙体其各种构造层或是装饰层的数量，这时，需要用到 Revit 的“材质提取”功能。

具体操作步骤为：

（1）选择“视图 > 明细表”下拉框中的“材质提取”图标，在“新建材质提取”对话框中，单击材质提取明细表的类别，然后单击“确定”按钮，如图 84 所示。

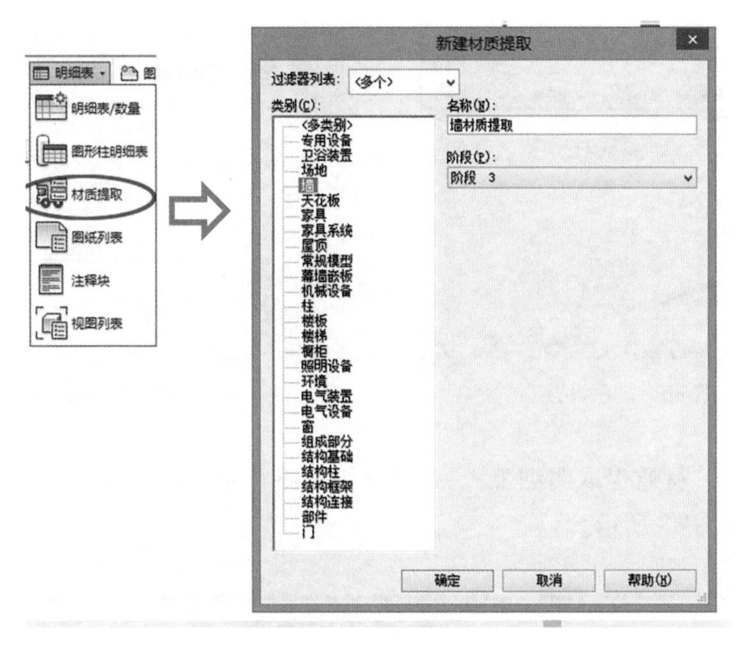

图84　材质提取窗口

（2）在“材质提取属性”对话框中，就可看到有多个关于材质的属性可以被添加，选择所需的字段“添加”到右侧明细表列表中，如图 85 所示。

图85　材质提取设置对话框

（3）可以选择对明细表进行排序、成组或格式操作，如图 86、图 87 所示。完成后单击“确定”按钮，以创建“材质提取明细表”。

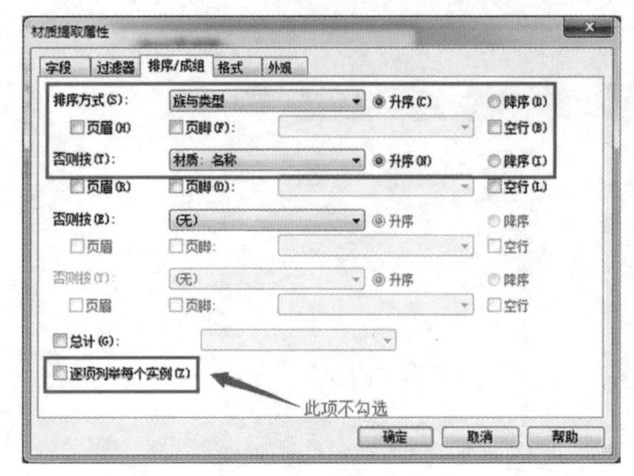

图86　排序设置

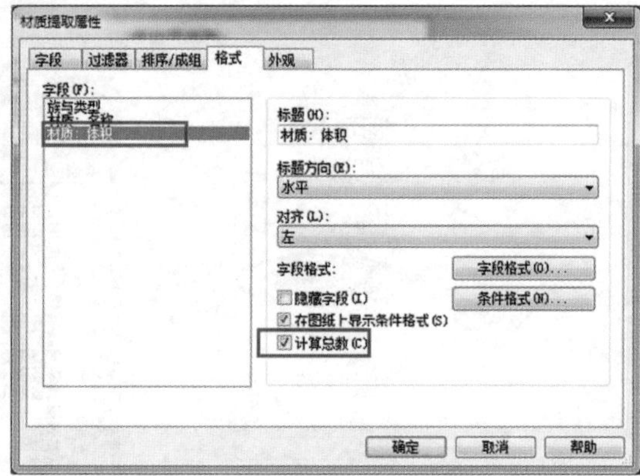

图87　格式设置

此时显示“材质提取明细表”，并且该视图将在项目浏览器的“明细表 / 数量”类别下列出，如图 88 所示。

<墙材质提取>		
A	B	C
族与类型	材质: 名称	材质: 体积
基本墙: 花岗岩外墙-200mm	石膏墙板	17.57 m³
基本墙: 花岗岩外墙-200mm	砖，普通，灰色	175.20 m³
基本墙: 花岗岩外墙-200mm	花岗岩，挖方，	17.47 m³

图88　材质明细表

“材质提取明细表”具有和其他明细表视图一样的功能和特征，只是更详细地显示出对象的材质信息。

当 Revit 计算墙内各层的材质体积时，将进行近似计算来保持性能，模型中可见的体积与材质提取明细表中显示的体积之间可能存在小偏差，比如，墙中添加的墙饰条或分隔缝等一些小构件计算时可能会有偏差。

34. 设置明细表时，为何某些字段的参数值为空？

很多时候，我们都需要对 Revit 明细表的统计方法和格式进行设置，在 Revit 明细表的属性栏中，提供了“排序 / 成组”用于对列表进行整理排列，但有时，设置好排序 / 成组条件后，会使明细表中出现许多参数值为空，如图 89 所示的情况。

窗明细表				
标高	类型	宽度	高度	合计
负1层	C0615	600	1500	8
负1层		900		6
负1层	C1515	1500	1500	2
负1层	C2924	2900	2400	2
1层	C0418	400	1800	4
1层		900		4
1层	C1521	1500	2100	2
1层	C1821	1800	2100	2
1层	C2928	2900	2800	2
2层	C0412	400	1200	4
2层	C0812	800	1200	2
2层		900		8
2层	C1215	1200	1500	2
2层	C1515	1500	1500	2
2层	C1615	1600	1500	2
2层	C1821	1800	2100	2
2层	C2924	2900	2400	2
2层	C4622	4600	2200	2
6.600	0309	900	300	2

图89　参数值出现空白的明细表

这种情况产生的原因是，根据明细表里的“排序/成组”条件将对象进行列表后，部分对象符合同样的排序条件，但其他参数不一样，无法归整，因此表中就留空了。如图89中，符合“标高为负1层”、“宽度为900mm”的窗有多个，但类型与高度不一致，就会形成空值。

解决的方法是在排序条件中给该参数定义排序条件，如图90所示，增加“类型”参数后，该问题就解决了。

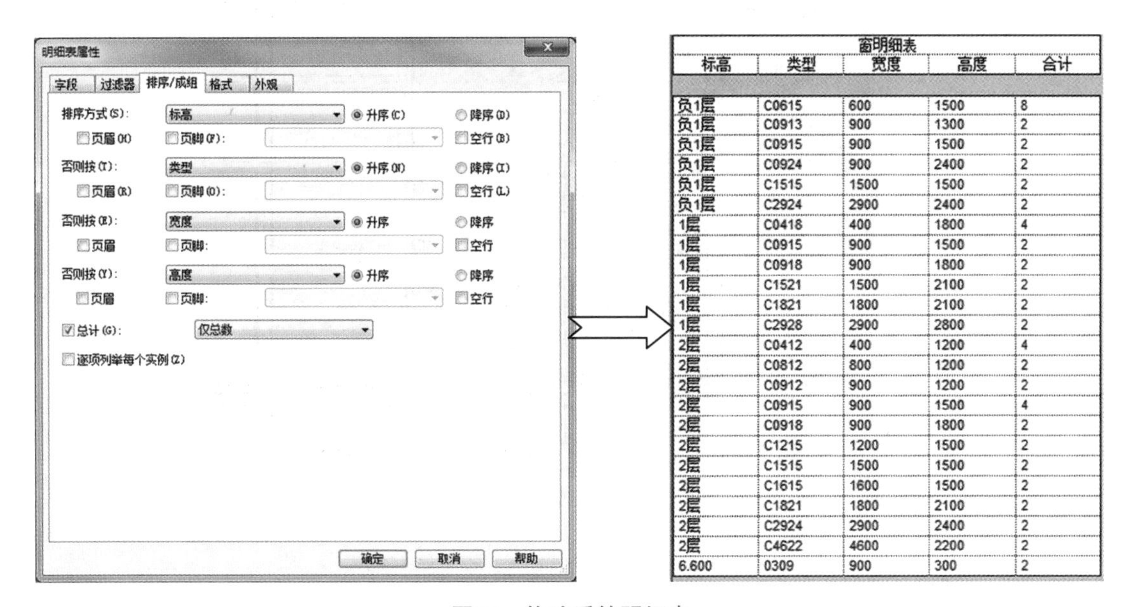

窗明细表				
标高	类型	宽度	高度	合计
负1层	C0615	600	1500	8
负1层	C0913	900	1300	2
负1层	C0915	900	1500	2
负1层	C0924	900	2400	2
负1层	C1515	1500	1500	2
负1层	C2924	2900	2400	2
1层	C0418	400	1800	4
1层	C0915	900	1500	2
1层	C0918	900	1800	2
1层	C1521	1500	2100	2
1层	C1821	1800	2100	2
1层	C2928	2900	2800	2
2层	C0412	400	1200	4
2层	C0812	800	1200	2
2层	C0912	900	1200	2
2层	C0915	900	1500	4
2层	C0918	900	1800	2
2层	C1215	1200	1500	2
2层	C1515	1500	1500	2
2层	C1615	1600	1500	2
2层	C1821	1800	2100	2
2层	C2924	2900	2400	2
2层	C4622	4600	2200	2
6.600	0309	900	300	2

图90　修改后的明细表

35. 如果围成房间的墙体开口，导致无法生成“房间”，如何处理？

Revit 的“房间”功能可以创建以模型对象（如墙体、楼板、天花）为界限的“房间”图元，通常情况下用户创建房间时只需点取闭合空间，程序将自动拾取该闭合空间生成房间，但如果遇到空间不是闭合的或者用户需要将一个闭合的空间划分为两个房间，则需要借助“房间分割”功能。

选择“建筑 > 房间分隔”命令（如图 91），就可以在需要分隔的地方添加分隔线，如图 92 所示，在客厅与饭厅用房间分隔线分开，即可得到两个闭合的空间。

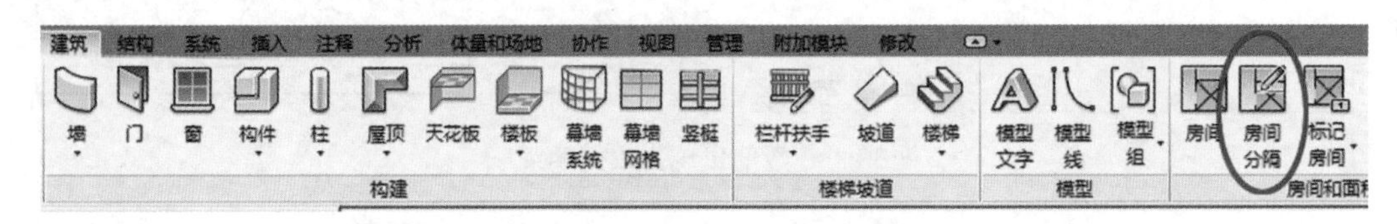

图91 “房间分隔”命令

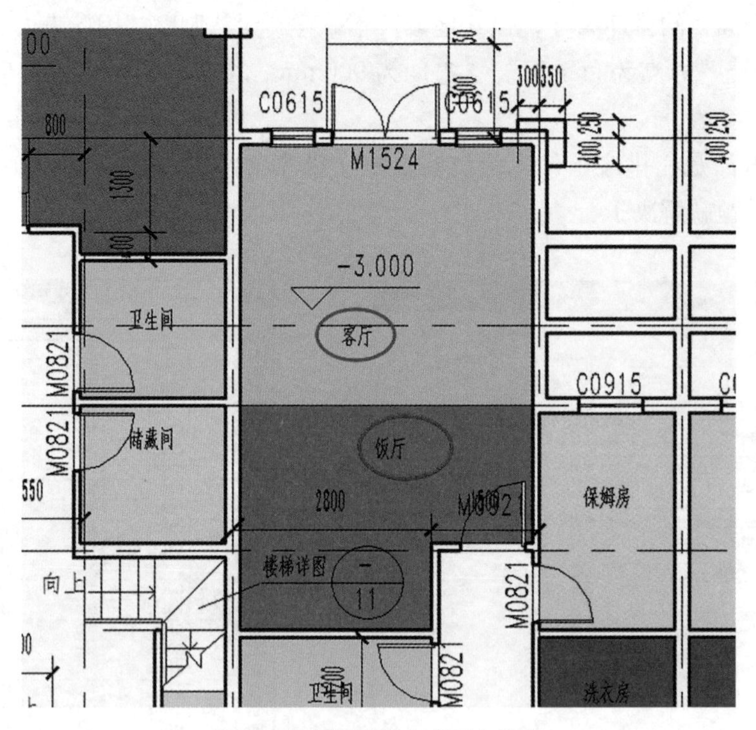

图92 用分隔线划分成两个房间

36. 如何识别链接模型中的墙体生成“房间”？

当在链接 Revit 模型时，默认情况下，程序不识别链接模型中的房间边界。如图 93 所示，如果想在主体模型中的墙与链接模型中的墙（或其他对象）之间放置一个房间，

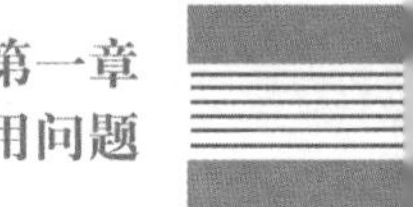

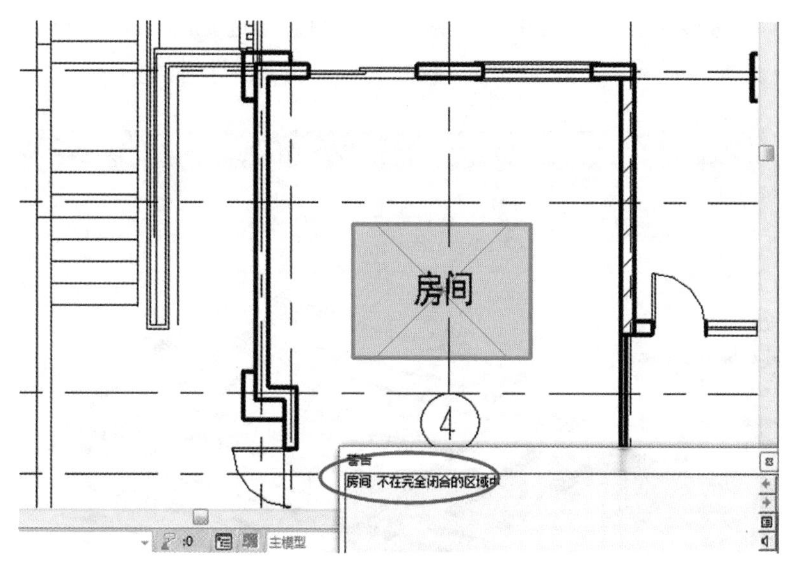

图93　房间无法生成提示框

Revit 将提示房间无法生成。

这时，解决方法是：

在主体模型的平面视图中，选择链接模型，单击其属性栏的“编辑类型”，在其类型属性栏中，钩选“房间边界”（如图 94 所示），点击“确定”后，在主体模型文件中就可以识别链接模型的边界对象了。

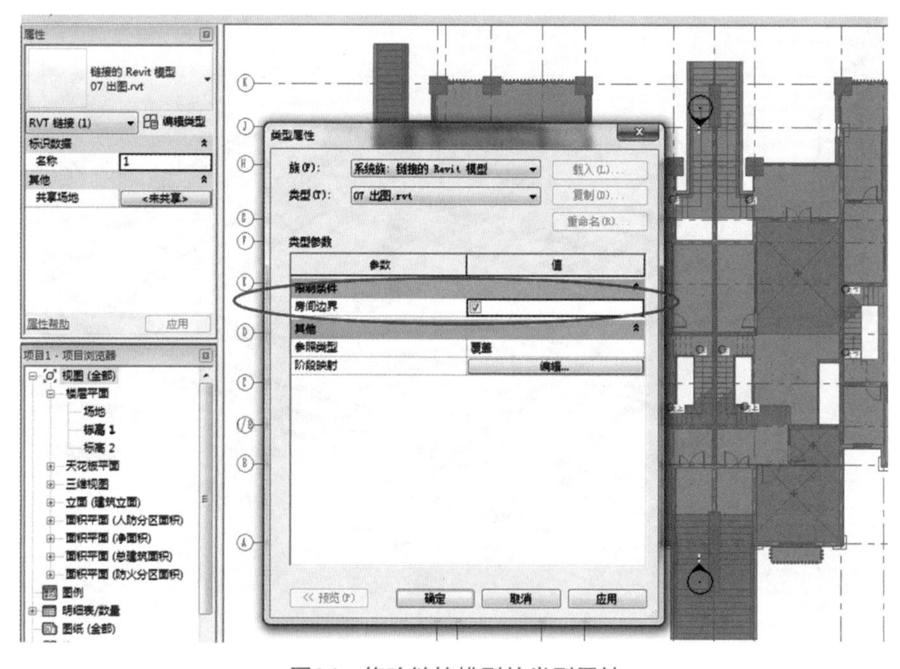

图94　修改链接模型的类型属性

37. 如何把模型复制到其他楼层？

在 Revit 中跨楼层复制需要用到“粘贴”中的“与选定的标高对齐”命令，现以优比服务的 S8 大厦项目为例 (如图 95)，我们将 6 层的风管复制到 7 层上。

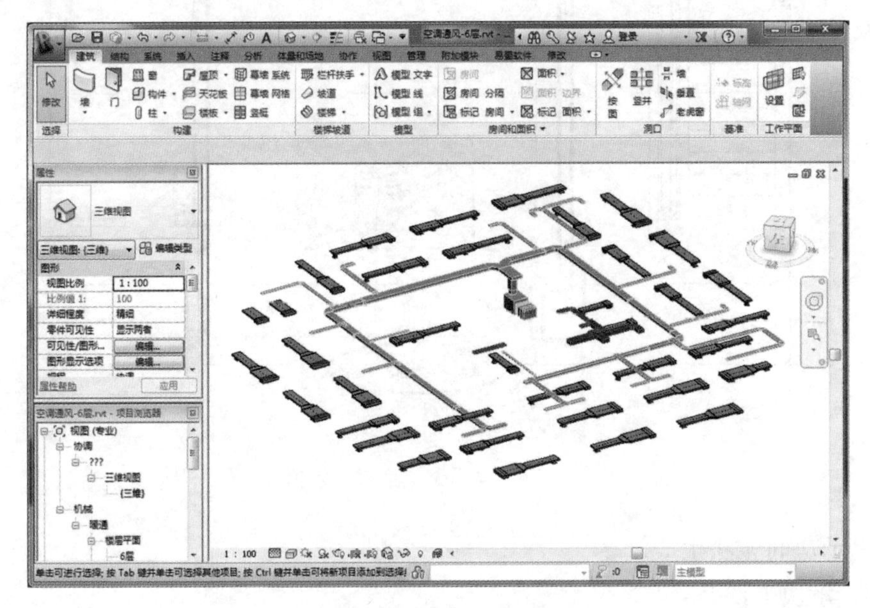

图95　S8大厦6层风管

具体步骤如下：

(1) 在三维视图中选择要复制的对象，框选全部，对象红色亮显表示全部选中，如图 96 所示。

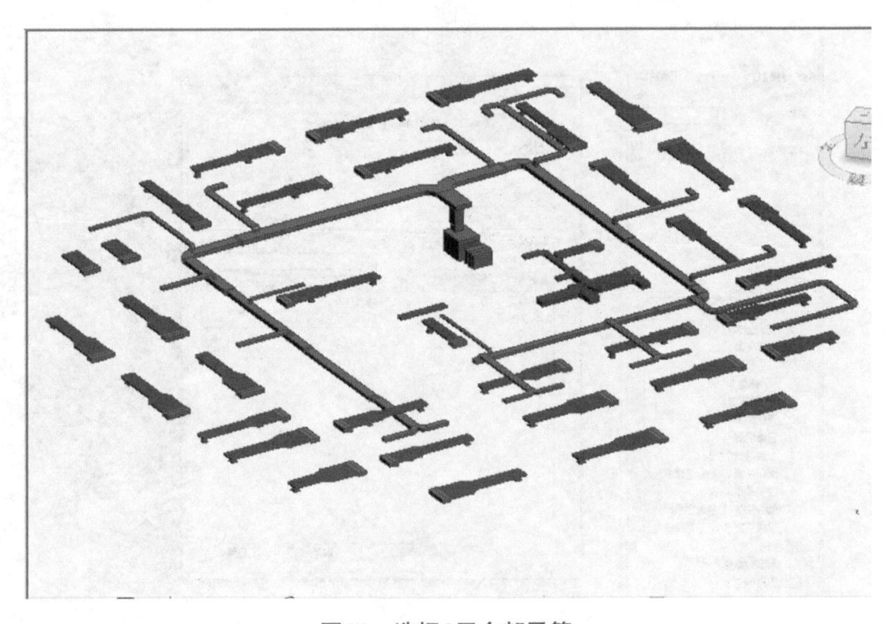

图96　选择6层全部风管

（2）单击功能区“修改 > 复制到剪贴板”命令（也可直接用系统快捷键<Ctrl+C>），如图 97 所示。

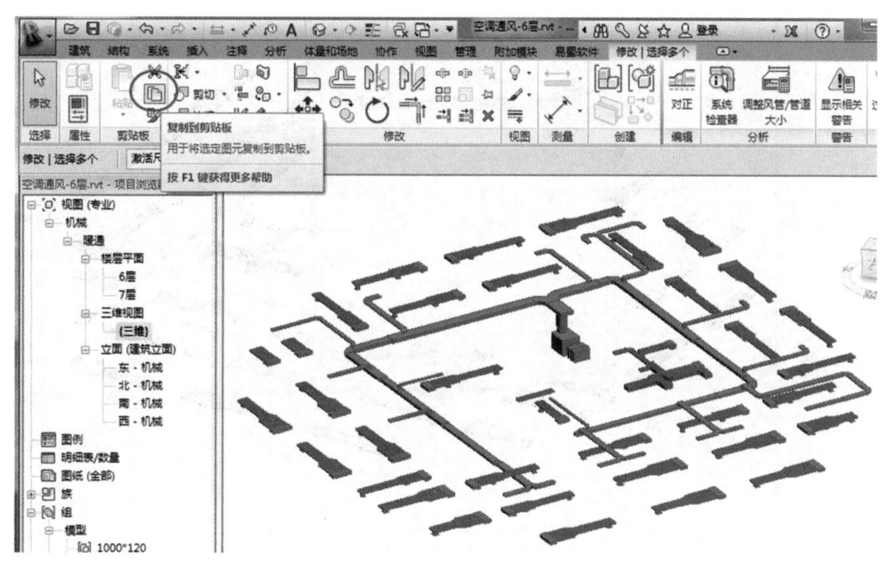

图97　“复制到剪贴板”命令

操作时需要注意的是，要选择剪贴板处的“复制到剪贴板”命令，而不是修改面板处的“复制”命令。在复制某个选定的对象并立即放置在该对象所在的当前视图中，可使用“复制”命令。但要将选择的对象复制粘贴到其他的视图中或者其他的项目中时，就要用“复制到剪贴板”命令。

（3）此时旁边的“粘贴”命令变得可用，单击“粘贴”命令下拉栏中的“与选定的标高对齐”命令，如图 98 所示。

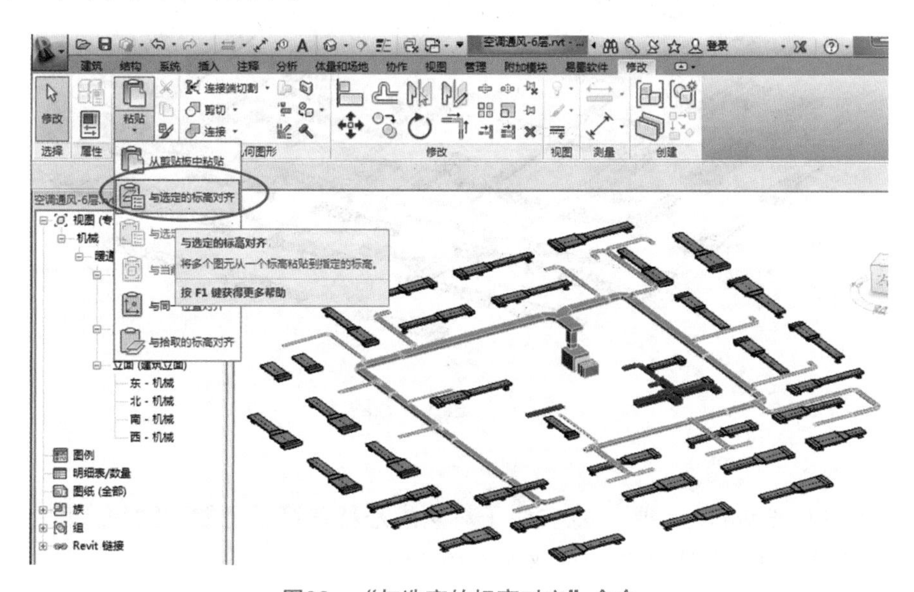

图98　“与选定的标高对齐”命令

（4）在弹出的“选择标高”对话框中选择要复制的楼层，此处单击选择“7 层”，如图 99 所示。

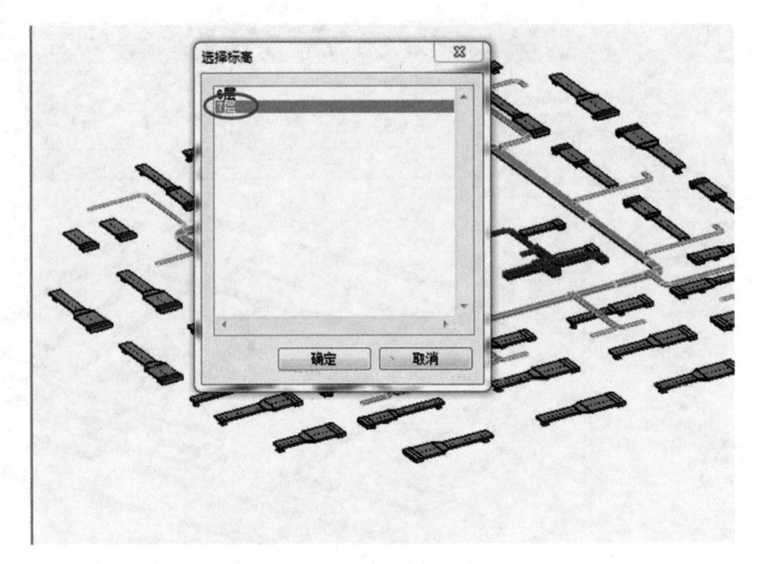

图99　标高选择窗口

（5）单击“确定”按钮后，6 层的风管就被整体复制到 7 层上了，如图 100 所示。

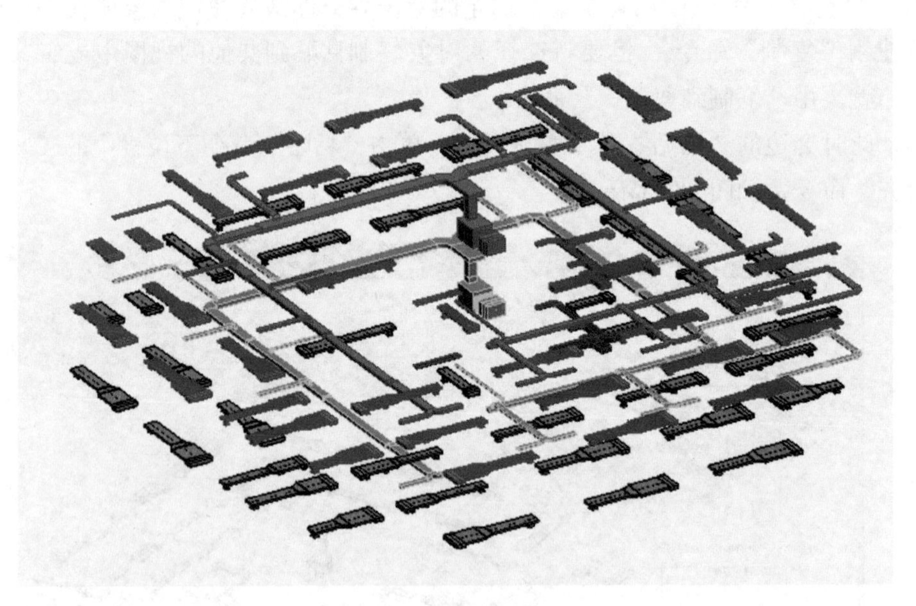

图100　完成复制命令

在使用对齐粘贴时，要注意有些子对象或是特殊符号可能不适用。例如，如果不复制整个幕墙系统，就无法复制幕墙嵌板和竖梃。

38.Revit 中有哪几种族？分别怎么理解？

Revit 中有三种族类型：系统族、可载入族和内建族。

（1）系统族：在 Revit 中通过专用命令创建得到。用户不能将其存成外部族文件，也不能通过载入族的方式载入到项目中，只能在项目内进行修改编辑，如 Revit 中的墙体、屋顶、天花板、楼板、坡道、楼梯、风管、管道、电缆桥架等都为系统族，如图 101 所示。

图101　系统族

（2）可载入族：具有高度可自定义的特征，可通过外部族样板文件创建，并可载入到项目中。也可以从项目文件中单独保存出来重复使用。

载入方法有两种：

方法一，是在项目文件中，选择功能区“插入 > 载入族”命令。

方法二，是在族文件中，选择功能区“载入到项目中”命令。

Revit 在安装时自带有族库，包含建筑、结构、机电、注释等多个类型的族，这些族都是可载入族，如图 102 所示。

图102　可载入族

（3）内建族：在项目中以族的方式存在，但只能存在于当前项目中，不能将其存成外部族文件。内建族可以通过选择“构件 >内建模型”命令来创建。如图 103 所示的装饰吊顶即为内建族。主要用于在项目中需要参照其他模型的对象或是仅针对当前项目而定制的特殊对象。由于内建族比可载入族更占内存，一般建议尽量采用可载入族。

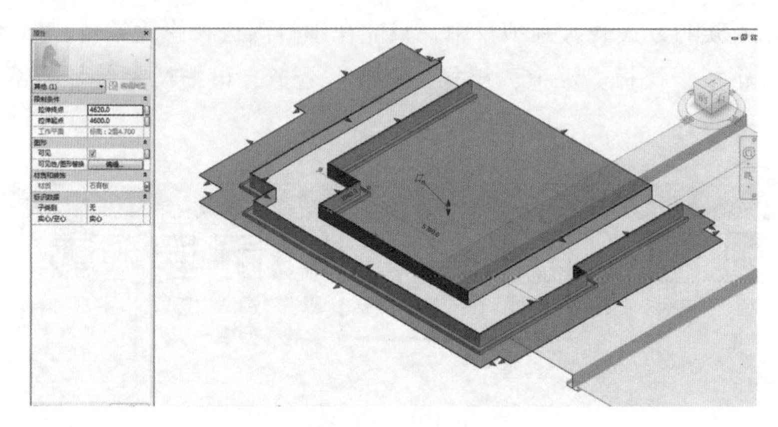

图103 内建族

39. 刚刚载进来的族找不到了，怎么处理？

每个族创建的时候都会有一个“族类别”的归类，当用功能区“插入 >载入族”命令载入某个族之后，可以去项目浏览器下面的族分类中，在相应的类别下找到。用该命令可以载入所有外部 3D 族或 2D 族，3D 族还可以直接点中，拖拽到绘图区放置。

如图 104 中，选中族列表中的家具族“桌 1830mm × 915mm”，属性栏就会显示该族的属性，这时，用鼠标拖曳到绘图区，即可放置该桌子，此方法等同于选择功能区“构件 >放置构件”命令。

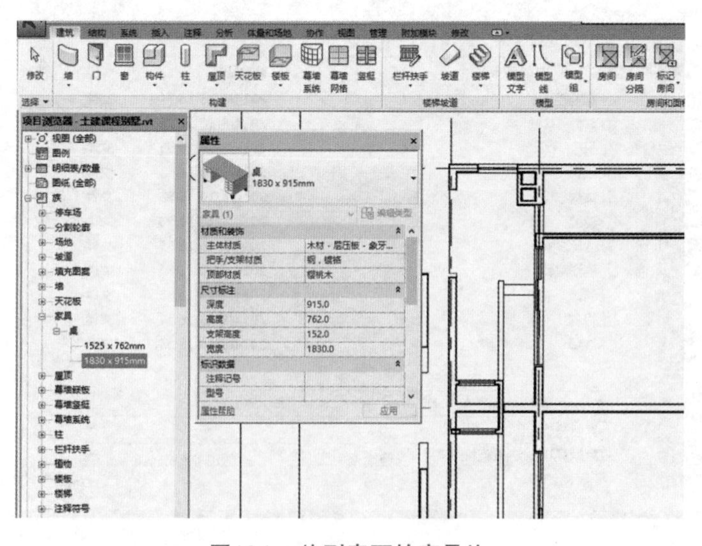

图104 族列表下的家具族

如果载入族后，没在相应的族类别下找到，则要确定族类别的设置是否正确。在 Revit 软件中，选用正确的族样板和设置正确的族类别非常重要。

要确认族类别，需打开族文件，选择功能区“族类别和族参数”命令，如图 105 所示，在对话框中即可查看到当前的族类别，点击其他族类别，确认可以修改该族的族类别。再次载入到项目中后，会发现其出现在项目浏览器中新设置的族类别下。

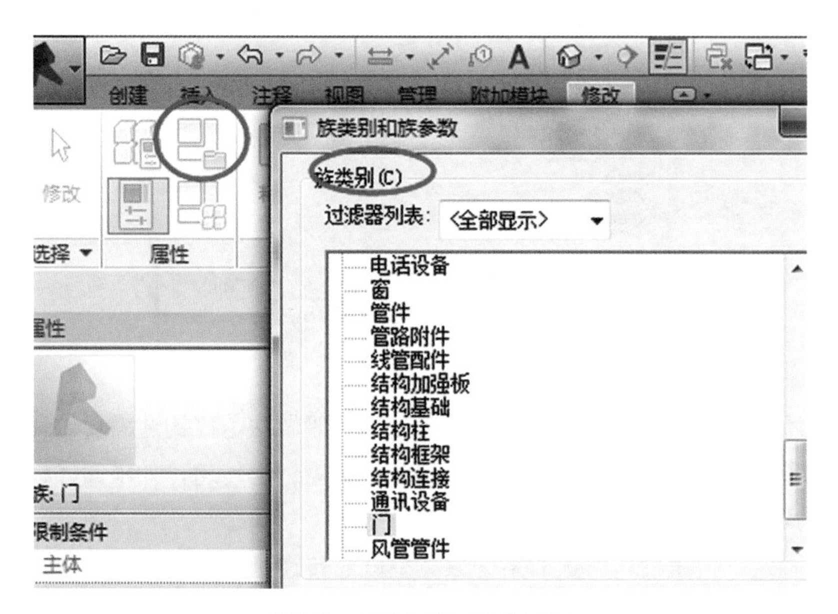

图105　族类别和族参数窗口

需要注意的是，这种修改族类别的方法可以让其出现在对应的族类别中，但是如果在创建之初未选择合适的族样板，即使修改族类别，该族仍然有可能不具备正确的族功能，这时只能选择合适的族样板进行重建。

40. 如何把系统族传给其他模型文件?

系统族是 Revit 中预定义的，用户不能将其从外部文件中载入到项目中，也不能将其保存成独立的文本文件，如需要将系统族的类型重复使用，需要借助两个项目间的传递功能。具体步骤如下：

（1）在同一个 Revit 程序中同时打开两个项目（所需系统族所在文件、需要传递到的文件）；

（2）在需要传递到的文件中，选择功能区“管理 > 传递项目标准”命令，如图 106 所示；

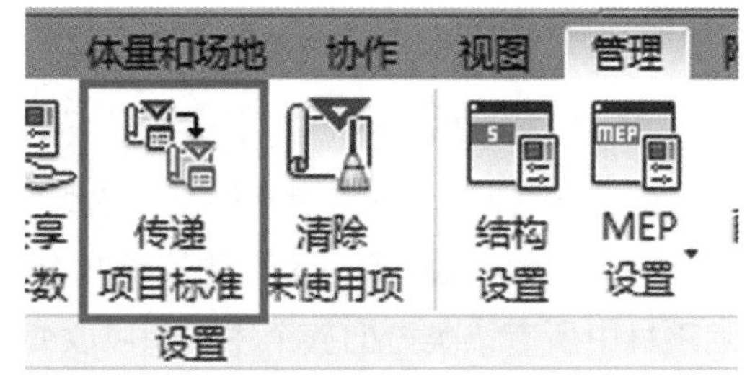

图106　传递项目标准

（3）在弹出的“选择要复制的项目”窗口中（如图 107），在“复制自”下拉列表中选择系统族所在的项目文件名，在类型列表中选择要传递的系统族类型。

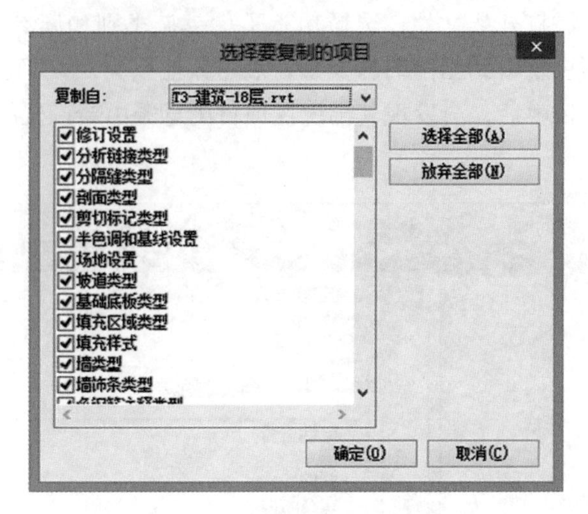

图107 “传递项目标准”窗口

要选择所有项，可单击“选择全部”按钮。一般做法是仅钩选需要传递的标准，以免造成大量项目设置的变更。但有些相关的设置项需一起传递，如视图样板，需与过滤器、填充样式一起传递才能形成配套的效果。

点击“确定”按钮后，所选的系统族类型就会传递到当前项目文件中了。如果显示“重复类型”对话框，如图 108 所示，则可以根据实际情况选择覆盖或仅传递新类型。

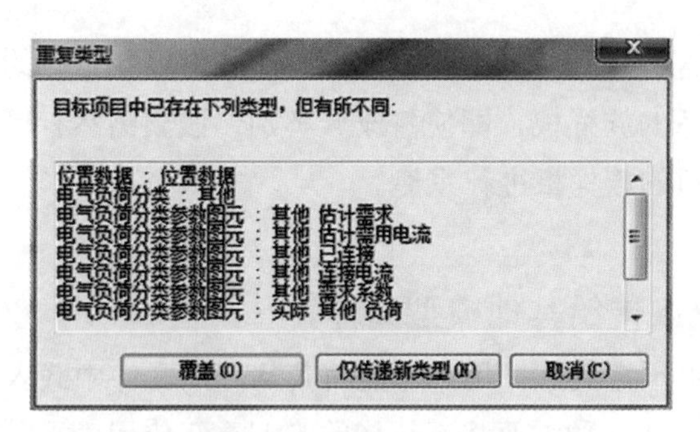

图108 重复类型对话框

41. 族参数中的“类型参数”和“实例参数”有什么区别？

Revit 软件有两种参数来控制族的外观和行为的属性：“类型参数”和“实例参数”。

（1）类型参数：同一类型的族所共有的参数为类型参数，一旦类型参数的值被修改，则项目中所有该类型的族个体都相应改变。例如，有一个窗族，其宽度和高度都是使用类型参数进行定义，宽度类型参数为 1200mm，高度类型参数为 1500mm，在项目中使用了 3 个这样尺寸类型的窗族。如果把该窗族的宽度类型参数从 1200mm 改为 1500mm，则项目中这 3 个窗的宽度就同时都改为 1500mm 了，如图 109 和图 110 所示。

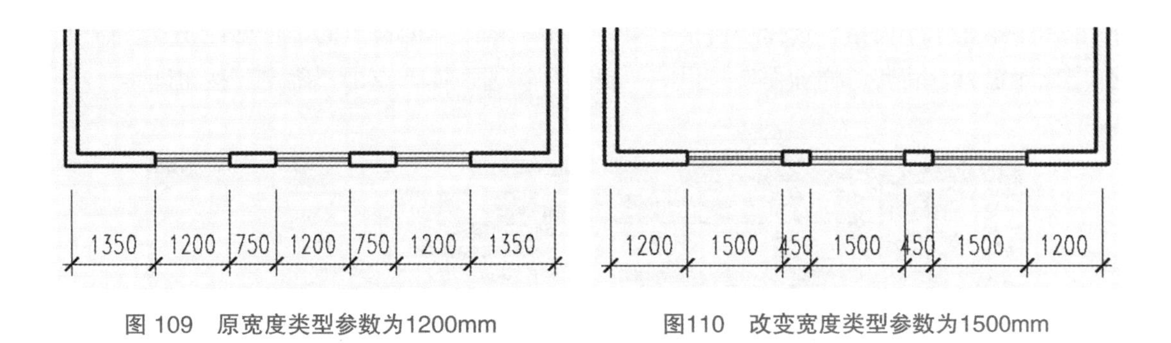

图 109　原宽度类型参数为1200mm　　图110　改变宽度类型参数为1500mm

（2）实例参数：仅影响个体、不影响同类型其他实例的参数称为实例参数。仍以窗族为例，当窗台高度的参数类型是实例参数时，当其中一个窗的窗台高度从原来的 900mm 改为 450mm 时，其他窗的窗台高度保持不变，如图 111 和图 112 所示。

图111　窗台高度均为900mm　　图112　最左边的窗台高度改为450mm

所以，在规划族参数时，要考虑族参数的用途，以便决定是采用“类型参数”还是“实例参数”。以“窗”族为例，通常相同的尺寸都可归为同一类型，所以窗的宽度和高度一般采用类型参数。但窗台高度则用实例参数更为合适，因为同一个尺寸规格的窗，其窗台高度可能不一样，如果把窗台高度也使用类型参数控制，那么一旦项目中有任何一个同尺寸规格类型的窗的窗台高度有变化，就必须多产生一个类型出来，这显然不是我们希望的结果。所以对于这种情况，窗台高度使用实例参数就比使用类型参数更符合需求。

42. 创建族的时候，怎么控制不同详细程度的表达？

Revit 自带的很多族，尤其是门窗族，都对不同详细程度作了控制，使这些族加载到项目环境后，通过视图的设置，可以显示不同的详细程度，以适应不同比例或不同的表达要求。

对于自己建的族，也可以通过对族的各组成部分进行可见性的设置，达到同样的效果。下面以一个自建窗族为例说明。如图 113 所示，是一个较复杂的窗，希望在“粗略”的视图下不显示小窗格。选择小窗格对象，点击“修改”面板里的“可见性设置”命令，弹出图示窗口，将其“详细程度”里的“粗略”钩选去掉，点击“确定”按钮即可。

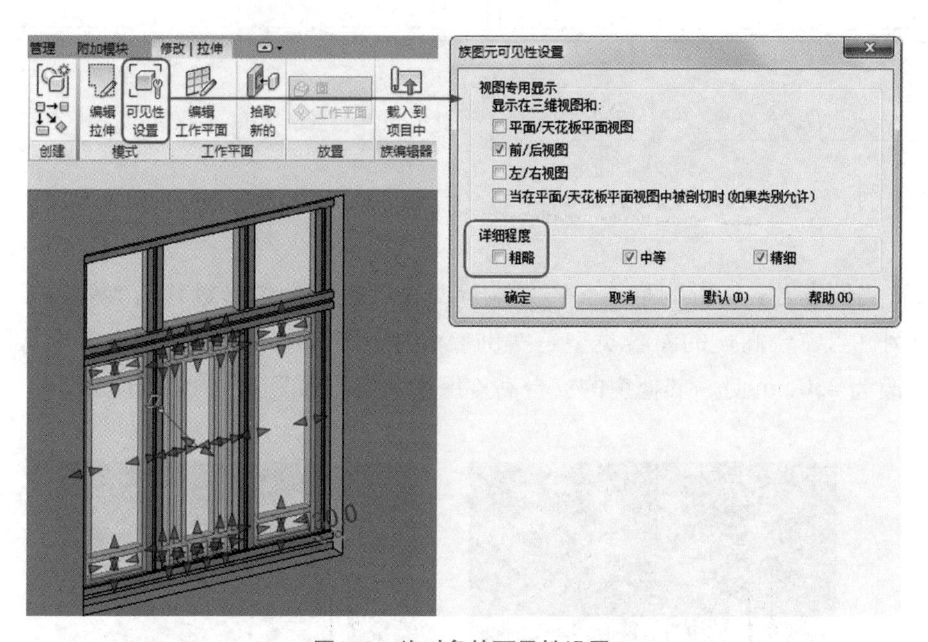

图113　族对象的可见性设置

加载后，切换 3D 视图的详细程度，可看到该窗的不同表达，如图 114 所示。

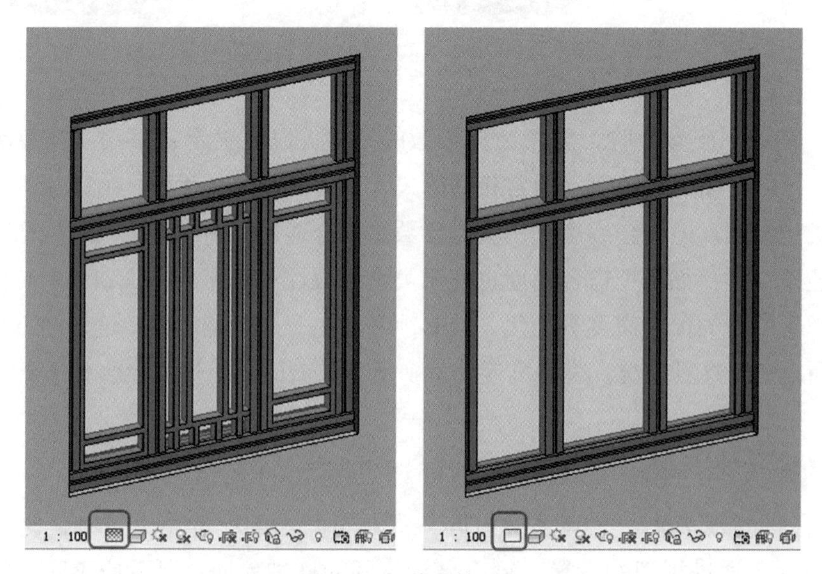

图114　加载后的效果

对于平面视图，同样可以控制不同详细程度的表现。回到族的编辑环境，如图 115 所示，为显示清晰，已将实体模型隐去，仅剩下平面窗线（详图线）。选择表示竖窗格的短竖线，同样设置为“粗略”时不可见，载入后平面表达如图 116 所示。

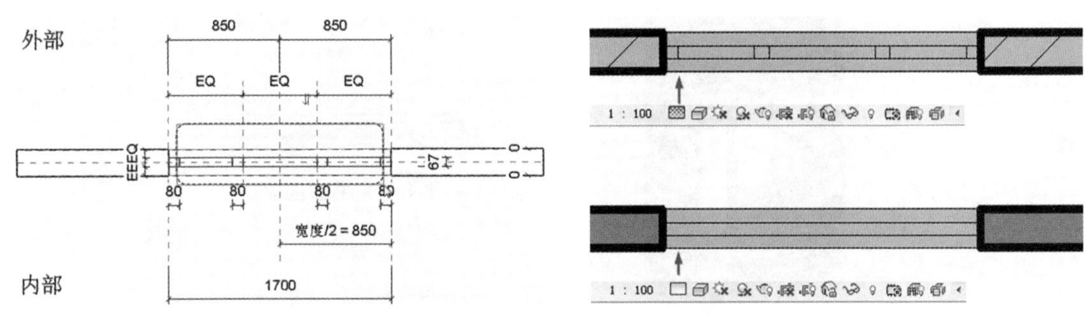

图115　选择平面表达竖框的详图线　　　　图116　加载后的平面效果

需要注意的是，如果不是简单的显隐，而是希望用不同的实体来“替换”不同详细程度的显示，那么做法就稍微复杂一点，需同时将两个实体建出，分别设置其对应不同详细程度的可见性，才能达到这个效果。两个实体必须在同一位置，受同样的参数控制与尺寸约束。如图 117 所示的一个铝型材构件，主体由两个同一位置的拉伸实体组成，一个轮廓简单，设置为仅“粗略”显示；一个轮廓有细部，设置为“中等 / 详细”时显示。

这种族做起来相对繁琐，如非必要，应尽量通过简单的显隐进行控制。

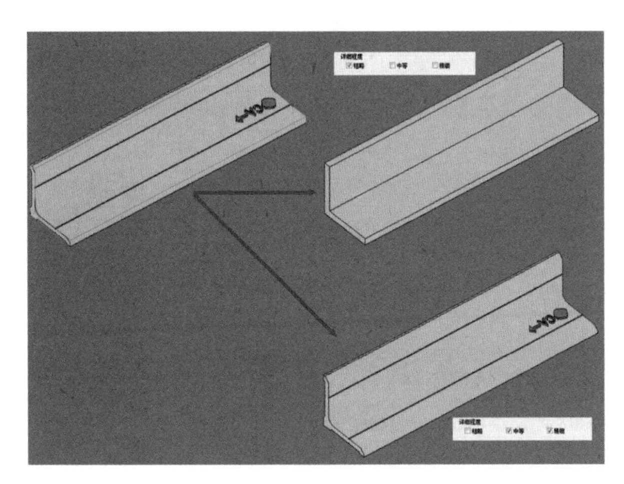

图117　不同实体对应不同详细程度

43. 如何使用简化的二维图形替代复杂的三维模型平面投影？

在图纸表达上，很多时候只需要符号化的表示而不需要复杂的三维模型投影，例如，最常见的“窗”，三维显示如图 118 所示，平面图用符号化表示如图 119 所示，但如果三维的窗族不做处理，平面视图就是如图 120 的投影结果。

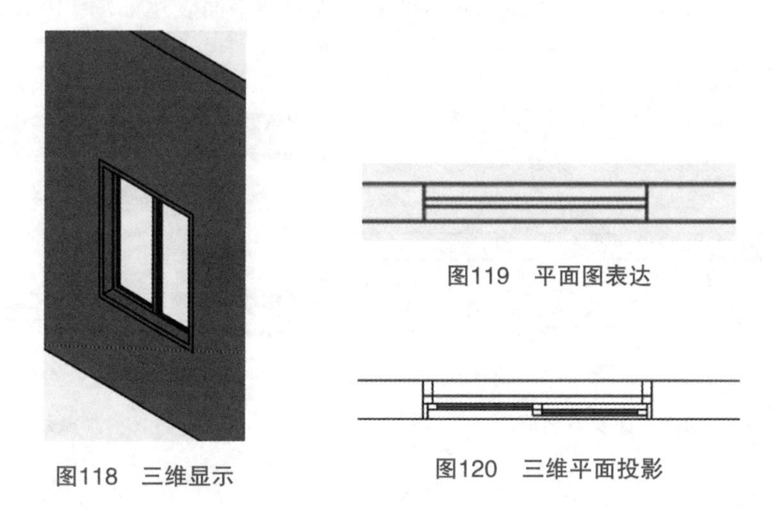

图119　平面图表达

图120　三维平面投影

图118　三维显示

所以，在制作族时，要考虑不同视图表达的需求。例如，本例的窗族除了要把三维窗的各个部件，例如窗框、竖梃、玻璃等创建出来，还要做两个处理，才能实现平面、剖面视图与其他视图的区别。方法是：

（1）在平面和剖面分别采用一个“遮罩区域”图标来遮挡剖切面后面的复杂部件，以遮挡在平面和剖面视图中不想看到的窗部件投影。

（2）在“遮罩区域”前面，用符号线绘制平面和剖面图符号化表达的线条，例如，窗在平面图上的简化表达，如图 119 所示。

（3）上述创建的“遮罩区域”和平面、剖面图符号化线条，还必须利用族图元可见性（图 121）和符号线的子类别（图 122）来控制其特定的显示方式。

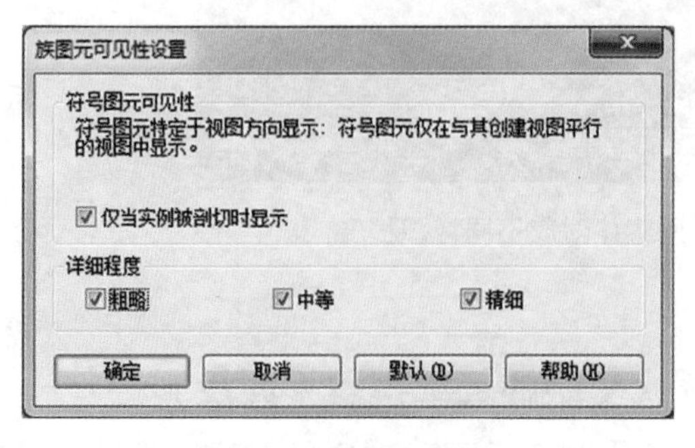

图121　可见性设置

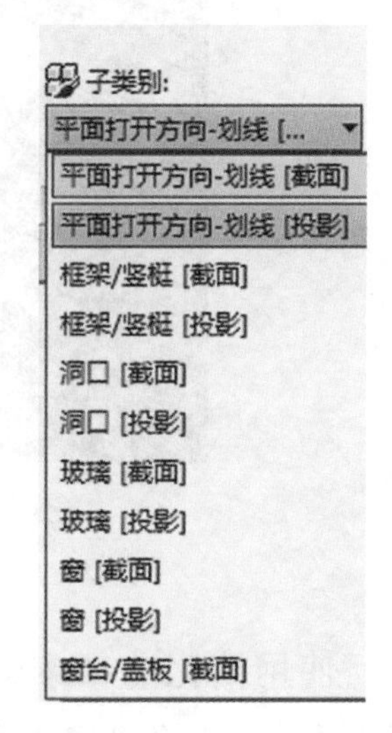

图122　符号化线条的子类别

这个方法同样适用用于其他族，例如门、家具、卫生洁具等。Revit 软件自带的很多族都是采用这种方式，如果是新创建的族，也可以采用这个方法。

44. 如何把本项目中做好的过滤器传递到其他项目中？

如果要把本项目中做好的过滤器传递到其他项目中，可以利用“传递项目标准”来实现。具体步骤如下：

（1）打开源项目文件和目标项目文件。

（2）在目标项目文件中，选择功能区“管理 > 传递项目标准”命令。

（3）在“选择要复制的项目”对话框中，选择要从中复制的源项目，如图 123 所示。

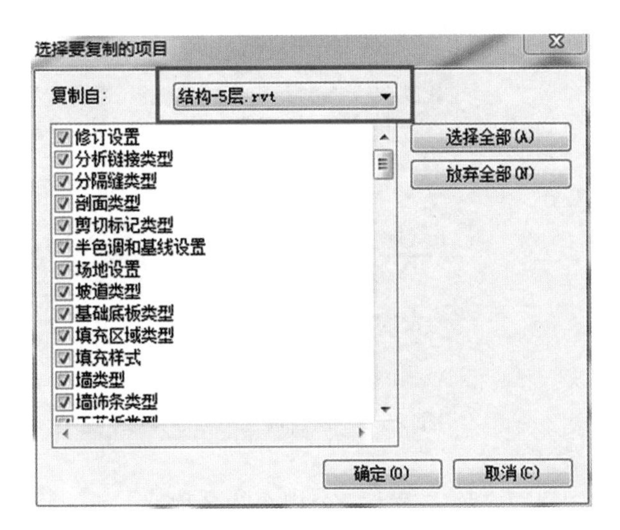

图123　选择源项目

（4）在类型列表中，找到“过滤器”一项，钩选后即可，如图 124 所示。

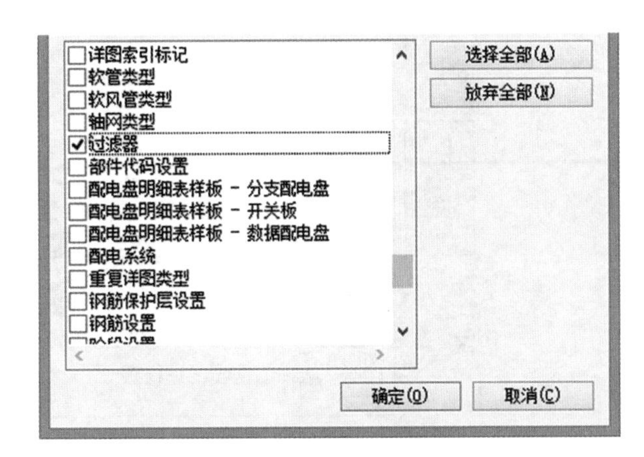

图124　选择要传递的标准

45. 如何把当前设置好的视图属性用于其他视图中？

每个视图的属性都是独立的，当前视图的属性，在其他的视图是不起作用的，如果希望把当前的视图属性用于其他的视图，可以把当前视图创建成一个样板，然后把该视图样板应用到其他视图中，以避免重复的视图设置工作。具体方法如下：

（1）打开某个视图属性已设置好的视图；

（2）选择功能区“视图 > 视图样板 > 从当前视图创建样板”命令，如图125所示；

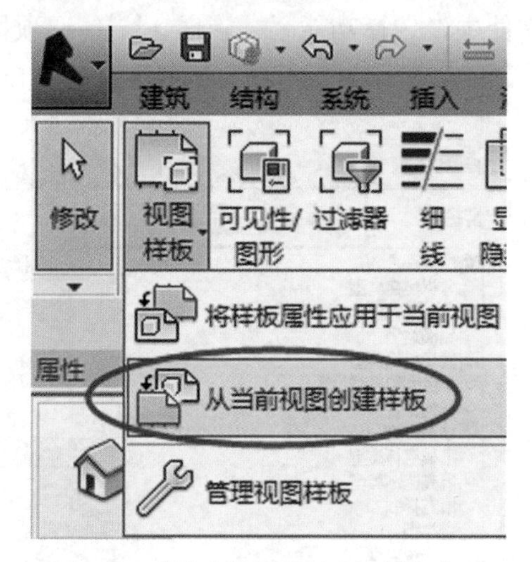

图125　“从当前视图创建样板”命令

（3）提示新视图样板名称，输入一个视图的名称；

（4）切换到其他视图；

（5）选择功能区“视图 > 视图样板 > 将视图样板属性应用于当前视图”命令，如图126所示；

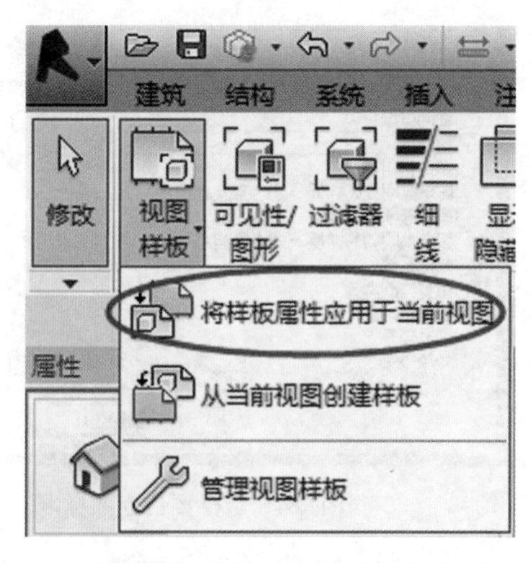

图126　“将视图样板属性应用于当前视图”命令

(6) 在“应用视图样板”窗口（图 127），选择新建的视图样板，单击“确定”按钮完成设置。

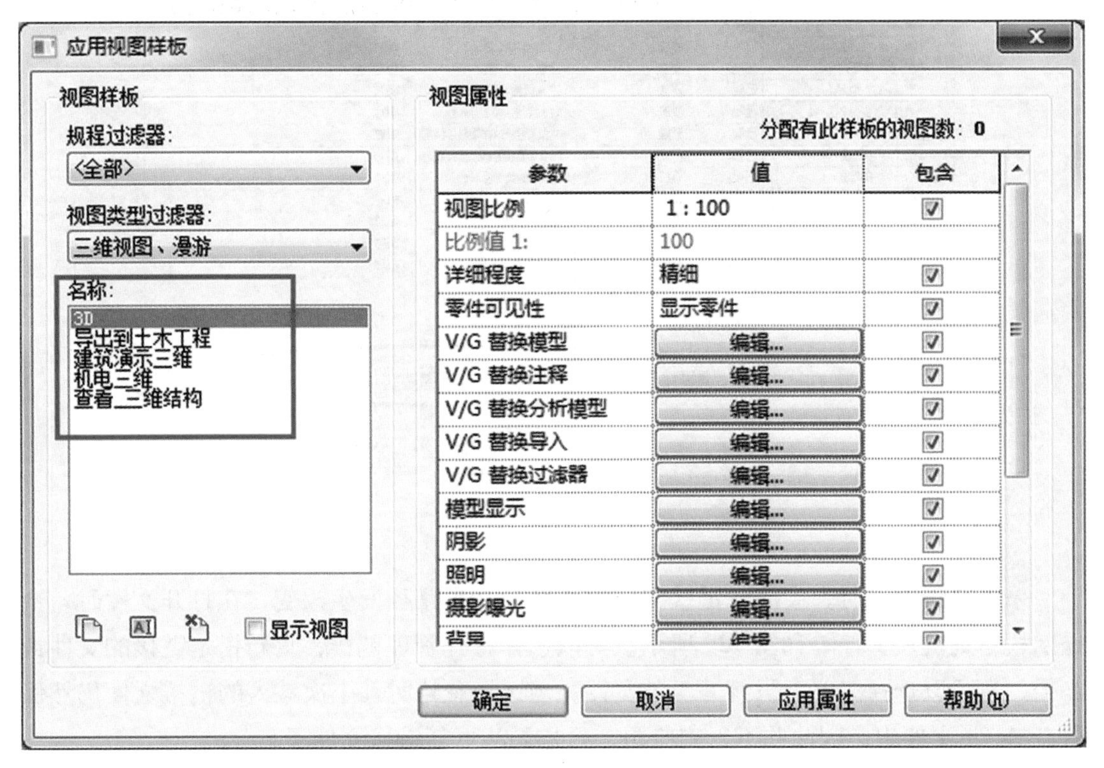

图127 “应用视图样板”窗口

图 127 右侧的项目默认为全部钩选，但实际应用中，经常会建立一些单项或部分项的视图样板，来实现某些功能。比如，制作好一套过滤器的设置，希望应用在不同的视图，但只影响其过滤器设置，不影响其比例、详细程度等设置，这时在创建视图样板时就仅需钩选“V/G 替换过滤器”一项。

46. 把 DWG 文件作为底图时，是用“链接”还是“导入”？

“链接”与“导入”都是外部参照文件的方式，这两种方式的区别主要在于：当链接文件有更改时，可更新到 Revit 文件中，而导入文件有更改时，不能更新到 Revit 文件中。

在 Revit 文件中，专门提供了“链接 CAD”工具，选择功能区“插入 > 管理链接”命令，可以对链接进来的 CAD 文件进行管理，进行重新载入、卸载、删除等操作，如图 128 所示。

图128　管理链接窗口

采用链接方式时，要注意链接文件的路径，如果路径发生改变，在打开文件时，会提示找不到链接文件，如图 129 所示。可以选择打开管理链接，重新指定链接的文件或路径，也可以选择忽略，只打开当前文件。当选择忽略时，上次载入的链接文件仍然保留在 Revit 文件中，因此并不影响使用，只是无法更新链接文件了。

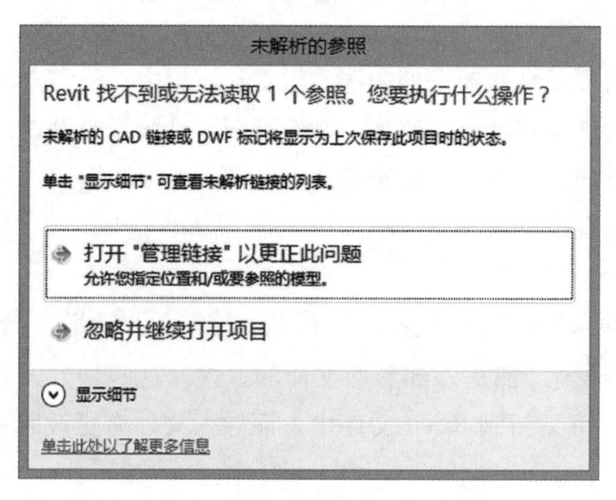

图129　找不到链接文件提示框

而通过“导入 CAD”方式插入的文件不会出现在“管理链接”对话框中，但可以进行分解（链接的 CAD 不能进行分解），选择功能区“分解”命令可以将选择的 CAD 文件打散（如图 130），分解后 CAD 中的图层会转换为 Revit 线样式的新类别（如图

131），文字样式、线型等也会添加到当前的 Revit 文件里面。

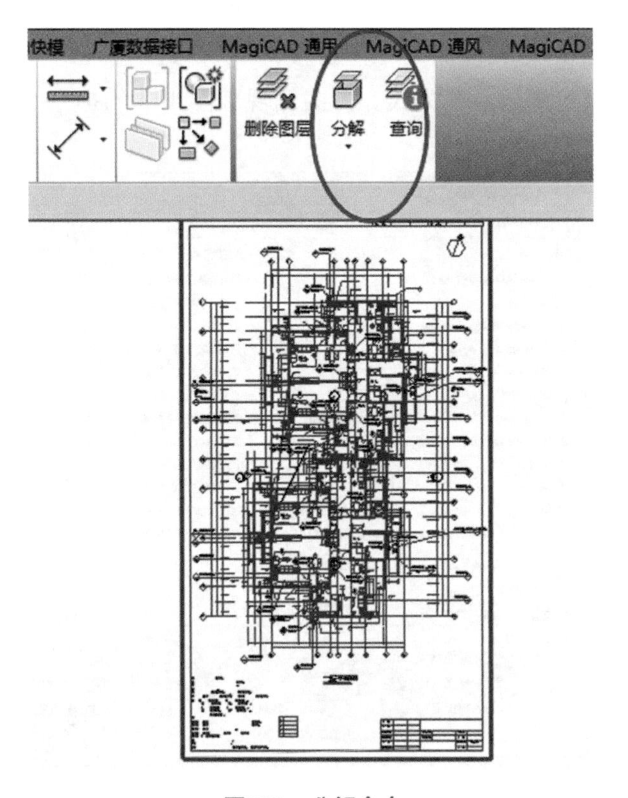

图130　分解命令

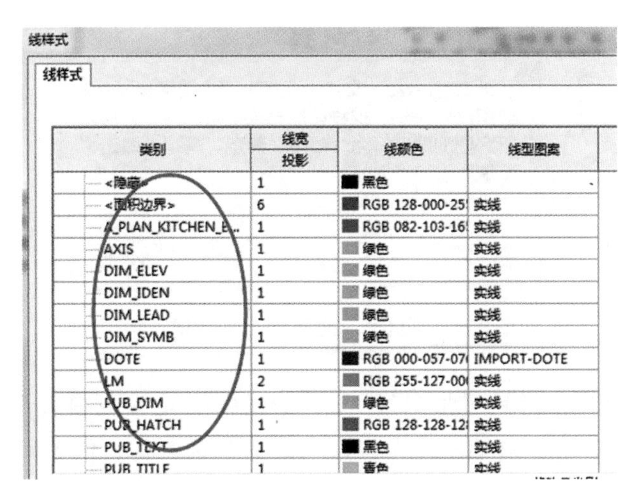

图131　转换的Revit线样式

所以，为了避免大量增加文字、线型等样式，建议在一般情况下，尤其是 DWG 文件仅作为参照底图时，均采用“链接”的方式；仅当需要分解 DWG 图形以利用其中的线条等元素时，才采用“导入”的方式，并且需注意导入前进行 DWG 文件的清理。

47. 当把 CAD 的地形图导入到 Revit 时，提示数据超出范围，该怎样处理？

当把 CAD 的地形图作为底图链接或导入到 Revit 时，通常为了精确计算坐标位置，在 Revit 链接或导入 CAD 文件时，在“链接 CAD 格式”窗口（图 132）的“定位”方式，选择“自动—原点到原点”方式，就会出现如图 133 的提示。

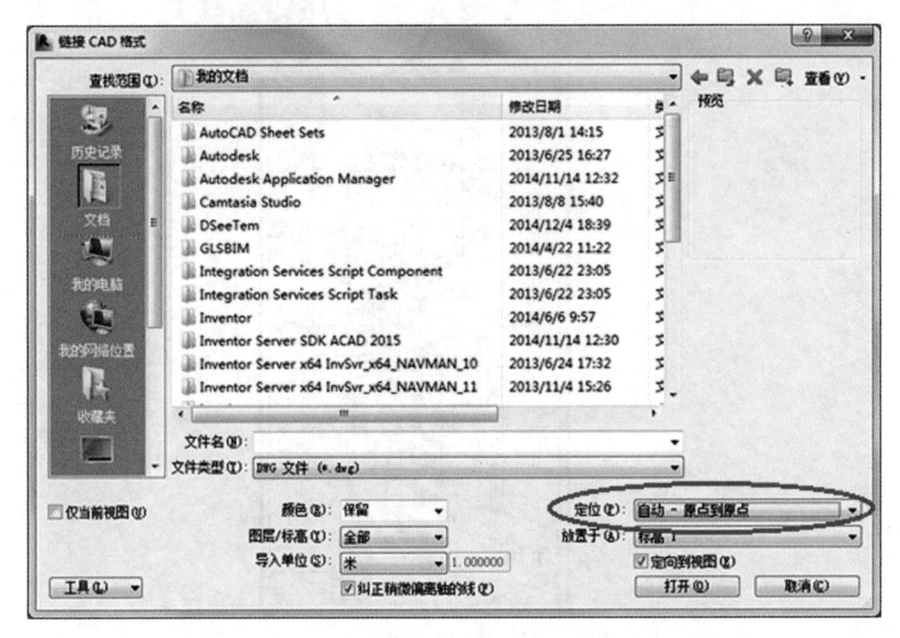

图132　链接CAD窗口

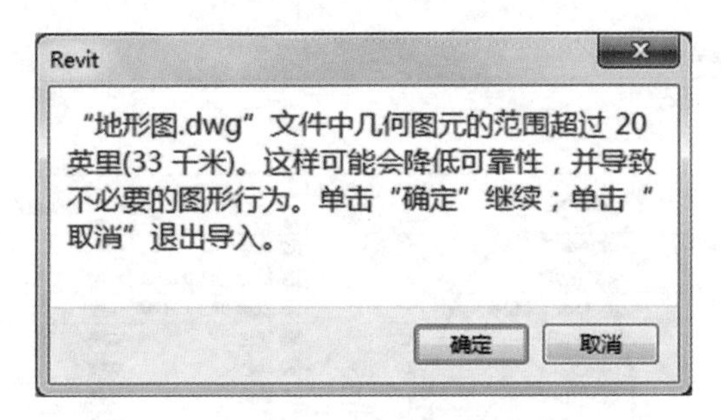

图133　超范围提示窗口

出现这个提示的原因是这张 CAD 图里的几何图元的范围大于 Revit 的限制，通常地形图的 X、Y 绝对坐标值都比较大，这与地形测量有关。但工程项目地形本身的长度和宽度通常不会超过 20 英里。为了满足 Revit 的几何图元数值范围的要求，我们可以通过移动项目坐标原点的方式来解决，在 AutoCAD 里，先把整个地形平移到靠近绝对坐标原点（0，0）位置，例如图 134 所示，原 CAD 地形图的矩形水池左下角，然后在 Revit 链接或导入 CAD 地形图就可避免这个问题的发生。

由于移动了项目原点，在 Revit 里的坐标就不对了，为了在 Revit 里还能正确显示原来的坐标值（图 134），可使用功能区“管理 > 坐标 > 在点上指定坐标”命令，出现“指定共享坐标”窗口，把移到原点的原坐标值分别输入到“东 / 西”和“北 / 南”，如图 135 所示。

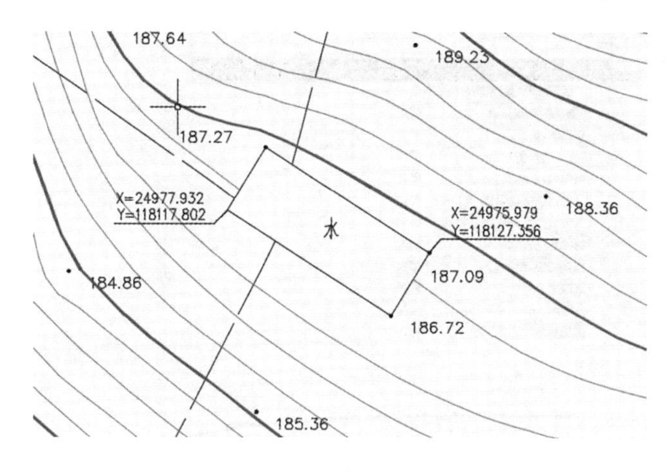

图134　原CAD地形图

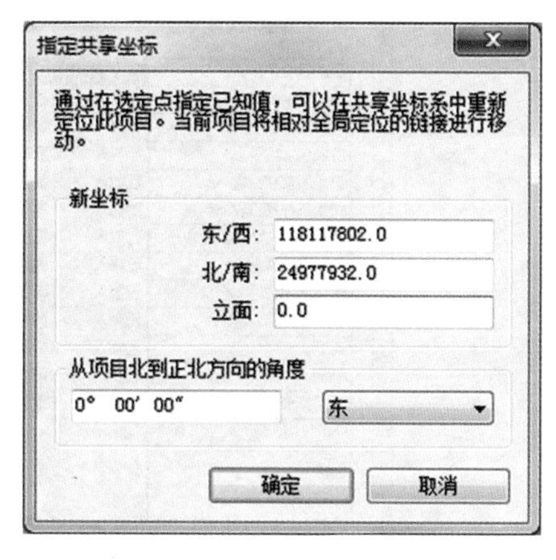

图135　指定共享坐标窗口

通过这个方法，在 Revit 就能正确标注坐标了，如图 136 所示。

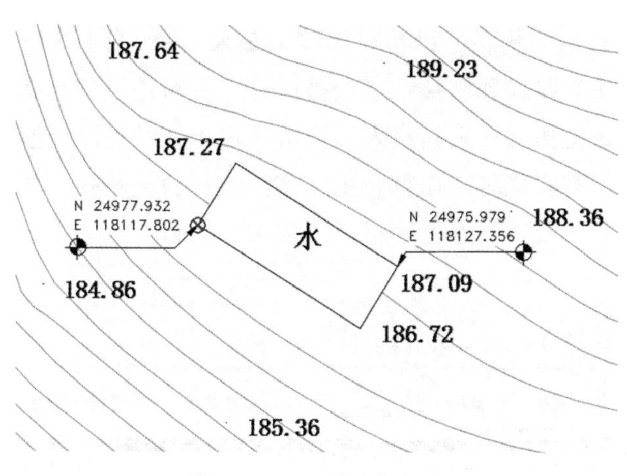

图136　Revit的坐标标注

此外，有些 DWG 文件本身绘制范围不大，但在画图过程中由于不慎，有一些无关的线条“飞”到很远的地方（往往是在关闭的图层，因此很难发现），在导入时也有可能出现上述情况，需注意清理。

48. 在链接文件管理中，“卸载”和“删除”有什么区别？

Revit 文件中，“管理链接”是专门用于管理链接文件的工具，可对当前项目中链接进来的文件进行“卸载”或者“删除”操作，如图 137 所示。

链接的文件	状态	参照类型	位置未保存	保存路径	路径类型	本地别名
建筑-负2层.rvt	已载入	覆盖	☐	建筑-负2层.rvt	相对	
景观构架（直线方案二）.r	已载入	覆盖	☐	..\景观构架\景观构架（直	相对	
消火栓-负2层.rvt	已载入	覆盖	☐	消火栓-负2层.rvt	相对	
空调水-负2层.rvt	已载入	覆盖	☐	空调水-负2层.rvt	相对	
空调风管-负2层.rvt	已载入	覆盖	☐	空调风管-负2层.rvt	相对	
结构墙柱-负2层.rvt	已载入	覆盖	☐	结构墙柱-负2层.rvt	相对	
结构梁板-负1层.rvt	已载入	覆盖	☐	..\负1层\结构梁板-负1层.r	相对	
给排水-负1层.rvt	已载入	覆盖	☐	..\负1层\给排水-负1层.rvt	相对	
给排水-负2层.rvt	已载入	覆盖	☐	给排水-负2层.rvt	相对	
自动喷淋-负2层.rvt	已载入	覆盖	☐	自动喷淋-负2层.rvt	相对	
花架.rvt	已载入	覆盖	☐	..\花架.rvt	相对	
轴网.rvt	已载入	覆盖	☐	..\轴网.rvt	相对	
通风排烟-负2层.rvt	已载入	覆盖	☐	通风排烟-负2层.rvt	相对	

图137　管理链接窗口

当链接文件被卸载后，状态一栏将变为“未载入”，如图 138 所示，但该链接文件仍然会在列表中，其保存路径和链接信息仍被保存，并可通过“重新载入”或“重新载入来自 ...”功能，将该链接文件重新载入，通常可用于临时去除链接文件。

当链接文件的路径有变化时，在打开主体文件时，会提示找不到链接文件，这时如果打开管理链接，会发现链接文件也处在“未载入”状态下。

链接的文件	状态	参照类型	位置未保存	保存路径	路径类型	本地别名
建筑-负2层.rvt	未载入	覆盖	☐	建筑-负2层.rvt	相对	
景观构架（直线方案二）.r	已载入	覆盖	☐	..\景观构架\景观构架（直	相对	
消火栓-负2层.rvt	已载入	覆盖	☐	消火栓-负2层.rvt	相对	

图138　链接文件的“未载入”状态

而链接文件删除，则该链接文件将在列表中消失，包括路径、链接信息等都将从该项目中删除，且不能通过“撤销 / 恢复”命令返回，通常用于永久去除链接文件。

需要注意的是，管理链接中的操作是针对项目的，也就是所有视图的。如果只想在某个视图中看不到链接文件，可以到视图“可见性 / 图形替换”对话框中控制链接文件的可见性。

49. 如何把链接的模型文件合并到当前的项目模型中?

要把链接进来的模型文件合并到当前的项目模型中，可以通过绑定链接来实现，具体操作如下。

（1）选择要绑定的链接模型，单击“修改 > 绑定链接”命令，如图 139 所示；

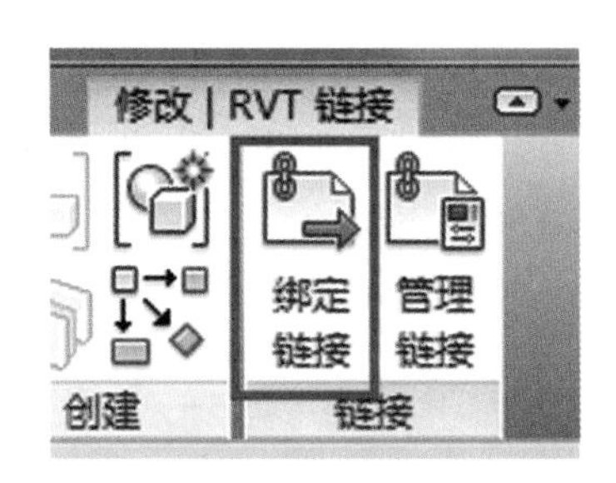

图139　绑定链接

（2）在“绑定链接选项”窗口中，选择是否包含链接文件中附着的详图、标高和轴网，如图 140 所示；

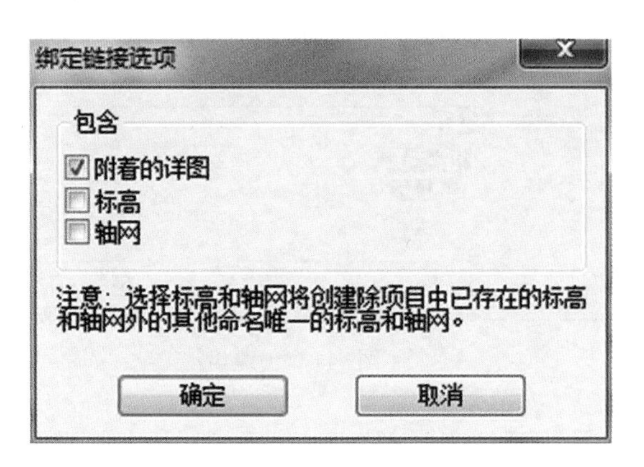

图140　绑定链接选项

（3）单击“确定”按钮，这时绑定链接进来的模型是模型组，如果项目中有一个组与链接的模型同名，将会显示警告框，可以根据实际情况选择下列操作之一：

①单击“是”按钮，以替换组。

②单击“否”按钮，使用新名称保存组。将显示另一条消息，说明链接模型的所有实例都将从项目中删除，但链接模型文件仍会载入到项目中。可以单击消息对话框中的“删除链接”命令将链接文件从项目中删除，也可以在以后从“管理链接”对话框中删除该文件。

③单击“取消”按钮，以取消转换。

50. 使用“组”有什么好处?

对于相同的、可重复布置的组合实体，例如标准层、户型单元、组合家具等，可以进行成“组”操作，成“组”后就如同一个对象，方便进行移动、复制、阵列、旋转、镜像等操作。也许是目前软件的问题，有些 Revit 对象，特别是“内建模型”，成“组”后进行移动、复制、阵列、旋转、镜像等操作就能正常进行，而不成“组”直接进行上述的编辑有时会出错，所以强烈建议对包含大量的组合实体整体，特别是包含“内建模型”进行移动、复制、阵列、旋转、镜像等操作，先进行成“组”操作。

另外，对于重复布置使用的组合实体，还要一个好处是一旦“组”内的对象做了修改，则所有复制的“组”的都相应更改，对于标准层、户型单元等应用就非常有用。

成“组”的操作步骤如下：

(1) 选择功能区“修改 > 创建组”命令；

(2) 输入“组”名称和选择成组的对象类型，如图 141 所示：

①模型组：包含模型对象。

②详图组：包含二维的详图注释对象，例如文本、填充图案等。

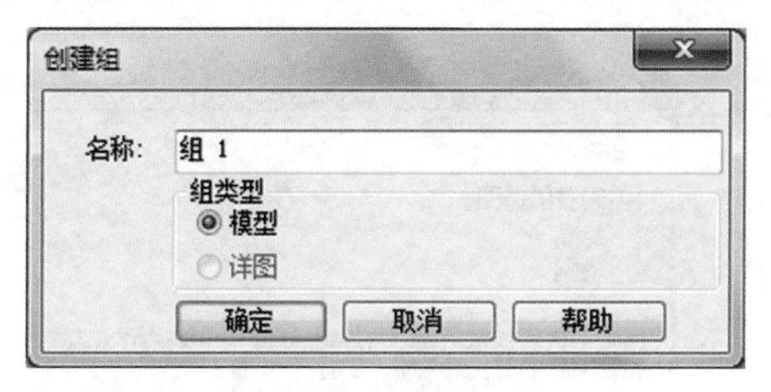

图141 创建组

(3) 在“组编辑器”面板上，单击（添加）图标，将对象添加到组，或者单击（删除）图标，从组中删除对象；

(4) 选择要添加到“组”的对象或者要从组删除的对象；

(5) 完成后，单击“✔”符号，完成成组。

需要注意的是，“组”不能同时包含模型对象和详图专有对象，如果希望在模型对象中包含详图对象，则可先把详图专有对象成组，然后作为模型组的附着详图组依附到模型组里。

例如，要创建 A 户型的“组”，同时要包含 A 户型的文字说明，则要先把文字说明成详图组（如，A 户型说明），然后在创建 A 户型模型组时，附着“A 户型说明”详图组。

要查看当前项目里的成“组”情况，可在项目浏览器的“组”分类看到，如图 142 所示。

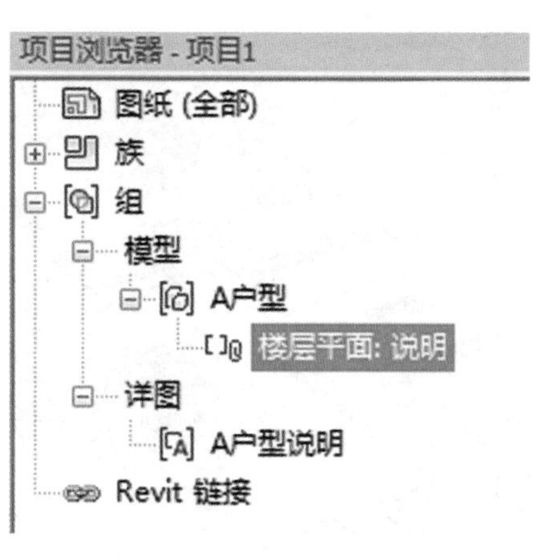

图142　项目浏览器的组内容

51. 视图属性中的“规程”和“子规程”有什么作用?

Revit 软件的视图属性里有设置“规程”这个参数，默认包括“建筑、结构、机械、电气、卫浴、协调”。“规程”不可自行添加，只能选择现有的选项。在多专业模型整合时，“规程”决定该视图显示将以什么专业为主要显示方式，也决定着项目浏览器中视图目录的组织结构。

以优比服务的青岛啤酒城项目为例，在规程为“协调”时，所有专业都以本来色调显示，如图 143 所示；当规程为“机械”时，机电专业的对象将完整显示，而建筑、结构专业的对象则以半色调方式显示，且不遮挡机电专业的对象，如图 144 所示。

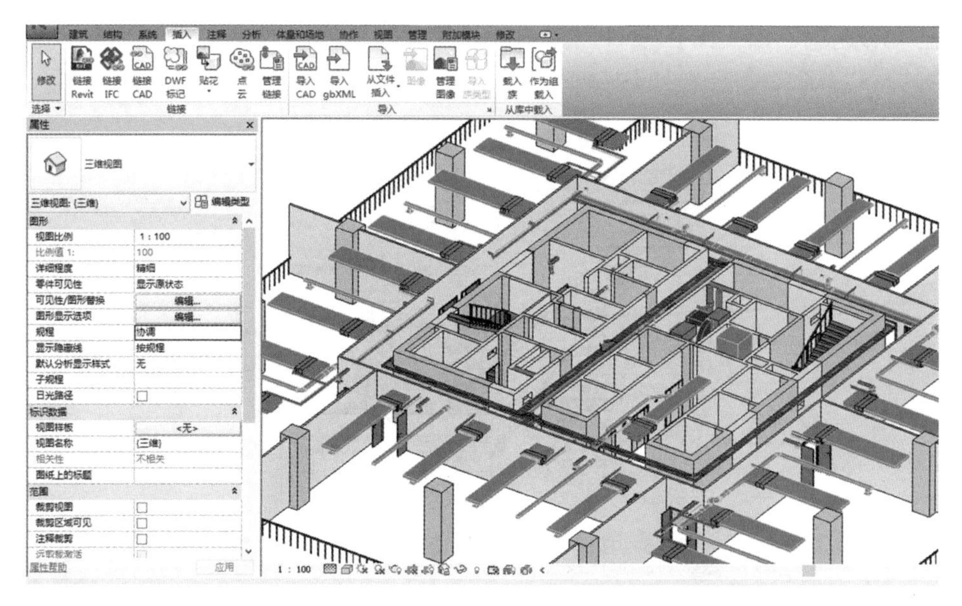

图143　规程为“协调”时的显示

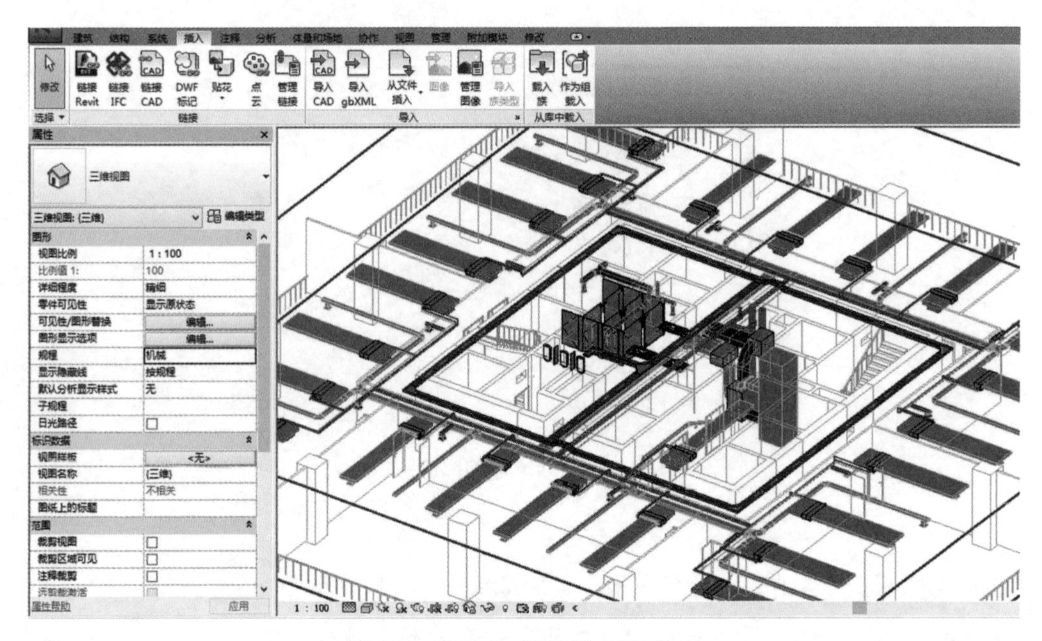

图 144 规程为“机械”时的显示

Revit 的视图属性里还设有“子规程”，按专业默认有“HVAC”、“卫浴”、“照明”、“电力”等。子规程可自行输入添加，和规程一样，也决定着项目浏览器中视图目录的组织结构。

Revit 项目浏览器中的视图默认按“规程”和“子规程”的设置排列，第一级目录对应“规程”，第二级目录对应“子规程”，如图 145 所示，若修改视图的“规程”或“子规程”的选项，该视图在项目浏览器的位置会自动移到新的“规程”和“子规程”目录下。

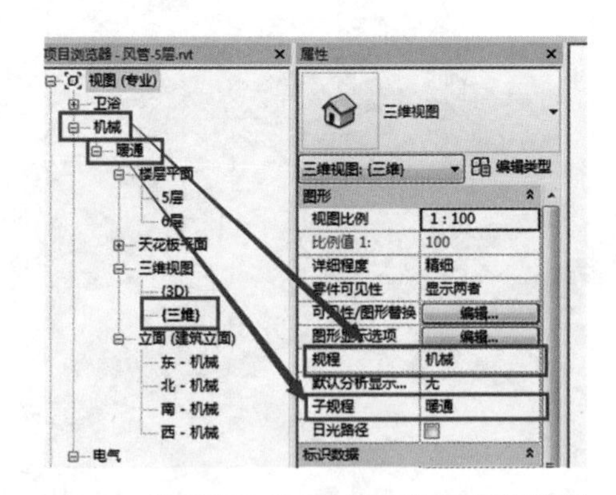

图145 按规程和子规程排列的项目浏览器

52. 项目浏览器中的视图名称为何出现问号?

有时，我们在 Revit 创建新视图时，会发现项目浏览器中“视图名称”为问号，这时，要检查该视图的“子规程”选项是否为空，如图 146 所示。

发生这种情况，往往是因为模型涉及多个专业，或是采用了新的规程，程序无法确定视图属于哪个子规程，所以就会以问号显示。这时，可以在“子规程”下拉栏中选择合适的选项，也可以直接点选“子规程”输入框，输入新的子规程名称。

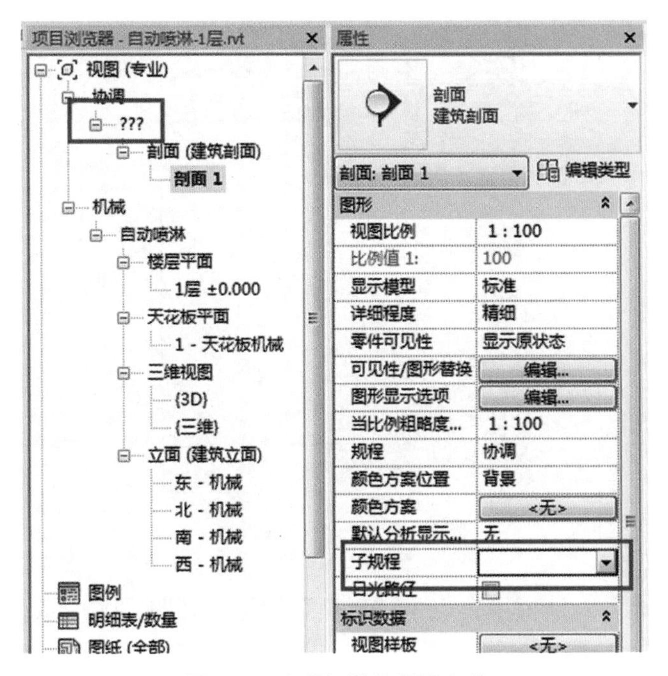

图 146　出现问号的视图名称

需要注意的是，修改了“子规程”的视图在项目浏览器的位置会自动移到新的子规程目录下，为便于项目管理，应为视图选择合适的子规程，或修改项目浏览器的组织设置，取消子规程的层级。

53. 如何控制 Revit 保存时自动产生的备份数量?

Revit 自带了一个简单的模型文件版本管理功能，以便使用之前备份的文件回滚对项目的最新修改，从而可恢复到之前保存的状态。当你保存文件时，Revit 会自动把上次保存在硬盘上的文件名后增加“nnnn”4 位数的保存次数数字，例如，第 1 次保存的项目文件名为:“项目 1.rvt”，但你再次保存文件，上次保存的文件名就改为:“项目 1.0001.rvt”，再保存就会再增加一个“项目 1.0002.rvt”，如此递增直至达到设定的最多备份数，一旦达到最多备份数，Revit 将删除最早的备份文件。由于备份文件也占用硬盘空间资源，所以也不宜设置太多，可根据实际情况和经验调整。具体方法如下：

（1）选择“开始 > 另存为 > 项目”命令，如图 147 所示。

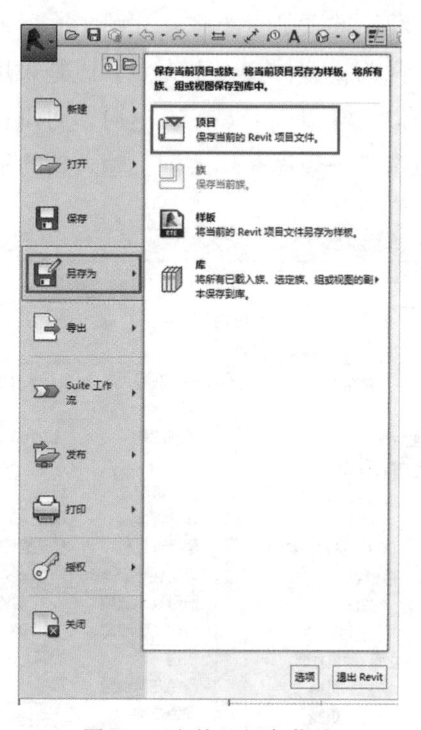

图147　文件另保存菜单

（2）在“另存为”对话框中，点击“选项”按钮，如图 148 所示。

图148　文件“另存为”窗口

(3) 在“文件保存选项”窗口，设置“最大备份数”的数字，就可以控制保存时自动产生备份文件的数量，如图 149 所示。

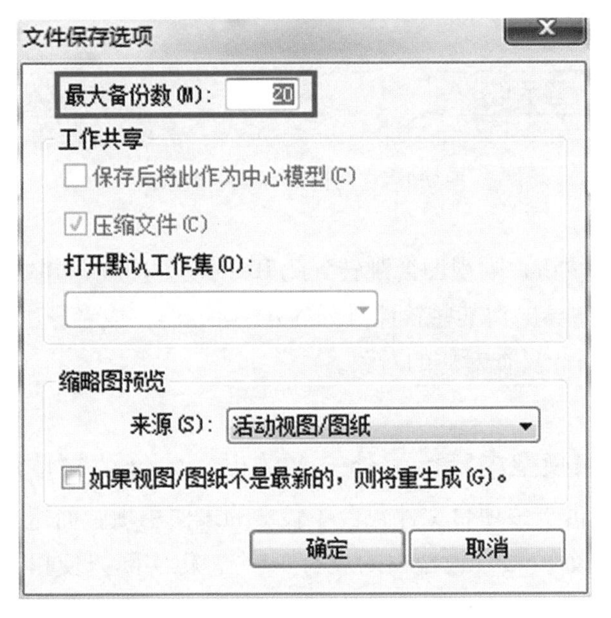

图149　文件保存选项窗口

54. 模型对象的 ID 有何作用?

Revit 中每一个模型对象都有单独的 ID，就像一个人的身份证一样，同一个文件中，每一个对象都有唯一的 ID（不同 rvt 文件的 ID 有可能重复）。我们利用模型 ID 的唯一性特点，可以作以下的使用：

(1) 在导出的碰撞报告中，用模型 ID 反查模型，如图 150 所示。

	A	B
1	管道 : 管道类型 : 给水管 - 标记 3480 : ID 876226	结构梁板-负2层.rvt : 结构框架 : 混凝土-矩形梁 : 300 x 700 mm : ID 571925
2	管道 : 管道类型 : 给水管 - 标记 3481 : ID 876252	结构梁板-负2层.rvt : 结构框架 : 混凝土-矩形梁 : 300 x 700 mm : ID 571925
3	管件 : 丝扣-弯头 : 标准 - 标记 4845 : ID 876296	结构梁板-负2层.rvt : 结构框架 : 混凝土-矩形梁 : 300 x 700 mm : ID 571925
4	管道 : 管道类型 : 给水管 - 标记 3385 : ID 871758	结构梁板-负2层.rvt : 结构框架 : 混凝土-矩形梁 : 300 x 700 mm : ID 571938
5	管道 : 管道类型 : 给水管 - 标记 3386 : ID 871772	结构梁板-负2层.rvt : 结构框架 : 混凝土-矩形梁 : 300 x 700 mm : ID 571938
6	管道 : 管道类型 : 给水管 - 标记 3456 : ID 874751	结构梁板-负2层.rvt : 结构框架 : 混凝土-矩形梁 : 300 x 700 mm : ID 571938
7	管道 : 管道类型 : 雨水管 - 标记 2021 : ID 787616	结构梁板-负2层.rvt : 结构框架 : 混凝土-矩形梁 : 400 x 800 mm : ID 572242
8	管道 : 管道类型 : 雨水管 - 标记 2021 : ID 787616	结构梁板-负2层.rvt : 结构框架 : 混凝土-矩形梁 : 400 x 800 mm : ID 572255
9	管道 : 管道类型 : 废水排水管 - 标记 3381 : ID 871610	结构梁板-负2层.rvt : 结构框架 : 混凝土-矩形梁 : 400 x 800 mm : ID 572675

图150　碰撞报告中的模型ID

(2) 在 Revit 项目中，我们可按 ID 号“选择 / 显示”相应的模型，方法如下：

①选择功能区“管理 > 按 ID 号选择图元”命令，在出现“按 ID 号选择图元”的窗口（图 151）输入模型 ID 号；

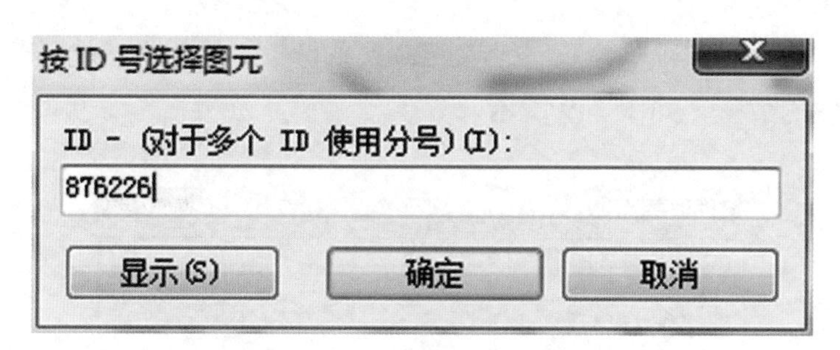

图151　在对话框中输入模型ID

②单击“显示”按钮，则视图会跳转到此 ID 的模型位置，并处于“选中”状态。

(3) 当 Revit 模型导出到某些软件（如 Navisworks），或者导出 DWF 文件时，均可保留 ID 信息，可以借此反查对应的对象。

55. 项目文件的模型内容比另外一个的少，为什么文件却更大？

出现这种情况是由于该项目文件包含了较多的未使用项，而这些未使用项还依然保存在项目文件里。例如，项目包含窗的族有 30 个，但实际只使用了 20 个，还有 10 个族并没有在模型中使用，但它们依然存放在项目文件里，如果类似的问题较多，就会出现看上去模型内容不多，但实际文件还有很大的情况。

要减少项目文件的大小，可以通过“清除未使用项”来实现，以提高性能，并减小文件大小。步骤如下：

(1) 选择功能区“管理 > （清除未使用项）”命令，如图 152 所示，出现“清除未使用项”对话框，并列出可以从当前项目中删除的视图、族和其他对象；

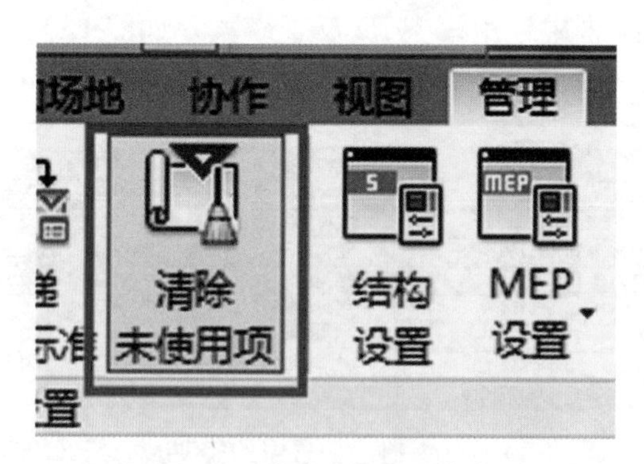

图152　清除未使用项命令

(2) 钩选从项目中清除的对象（如图 153 所示）。该功能不允许清除已使用的对象，或具有从属关系的对象。默认为全选，但不建议直接点击“确定”进行完全的清理，因为有些项目可能后续会用上，因此需根据具体情况来选择清理的项目。

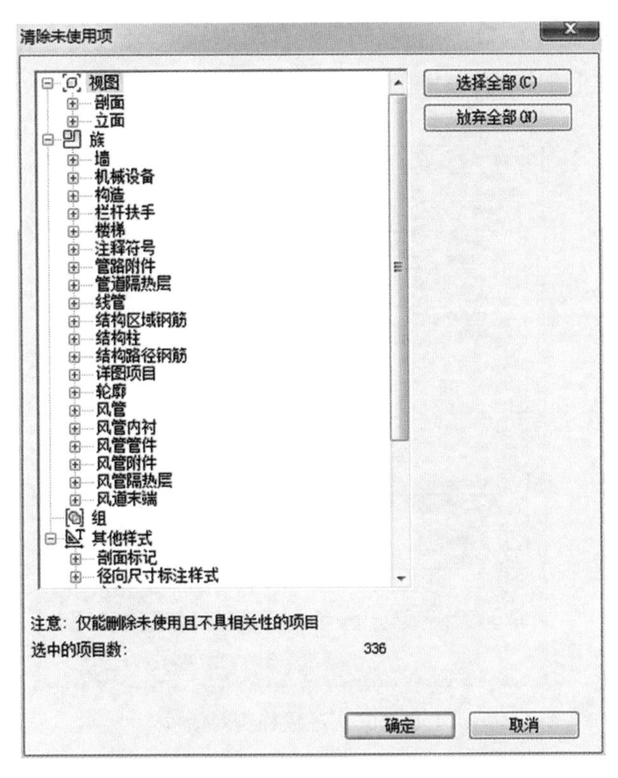

图153　清除未使用项

(3) 单击“确定”按钮，完成从当前项目中清除所有选中的对象。

另外，当文件进行较长时间的操作后，另存一下也往往可以使文件变小很多。

56. 怎样进行模型的碰撞检查?

Revit 本身自带了碰撞检查的功能，可以对当前项目内的模型进行碰撞检查，也可以与链接的模型进行碰撞检查，首先介绍当前项目内模型碰撞检查的方法。

(1) 点击“协作”面板下的“碰撞检查 > 运行碰撞检查”命令，如图 154 所示；

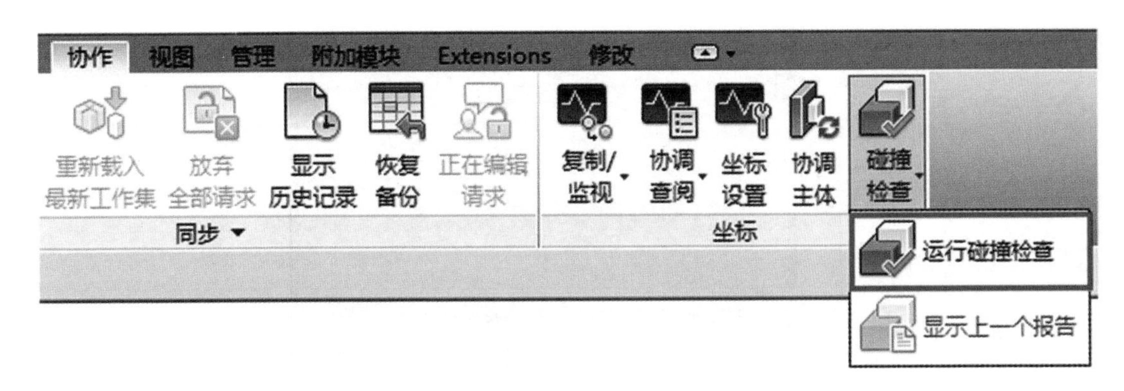

图 154　运行碰撞检查命令

（2）在“碰撞检查”窗口，通过钩选左右两边选项来进行当前项目之间的碰撞检查，例如管道与结构框架进行碰撞检查，如图 155 所示；

图 155　碰撞检查对话框

（3）单击“确定”按钮，进行碰撞检查。

此外，Revit 也提供了当前项目与链接文件之间的碰撞检查，方法如下：

（1）选择功能区“协作 > 碰撞检查 > 运行碰撞检查”命令，如图 154 所示；

（2）在“碰撞检查”窗口，在左右两边分别选择“当前项目”和链接文件，然后分别钩选要进行碰撞检查的内容，例如“风管”与“墙体”做碰撞检查，如图 156 所示；

图 156　链接文件碰撞检查

(3) 单击“确定”按钮，即会出现系统检测出的风管与墙体之间的碰撞检查报告，如图 157 所示；

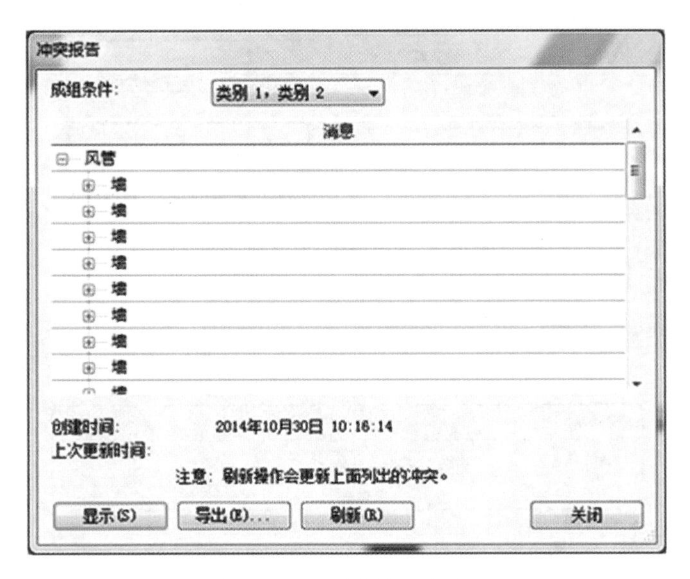

图 157　冲突报告对话框

(4) 选中其中某条碰撞报告，单击下方“显示”按钮，如图 158 所示，则视图会快速跳转至该碰撞位置并以高亮显示，如图 159 所示；

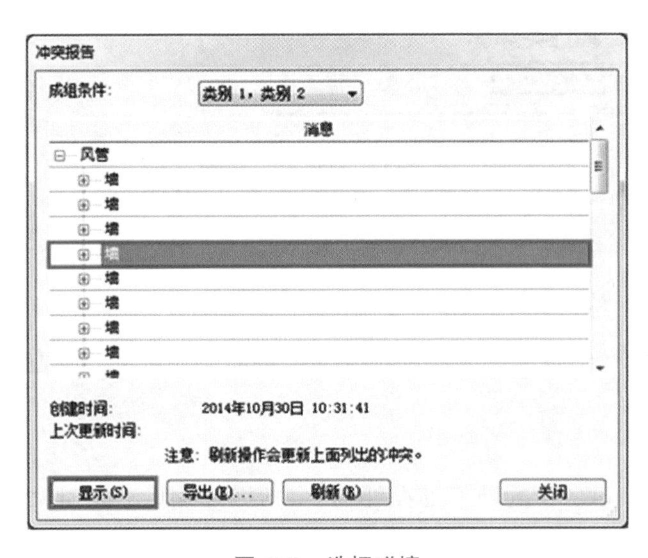

图 158　选择碰撞

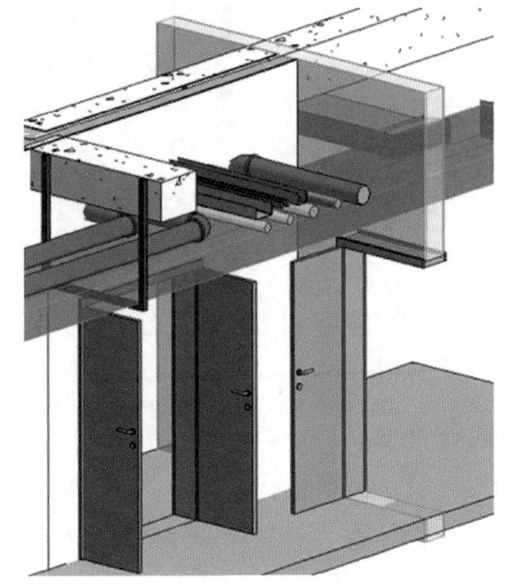

图 159　高亮显示碰撞位置

(5) 找出碰撞后，对模型进行调整，完成之后可以直接点击“运行碰撞检查”下方的“显示上一个报告”命令，即会出现上一次碰撞检查的报告，如图 160 所示；

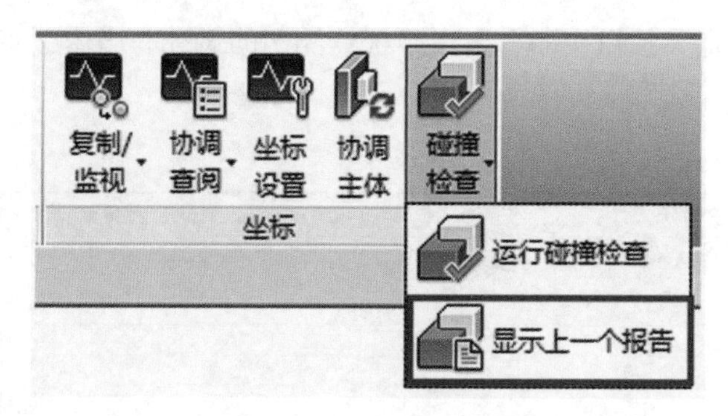

图160　显示上一个报告命令

（6）单击“刷新”按钮，可更新冲突报告，如图 161 所示。

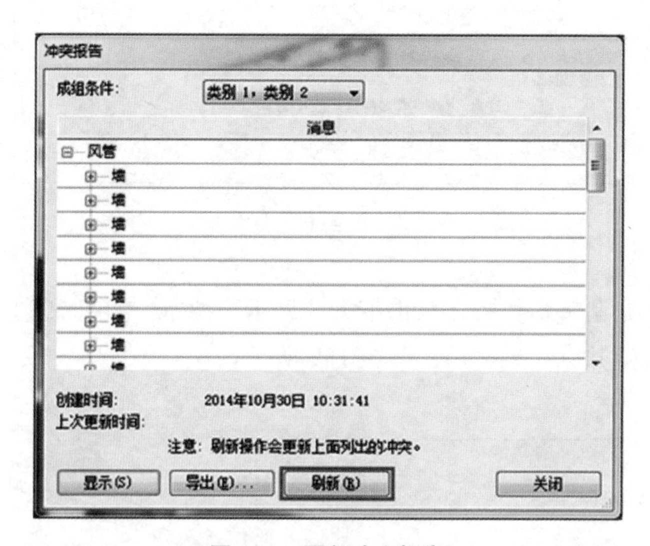

图 161　更新冲突报告

注：Revit里的碰撞检查只能检测出硬碰撞，若要运行软碰撞检查，则需在Navisworks里完成。

57. 各专业协同工作时，选择“链接”还是“工作集”模式？

Revit 提供了“链接”和“工作集”两种工作模式进行多专业协同工作，这两种方式各有特点。

（1）链接模式：

这种方式也称为外部参照（与 AutoCAD 的外部参照相似），可以依据需要随时加载模型文件，各专业之间的调整相对独立，尤其是对于大型模型在协同工作时，性能表现较好，特别是在软件的操作响应上。但由于被链接的模型不能直接进行修改，因此需要回到原始模型进行编辑。例如，某项目按“建筑主体”和“建筑核心筒”分别组成完整项目模型，“建筑主体”模型链接了“建筑核心筒”模型，现在发现需要修改“建筑核心筒”模型，就需要另外打开“建筑核心筒”模型进行编辑修改，所以协作的时效性不如“工作集”模式方便。

（2）工作集模式：

这种方式也称为中心文件方式，根据各专业的参与人员及专业性质确定权限，划分工作范围，各自工作，将成果汇总至中心文件（中心文件通常存放在共享文件服务器上），同时在各成员处有一个中心文件的实时镜像，可查看同伴的工作进度。这种多专业共用模型的方式对模型进行集中储存，数据交换的及时性强，但对服务器配置要求较高。例如，某项目按“建筑主体”和“建筑核心筒”分别组成完整项目模型，但是以工作集方式进行，“建筑主体”和“建筑核心筒”分别由两位项目成员分工负责，如果负责“建筑主体”的成员发现“建筑核心筒”需要修改，这位成员只要具备相应权限就可直接修改“建筑核心筒”模型，及时性比“链接模式”强。

在实际项目中可以只采用其中一种方式，也可以两种方式同时使用，具体需要根据项目特点、项目成员的组成进行规划。通常情况下，专业之间的协同建议采用“链接模式”，例如，建筑、结构、水、暖、电等专业分别创建各自的模型，协同时通过链接方式进行模型整合来协调专业之间的问题。而专业内的协同建议采用“工作集模式”，例如建筑专业，可以把“建筑外墙”、“内部房间”、“核心筒”等由多位项目成员分别完成。采用“工作集模式”创建的文件也可以通过“链接模式”整合模型，再进行专业之间的协调。

58. 使用工作集需要注意哪些事项？

前一个问题叙述了使用工作集的特点和优势，但使用工作集的过程中也有一些要注意的事项，以避免使用过程中可能发生的问题，以下是使用工作集要注意的事项。

（1）由于到目前为止 Autodesk 公司已经发布了很多版本的 Revit 软件，也许项目成员的电脑已经安装了多个版本的 Revit 软件，但要确认在共享工作集的所有计算机上使用同一版本的 Revit。

（2）如果要关闭某些“工作集”，要选择功能区“协作 > 工作集”命令全局关闭其图元的可见性，而不要在“可视性 / 图形”对话框中关闭它们。

（3）创建新的工作集时，为了提高性能，在“新建工作集”对话框中有一个“在所有视图中可见”的复选框，仅当必要时才选择该复选框。

（4）创建中心模型的一个本地副本，可减少对中心文件服务器的负担，这时所有工作都在本地进行，在需要的时候，例如其他项目成员需要你最新创建的模型，才与中心文件同步。

（5）在与中心文件同步时，可钩选“压缩中心模型”选项，以减少文件大小，压缩过程将重写整个文件并删除旧的部分来节约空间。因为压缩过程比常规的保存更耗时，所以强烈建议只在可以中断工作时执行此操作。

（6）定期打开中心文件，打开时选中“核查”选项，然后保存文件，可有效避免中心文件数据错误。

（7）如果需要把中心文件提供给外部其他成员独立使用，不要直接提供中心文件，而是应该从中心文件分离，把分离出来的模型文件提供给外部其他成员独立使用。做法是在打开中心文件时，钩选“从中心分离”选项。

59.Revit 的图纸功能有哪些优势？

Revit 的图纸功能提供了一个自动化图纸管理器，可自动管理视图与图纸之间的相互关系，并能自动生成图纸目录，同时图纸目录与每张图纸的图纸编号、图纸名称等信息关联，一旦图纸编号或图纸名称发生变化，图纸目录也自动更新。所以使用 Revit 的图纸功能可保证图纸编号、图纸名称与图纸目录的一致性，既极大地提供图纸管理的效率，还能从根本上避免手工操作导致的人为错误。

60. 如何创建自定义的图框？

通常情况下，每个机构或企业都有自己的图框样式，Revit 默认提供的图框并不能满足要求，需要在此基础上进行自定义。Revit 的图框也是族，我们可以对图框族进行编辑，以满足企业自己的要求，具体方法如下。

（1）打开 Revit 族窗口，选择“标题栏”文件夹内从 A0~A3 任意一个图幅的族文件。

（2）图框族有特性的族参数，例如“项目名称”、“客户名称”、“图纸编号”、“图纸名称”等，如图 162 所示。注意，有些不是普通的文字而是族参数，Revit 就是利用这些族参数来实现图纸的自动管理。

（3）我们可以根据需要调整图纸标签的格式以及这些族参数的位置，但千万不要删

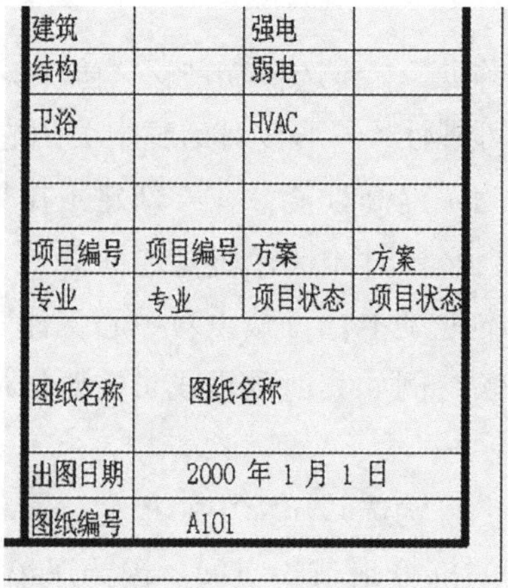

建筑		强电	
结构		弱电	
卫浴		HVAC	
项目编号	项目编号	方案	方案
专业	专业	项目状态	项目状态
图纸名称	图纸名称		
出图日期	2000 年 1 月 1 日		
图纸编号	A101		

图162　图框

除族参数，否则图纸的自动管理将无法实现，除非你真的确认不需要某些参数。

（4）编辑完成后保存，这样在项目中进行图纸创建时就可以使用符合企业要求的图框了。

61. 如何创建图纸？

利用 Revit 的图纸功能创建图纸，首先我们先把项目的一些信息预先在当前项目模型中输入，例如“项日名称”、“客户姓名”（也就是建设单位名称）、“项目地址”、“出图日期”等。这些信息一旦录入，每张图纸的这些相同的内容将自动生成而无需再重复输入。具体方法如下：

（1）选择功能区“管理 > 项目信息”命令；

（2）在“项目属性”窗口（见图 163 项目属性窗口），输入相关项目信息；

（3）单击“确定”按钮，完成设置。

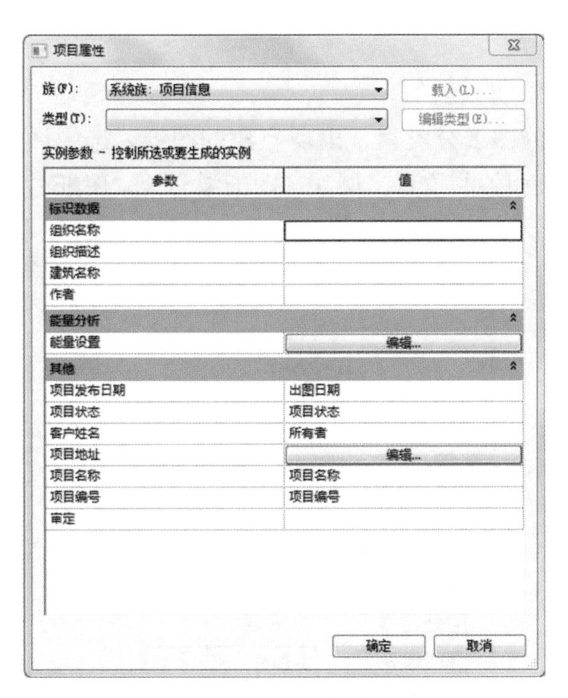

图163　项目属性窗口

通过上述步骤完成了项目信息的设置后，就可以进出图纸的创建。Revit 的图纸都是与视图和明细表关联的，或者说 Revit 的图纸是视图和明细表的“容器”，例如，把平面视图、立面视图等拖拽到图纸中，就形成了 Revit 的图纸，所以，如果在项目中把某个视图删除，那么图纸上存有的这个视图就随之消失。以下是创建图纸的具体步骤：

（1）选择功能区“视图 > 图纸”命令，弹出“新建图纸”窗口（见图 164）；

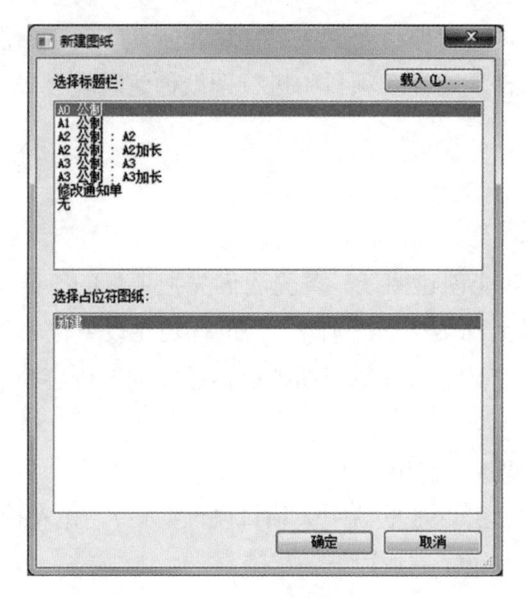

图164　新建图纸

（2）选择合适的图框（标题栏）；

（3）在项目浏览器的图纸分类里，出现新建的图纸，选中该图纸，在属性窗口中（见图 165），你可以修改相关的信息，例如“图纸编号”、“图纸名称”、“设计者”等；

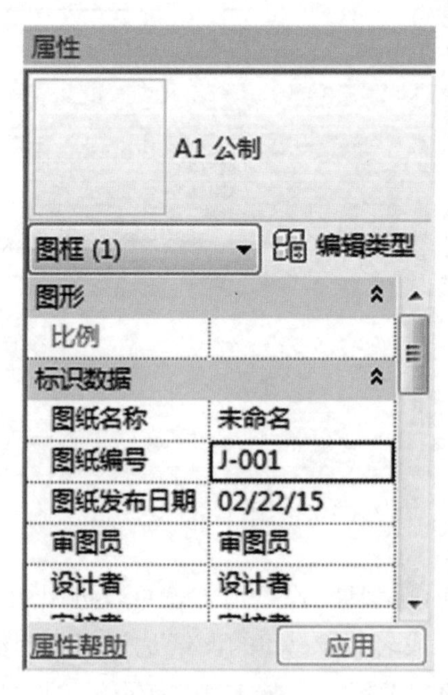

图165　图纸属性

（4）在图纸上放置视图有两种途径：

方法一：在项目浏览器中，直接把视图拖拽到图框内，如图 166 所示。

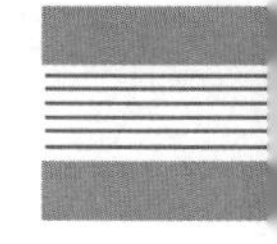

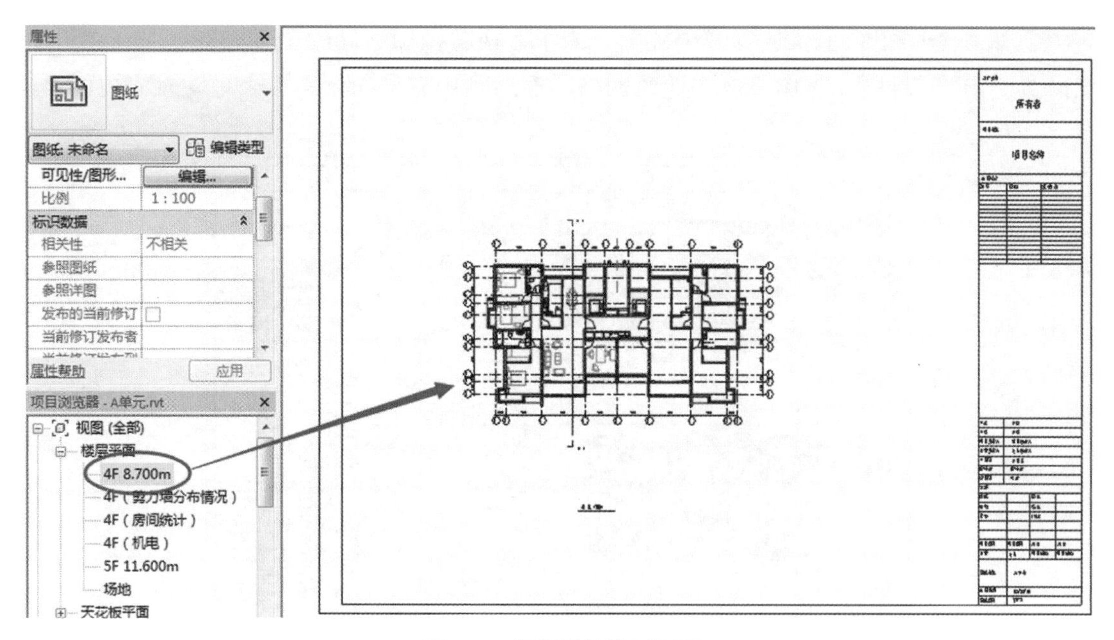

图166　把视图拖拽到图框

方法二：选择功能区“视图 > 视图”命令，在弹出的“视图”窗口中，选择要放置的视图（见图 167），点击“在图纸中添加视图”按钮，放置视图。

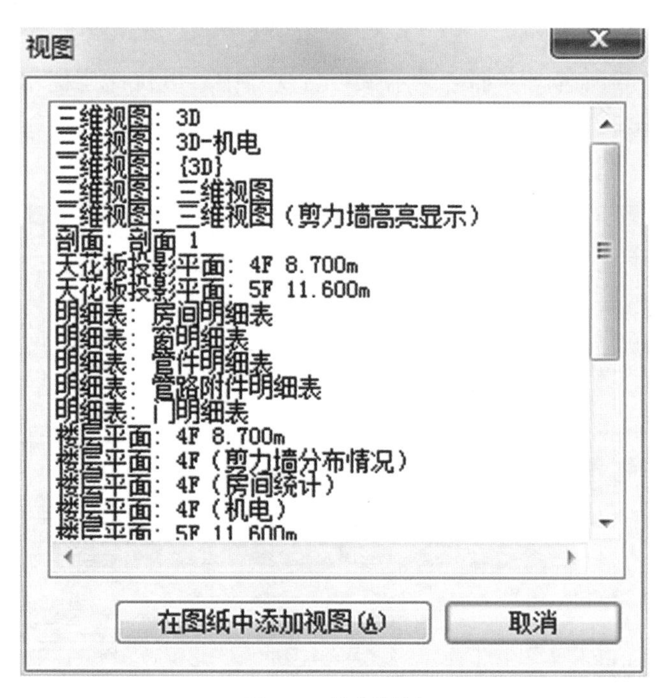

图167　选择视图

如果在一张图纸上要放置多个视图，为了方便各视图之间的位置对齐，可在图纸中先添加“导向轴网”，见图 168 中蓝色网格，然后利用“导向轴网”来辅助对齐视图。

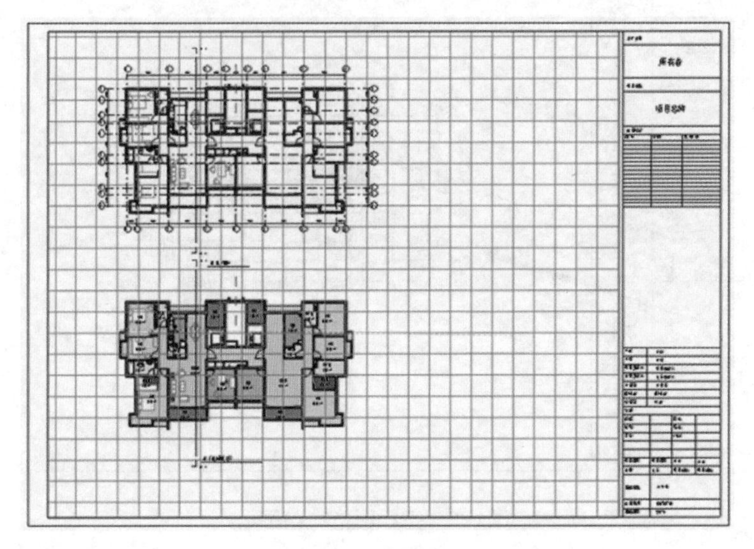

图168　导向轴网

62. 如何修改图纸视图中的显示？

在 Revit 中创建好图纸后，我们常常发现图纸中的显示并不符合我们的要求。这是因为添加的视图中的所有内容都会显示在当前视口中。以优比土建培训课程的别墅项目为例，如图 169 所示，添加到图纸中的平面视图会把裁剪框和立面符号都显示出来。

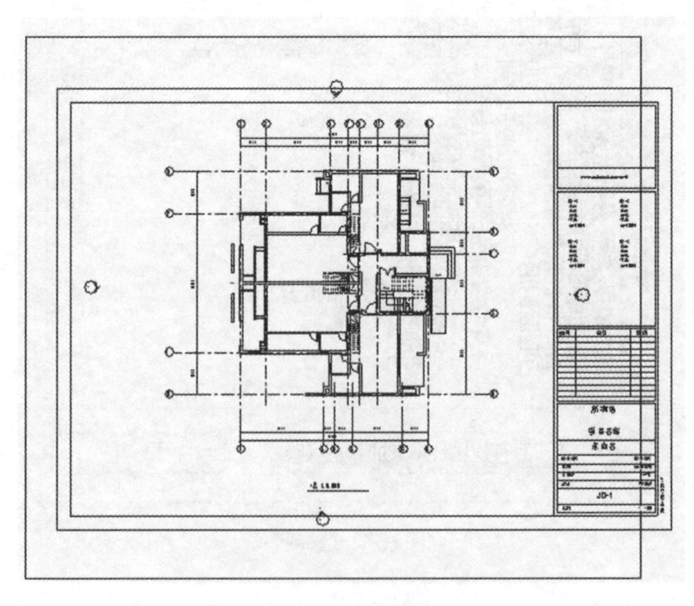

图169　原有的图纸视图显示

这时，要清理这些视口中不需要出现的内容，需要点选该视口，选择功能区“修改 > 激活视图”命令，在视图激活状态下，该视口会高亮显示，并可以直接修改设置。如图170中，在视图属性栏中取消钩选“裁剪区域可见”项目，之前的裁剪框就不见了。

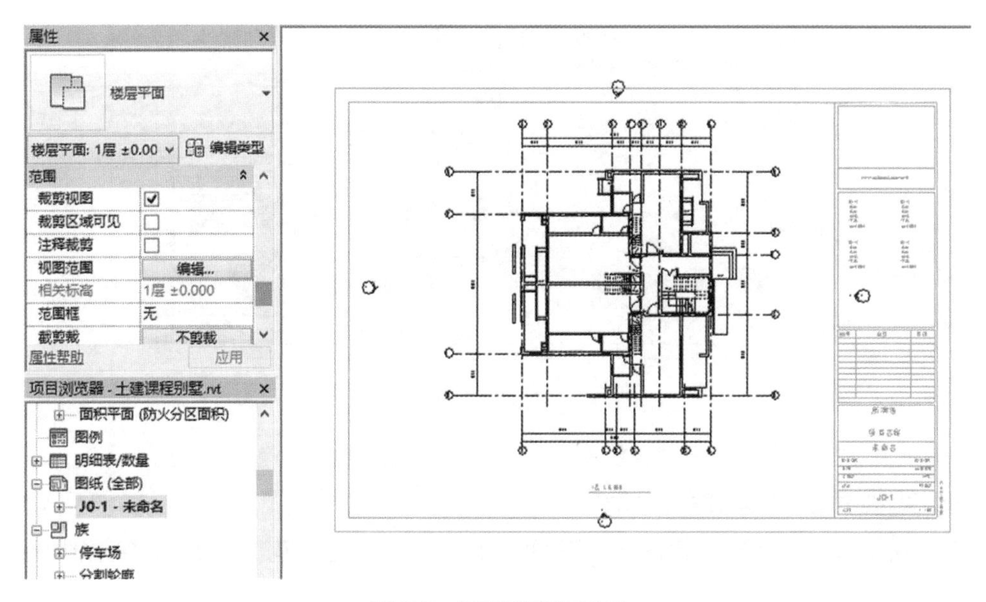

图170　取消裁剪框显示

在其可见性对话框中，取消钩选不需要显示的类别，比如，注释类别中的“立面”（如图171所示），则之前视图上的四个立面符号就不见了。

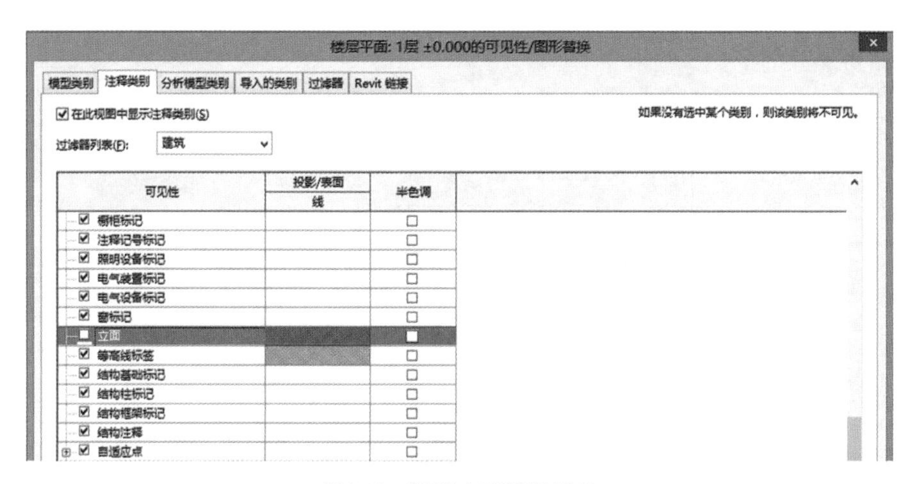

图171　取消立面符号显示

设置完成后，右键菜单中选择“取消激活视图”，就可得到如图 172 所示的图纸。

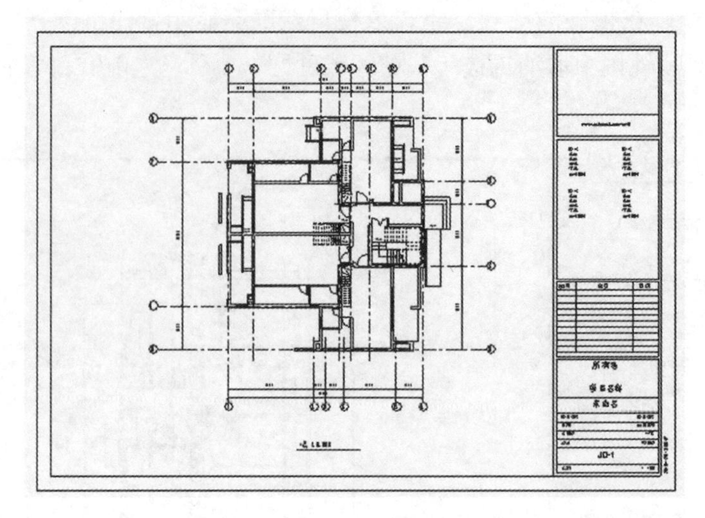

图172　完成图纸视图显示设置

63. 如何自动生成图纸目录?

当生成了 Revit 的图纸后，就可以自动生成图纸目录，而且图纸目录与图纸编号、图纸名称动态关联，一旦图纸编号和名称有变化，图纸目录也自动更新。具体方法如下：

（1）创建一张图纸目录的图纸。

（2）创建图纸目录明细表：

①选择功能区“视图 > 明细表 > 图纸列表”命令；

②在“图纸列表属性”窗口，把左边可用的字段：“图纸编号”、“图纸名称”等添加到右边的“明细表字段”，如果还需要增加其他字段，例如“图幅”，可点击“添加参数”按钮进行添加；

③点击“确定”按钮，完成创建，如图 173 所示。

<图纸目录>

A	B	C
图纸编号	图纸名称	图幅
J-000	图纸目录	A3
J-001	设计说明	A2
J-002	首层平面图	A1
J-003	二层平面图	A1
J-004	三层平面图	A1
J-005	四层平面图	A1
J-006	五至十层	A1
J-007	十一至十五层平面图	A1
J-008	十六至二十层平面图	A1
J-009	屋顶平面图	A1
J-010	楼梯大样图	A1
J-011	墙身大样图	A1
J-012	门窗大样图	A1

图173　图纸目录明细表

（3）在项目浏览器的图纸分类中，鼠标双击打开步骤（1）创建的图纸目录图纸。

（4）把步骤（2）创建的图纸列表明细表添加到图纸目录图纸中，有如下两种方法：

① 直接把项目浏览器的明细表中的“图纸目录”拖拽到图纸目录图纸中，如图 174 所示。

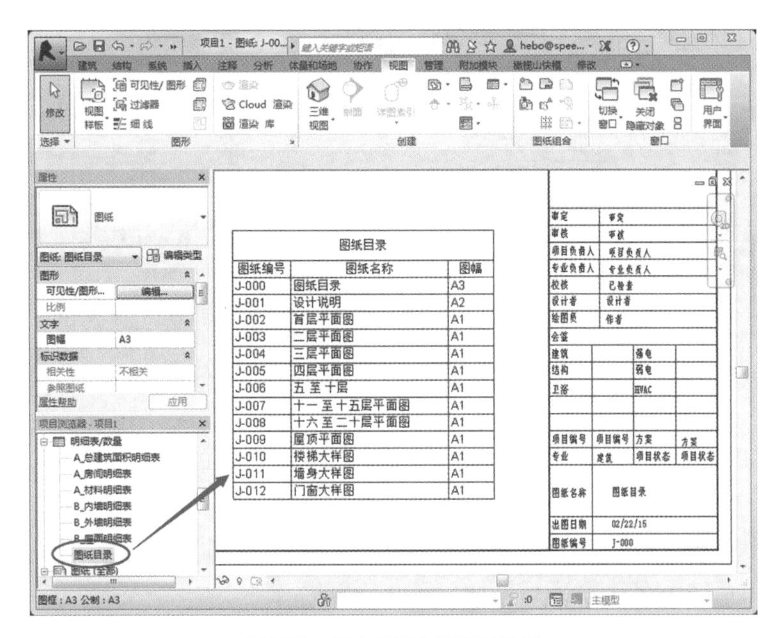

图174　添加图纸目录明细表

②选择功能区“视图 > 视图”命令，在弹出的“视图”窗口中，选择要放置的图纸目录明细表（见图 175），点击“在图纸中添加视图”按钮，完成图纸目录放置，如图 176 所示。

图175　视图窗口

图176　图纸目录

64. Revit 如何导出 AutoCAD 的 DWG 格式文件？要注意什么事项？

在 Revit 中导出 DWG 格式的文件，操作步骤如下：

（1）选择“开始 > 导出 >CAD 格式 >DWG”命令，如图 177 所示。

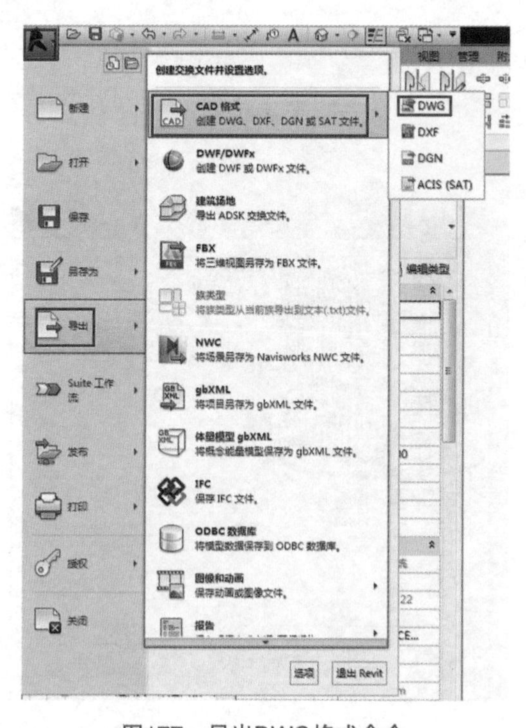

图177　导出DWG格式命令

（2）在出现的“DWG 导出”窗口中（如图 178），单击“选择导出设置”按钮。

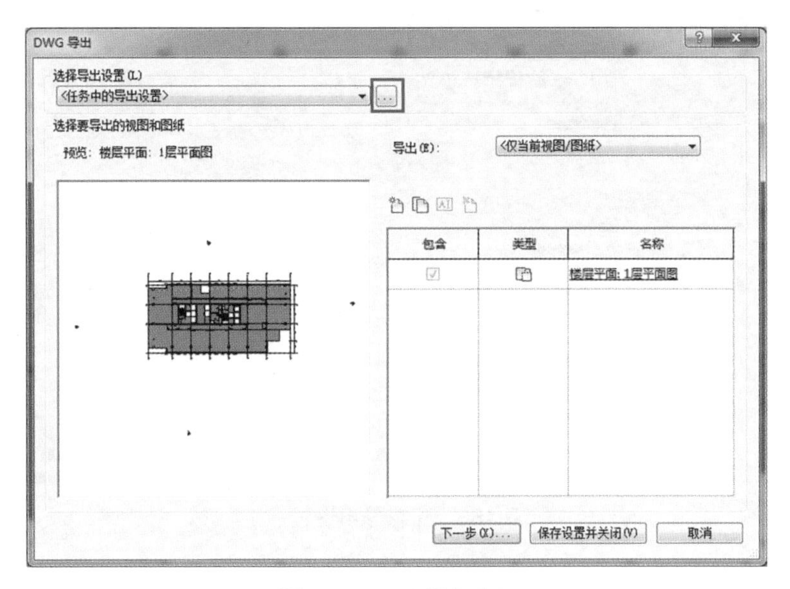

图178　DWG导出窗口

（3）在“修改 DWG/DWF 导出设置”窗口中，“层”页面可以设置 Revit 模型类别导出 DWG 格式后相对应的图层名字和颜色，如图 179 所示。

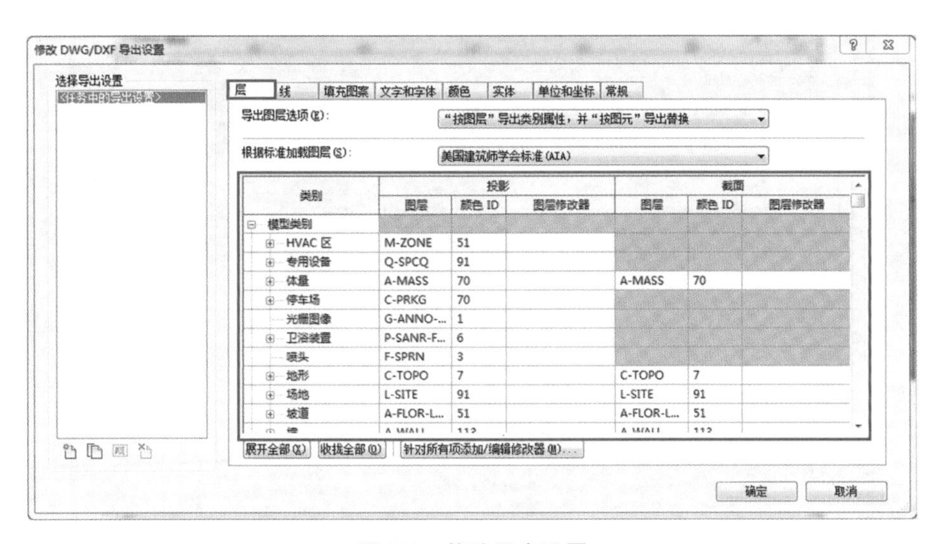

图179　修改导出设置

（4）在“常规”页面中，取消钩选“将图纸上的视图和链接作为外部参照导出”项目，并设置好保存的 DWG 版本。一般为便于接收方打开，建议 DWG 文件版本设为 2004 等较低版本。设置好后，可以将导出设置保存在左边列表中，供以后选用，如图 180 所示。

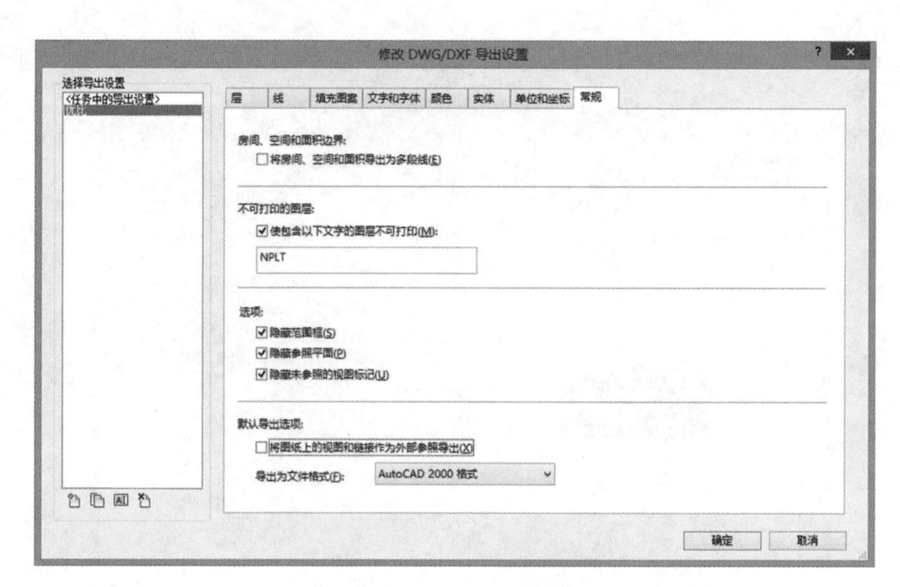

图180　保存导出设置

（5）确定后，回到“DWG 导出”窗口，在右侧“导出”栏（图 181）可以选择要导出的视图或图纸，可以创建视图集，一次导出多张，选择完成后，单击“下一步”按钮；

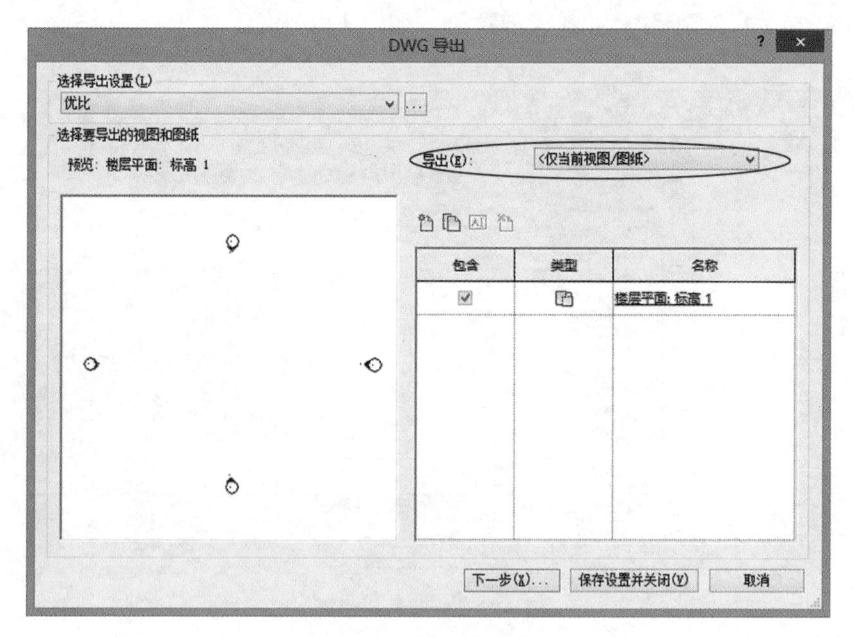

图181　设置导出视图

（6）在“保存到目标文件夹”对话框中（如图 182），设置导出文件保存的位置和文件名，点击“确定”按钮，文件导出就完成了。其他设置若在图 180 的“常规”设置页面里已经设好，这里就不用每次设置。

图182　保存文件对话框

需要注意的是，在视图中显示出来的模型、链接 Revit、链接 CAD 等都是会一起导出的，所以如果有某些不想导出的内容，需先行处理一下。可以到视图的“可见性 / 图形替换”对话框中设置好后再导出。

第二章 Revit 建筑结构模型创建问题

65. 如何获取坐标值？

在处理带地形的项目时，往往要进行坐标的获取和标注，方法是选择功能区“注释 > 高程点坐标”命令，然后点取要标注的对象。需要注意的是，Revit 的项目单位如果使用中国样板，默认是“毫米”，而坐标标注如果需要以米为单位时，可修改“高程点坐标”的类型，方法是选择已标注的“高程点坐标”对象，点击其属性窗口的“编辑类型”按钮（见图 183），弹出如图 184 所示窗口。

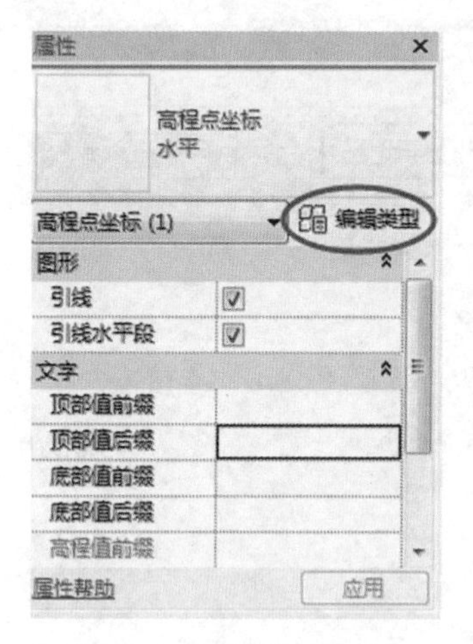

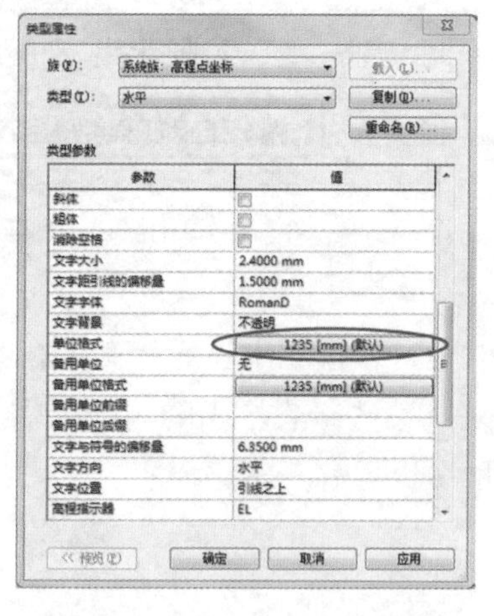

图183　高程点标注属性　　　　图184　高程点标注类型属性

单击“单位格式”右侧的按钮，弹出“格式”窗口（见图 185）。

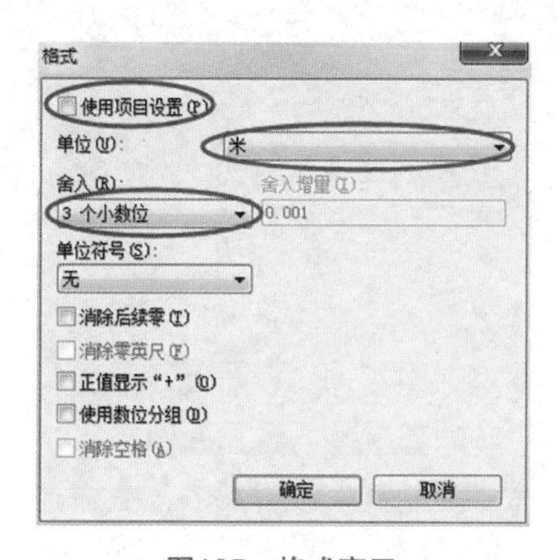

图185　格式窗口

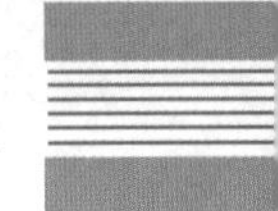

不钩选“使用项目设置”,“单位”改为“米”,调整“舍入”小数位,点击“确定”按钮,完成修改。

66. 如何把 CAD 地形图转换成 Revit 地形表面模型?

要在 Revit 创建地形表面模型,可通过 CAD 的地形图进行,但必要条件是 CAD 地形图的等高线自身必须是有高度的。具体步骤如下:

(1)选择功能区“插入 > 链接 CAD”命令,把 CAD 地形图链接到 Revit 里。通常建议使用“链接 CAD”而不是“导入 CAD”的方式,因为地形图在创建了地形表面后就没有用了,而且通常比较大,采用链接方式可方便随时卸载,以避免占用电脑资源。

(2)选择功能区“体量和地形 > 地形表面 > 修改 | 编辑表面 > 通过导入创建 > 选择导入实例”命令,在绘图区点选导入的 CAD 地形图。如果在当前视图看不到导入的 CAD 地形图,可能是因为视图范围问题,可以调整视图范围的剖切高度,但最简单的方法是在“项目浏览器”里切换到“场地”视图(见图 186),这样就可以看到链接的 CAD 地形图了。

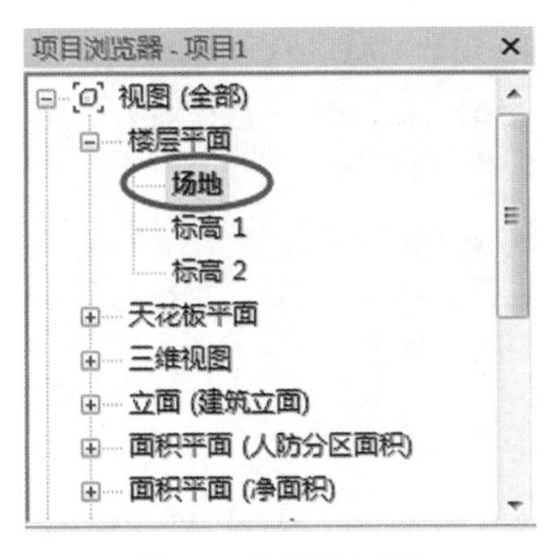

图186 选择场地视图

(3)如果原始地形图比较大,Revit 可能需要一些运算时间,计算完成后,点击图 187 的绿色“✓”符号,完成地形表面模型的创建,地形表面完成的结果如图 188 三维地形表面。

图187 点击完成

图188　三维地形表面

67. 如何把测量点数据文件转换成 Revit 地形表面模型？

在第 66 问中介绍了利用链接的 CAD 地形图转换为地形表面模型的方法。但实际工程中有时候可能只有测量点数据文件，Revit 也提供另一种通过测量点数据文件转换成地形表面模型的方式。

Revit 对于测量点数据文件要求如下：

（1）必须是文本文件，包括 CSV 格式或逗号分隔的文本文件（见图 189）；

（2）数据的排列是一行一组测量点坐标；

（3）每行的坐标从左到右分别是 X、Y、Z。

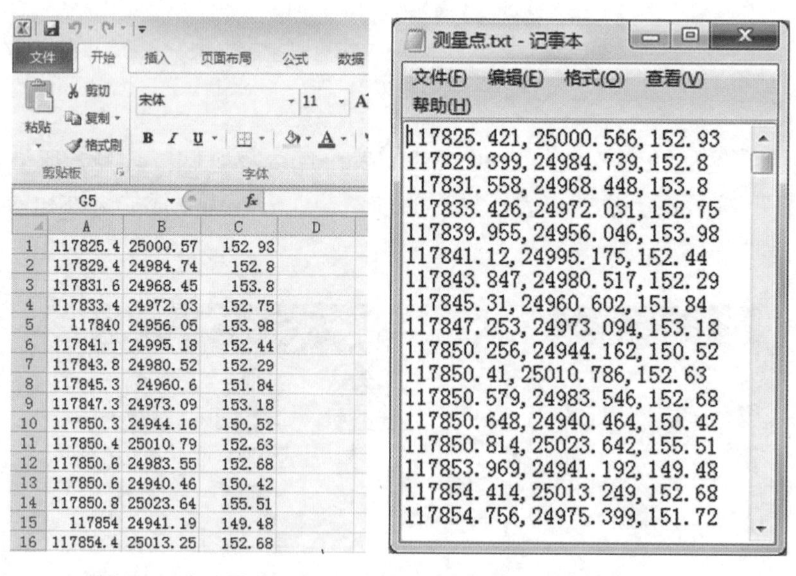

	A	B	C	D
1	117825.4	25000.57	152.93	
2	117829.4	24984.74	152.8	
3	117831.6	24968.45	153.8	
4	117833.4	24972.03	152.75	
5	117840	24956.05	153.98	
6	117841.1	24995.18	152.44	
7	117843.8	24980.52	152.29	
8	117845.3	24960.6	151.84	
9	117847.3	24973.09	153.18	
10	117850.3	24944.16	150.52	
11	117850.4	25010.79	152.63	
12	117850.6	24983.55	152.68	
13	117850.6	24940.46	150.42	
14	117850.8	25023.64	155.51	
15	117854	24941.19	149.48	
16	117854.4	25013.25	152.68	

测量点.txt - 记事本

117825.421,25000.566,152.93
117829.399,24984.739,152.8
117831.558,24968.448,153.8
117833.426,24972.031,152.75
117839.955,24956.046,153.98
117841.12,24995.175,152.44
117843.847,24980.517,152.29
117845.31,24960.602,151.84
117847.253,24973.094,153.18
117850.256,24944.162,150.52
117850.41,25010.786,152.63
117850.579,24983.546,152.68
117850.648,24940.464,150.42
117850.814,25023.642,155.51
117853.969,24941.192,149.48
117854.414,25013.249,152.68
117854.756,24975.399,151.72

图189　左边是CSV格式文件，右边是逗号分隔的文本文件

利用测量点数据文件转换成地形表面模型的具体步骤如下：

（1）选择功能区“体量和地形 > 地形表面 > 通过导入创建 > 指定点文件”命令，在“打开”窗口选择测量点数据文件；

（2）单击“✔”符号，完成地形表面模型的创建。

另外，Revit 也可以直接通过“放置点”来创建地形表面（见图 190），这对于补充增加一些测量点可以采用这个方法，但对于测量点数量较多时该操作就比较麻烦和费时了。

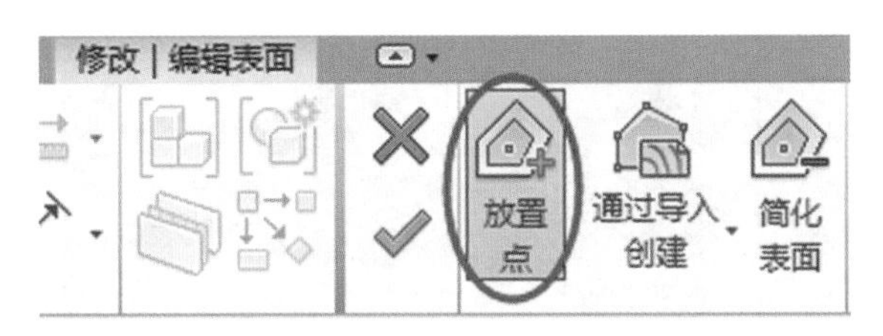

图190　放置点命令

68. 如何将 Civil 3D 的三维地形曲面转换成 Revit 地形表面模型？

Revit 不能直接读取和转换 Civil 3D 的三维地形曲面（见图 191），所以，需要先在 Civil 3D 里从三维地形曲面提取出等高线，然后利用第 66 问中介绍的方法把等高线转换成地形表面模型。

图191　Civil 3D地形曲面

Civil 3D 的三维地形曲面提取出等高线具体步骤如下：

（1）在 Civil 3D 的绘图区，处于俯视图、二维线框状态；

（2）地形曲面以等高线形式显示；

图192　提取对象命令

（3）点击功能区“曲面工具>提取对象”命令（图 192），选择地形曲面；

（4）在“从曲面提取对象”窗口（图 193），可以选择提取的等高线，默认是所有等高线都提取，单击“确定”按钮，完成等高线的提取；

图193　从曲面提取对象窗口

（5）把提取出来的等高线（已经是带标高的 AutoCAD 多段线），单独保存。你可以用“WBLOCK”命令把这些等高线保存为一个独立的文件，或者把地形曲面等无关对象删除，然后把等高线直接保存；

（6）按照第 66 问的方法把 CAD 的地形等高线文件转换成 Revit 的地形表面，如图 194 所示。

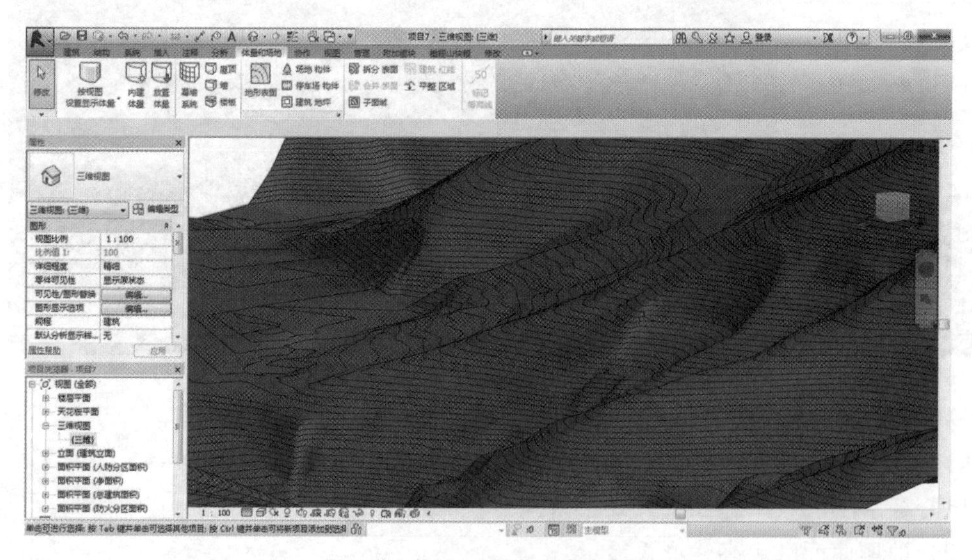

图194　在Revit生成的地形表面

69. 如何对链接至同一场地的多栋单体进行定位?

对于包含多个单体的建筑群体项目，常见做法是有一个场地的 Revit 文件作为总平面定位文件，各单体分别为独立的 Revit 文件，再将各单体链接进总平面文件，汇总成一个整体。为了方便，各单体一般不会按照绝对坐标来画图，那么到了链接进总平面的时候如何方便、准确地定位就成了一个问题。

Revit 提供了“共享坐标”的功能来实现这个操作。这个功能比较复杂，涉及“发布坐标”与“获取坐标”两个流程，很容易混淆，下面通过实例（广东省建筑设计研究院设计的泰康华南国际健康城项目）来说明一般的做法。

如图 195 所示为一个山地建筑群体的总平面，是一个包含了场地的 Revit 文件，各单体已在图上做好定位，但还没有链接进来。我们以虚线框内的单体 1 号作为示例。

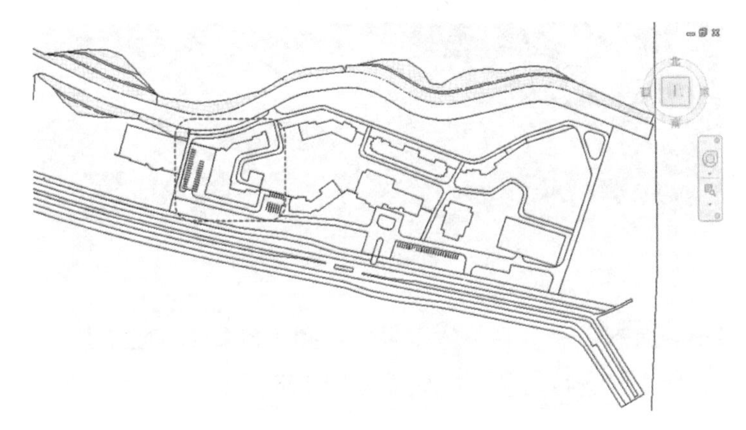

图195　总平面Revit文件

（1）单体 1 号已经在设计当中，其 Revit 文件如图 196 所示，为了方便画图，其定位及项目北向均没有按照总平面的绝对坐标来设定。

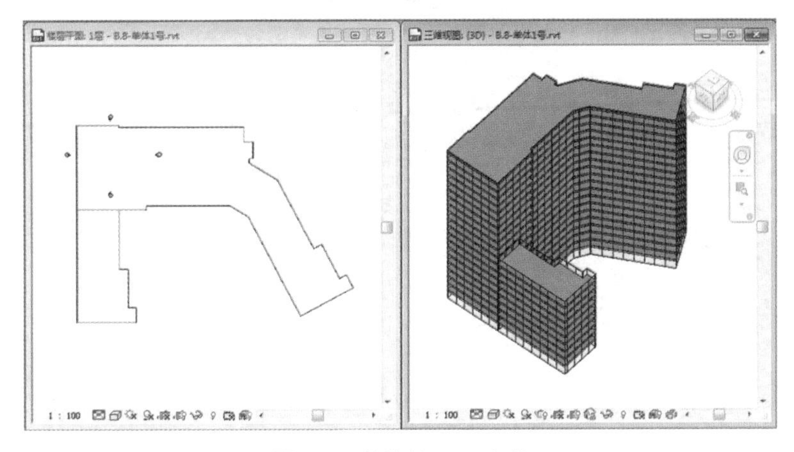

图196　单体的Revit文件

（2）回到总平面 Revit 文件，用“插入 > 链接 Revit”命令，选择单体 1 号 Revit 文件，定位方式由于还没有准确定位，可以选择“自动 – 中心到中心”命令，如图 197 所示，显然其定位是不对的。

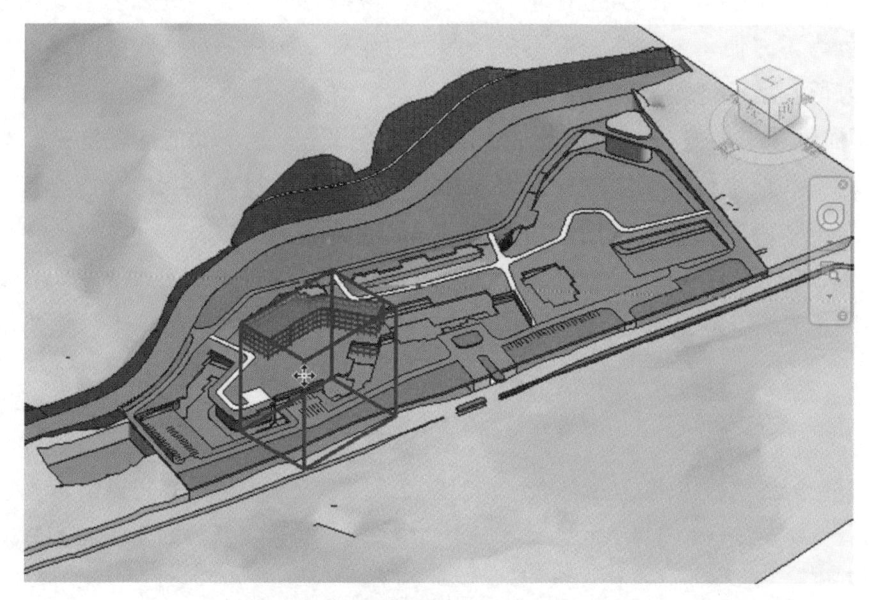

图197　将单体链接进总平面

（3）再用移动、对齐等命令将单体 1 号定位到正确位置。注意除平面位置外，还需在立剖面视图对高度方向进行定位，完成后如图 198 所示。

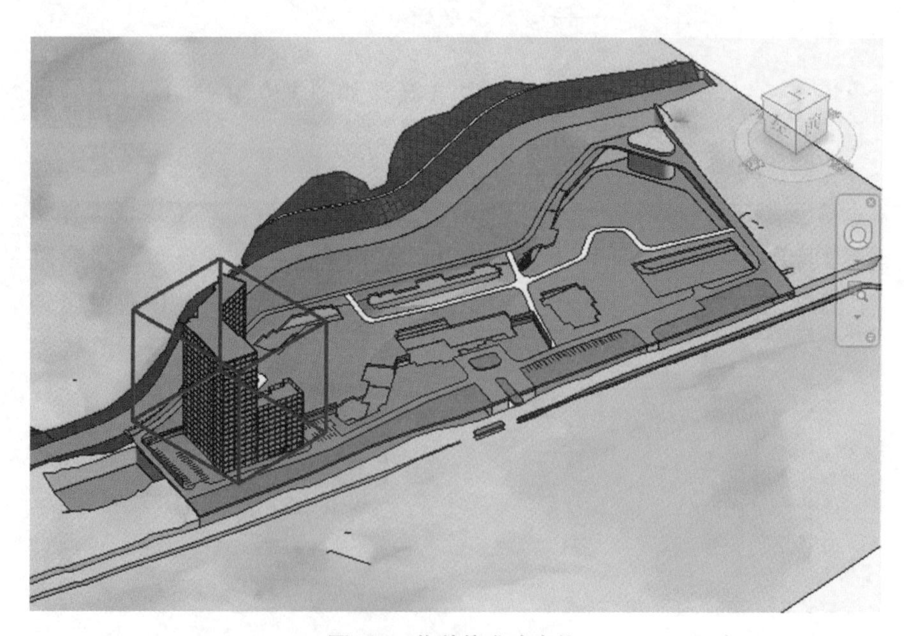

图198　将单体准确定位

（4）点击功能区“管理 > 坐标 > 发布坐标”命令（图 199），然后选择单体 1 号，弹出如图 200 所示的对话框，在这里可以命名坐标系统，如果该单体只在本项目中引用，按默认名称就可以了。

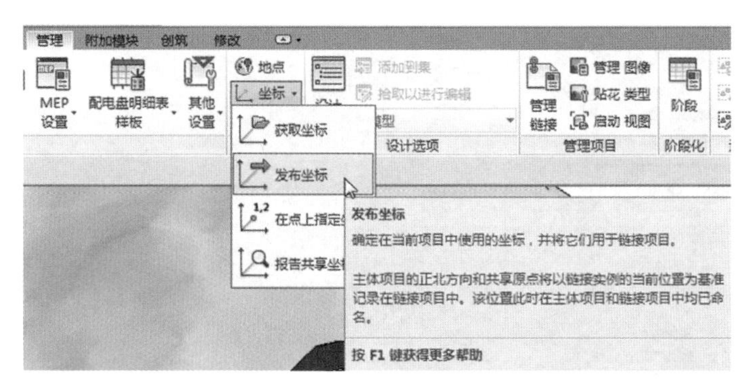

图199　发布坐标

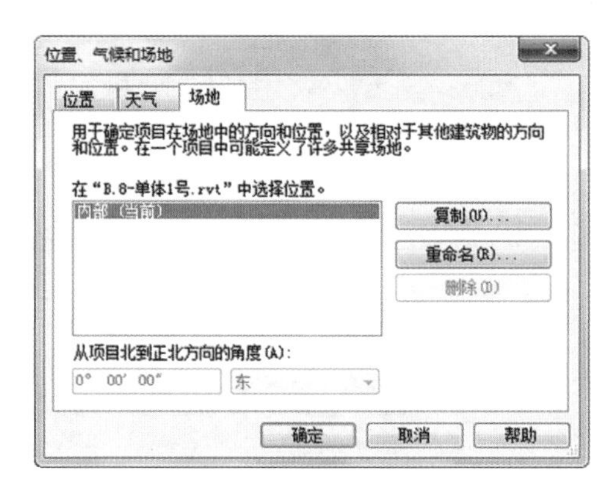

图200　场地坐标系统命名

（5）点击“确定”后，保存总平面文件，弹出如图 201 所示的“位置定位已修改”提示框，询问是否将该位置保存至单体 1 号的 Revit 文件，这时应该点击“保存”按钮。其他单体文件亦按同样流程进行。

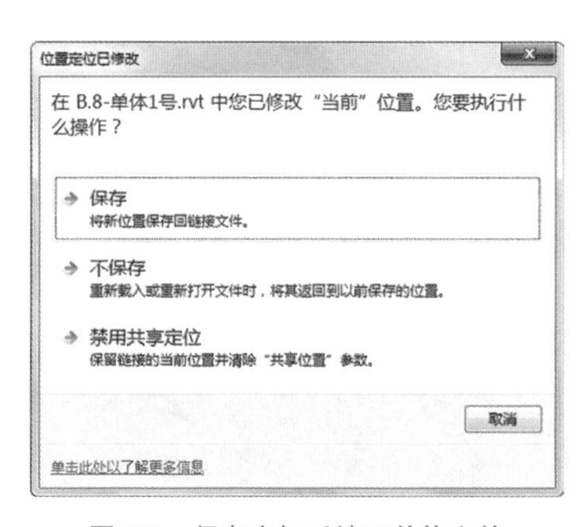

图201　保存坐标系统至单体文件

（6）关闭总平面文件，打开单体 1 号文件，将其“项目基点”打开，可看到 X、Y、Z 三个方向已经设置了相对坐标（见图 202），即该文件的共享坐标。这时用“注释 > 高程点坐标”命令标注出来的坐标，即为与总平面一致的绝对坐标。

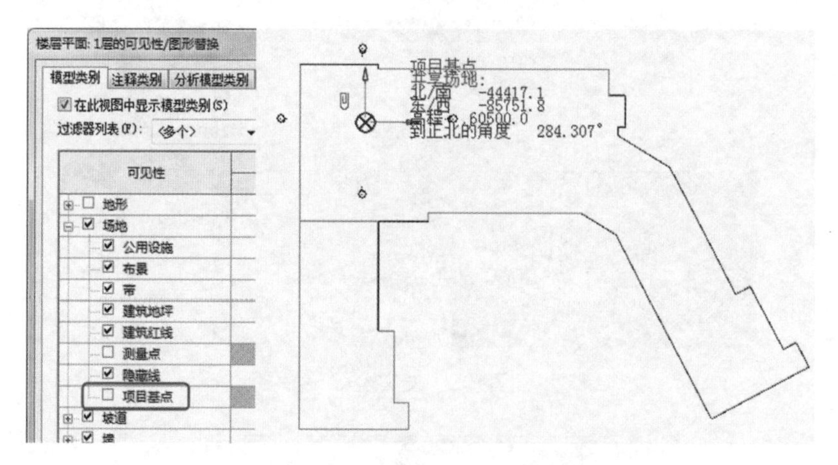

图202　查看单体文件的相对坐标

（7）如果其他 Revit 文件（比如，单体 2 号）需要链接单体 1 号，在链接的时候如图 203 所示选择“自动 – 通过共享坐标”命令，即可准确地按设定的坐标定位。

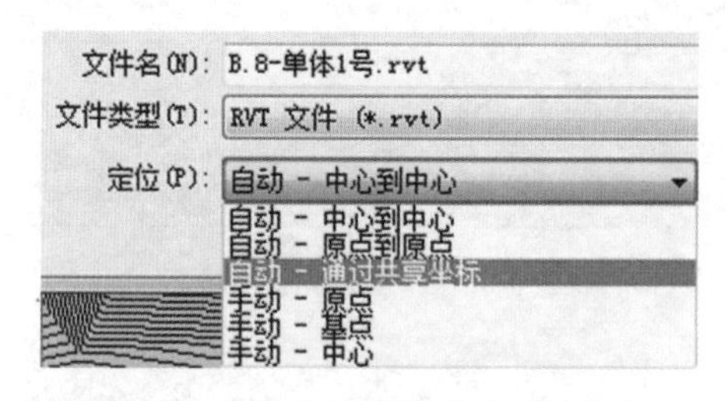

图203　通过共享坐标定位链接文件

（8）如果单体 1 号反过来将总平面文件链接进来，同样按图 203 设置，即可准确定位总平面。如图 204 所示，总平面是按照单体的相对坐标系放置的。

图204　在单体文件里链接总平面

（9）如果要将单体模型导出 Navisworks，为了使多个单体文件在 Navisworks 里能准确定位，在导出的时候需注意设置导出的坐标选择“共享”坐标，如图 205 所示。

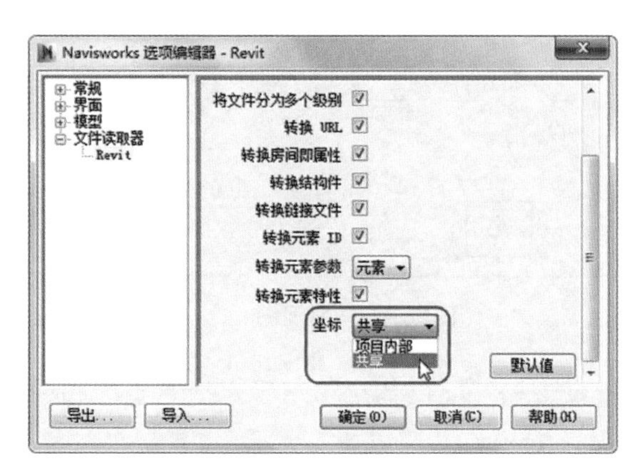

图205　通过共享坐标定位链接文件

以上介绍的是通过总平面文件发布坐标给链接进来的单体文件。反过来的另一个流程，可以以单体文件为主，将总平面文件链接进来，并移动、旋转总平面文件进行定位（结果应该跟图 204 一致），然后通过“坐标 > 获取坐标”命令选择总平面文件，同样可以设置单体文件的共享坐标，这里不再赘述。

70. 如何处理绝对高程与相对高程（±0.00）的关系？

默认情况下，Revit 的 ±0.00 标高与绝对高程的 0.00 高度重合，在立面视图属性的“可见性”里（图 206），把默认隐藏的“测量点”和“项目基点”项目钩选上。

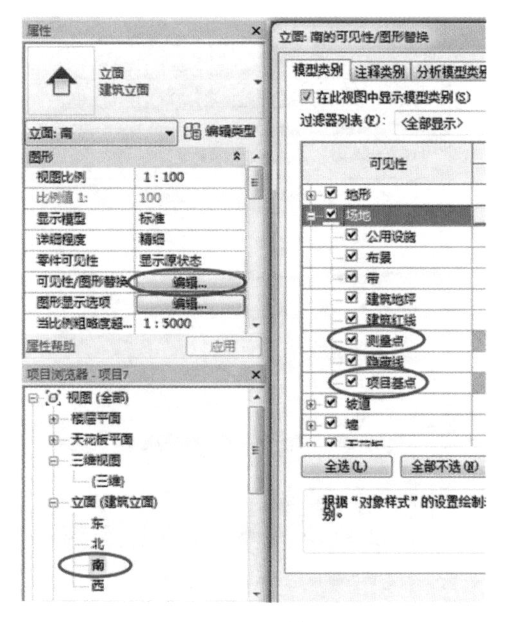

图206　可见性设置

将在立面视图中显示出如图 207 所示的红色框内两个重合的“测量点”和“项目基点”符号。

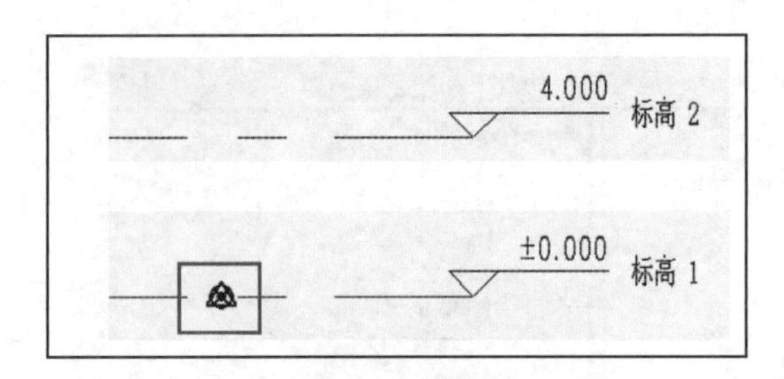

图207 立面视图

Revit 是通过“测量点”和“项目基点”来确定绝对坐标和项目相对坐标的关系：

（1）“测量点”：就是绝对坐标的原点。

（2）“项目基点”：就是项目的相对坐标原点。

通常情况下，可直接按 Revit 默认的这两点重合进行建模，但如果需要考虑相对坐标（或相对高程）与绝对坐标（或绝对高程）的关系时，就要调整“项目基点”的位置，在第 69 问里，已经介绍了“测量点”和“项目基点”解决多栋单体模型与总图的关系，本节重点介绍项目相对高程与绝对高程的关系处理方法。

假定项目的 ±0.00 标高的绝对高程为 +170.00m，这就需要把“项目基点”的标高提升的 +170.00m（+170000mm），注意“测量点”维持不动，还是在 0.00 高程上，具体步骤如下：

（1）在任何一个立面视图中，打开视图可见性窗口（见图 208），仅钩选“项目基点”，确定后，在该立面视图就出现“项目基点”的符号⊗。

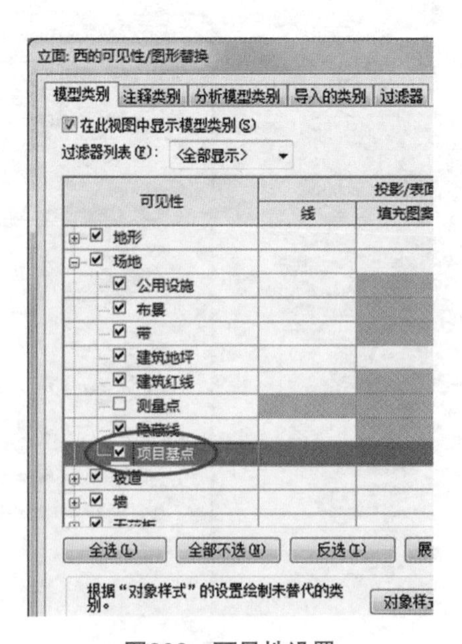

图208 可见性设置

（2）选中“项目基点”符号，出现图 209 所示：修改项目基点状态；

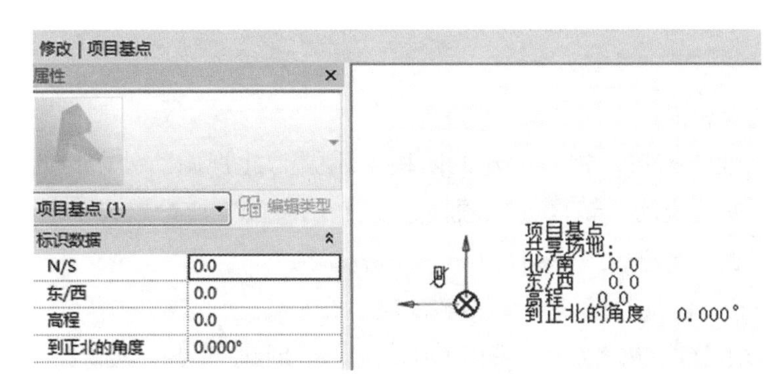

图209 修改项目基点

（3）点击“项目基点”符号左上角“回形针”符号，使其出现一条红色的斜线，表示当修改高程时，模型不会随“项目基点”的高程变化而改变，这对于已经产生了地形表面后再改“项目基点”就非常重要。换句话说，如果是先有地形，后改“项目基点”，就务必点击“回形针”让其出现红色的斜线；

（4）把“高程”值设为 170000mm；

（5）把 ±0.00 标高的高程设为 0.00，而其他标高也相对于 ±0.00 标高设定其相应的标高即可；

（6）如果需要标注绝对高程，则点击功能区“注释 > 高程点”命令，类型选择三角形（相对），即可标注绝对高程，如图 210 右侧涂黑的标高符号。

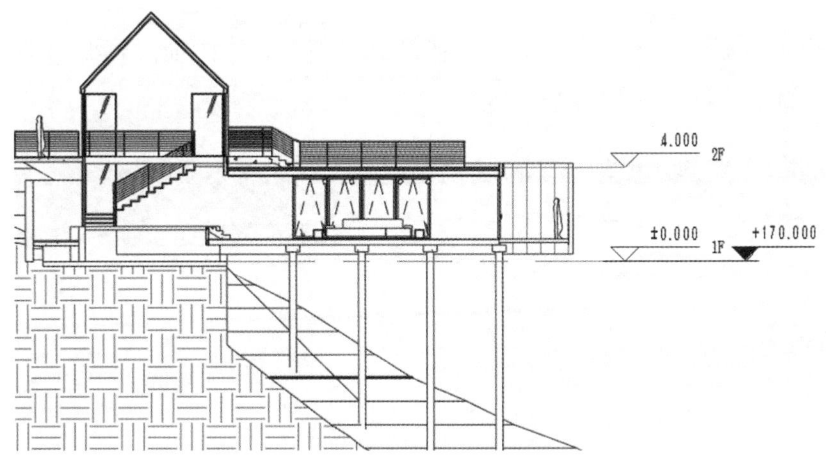

图210 同时显示项目相对标高和绝对高程

71. 可以进行填挖方的计算吗？

Revit 没有专门的土方计算功能，但可以借助场地平整功能辅助计算土方的填挖方体积。首先创建一个与原来地形一样的地形副本，并利用前后两个“阶段”来区分，然后修改后一个阶段创建的地形副本的形态，通过两个“阶段”的地形差异计算出填挖方体积，具体方法如下：

（1）选择地形表面。

（2）在“属性”窗口，把“创建的阶段”设置为此视图所处阶段之前的阶段，例如，如果视图所处阶段为“新构造”，则将“创建的阶段”值设置为“现有”。

（3）在地形表面上进行“平整区域”，步骤如下：

①选择功能区“体量和场地 > 平整区域”命令；

②在“编辑平整区域”窗口（图 211），选择“创建与现有地形表面完全相同的新地形表面”项目；

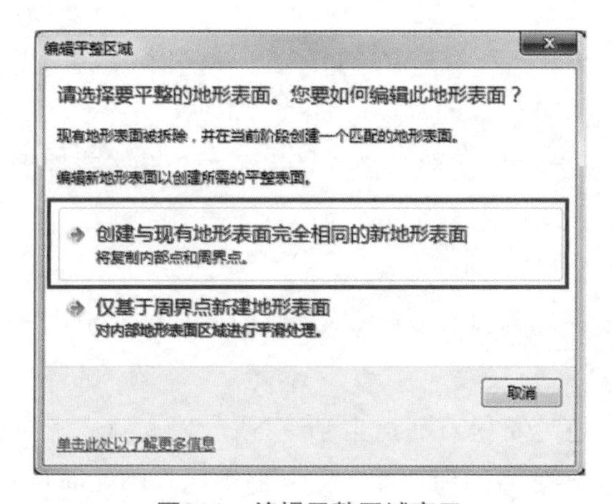

图211　编辑平整区域窗口

③选择地形表面，Revit 将创建一个阶段为“新构造”的地形表面的副本，此副本与原始地形相同，如图 212 所示；

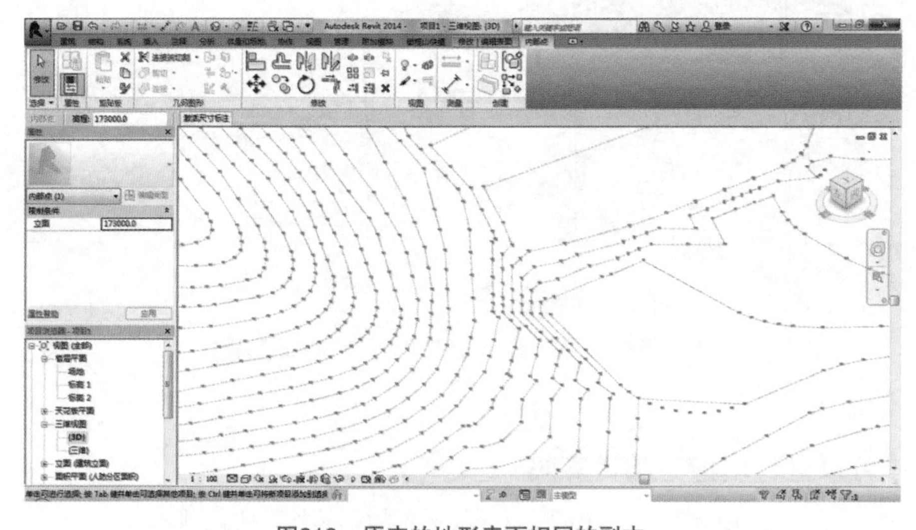

图212　原来的地形表面相同的副本

④通过修改“内部点”的高程和位置（见图213），例如降低或提高“内部点”的高程以及位置，完成新的地形构建。

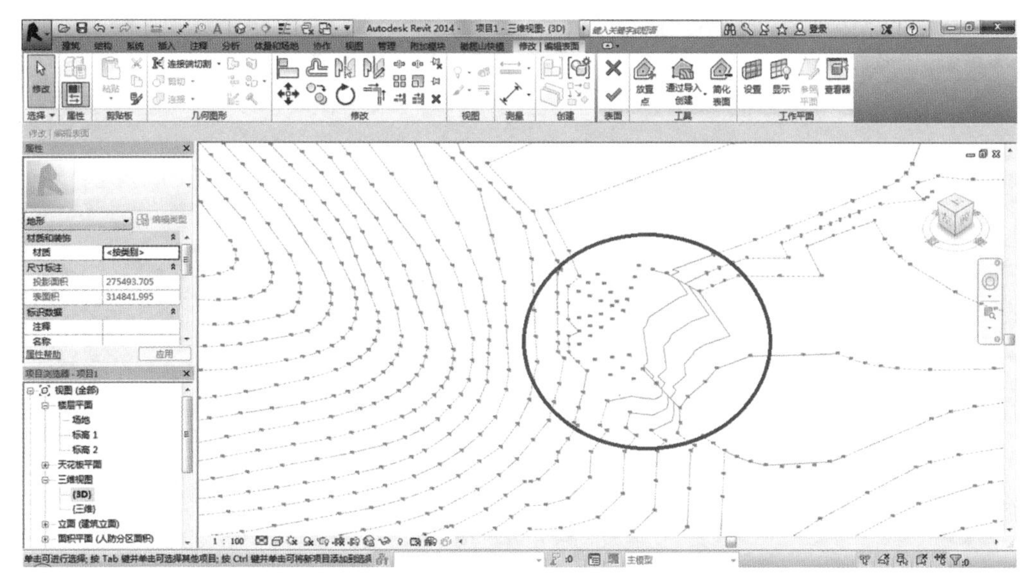

图213　按实际工程的需要修改“内部点”高程或位置

（4）单击“✔”符号，完成地形表面，如图214所示。

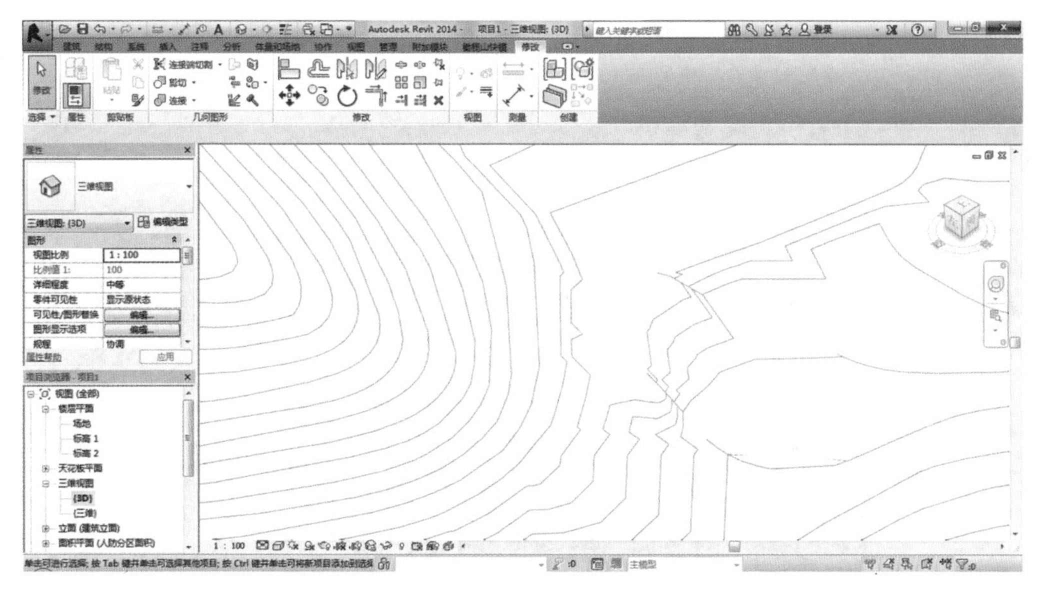

图214　完成的新的地形表面

（5）选择刚才完成的地形表面副本，可按Tab键来选择，要注意选中的地形表面其阶段应该是“新构造”，即经过“平整区域”修改过“内部点”的原地形副本。

（6）在该地形的“属性”窗口可看到填方或挖方的体积，如图 215 所示。

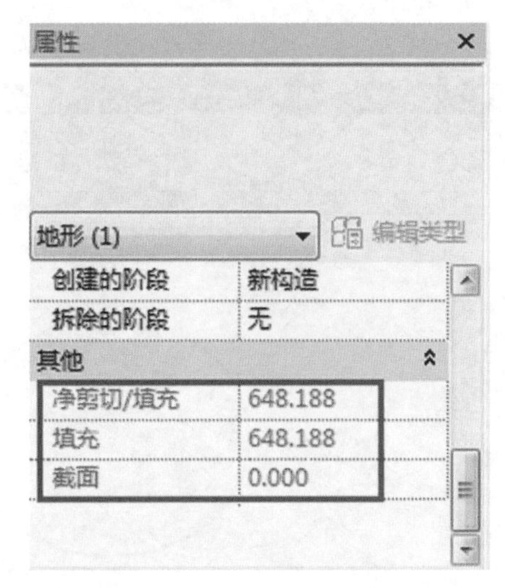

图215　地形表面属性的填挖方计算结果

72. 场地怎么表现厚度？

场地在 Revit 三维视图中看到的都是以面的形式存在，但在剖面和立面视图时却可以显示地表厚度，并可以控制剖面显示样式。

以优比服务的合肥规划展览馆项目（见图 216）为例，当我们用功能区“视图 >◆ 剖面”命令创建一个剖面，可得到图 217 所示的视图。

图216　优比服务项目–合肥规划展览馆

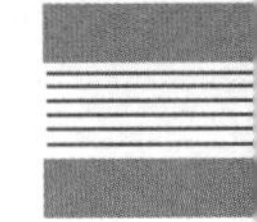

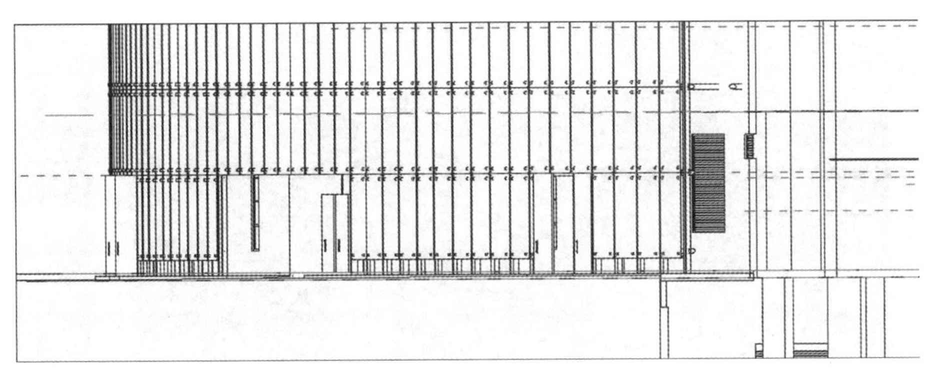

图217　剖面视图

但在该视图中并未显示出施工图常用的室外场地的填充，这时，可以点击功能区“体量和场地”下的“场地建模”面板旁的小箭头，在弹出的如图 218 所示的“场地设置”对话框中，设置想要的剖面填充样式。注意，此处的剖面填充样式也就是所选材质的“截面填充图案”。

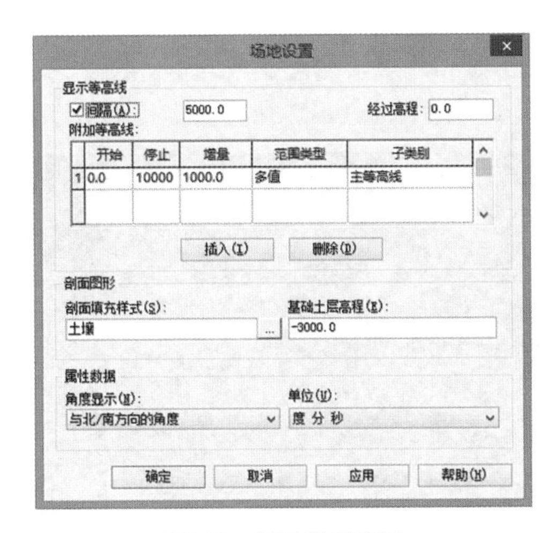

图218　场地设置窗口

设置好后，如图 219 所示，剖面视图上就可以显示出室外场地的填充了。

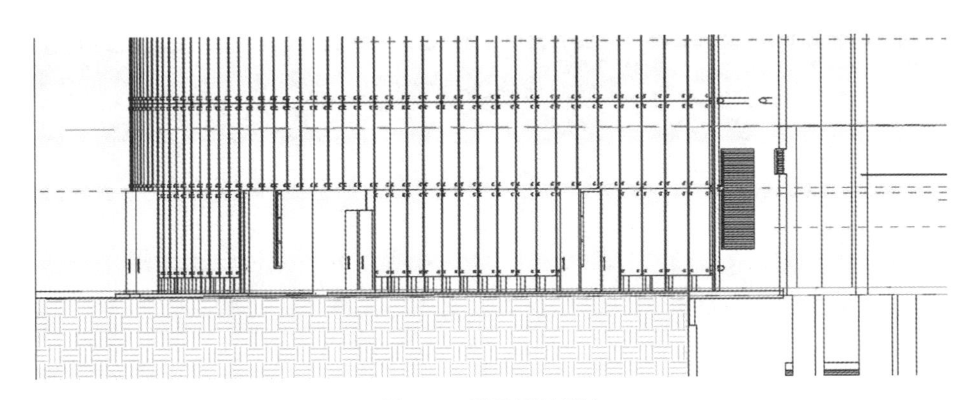

图219　显示场地填充

而且在着色模式下，填充图案仍可显示出来，如图 220 所示。

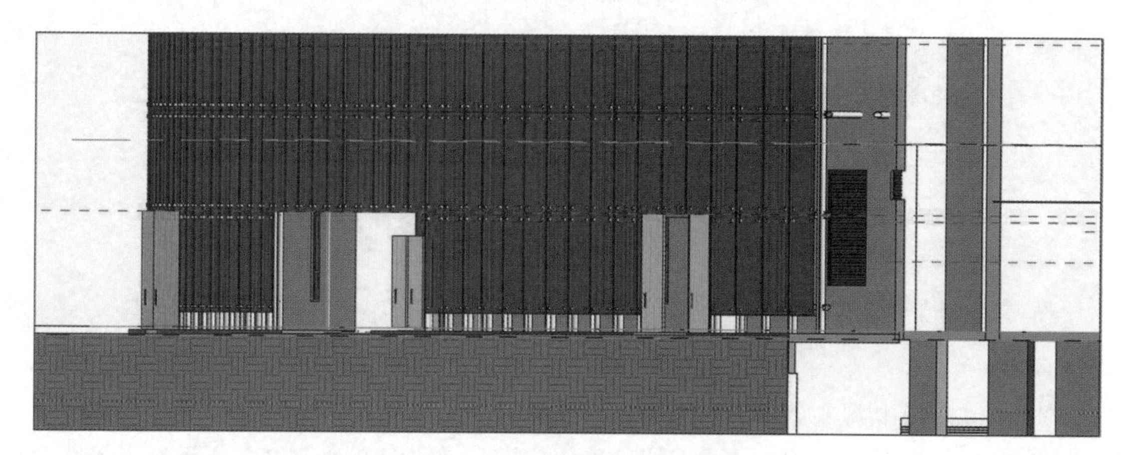

图220　着色模式下的场地填充

73. 如何做墙顶不是水平而是倾斜的圆弧墙？

实际工程中经常会遇到顶部非水平的圆弧墙，例如图 221 所示的坡道圆弧墙体。

图221　地下室圆弧坡度

由于 Revit 的圆弧墙顶高度只能是平的，圆弧墙体也不支持轮廓编辑，所以，只能使用“内建模型”创建顶部非水平的圆弧墙。具体方法如下：

（1）选择功能区“建筑或结构 > 构件 > 内建模型”命令；

（2）在“族类别和族参数”窗口（图 222），选择“墙”类别，输入内建构件名称；

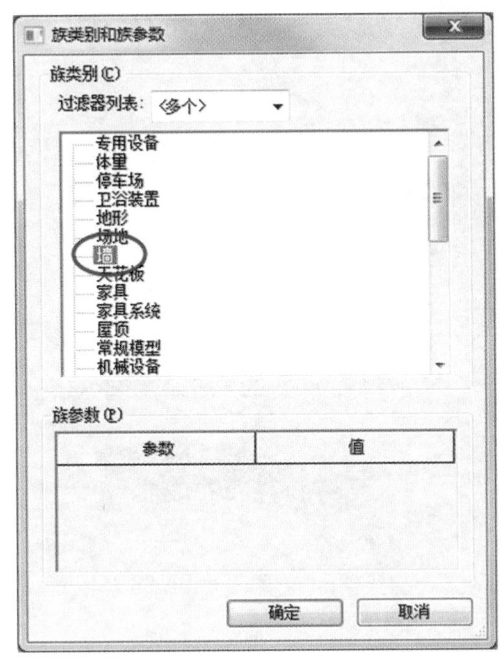

图222 族类别和族参数窗口

(3) 使用实体“拉伸”方式创建圆弧墙，选择功能区“创建 > 拉伸”命令；

(4) 用“绘制”命令绘制圆弧墙平面轮廓，输入拉伸起点和终点，生成圆弧墙；

(5) 使用空心形状剪切出顶部倾斜的圆弧墙，可创建一个临时的拉伸块，利用拉伸块的侧面创建空心形状：

①创建一个临时的拉伸块，设置其侧面为工作平面；

②在其工作平面绘制空心形状的拉伸轮廓（见图 223），以剪切圆弧墙；

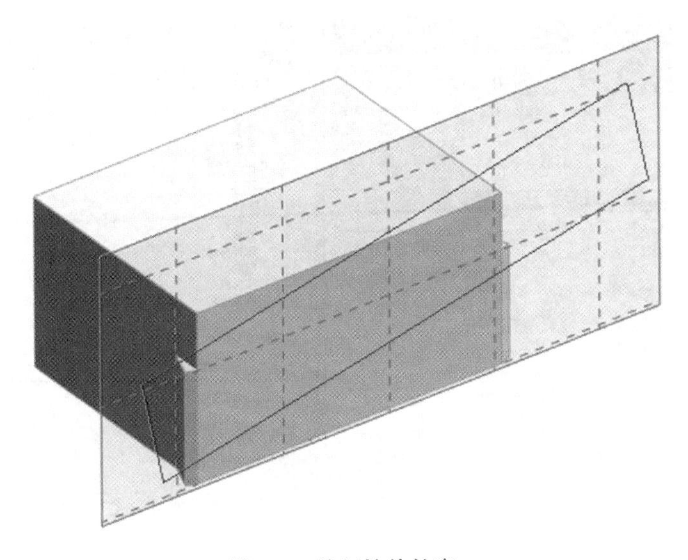

图223 绘制拉伸轮廓

③调整空心形状，以完整剪切圆弧墙，删除临时拉伸块，如图 224 所示。

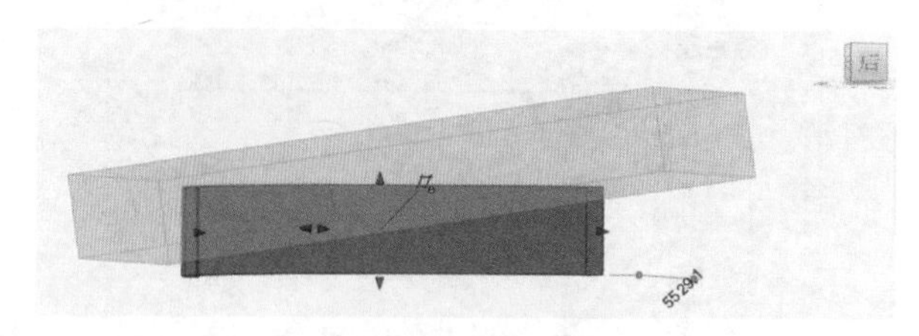

图224　剪切圆弧墙

（6）点选“✔”符号，完成得到如图 225 所示的圆弧墙。

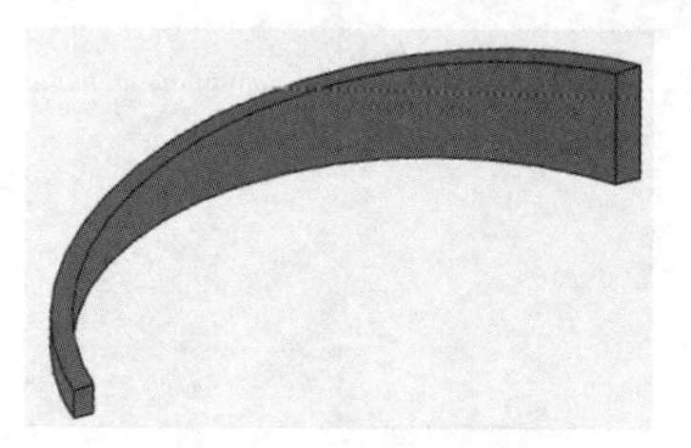

图225　顶部倾斜的圆弧墙

74. 怎么创建斜墙?

Revit 不能直接创建斜墙，可以通过两种方法来处理：内建模型，或者拾取斜面生成斜墙。

（1）用内建体量来创建斜墙。

点击“建筑 > 构件 > 内建模型”命令，选择“墙”类别（见图 226），并在弹出框中命名。

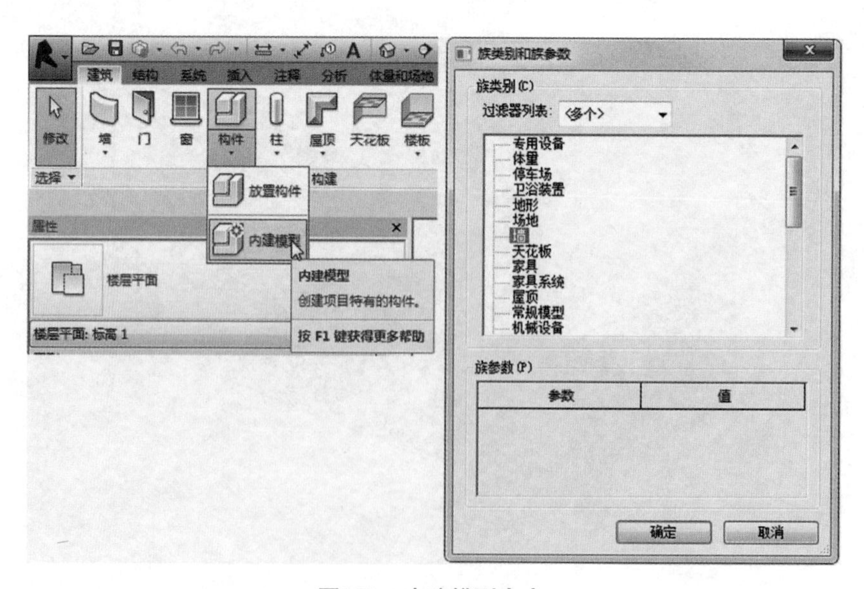

图226　内建模型命令

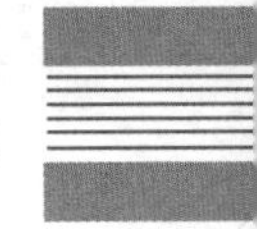

先创建一个临时的拉伸体块，目的是要拾取它的侧面作为工作平面［图 227（a)］，然后基于这个面画出斜墙的轮廓线，进行拉伸，如图 227（b）所示。

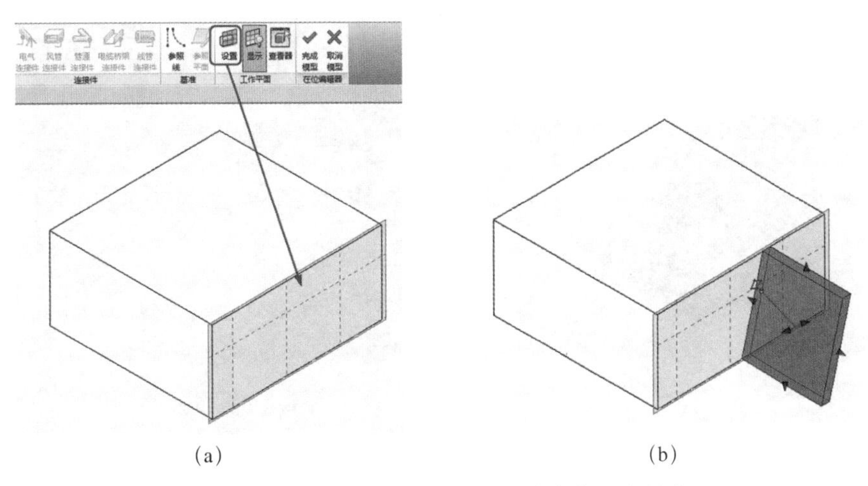

(a)　　　　(b)

图227　设置工作平面图和用拉伸命令创建斜墙

把临时的体块删掉，完成内建模型（图 228)。注意，这种方式创建的斜墙不能应用墙体的类型，要设定或修改材质，需通过“在位编辑”回到内建模型的编辑界面进行设置。

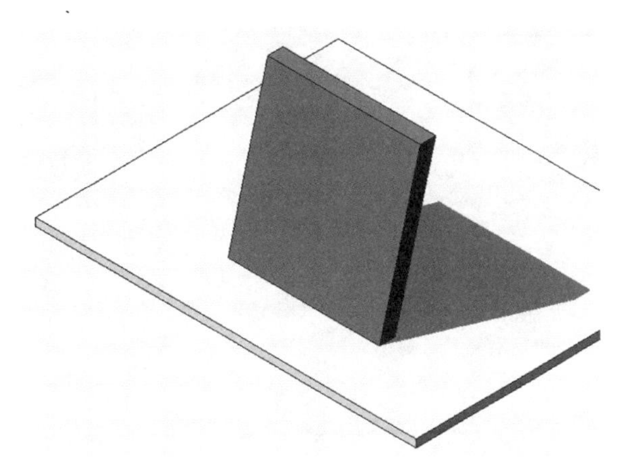

图228　完成斜墙

（2）拾取斜面生成斜墙。

这种方法需先创建或载入一个带有斜面的体量或常规模型［图 229（a)］，然后用“面墙”命令进行拾取。具体操作示例如下：用“建筑或结构 > 构件 > 内建模型”命令内建一个带有斜面的常规模型［图 229（b)，也可以在外部建好常规模型然后导入］，然后点击“建筑或结构 > 墙 > 面墙”命令，设定墙体类型，再拾取常规模型的斜面（图

230)，随即生成斜墙。

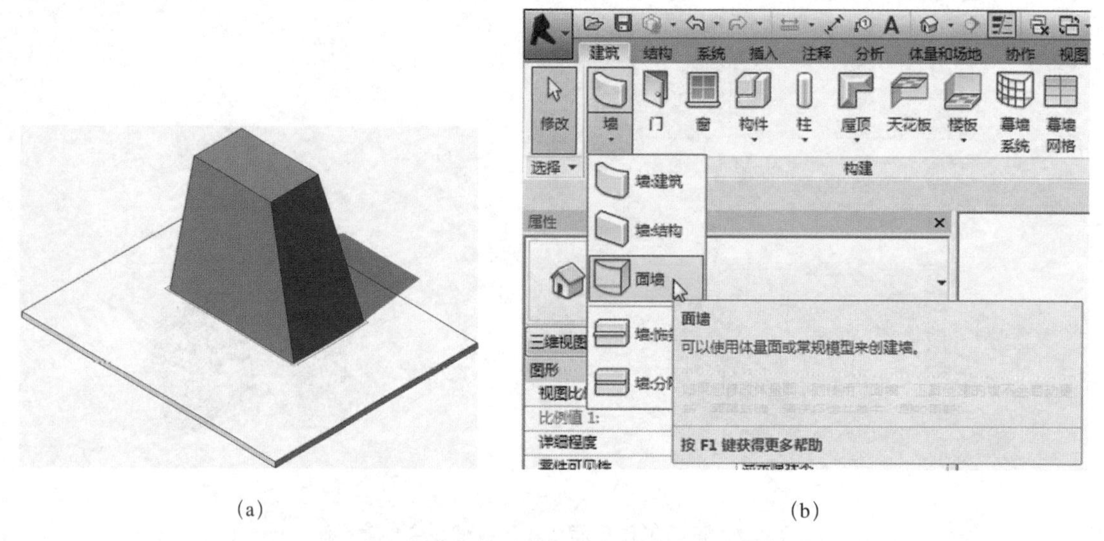

(a) (b)

图229　创建带有斜面的常规模型和面墙命令

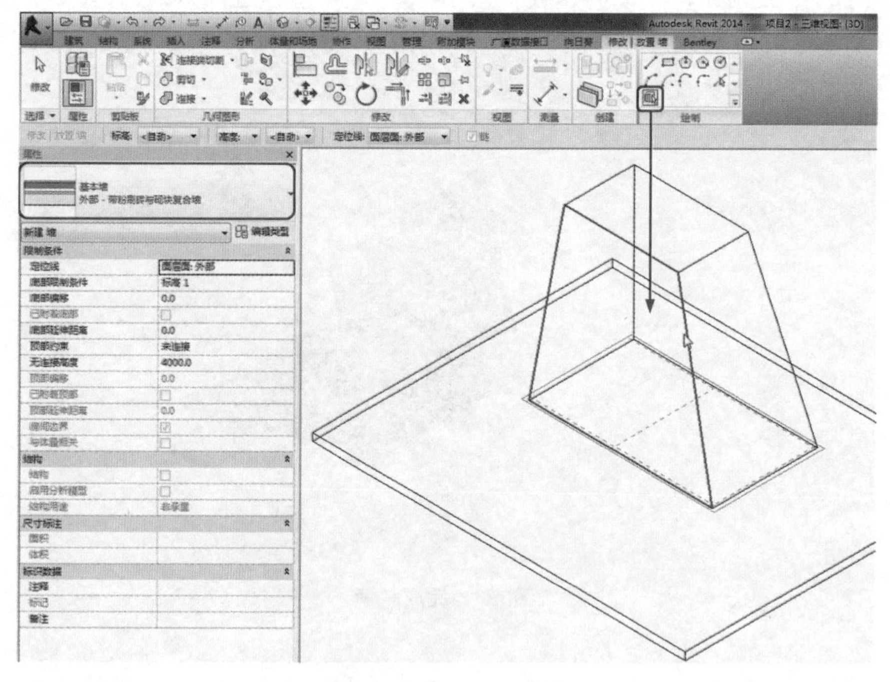

图230　拾取斜面生成斜墙

生成斜墙后，作为基面的常规模型即可删除，效果如图 231 所示。这种方式创建的斜墙，可以修改墙体类型，因此适用范围更广。

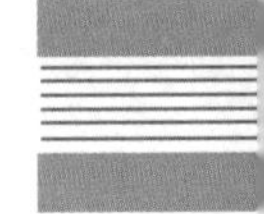

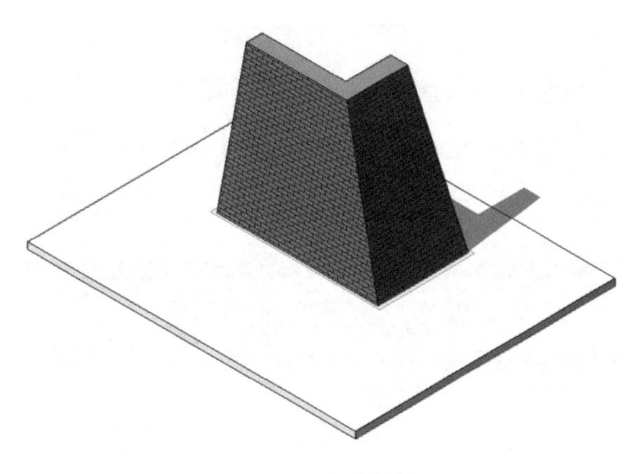

图231　完成斜墙

75. 如何在墙体上开孔洞？

在墙体上开孔洞常用的有三种方式，可根据墙体类型和洞口形状来选择合适的开孔洞的方法。

（1）墙洞口命令。

该命令适用于在直墙或弧形墙上开矩形洞口。选择功能区“建筑 > 墙洞口”命令，点选要开洞的墙体，图标变成框形即可在墙上拉出洞口大小，如图 232 所示。

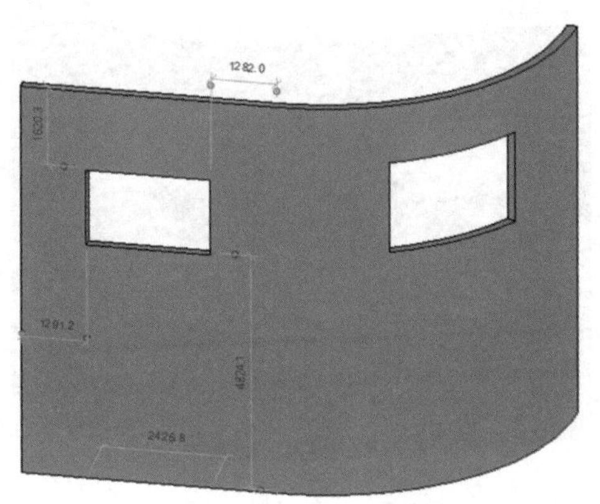

图232　用墙洞口开洞

一般墙洞口命令在立面或是三维图中操作，可以先绘制好，再通过修改临时尺寸进行准确定位。

（2）编辑轮廓。

该方法对于弧形墙不适用，仅直墙可用，并可开各种形状的洞口。选中直墙后，点击功能区“修改 / 墙 > 编辑轮廓”命令，进入到轮廓编辑界面，在墙体轮廓内绘制需预留孔洞的闭合轮廓，如图 233 所示。

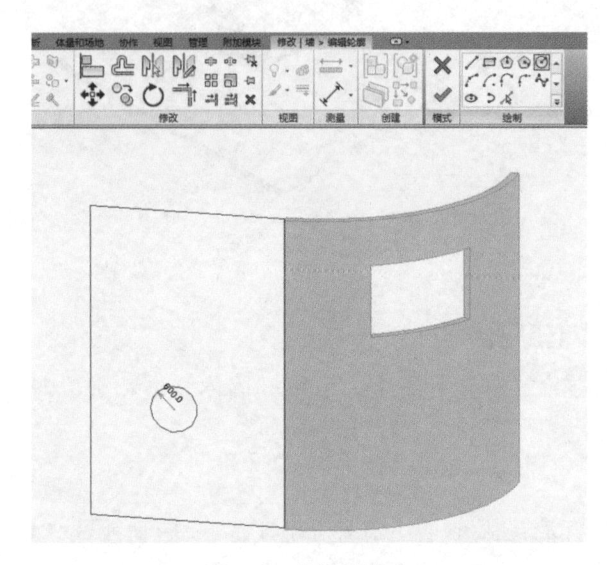

图233　编辑墙轮廓

绘制好后，点击“（完成编辑模式）”符号，即可退出编辑状态，得到如图 234 所示的洞口。

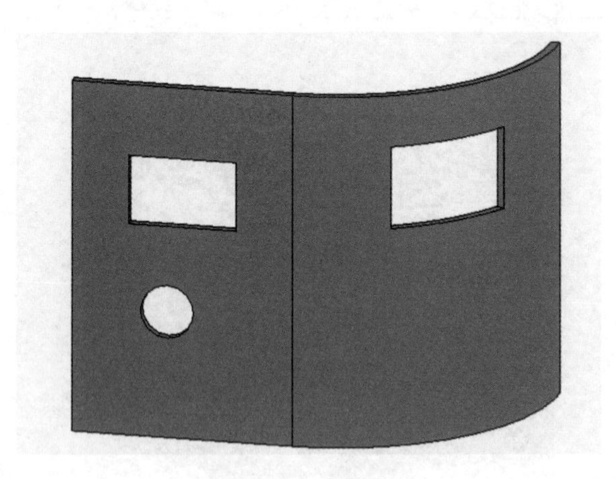

图234　完成墙开洞

（3）空心构件开洞。

对于弧形墙上开非矩形洞口，就需要用到空心构件开洞的方法。该方法可以使用内建的空心构件族，也可以使用外部载入的基于面或墙的空心构件族，此处以内建族为例说明具体的步骤。

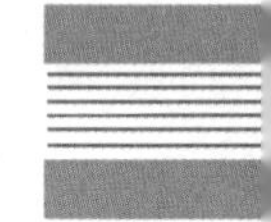

1) 选择“建筑 > 构件 > 内建模型”命令，在“族类别和族参数”对话框中，选择“墙”类别，命名为“墙洞口”，点击“确定”后即可进入如图 235 所示内建族编辑界面。

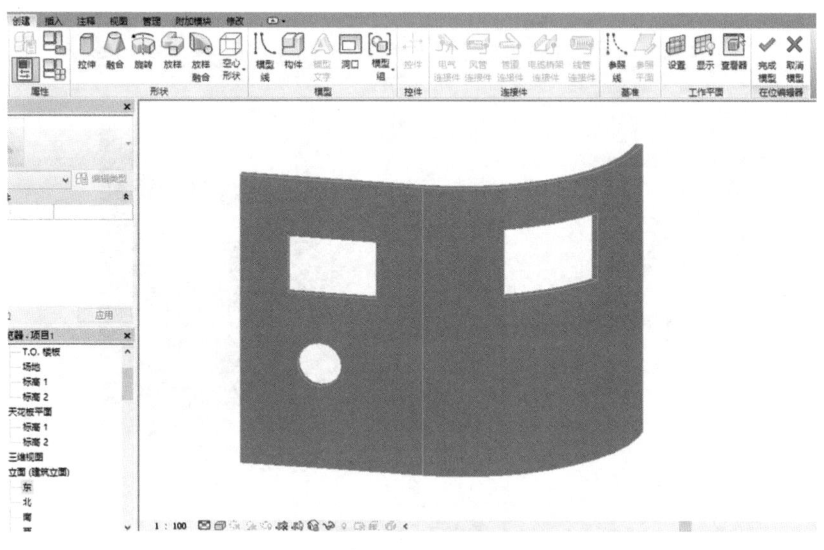

图235　内建族编辑界面

2）选择功能区“创建 > 空心形状 > 空心拉伸”命令，进入拉伸编辑界面，为空心拉伸选择合适的工作平面，绘制洞口的轮廓线，并设置好合适的深度值，绘制好后，点击“ （完成编辑模式）”符号，即可退出编辑状态，得到如图 236 所示空心拉伸构件。

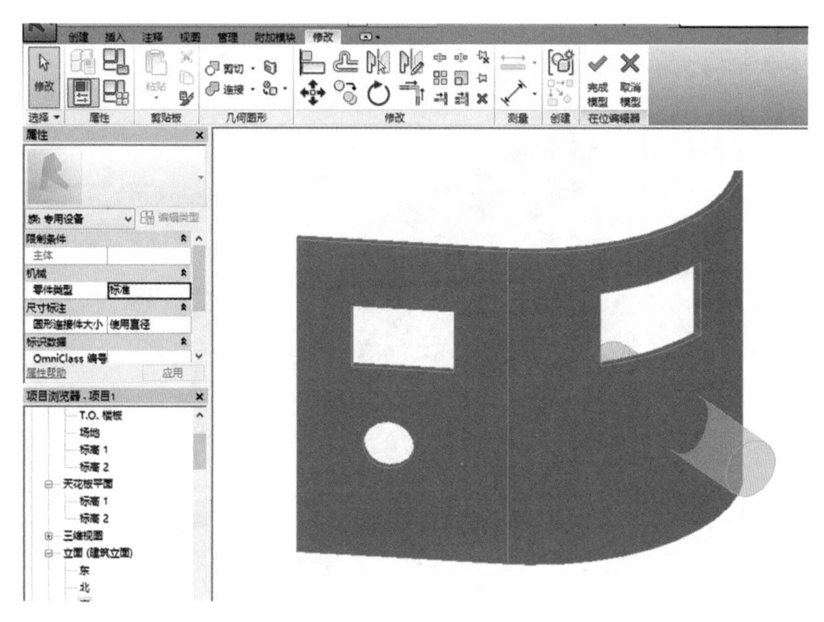

图236　绘制空心构件

3）选择功能区“剪切 > 剪切几何图形”命令，先点中墙，再点中空心拉伸构件，则墙就被剪切，如图 237 所示。

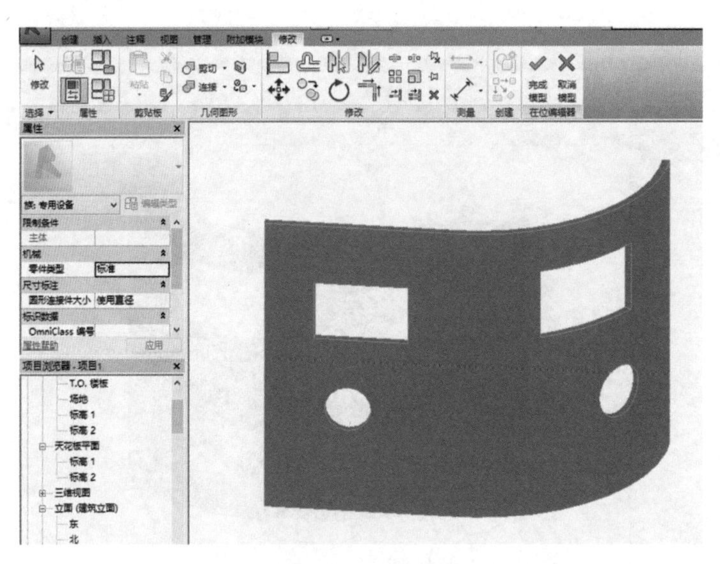

图237　剪切墙

4）点击“（完成模型）”符号，即可退出族编辑状态，完成开洞。

76. 墙体的多层构造材料怎么设定？

在以往 AutoCAD 平台的表达习惯中，墙体一般用双线表达，如“200mm 厚砌体墙”就用间距 200mm 的双线表示。至于砌体两侧的填充层及面层，一般在统一说明或构造列表中说明，平面图上并不表达，只有在 1 : 50 以下比例的局部放大平面或大样中才表达。墙体多层构造示意如图 238 所示。

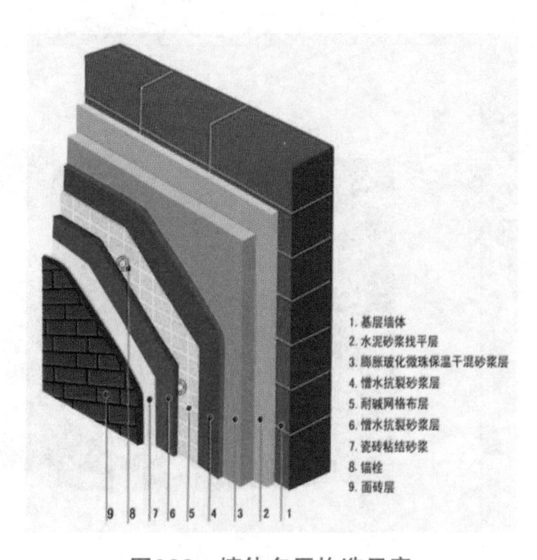

图238　墙体多层构造示意

但在 Revit 平台上，墙体的设置比较复杂，材质可以设置为多层次复合材质，如图 239 所示，也可以只设置单层材质，材质的设置既影响到墙体的平面表达，也影响到立剖面的视图表达，对专业间的协同设计、后续的工程量统计、4D 模拟等也有影响，因此对于墙体材质的设置，需要综合考虑。

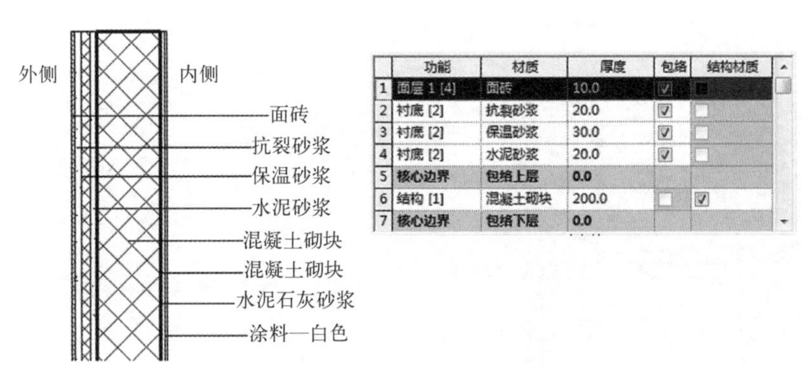

	功能	材质	厚度	包络	结构材质
1	面层 1 [4]	面砖	10.0	☑	■
2	衬底 [2]	抗裂砂浆	20.0	☑	☐
3	衬底 [2]	保温砂浆	30.0	☑	☐
4	衬底 [2]	水泥砂浆	20.0	☑	☐
5	核心边界	包络上层	0.0		
6	结构 [1]	混凝土砌块	200.0	☐	☑
7	核心边界	包络下层	0.0		

图239　Revit复合材质示意

从 BIM 的理念出发，BIM 模型应如实反映对象的材料与构造（特指施工图阶段），但如果完全按墙体构造层次设置墙体材料，会带来多方面的问题。

（1）图面表达的问题：Revit 可以将视图的详细程度设为“粗略”，墙体显示为双线，但双线间距为墙体的总厚度，不符合“双线仅表示核心层厚度”的习惯，如图 240 所示。

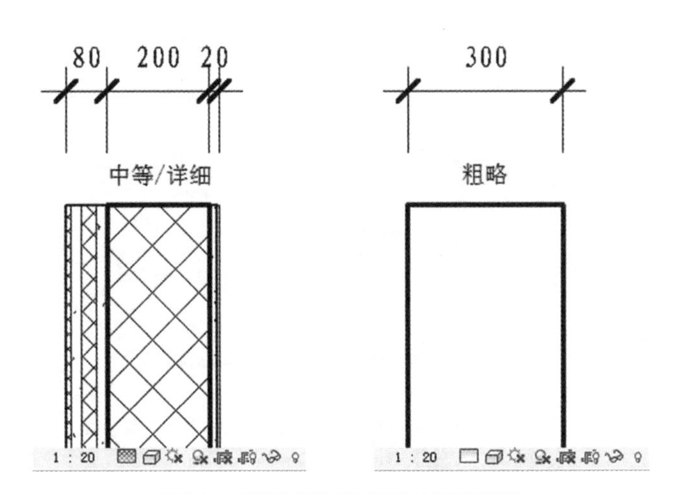

图240　不同详细程度下的平面表达

（2）与上下游软件传递模型时可能会导致信息丢失或错漏，如通过 IFC 格式将 Revit 模型导入 Tekla Structure，会发现墙体是按总厚度显示，以这样的模型为基础进行协同设计很容易造成失误。

（3）在现实中墙体的核心层施工跟填充层、饰面层施工是分开的，但将 Revit 模型导入 Navisworks 进行 4D 施工模拟时，一体化的构件很难将这两个施工过程分开表达。

如果按以往的简化做法，墙体只考虑核心层，除了未能完整表达墙体构造的缺点外，也有图面表达的问题，主要是影响到立剖面的表达，立剖面上的梁、板、柱等结构构件边线会显露出来，带来大量的线处理工作，如图 241 所示。

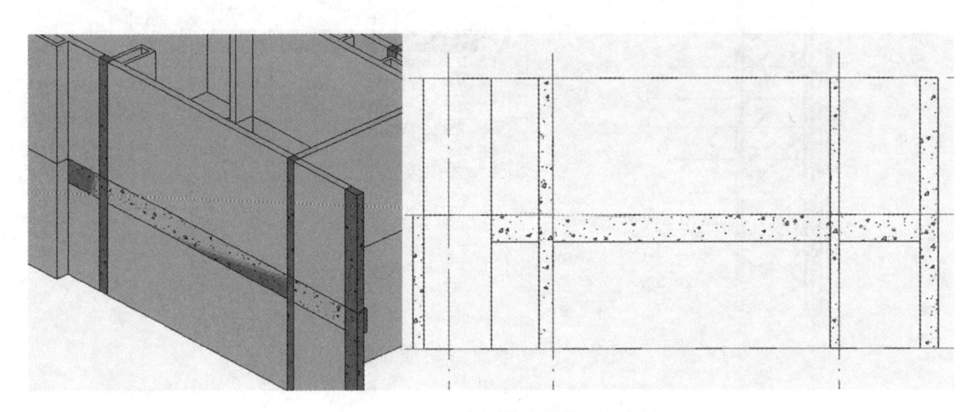

图241　立剖面中露出的梁柱边线

为了解决这些问题，我们建议墙体按这样的原则来设置材质：将核心层单独设为一道墙，两侧的填充层及面层分别另外设为一道墙（简称“饰面层”）。在实际项目中，往往内墙的饰面层被忽略掉，仅外墙的外侧另外设一道饰面层墙，如图 242 所示。

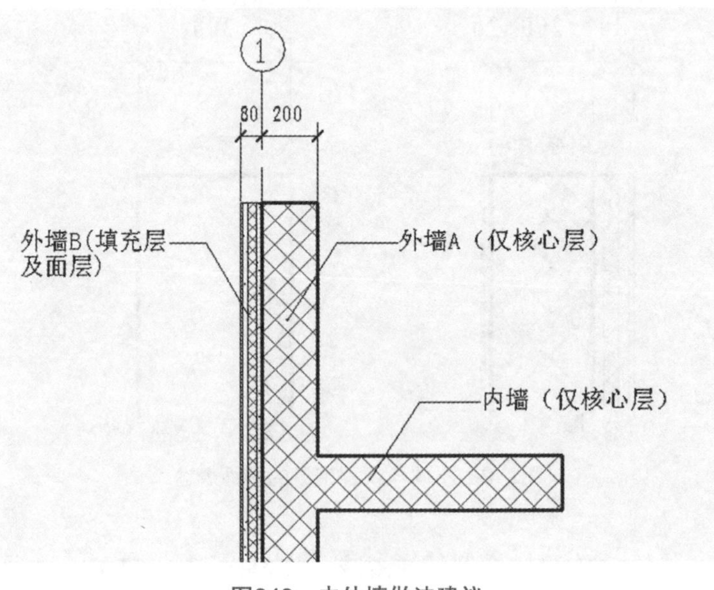

图242　内外墙做法建议

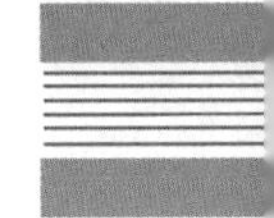

对于 1:100 或更大比例的大平面图，不需要表达填充层及面层，因此需在视图的可见性设置中，通过过滤器将饰面层墙体过滤出来，并设为不显示。这个过滤器的条件可以自己确定，如按“墙体的类型名称包含‘饰面层’”的条件来设置，如图 243 所示，将其设置为不显示，并将墙体的详细程度设为“粗略”后，效果如图 244 所示，符合传统墙体的平面表达。

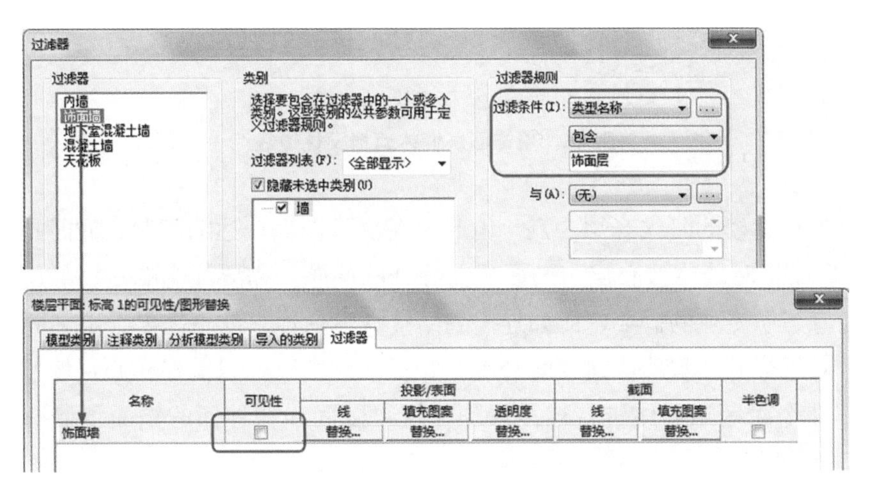

图243　用过滤器控制面层墙体的显示

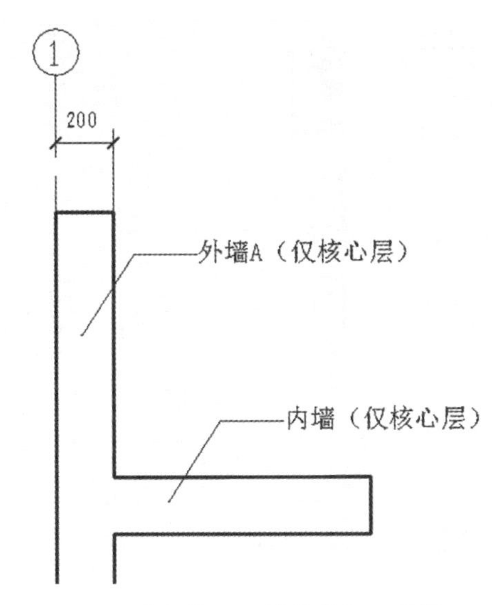

图244　关闭饰面层墙体的显示效果

在立面图中，则将饰面层墙体打开，利用这一层墙体对梁板柱的边线进行遮挡，其效果如图 245 所示。

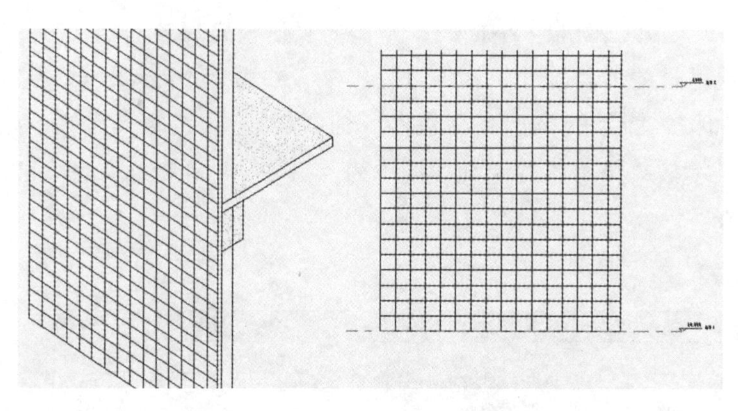

图245　用饰面层墙体遮挡梁柱边线

这样虽然在建模的时候麻烦一点，但基本解决了图面表达的问题，同时也解决了后续应用如 4D 模拟时墙体核心层与饰面层需分开的问题。需要注意的是，导出到下游专业时，需注意下游专业的需要，比如导出到结构计算软件，就不需要导出饰面层墙体。

此外，对于分开两层墙体建模的外墙，在插入门窗时，只需在核心层墙插入，然后用“连接”命令对两层墙体进行连接操作，就可以同步在外面的饰面层墙开门窗洞口了，如图 246 所示。

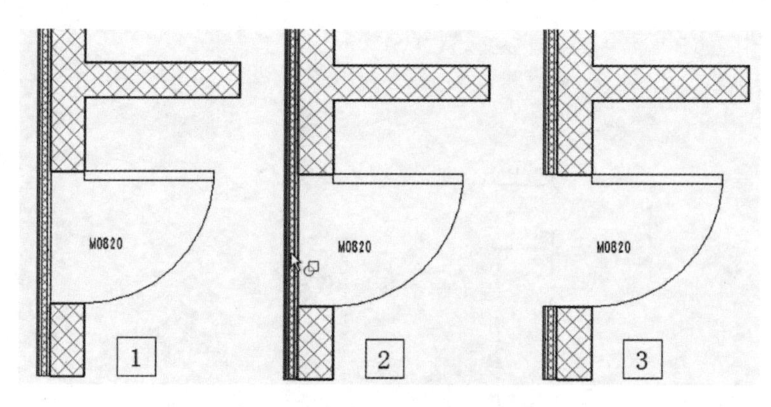

图246　连接双层墙体开门洞

77. 墙体设置中的“包络”有何作用?

在 Revit 中，可以为墙体设置多层构造，并设计了“包络”这个属性，可以设置墙体构造在插入点以及墙端点处如何包络。

点开墙属性栏，就可以看到有两个属性，“在插入点包络”和“在端点包络”，如图 247 所示。在此处就可以为墙体作整体的包络设置。若要单独为某一构造层设置包络，就要到墙体复合材质设置框中去设置，每层构造之后都有“包络”选项，可以钩选或取消。

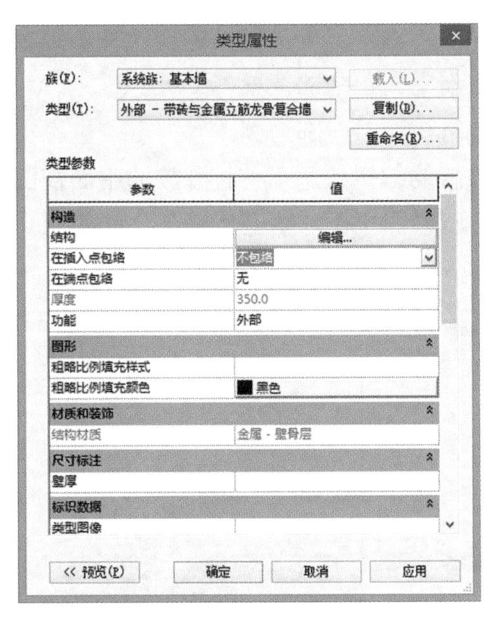

图247　墙属性框

“在端点包络”中有“无”、“外部”、“内部”三个选项，对应的形式如图 248 所示。

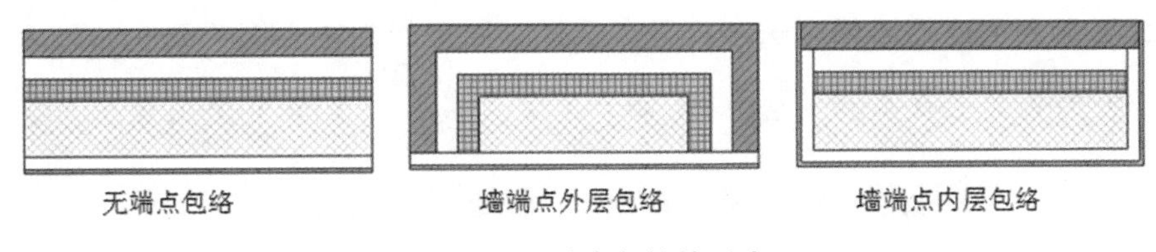

图248　端点包络的形式

“在插入点包络”中有“不包络”、“两者”、“外部”、“内部”四个选项，对应的形式如图 249 所示。

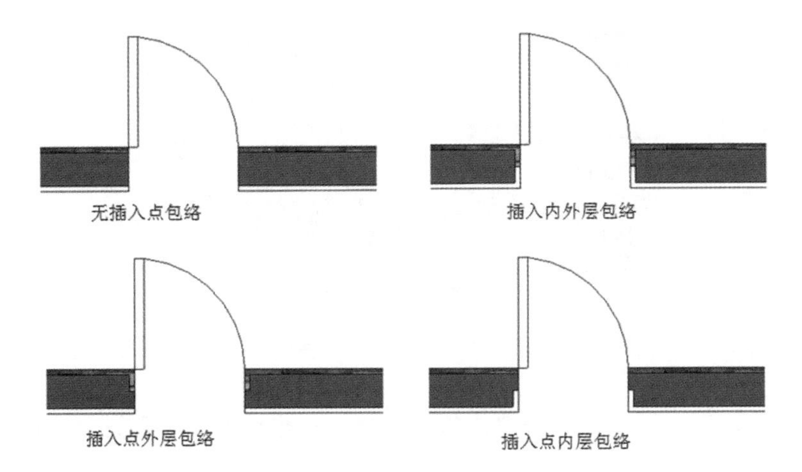

图249　插入点包络的形式

如果在默认设置下，插入点内部、外部包络的样式并不是我们想要的，这时，我们可以通过修改插入的族来重新定义包络的位置。

以设置墙体面层内部包络至面层内部为例：

（1）在门、窗或者洞口族的编辑状态下，打开族的平面视图，在与墙的面层对齐的位置上绘制一个参照平面，将参照平面与墙面层锁定，如图 250 所示。

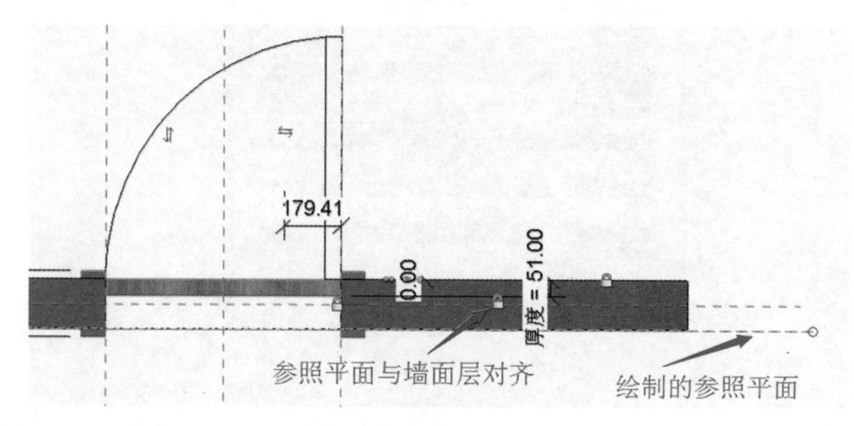

图250　绘制参照平面并锁定

（2）设置参照平面的墙闭合选项打开，选择参照平面，在实例“属性”对话框中把“墙闭合”选项打开，如图 251 所示。

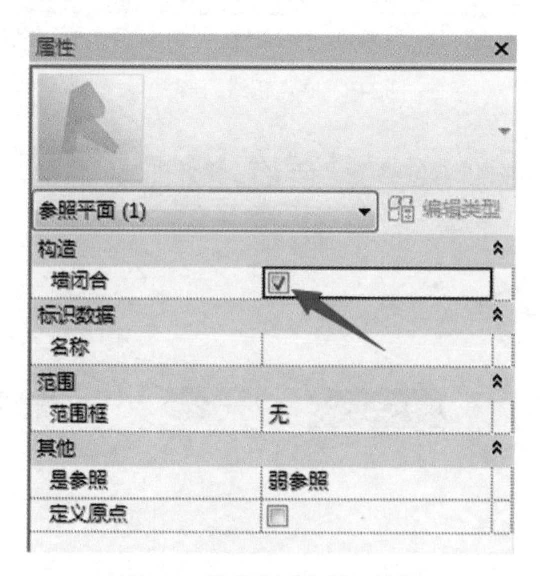

图251　设置参照平面的参数

（3）把族载入到项目中后进行墙体包络设置，点击墙的类型属性栏中的“结构”参数，在结构层设置中钩选需要包络的层，如图 252 所示。

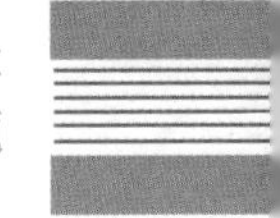

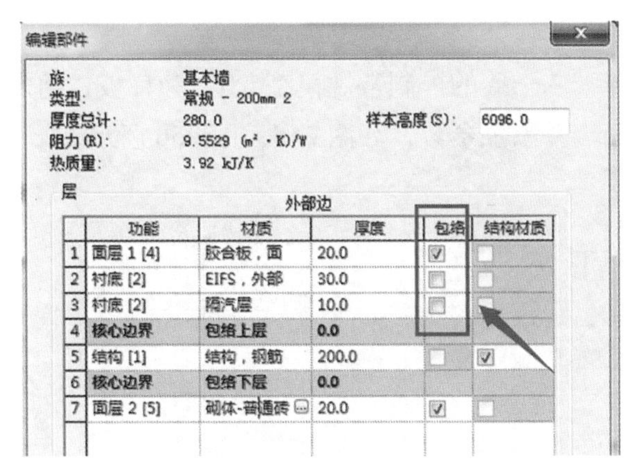

图252　墙体包络设置

完成后，插入门处的墙体包络变为如图 253 所示。

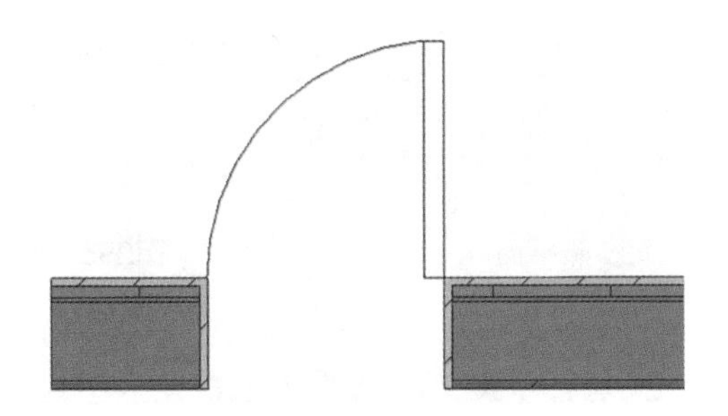

图253　完成包络设置

78. 飘窗怎样做？

飘窗（图 254）是住宅项目常用的构件，飘窗族与普通窗族的制作方法相似。

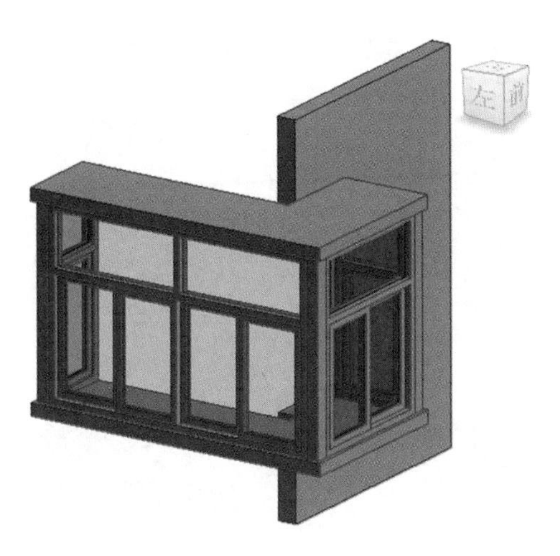

图254　飘窗

具体方法如下：

（1）新建族，选择“基于墙的公制常规模型 .rft”为样板，将族类型改为“窗”；

（2）绘制参照平面，并添加参数，如图 255、图 256 所示；

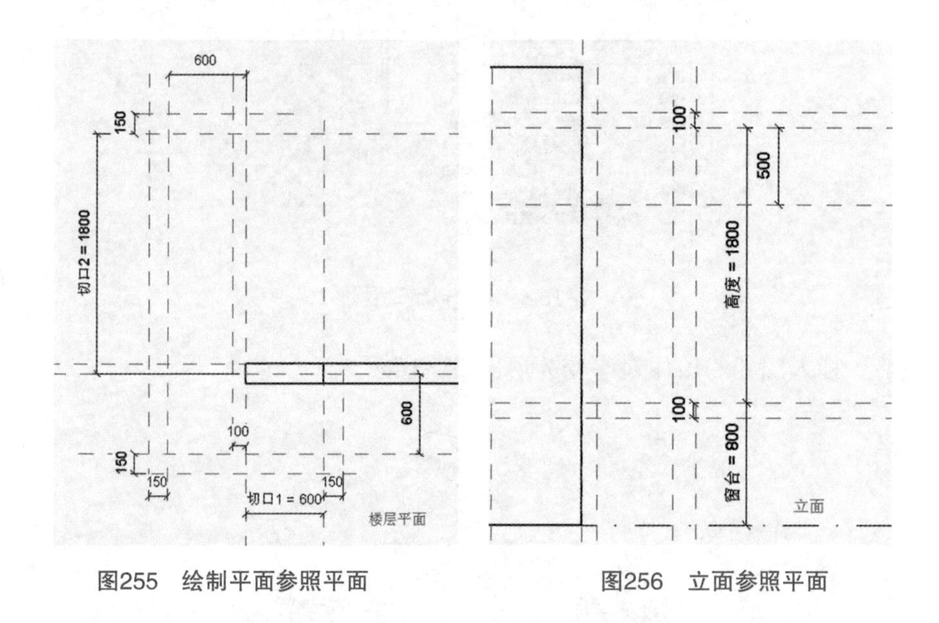

图255　绘制平面参照平面　　　　图256　立面参照平面

（3）转到参照平面，创建空心放样，以便在项目模型中自动扣挖墙体。根据参照平面创建放样路径，路径端点与参照平面锁住并打钩完成路径绘制，如图 257 所示；

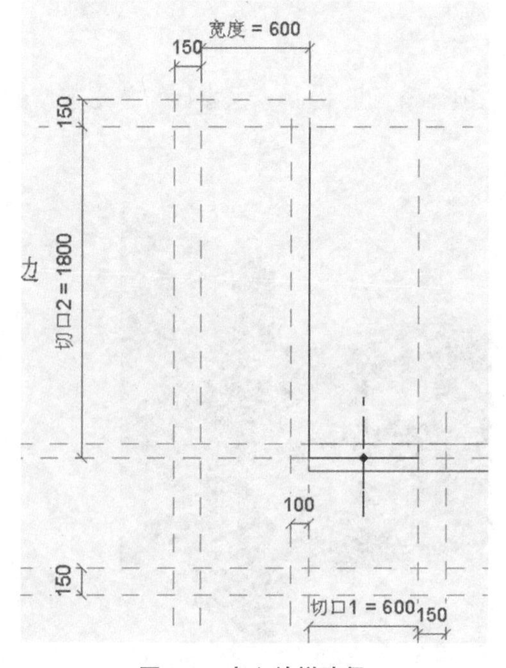

图257　空心放样路径

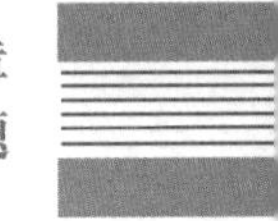

(4) 转到右立面绘制放样轮廓，同样将其锁定在立面参照平面与墙体并打钩完成，如图 258 所示；

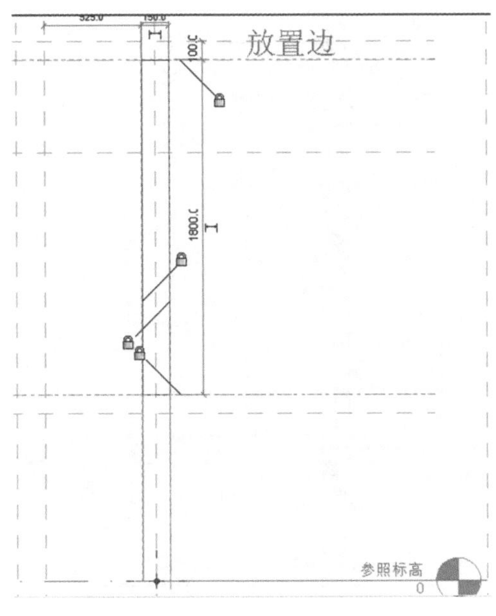

图258　空心放样轮廓

(5) 通过参数测试空心放样模型可控性，并剪切墙体；

(6) 转到“放置边”，立面图根据参照平面创建拉伸窗框模型，打钩完成，转到平面设置厚的参数并锁定；

(7) 如图 259 所示，用同样的方法创建窗框，完成后的窗框如图 260 所示；

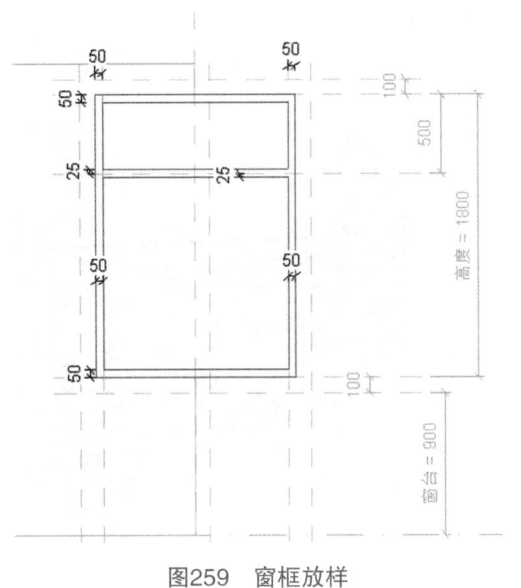

图259　窗框放样

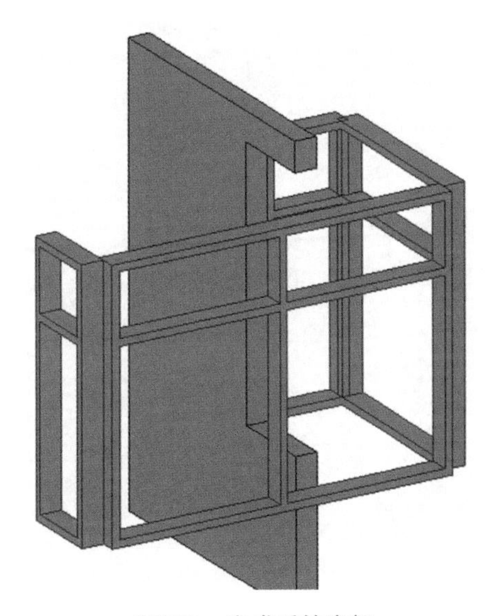

图260　完成后的窗框

（8）添加转角竖梃：转到“参照标高”创建实心拉伸，再转到立面图调整高度并锁定，如图 261 所示；

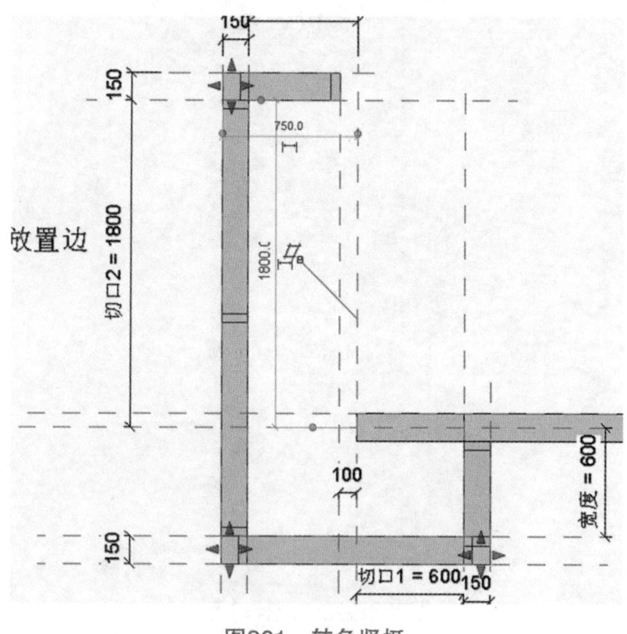

图261　转角竖梃

（9）创建玻璃：点击“放样”按钮，根据飘窗的形状绘制放样路径（见图 262），完成路径后创建截面，完成如图 263 所示的玻璃；

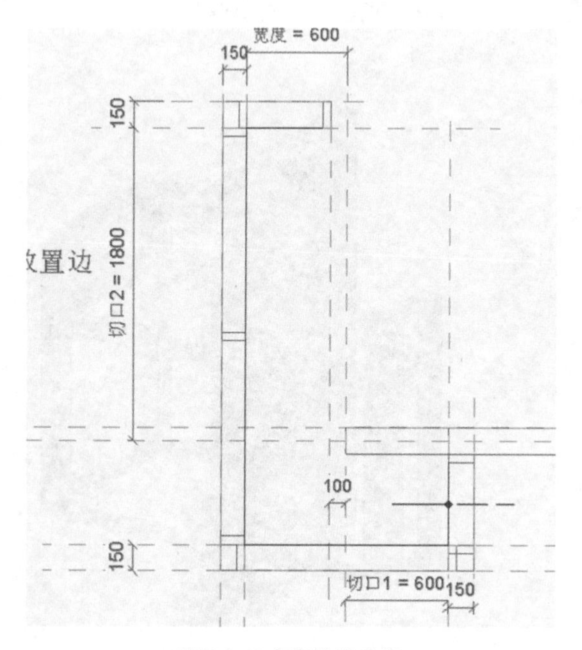

图262　玻璃放样路径

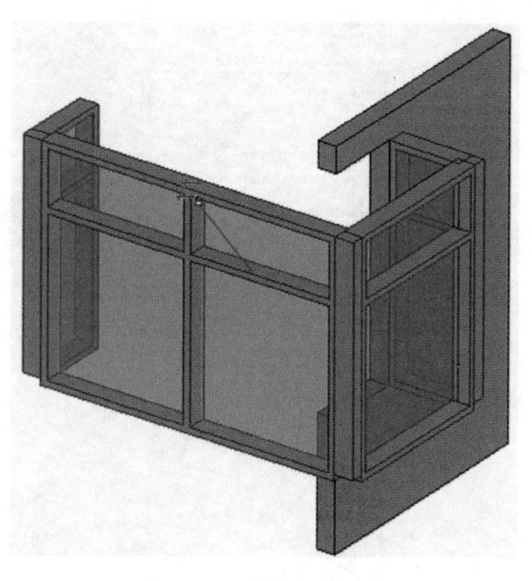

图263　玻璃放样完成

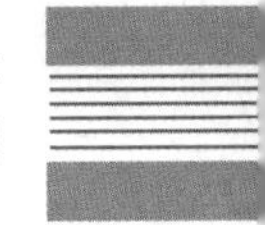

（10）添加窗台和顶板：在“参照立面”创建拉伸，根据飘窗的形状绘制拉伸草图（见图 264），并锁定边界，打钩完成转到立面调整高度，完成如图 265 所示的窗台和顶板；

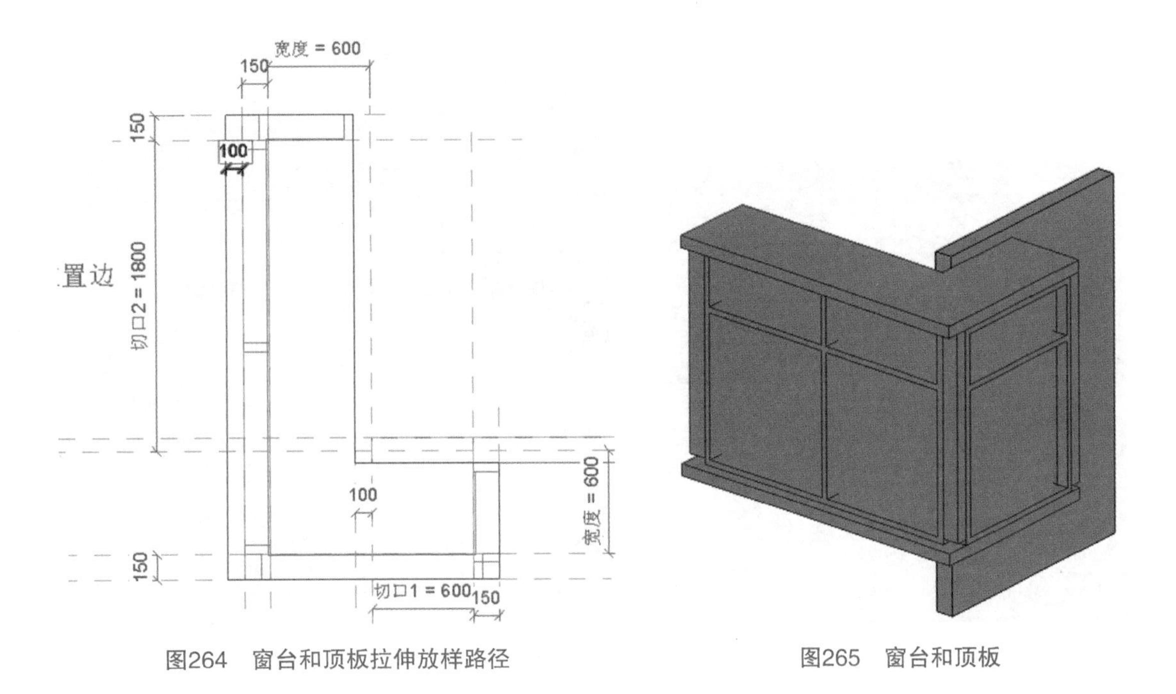

图264　窗台和顶板拉伸放样路径　　　　图265　窗台和顶板

（11）添加材质：点击“族类型”命令，添加“玻璃、窗框、窗台”材质；点击“添加”按钮，如图 266 所示。在“族类型”对话框“材质与装饰”下面点击“玻璃”后面“按类别”的小按钮，如图 267 所示，在弹出的“材质浏览器”里选择“玻璃”；

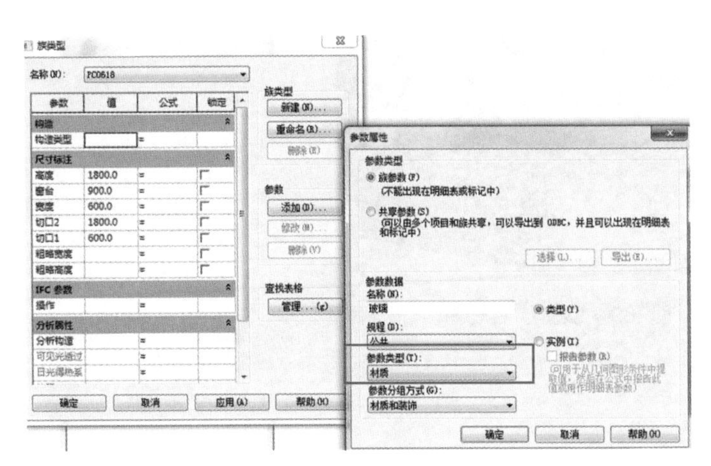

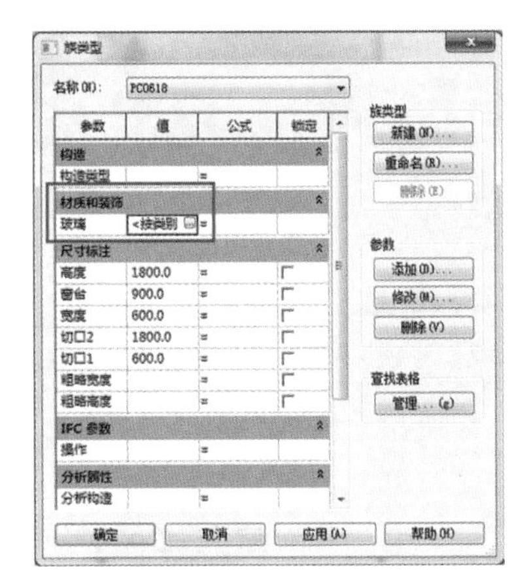

图266　添加材质参数　　　　图267　设置材质

（12）关联材质：选中玻璃对象，在“属性”框里“材质和装饰”栏下面点击“材质”后面“按类别”的按钮，打开“关联族参数”对话框（见图 268），选择对应的玻璃材质，单击“确定”按钮，最终完成如图 269 所示飘窗族。

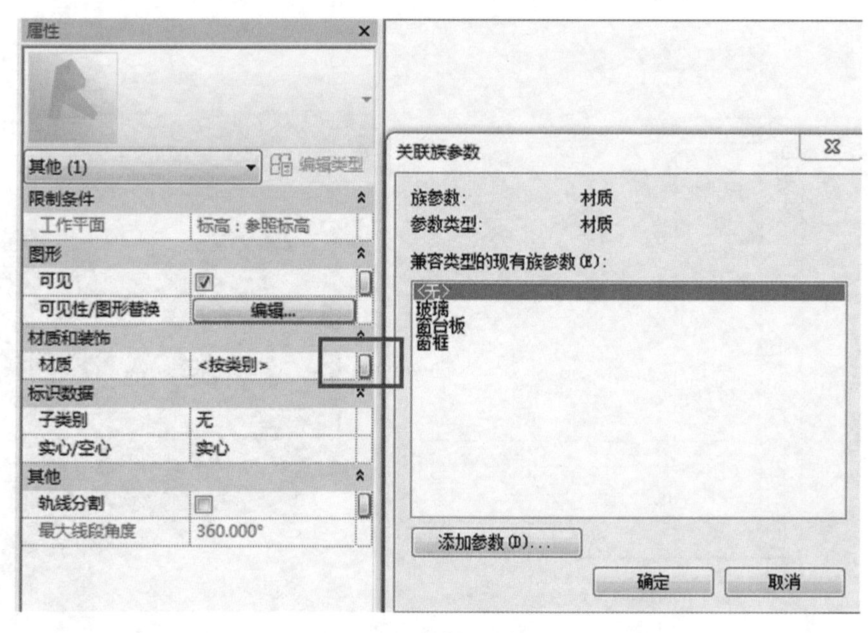

图268　关联材质参数

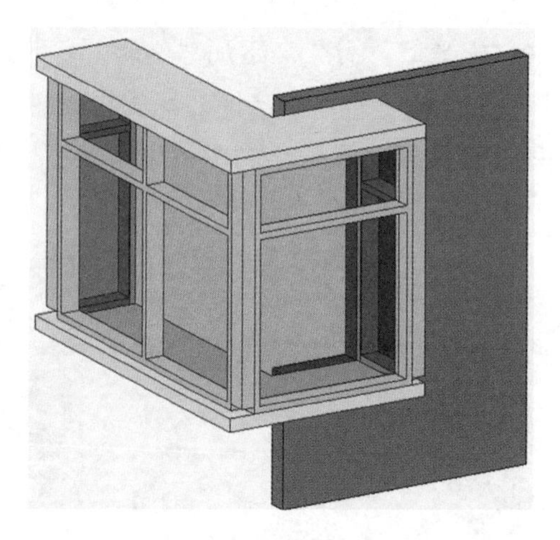

图269　飘窗族完成图

79. 拐角窗怎样做？

本例先分别创建窗扇与拐角窗的边框两个族文件，然后利用族嵌套的方式，把窗扇族文件载入拐角窗边框族文件中。具体步骤如下：

(1) 新建族，选择“公制常规模型”样板；点击功能区“创建 > 族类别和族参数”命令（图 270），可以看到样板中所默认的族类别为“常规模型”以灰底色显示，拖拉

右侧下拉划块至“窗”出现，点选“窗”，族类别就修改为“窗”（见图 271）。当族类别修改之后，族默认的参数也会发生改变，如图 272 所示。

图270　族类别和族参数

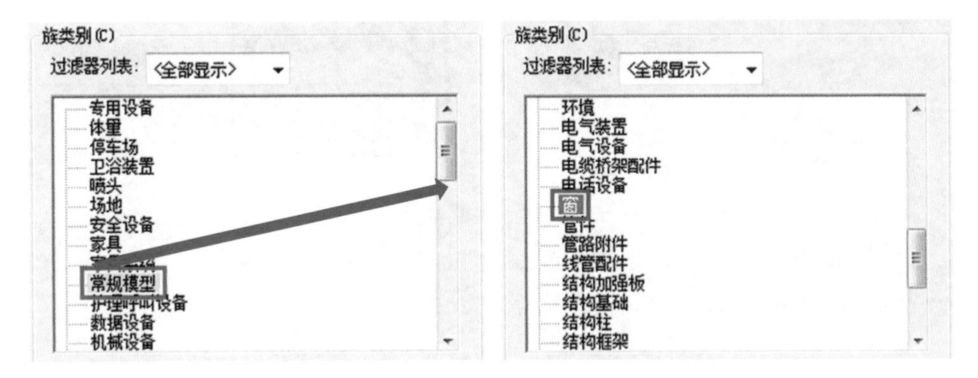

图271　把族类别“常规模型”改为“窗”

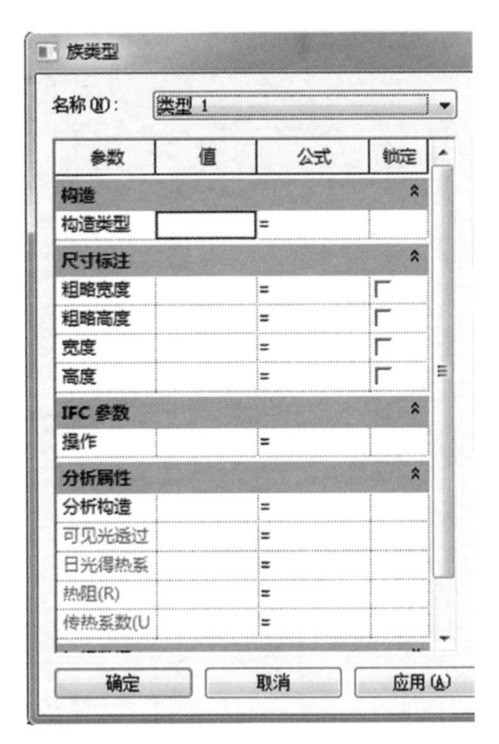

图272　族类型

（2）打开立面图的“前”视图，为了参数化控制窗的尺寸和定位，用功能区“创建 > 参照平面”命令绘制参照平面，添加尺寸标注及初设的默认参数（这些参数以后族的使用者还可按实际需要修改），并将参数关联相应的标注。默认的“定义原点”是中心参照平面，你可以重新定义任何一个参照平面，如图 273 所示。

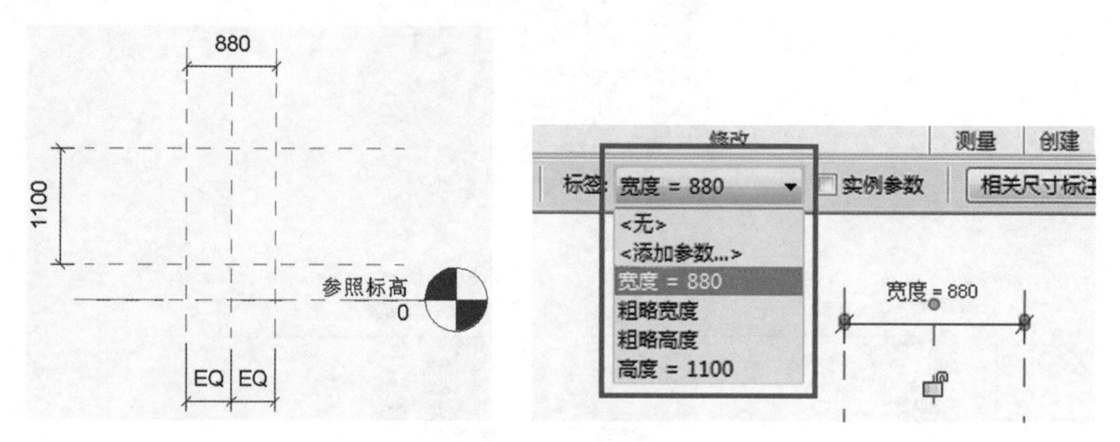

图273　关联参数

注：点击标注时，功能区下方会出现标签选项，在其下拉菜单中可以新建或者绑定已有的参数，当定义新原点时，样板默认的原点会自动取消，原点即族的插入点。

（3）绘制窗扇边框，并将其锁定参照平面。完成几何图形后，添加窗扇材质参数，调整参数并测试族行为，保存窗扇族，如图 274 创建窗扇流程所示。

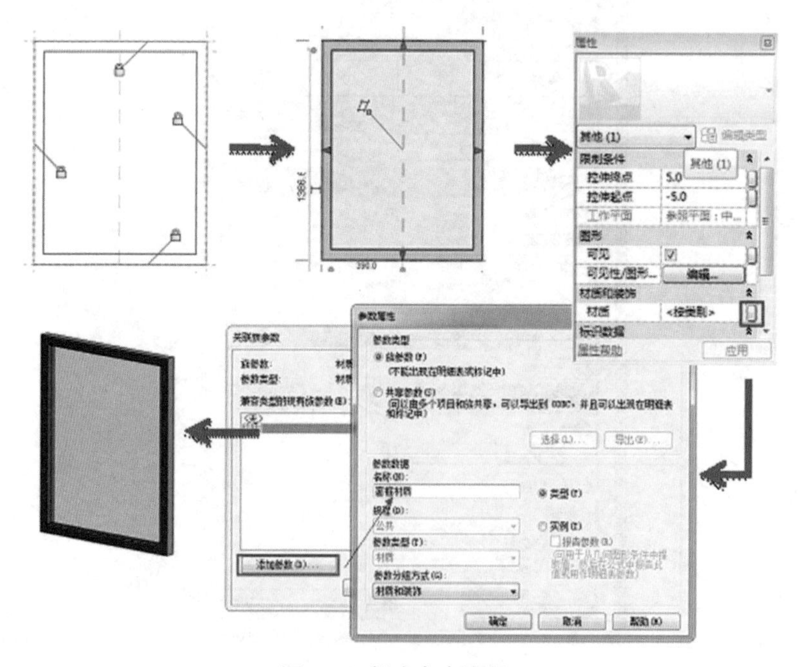

图274　创建窗扇流程

（4）新建族，选择“基于墙的公制常规模型”为样板，将族类型改为“窗”。绘制参照线及参照平面并添加标注，并添加相应参数，如图 275 所示。

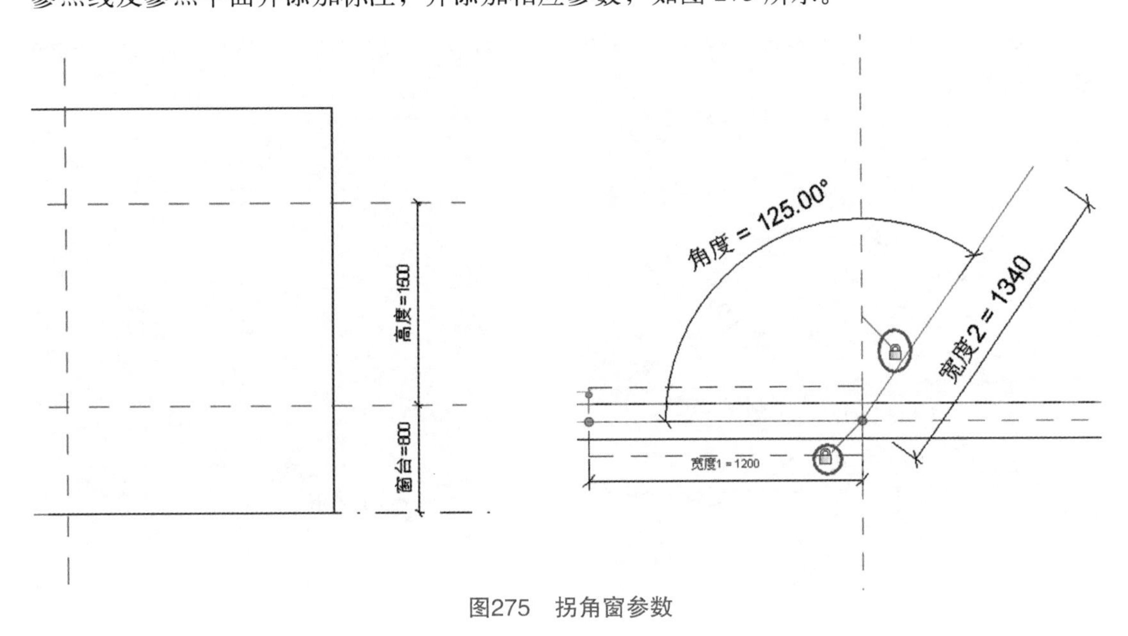

图275　拐角窗参数

（5）创建空心放样剪切墙体，这是非常关键的一步。转到平面视图绘制路径，立面视图绘制轮廓，如图 276 所示。

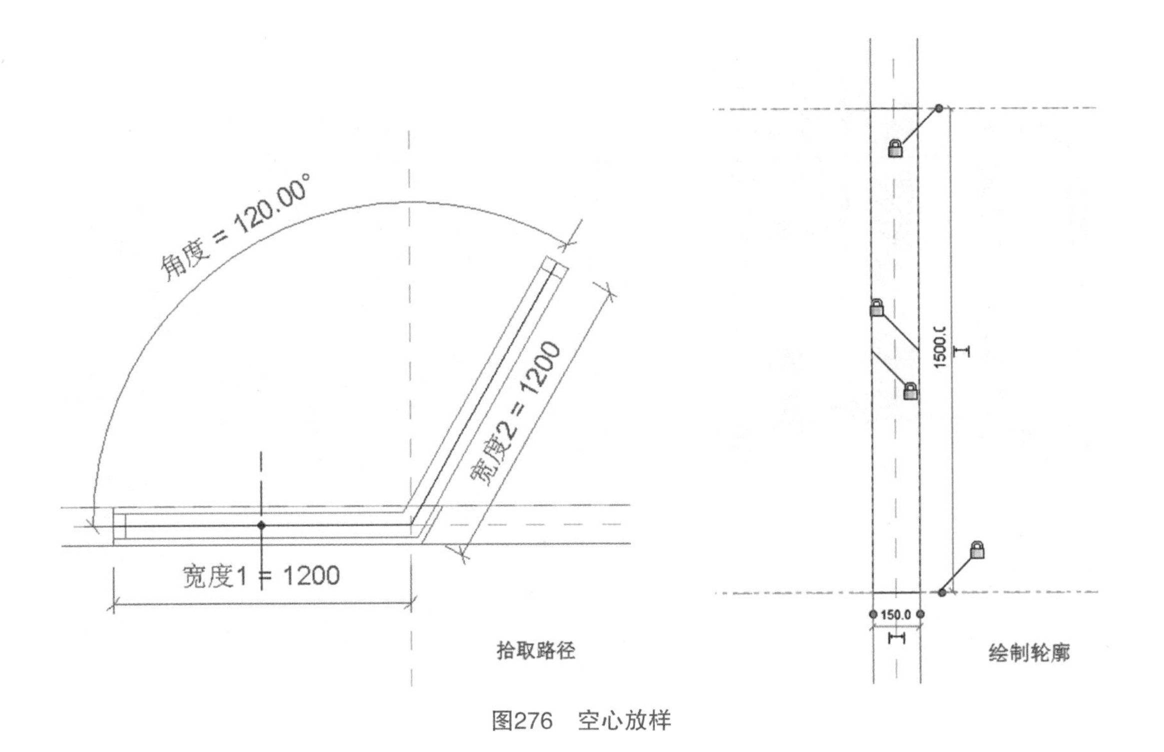

图276　空心放样

（6）用创建窗扇族同样的方法创建窗框和竖梃。注意：在创建放样时，当所绘制路径长度与参照线长度一致，可用“拾取路径”功能创建路径；当路径长度与参照线长度不一致时，则用“绘制路径”功能创建路径，并添加参数控制路径长度与角度，如图 277 所示。

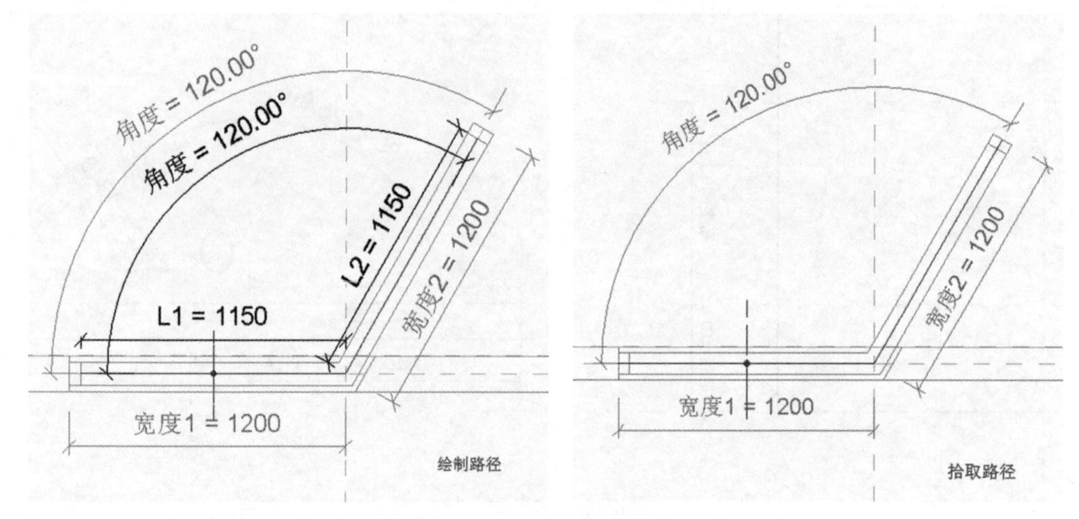

图277　绘制路径、约束设置

（7）载入之前创建并保存的“窗扇”族，放置于族中相应位置上并锁定位置（转角边窗扇需添加角度参数驱动），添加参数并关联族“窗扇”中参数，测试族参数是否正确后保存，如图 278 所示。

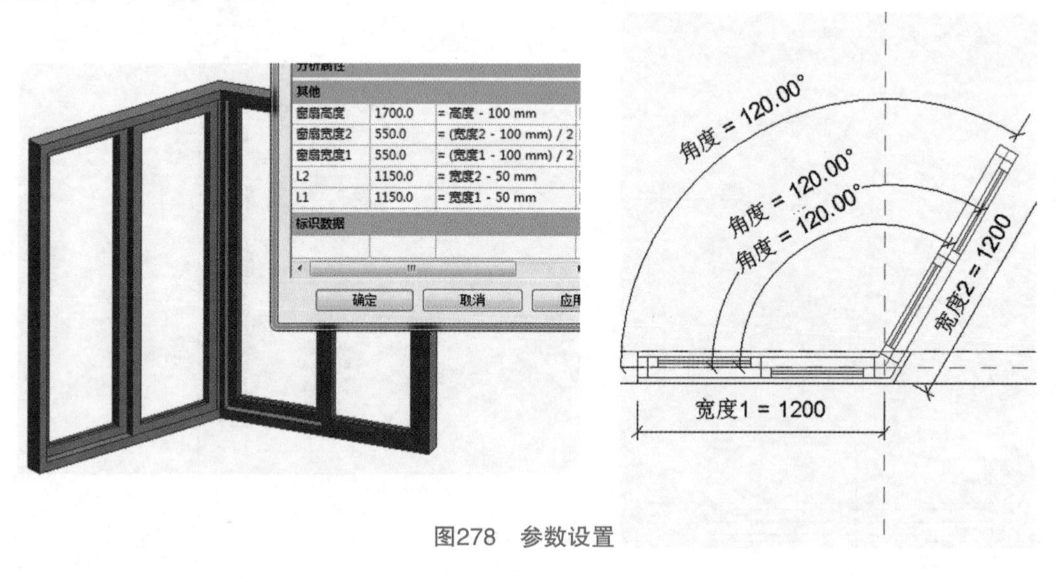

图278　参数设置

80. 如何创建老虎窗？

老虎窗的创建有两种制作方法。

（1）使用老虎窗命令，在两个屋顶连接处，共同相交位置进行剪切。具体步骤如下：

1）创建构成老虎窗的墙和屋顶对象。使用“连接屋顶”工具将老虎窗屋顶连接到主屋顶，如图 279 所示。

图279　老虎窗

注：请勿使用“连接几何图形”屋顶工具，否则您会在创建老虎窗洞口时遇到错误。

2）打开一个可在其中看到老虎窗屋顶及附着墙的平面视图或立面视图。如果此屋顶已拉伸，则打开立面视图，如图 280 所示。

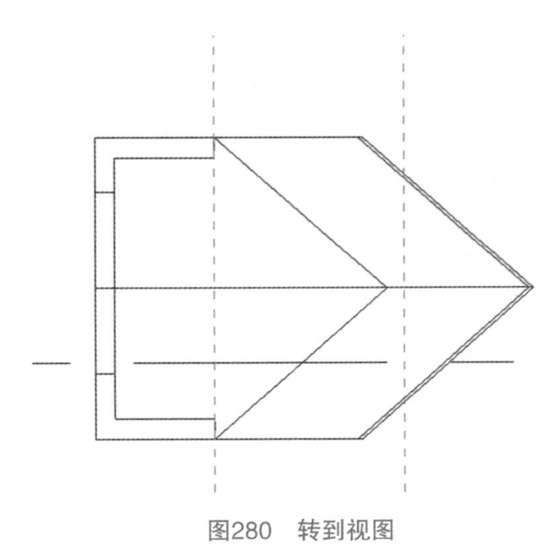

图280　转到视图

3）选择功能区“建筑或结构 > 老虎窗”命令。

4）选择主屋顶，查看状态栏，确保高亮显示的是主屋顶。“拾取屋顶 / 墙边缘”工具处于活动状态，使您可以拾取构成老虎窗洞口的边界。

5）将光标放置到绘图区域中，高亮显示了有效边界。 有效边界包括连接的屋顶或其底面、墙的侧面、楼板的底面、要剪切的屋顶边缘或要剪切的屋顶面上的模型线。在此示例中，已选择墙的侧面和屋顶的连接面。 请注意，您不必修剪绘制线即可拥有有效边界，如图 281 所示。

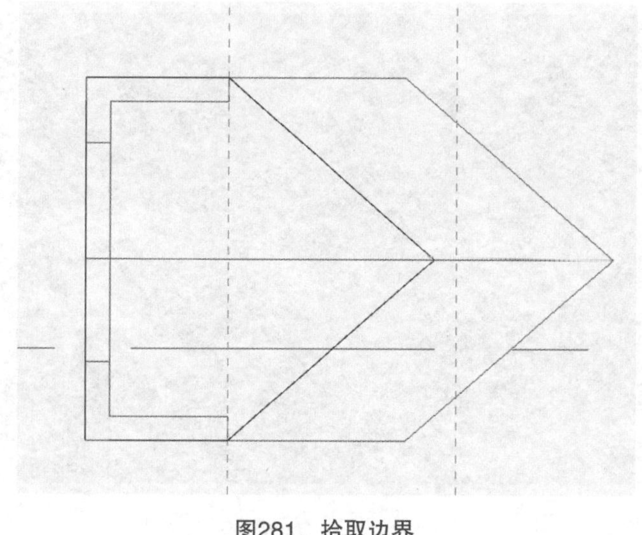

图281　拾取边界

6）步骤五：单击“✔”符号，完成老虎窗创建。如图 282 所示。

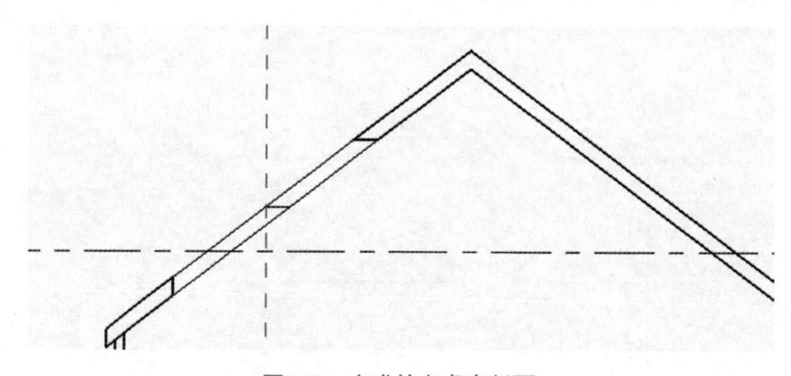

图282　完成的老虎窗剖面

（2）使用迹线创建屋顶的做法定义老虎窗。

1）选择功能区“建筑 > 屋顶 > 迹线屋顶”命令，绘制迹线屋顶，包括坡度定义线。

2）在草图模式中，单击“修改 | 创建迹线屋顶 > （拆分图元）”命令。

3）在迹线中的两点处拆分其中一条线，创建一条中间线段（老虎窗线段），然后单击“修改”按钮，如图 283 所示。

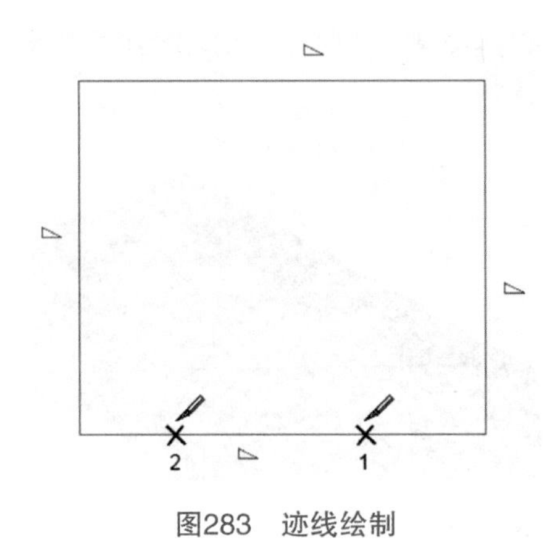

图283　迹线绘制

4）如果老虎窗线段是坡度定义（ ），请选择该线，然后清除“属性”选项板上的“定义屋顶坡度”。

5）单击“修改 | 创建迹线屋顶 > （坡度箭头）”命令，然后从老虎窗线段的一端到其中点绘制坡度箭头，如图 284 所示。

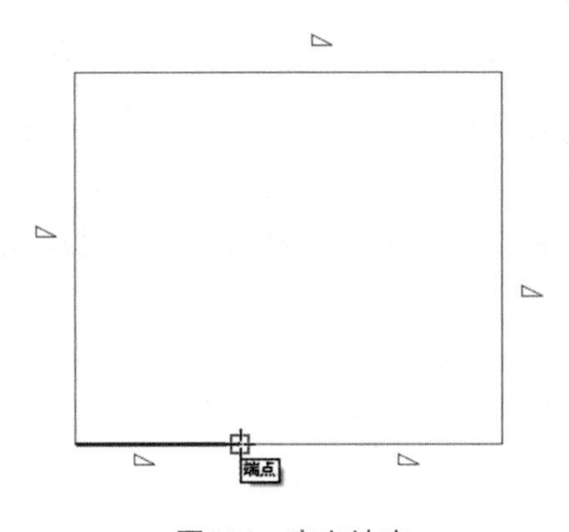

图284　定义坡度

6）再次单击“坡度箭头”符号，并从老虎窗线段的另一端到其中点绘制第二个坡度箭头，如图 285 所示。

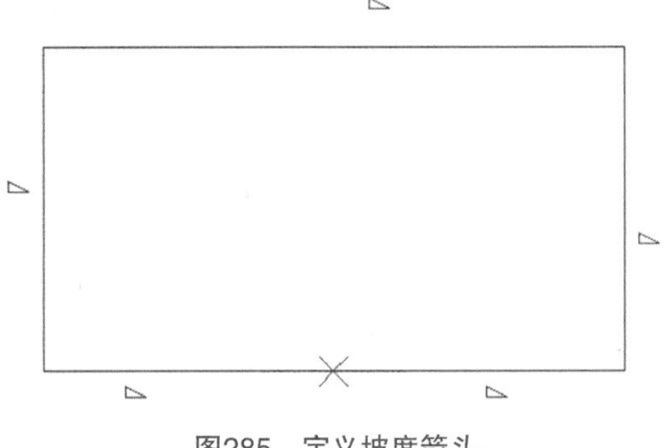

图285　定义坡度箭头

7）单击“✔”（完成编辑模式）符号，然后打开三维视图以查看效果，如图 286 所示。

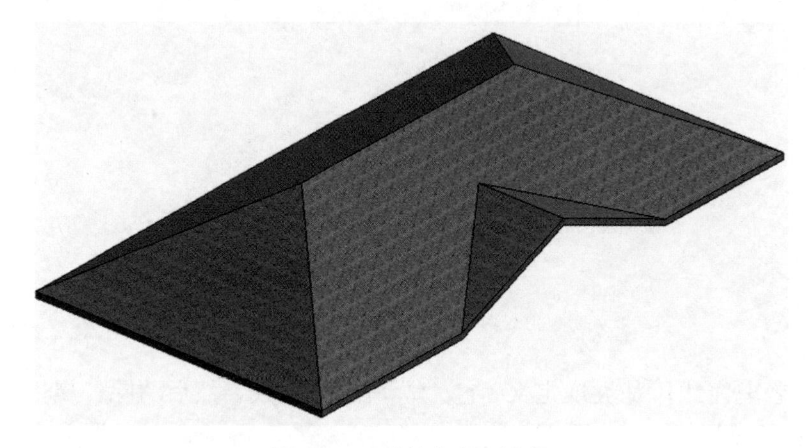

图286　完成的老虎窗屋顶

81. 如何在幕墙上开门窗?

在 Revit 幕墙上直接放置普通门窗是不允许的，要在幕墙上开门窗，需要将幕墙嵌板替换成幕墙嵌板门或窗。如在幕墙上开门，具体步骤如下：

（1）载入幕墙嵌板门族；

（2）在幕墙上选择需要替换门的嵌板，可借助 Tab 键切换选择单块嵌板，在属性框中下拉替换嵌板门，如图 287 所示；

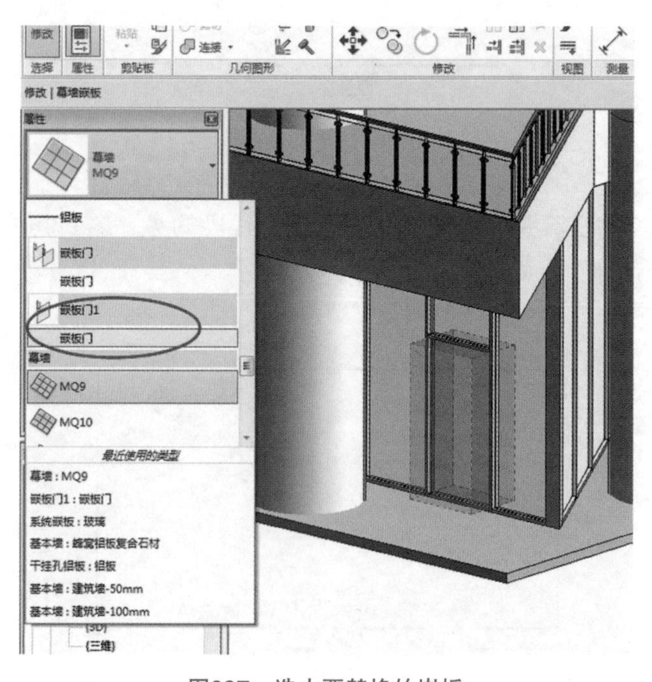

图287　选中要替换的嵌板

（3）完成的幕墙开门效果，如图 288 所示。

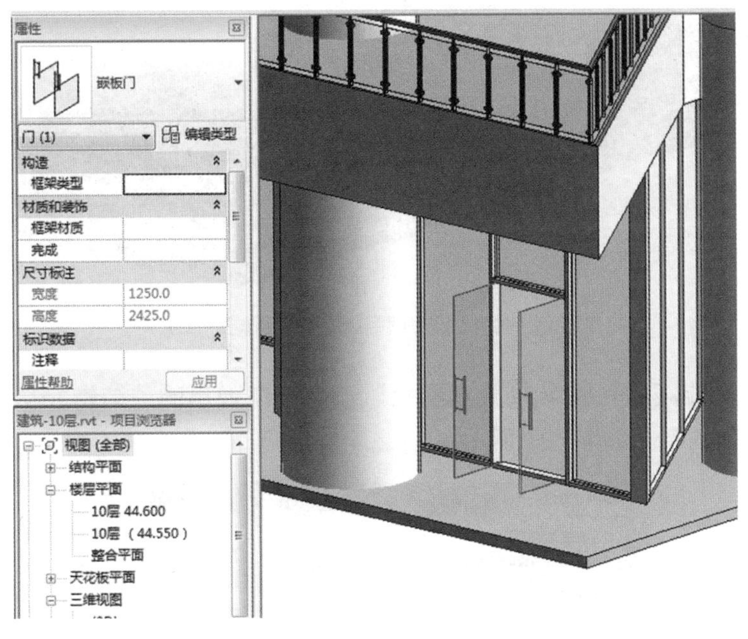

图288　开好门的幕墙

如果没有合适的幕墙嵌板门窗族，但有现成的普通门窗族，想直接放到幕墙里，可以将该嵌板替换成普通墙，再插入同样大小的普通门窗族即可。

82. 异形幕墙的嵌板尺寸怎样统计?

异形幕墙嵌板的统计以图 289、图 290 所示为例，其操作步骤如下。

图289　优比服务项目–青岛啤酒城（一）

图290　优比服务项目–青岛啤酒城（二）

（1）选择功能区“管理 > 共享参数”命令，在弹出的“编辑共享参数”对话框中新建共享参数信息，如图 291 所示；

图291　新建共享参数

（2）在自适应幕墙嵌板族中，添加共享参数尺寸注释，如图 292、图 293 所示；

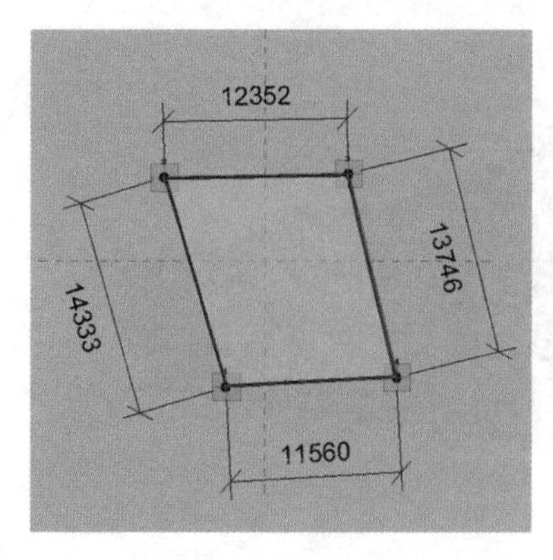

图292　标注嵌板边长

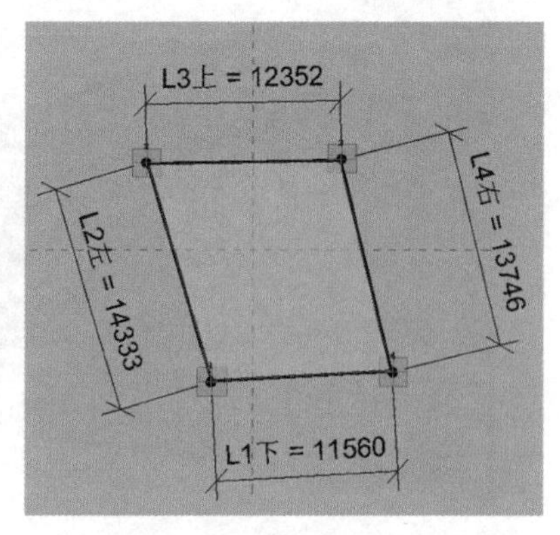

图293　把标注转换为共享参数

(3) 将族载入到项目中，新建“幕墙嵌板”明细表，字段添加共享参数信息，即可得到如图 294 所示的明细表。

幕墙嵌板					
族与类型	L1下	L2左	L3上	L4右	合计
幕墙嵌板: 幕墙嵌板	1258	941	1286	941	1
幕墙嵌板: 幕墙嵌板	1236	2269	1238	2269	1
幕墙嵌板: 幕墙嵌板	1236	2269	1238	2268	1
幕墙嵌板: 幕墙嵌板	1243	2268	1243	2268	1
幕墙嵌板: 幕墙嵌板	1230	2268	1235	2268	1
幕墙嵌板: 幕墙嵌板	1237	2268	1239	2268	1
幕墙嵌板: 幕墙嵌板	1208	2268	1210	2268	1
幕墙嵌板: 幕墙嵌板	1266	2268	1268	2268	1
幕墙嵌板: 幕墙嵌板	1250	2268	1269	2268	1
幕墙嵌板: 幕墙嵌板	1223	2268	1209	2268	1
幕墙嵌板: 幕墙嵌板	1237	2268	1239	2268	1
幕墙嵌板: 幕墙嵌板	1208	2268	1211	2268	1
幕墙嵌板: 幕墙嵌板	1266	2268	1268	2268	1
幕墙嵌板: 幕墙嵌板	1237	2268	1240	2268	1
幕墙嵌板: 幕墙嵌板	1237	2268	1240	2268	1
幕墙嵌板: 幕墙嵌板	1235	2268	1235	2268	1
幕墙嵌板: 幕墙嵌板	1219	2268	1235	2268	1
幕墙嵌板: 幕墙嵌板	1257	2268	1249	2268	1
幕墙嵌板: 幕墙嵌板	1237	2268	1240	2268	1
幕墙嵌板: 幕墙嵌板	1237	2268	1240	2268	1
幕墙嵌板: 幕墙嵌板	1243	2268	1243	2268	1

图294　幕墙嵌板明细表

83. 幕墙网格可以任意分割吗?

Revit 功能区中的“幕墙系统 / 幕墙网格”命令不能任意分割幕墙，只能提供正交方向或统一的角度分割幕墙，如图 295 所示。

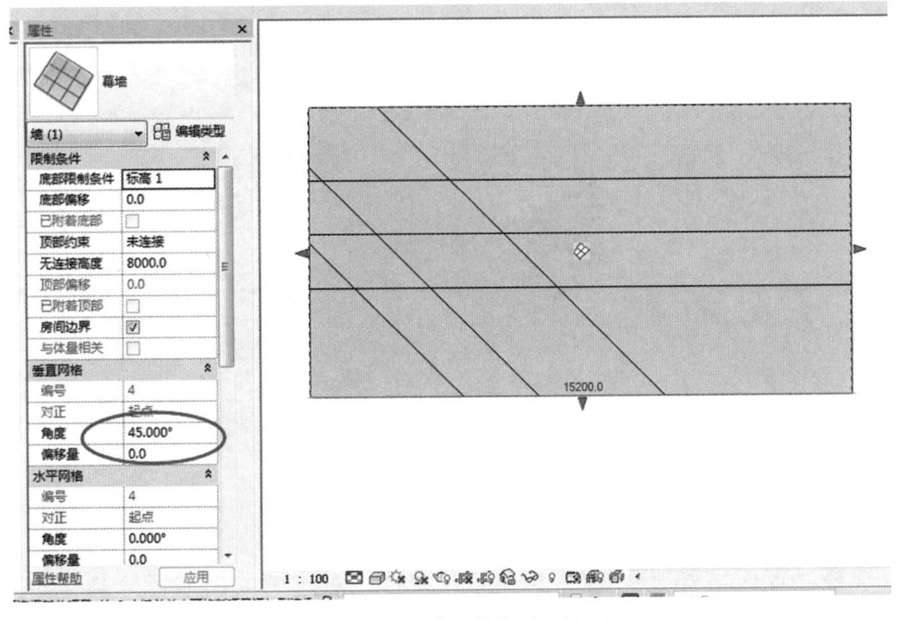

图295　“幕墙网格”分割幕墙

如果需要任意分割的幕墙，需要借助体量功能（内建体量或概念体量族），方法如下。

（1）新建概念体量族，如图 296 所示。

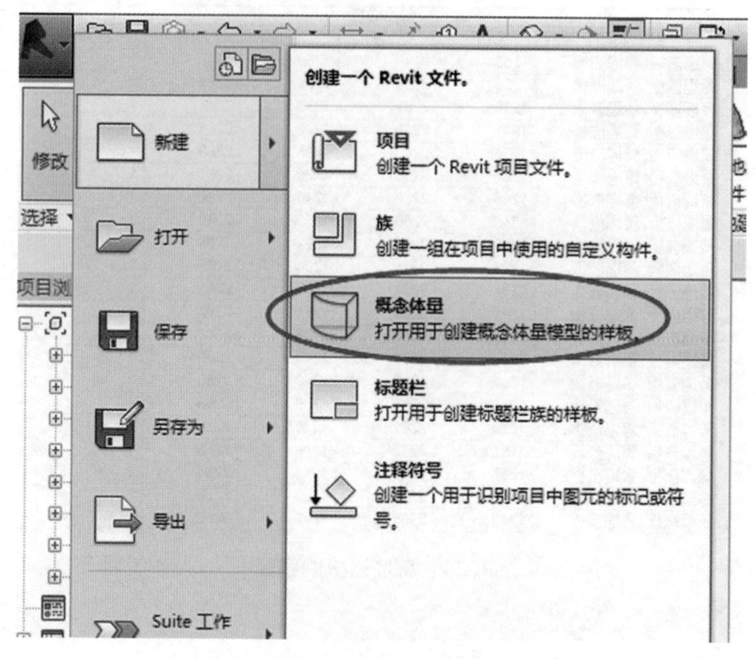

图296　新建体量族

（2）创建任意形状或任意面，用 Tab 键选取某个面，如图 297 所示。

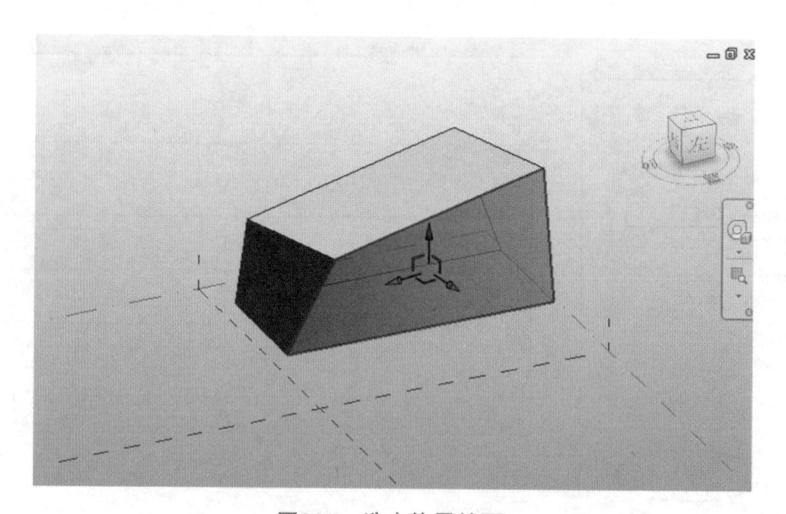

图297　选中体量的面

（3）选择功能区“修改 > 分割表面”命令，对选中的面进行分割（如图 298），设置其 UV 网格布局为无，如图 299 所示。

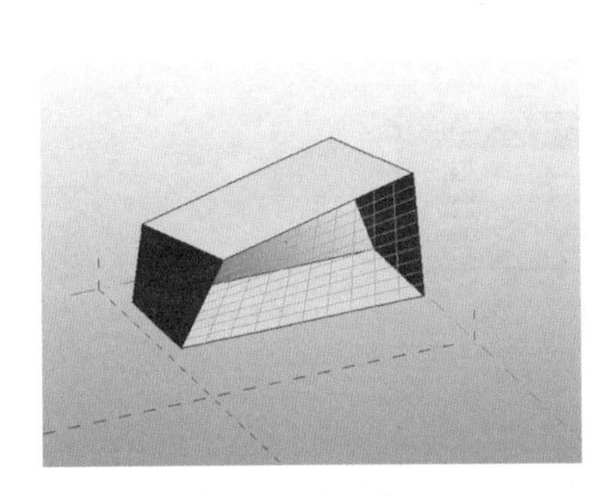

图298　分割表面

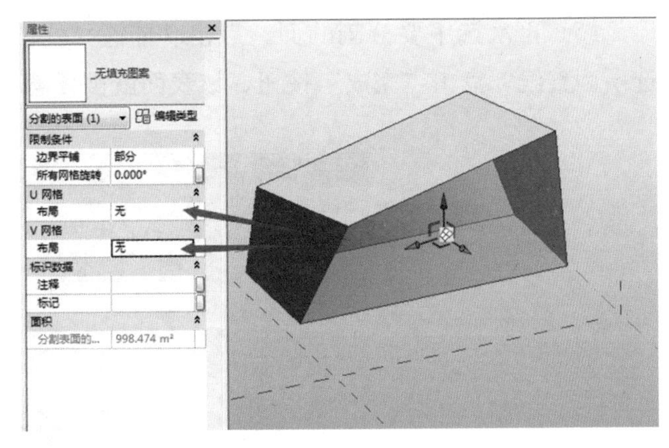

图299　取消UV网格

（4）将如图 300 所示的立面设置为工作平面。

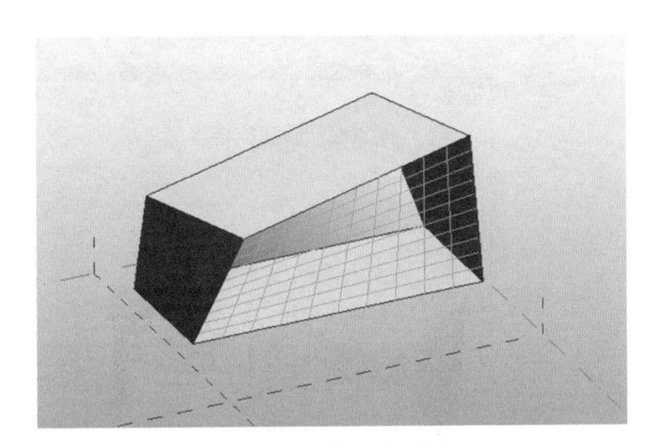

图300　设置工作平面

在设置的工作平面上绘制任意分割的直线，如图 301 所示。

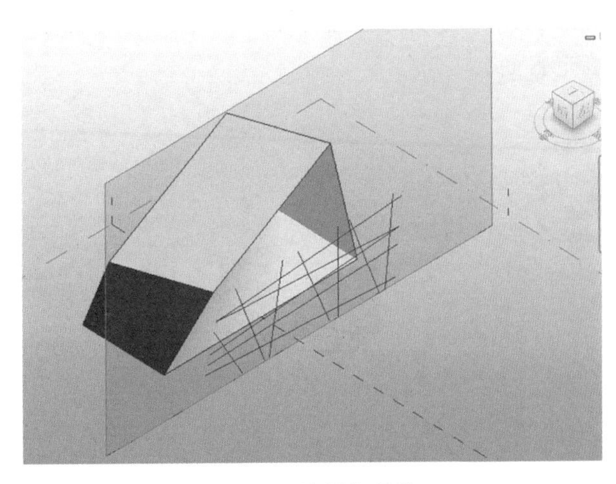

图301　绘制参照线

（5）再次选中要分割的面，点击功能区“修改 > 交点 > 交点”命令（图 302），全选所画直线，点击“完成”按钮，该表面就被任意分割成如图 303 所示面的任意分割。

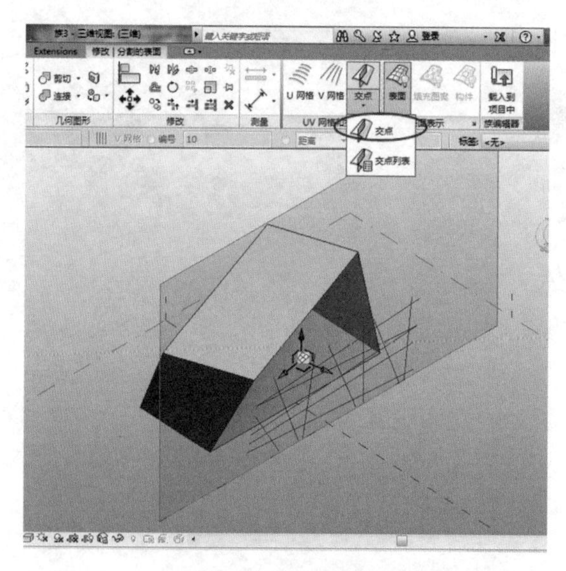

图302　创建交点

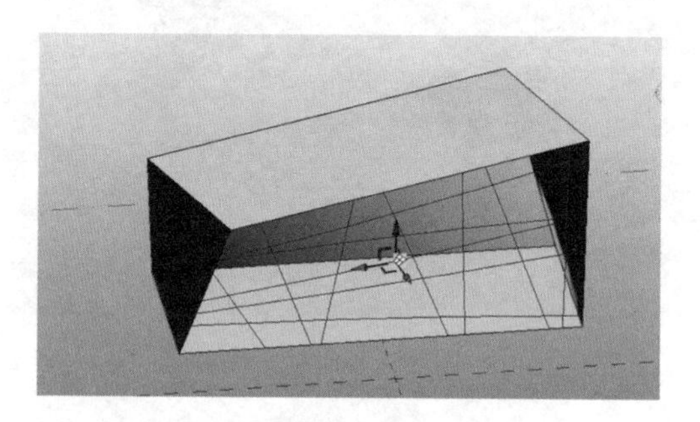

图303　完成面的任意分割

（6）对于分割好的表面，可以通过选择幕墙填充图案（图 304）填充表面，或是载入自适应嵌板族来填充表面。

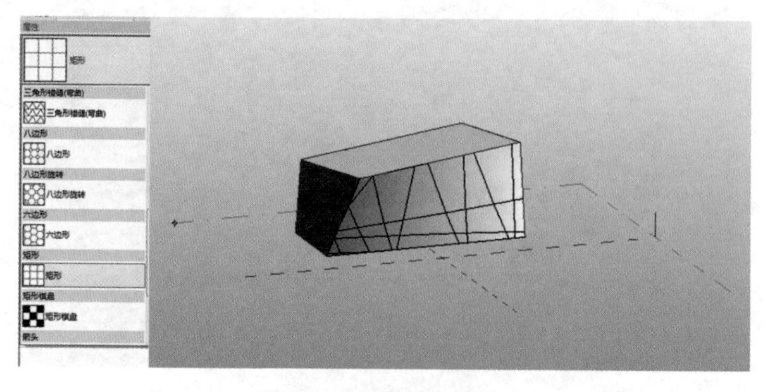

图304　幕墙填充图案

84. 高窗怎样才能在平面视图中显示出来?

通常高窗的窗台高度比较高，当窗口的窗台高度高于当前楼层视图剖切平面时，剖切平面就剖切不到该窗口，在平面视图中就看不到该高窗了。但从绘图的要求上还是要表达出高窗来（图 305），为了能在平面视图中显示高窗，需要对窗族进行一些处理。

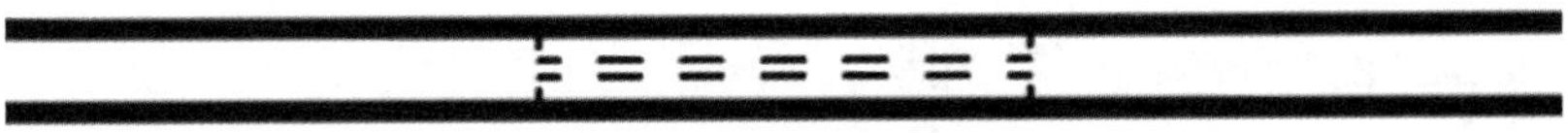

图305　高窗的平面显示

通常的做法是在窗族中增加两个实例参数（注意，不是通常的类型参数）：“通用窗”和“高窗”（见图 306）。注意：“高窗平面”的公式是：=not(通用窗平面)，其含义是如果“通用窗平面”为“假”（“通用窗平面”参数不钩选），则“高窗平面”为“真”（“高窗平面”自动钩选）。

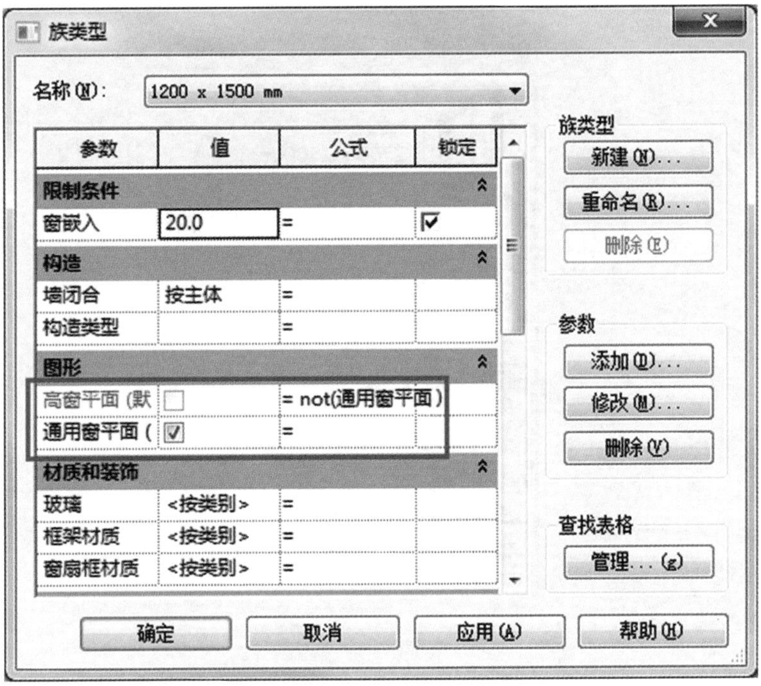

图306　窗族参数

在窗族的平面表达增加高窗的二维符号线虚线，把可见性与“高窗平面”参数关联，如图 307 所示。

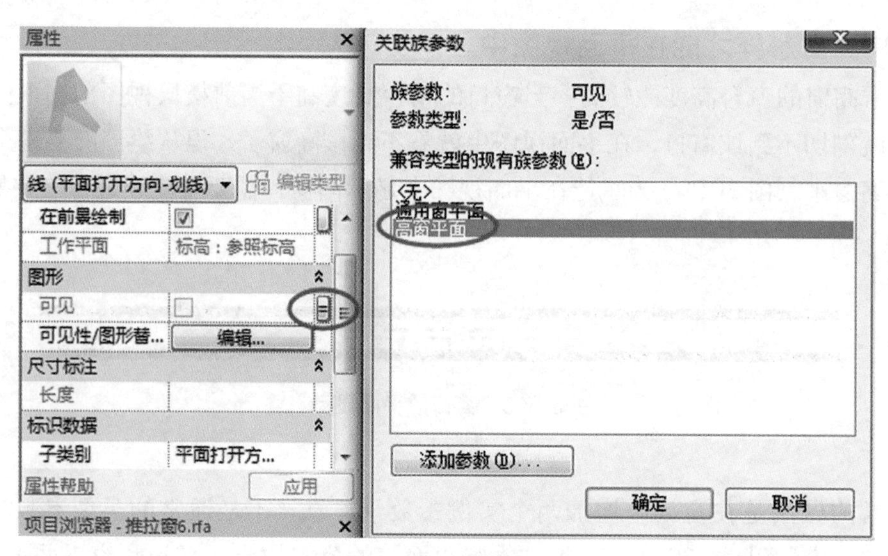

图307　高窗可见性参数关联

在项目模型中插入高窗族后，把该窗属性窗口的“通用窗平面”钩选去除（图308），就可以显示出如图 305 所示的虚线显示。

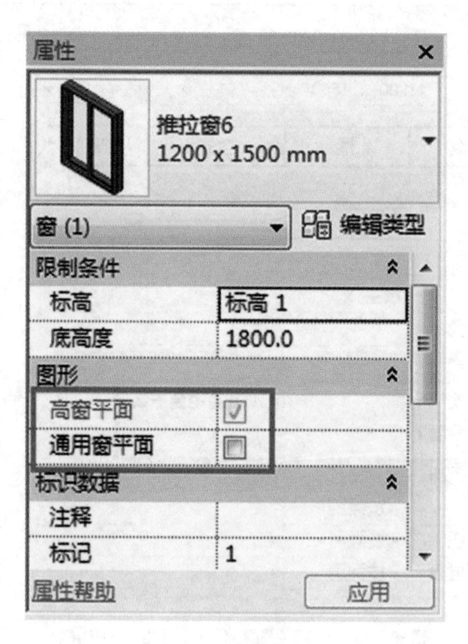

图308　高窗属性

85. 门窗编号如何放置？

门窗编号在 Revit 中属于标记，是和门窗相关联的。

若想在放置门窗的同时把相应的门窗编号也放上，则在点击“门”或“窗”命令后，选择功能区“修改 / 放置窗 > 在放置时进行标记”命令（如图 309 所示），而后再放置门窗，门窗编号就会随着门窗一块显示。

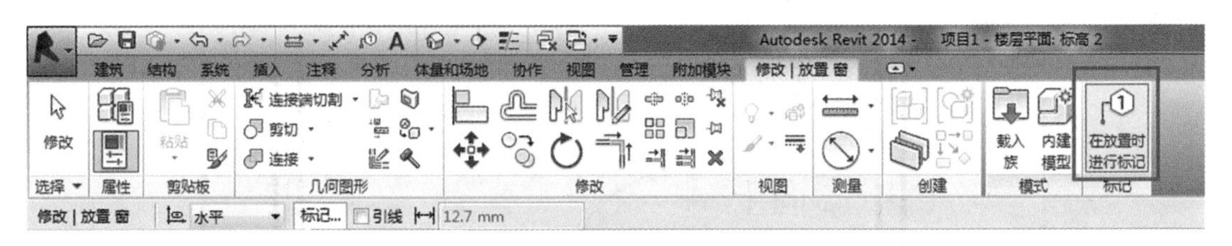

图309 “在放置时进行标记”命令

若想为已经放置的门窗添加门窗编号，则可选择功能区“注释 > 按类别标记”命令（如图 310 所示），再点选“门”或“窗”，门窗编号即可出现，单击“放置”按钮，完成添加编号。

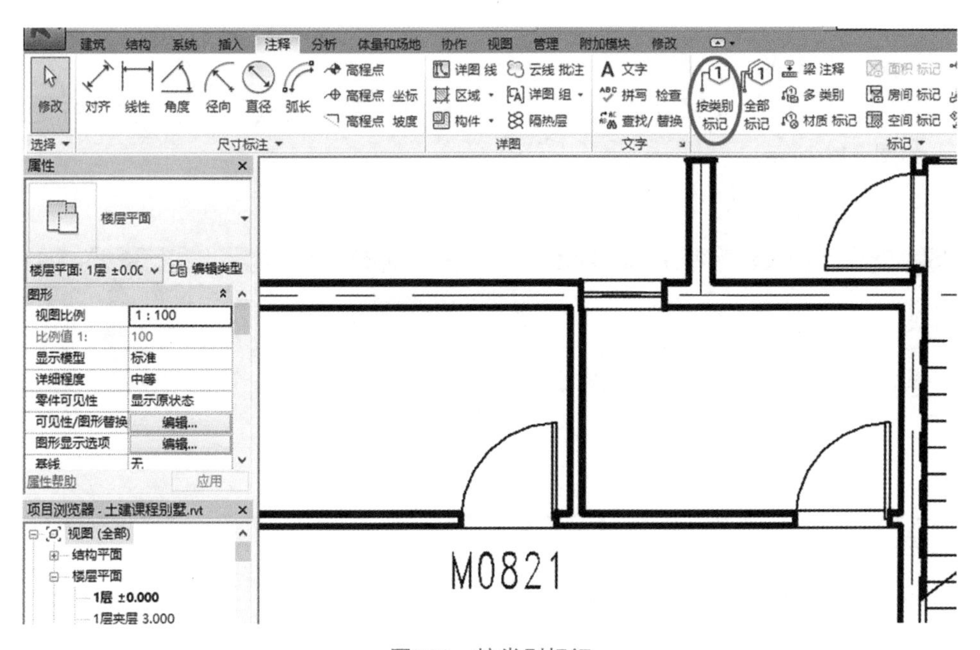

图310 按类别标记

若不想要引线，需选中门窗编号，在其属性栏中，取消“引线”选项钩选，就可以去除引线。

86. 门窗编号可以自定义吗?

可以。以图 311 中子母门的标记为例，现在门窗标记标的是族名称，我们希望门窗标记标的是该门的类型名称，如“M1521”。

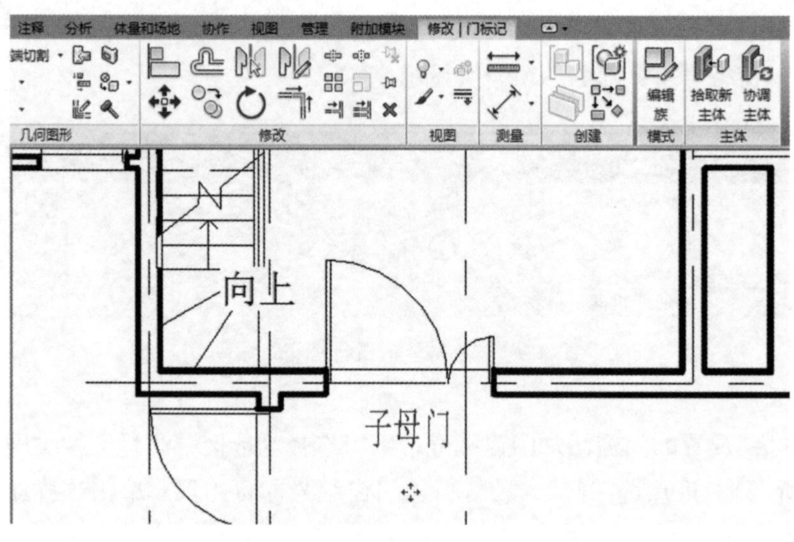

图311　原来的门标记

具体操作方法为：

（1）选中门标记，选择功能区“修改 / 门标记＞编辑族”命令，进入标记族编辑界面，如图 312 所示。

图312　族编辑界面

（2）选中当前族标签，选择功能区“修改 / 标签＞编辑标签”命令，在如图 313 对话框中，将右侧标签参数栏中的“族名称”删除，在左侧的类别参数列表中选择“类型名称”，插入到右侧，如图 314 所示，点击“确定”按钮。

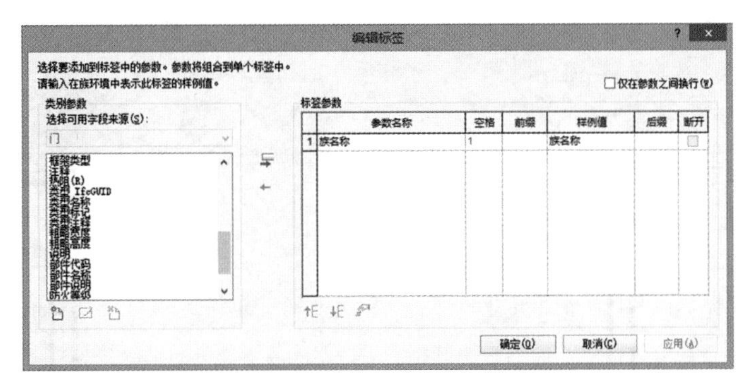

图313　编辑标签窗口

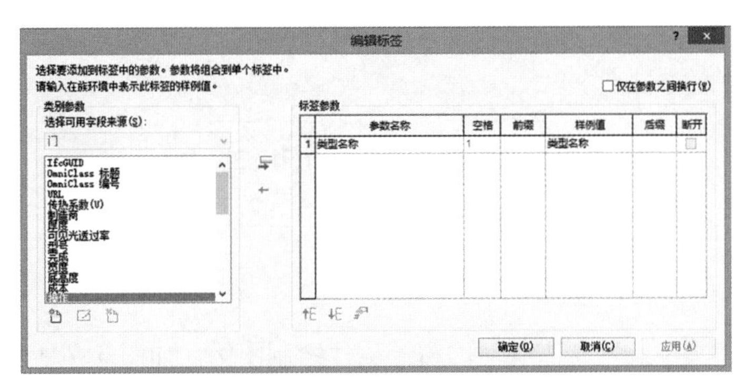

图314　修改标签参数

(3) 族编辑界面变成如图 315 所示，选择“载入到项目中”，返回原项目。即可发现门标记已变成我们想要的样式，如图 316 所示。

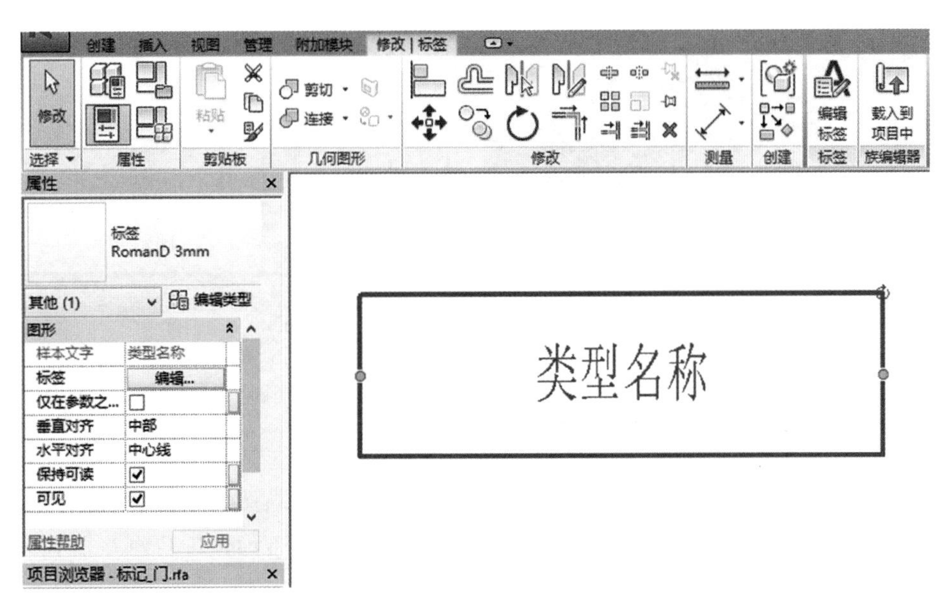

图315　参数修改完成

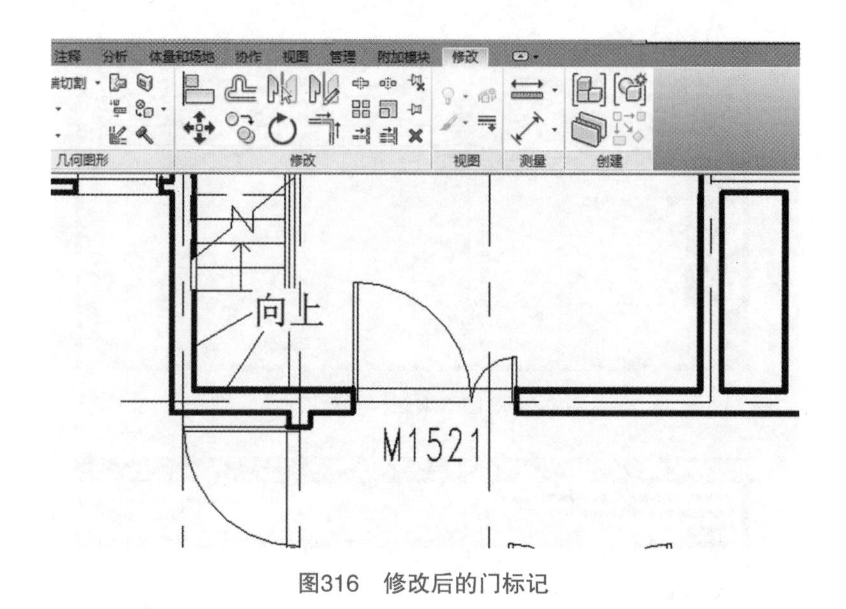

图316　修改后的门标记

87. 门窗的图例怎样做?

在建筑施工图中，常常需要对门窗等构件绘制图例，如图 317 所示。

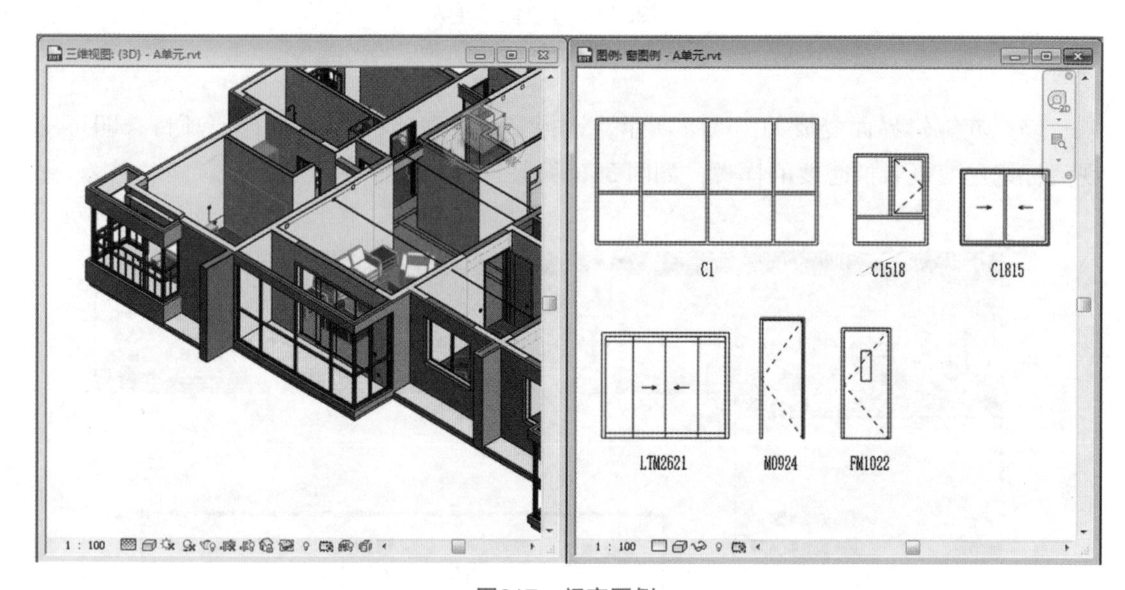

图317　门窗图例

Revit 可以通过图例功能方便快捷地绘制出来，具体方法如下：

（1）选择功能区“视图 > 图例”命令，在弹出的“新图例视图”窗口中，输入视图名称和比例，创建图例视图，此时图例视图会打开，并添加到项目浏览器列表中；

（2）选择功能区“注释 > 构件 > 图例构件”命令；

(3) 在选项栏上的“族”，选择要创建图例的族（例如，窗）。选择一个合适的视图，对于窗，当然是选择“立面：前”视图，如图 318 所示；

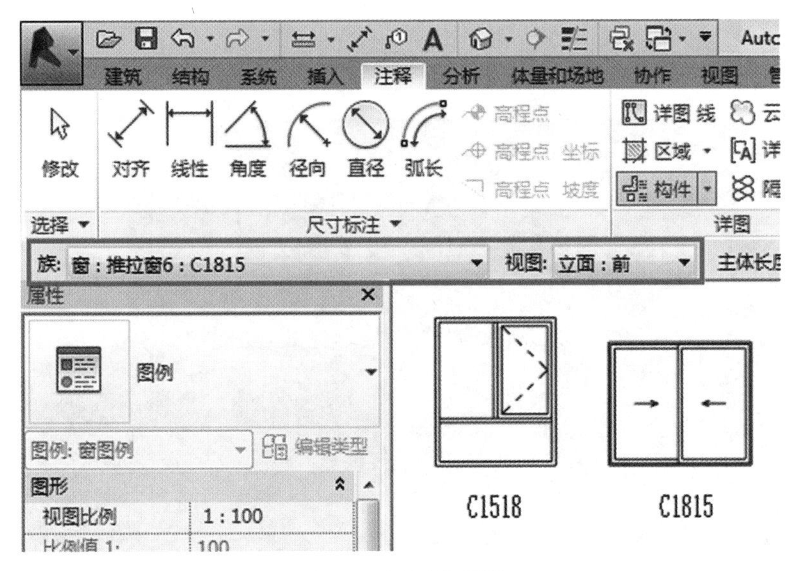

图318 图例选项栏

(4) 选择功能区“注释 > **A** 文字”命令，输入图例文字注释，目前 Revit 的版本还不能自动标注窗族的类型名称，所以这部分工作还需手工进行。

Revit 的图例功能除了绘制门窗图例外，还可以对墙体、楼板等进行构造图例的创建，如图 319 所示。

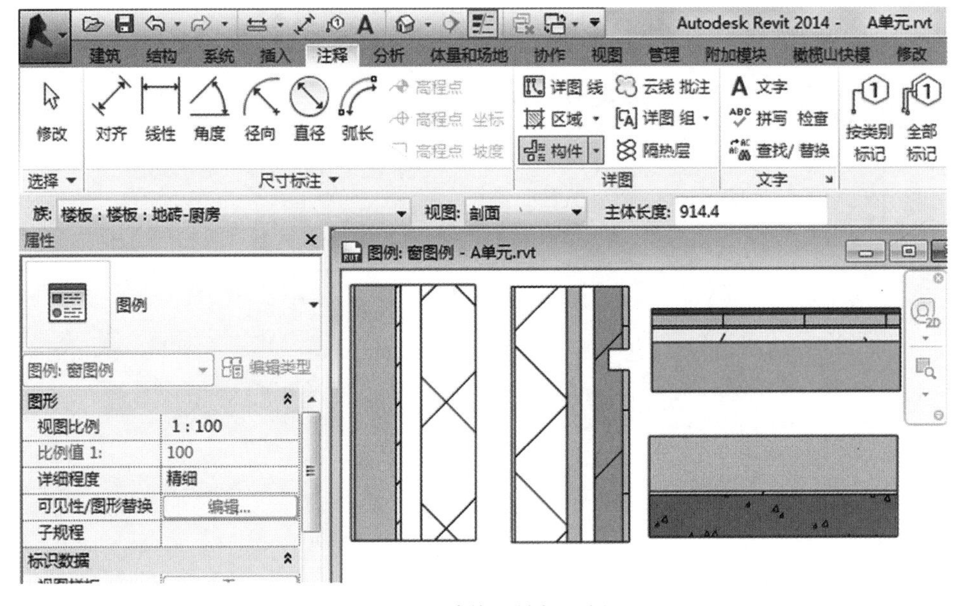

图319 墙体、楼板图例

88.Revit 没有“阳台”命令，该怎样创建阳台？

Revit 中没有“阳台”命令，阳台的绘制需要通过楼板、栏杆扶手及其他构件组合而成。以优比土建培训课程的别墅项目阳台为例，如图 320 所示。

图320　阳台范例

创建流程和方法如下：

（1）创建楼板。

选择“建筑 / 结构 > 楼板”命令，在属性栏中设置好阳台地板的构造、材质、厚度，按阳台地板轮廓绘制好楼板，如图 321 所示。

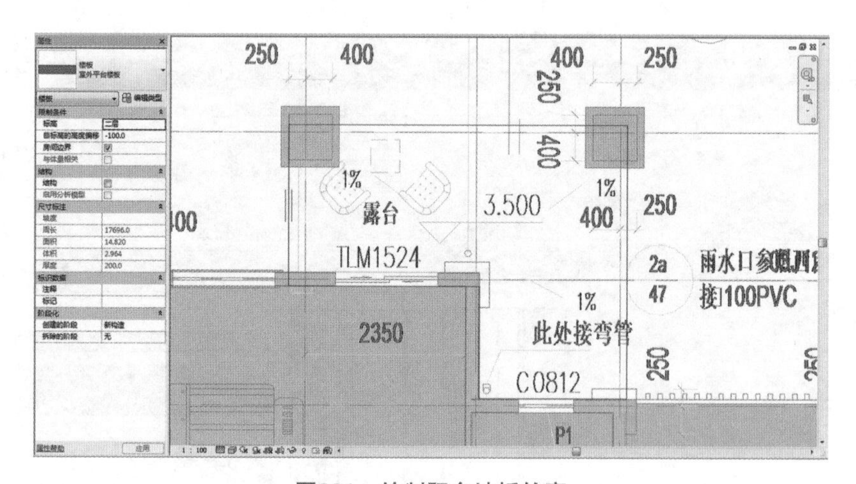

图321　绘制阳台地板轮廓

（2）创建栏杆扶手。

选择“建筑 > 栏杆扶手 > 绘制路径”命令，在“属性”栏中设置栏杆类型和高度，在“扶栏结构（非连续）”设置扶手造型、高度；在“栏杆位置”设置栏杆造型、距离。完成设置之后在对应的标高平面上绘制栏杆路径，单击“确定”按钮，完成绘制，如图 322 所示。

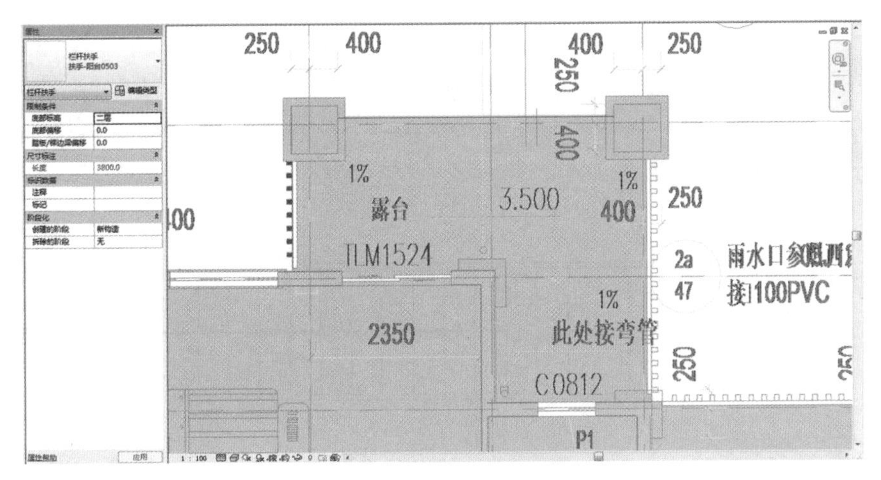

图322 .绘制阳台栏杆路径

（3）创建装饰构件。

根据设计要求，添加装饰线条。可通过“建筑 > 墙 > 墙饰条 / 墙分隔缝”命令，或是“建筑 > 楼板 > 楼板边”命令来添加，也可以自行创建装饰构件族，载入到项目中使用。完成后的阳台如图 323 所示。

图323 添加装饰线条

89. 创建楼梯用按草图与按构件有什么区别？

在 Revit 中创建楼梯有两种方式：“按构件”和“按草图”。

“按构件”方式是通过编辑“梯段”、“平台”和“支座”（也就是梯边梁或是斜梁）来创建楼梯的，该方式预设了几种梯段样式可以选择，如图 324 所示。

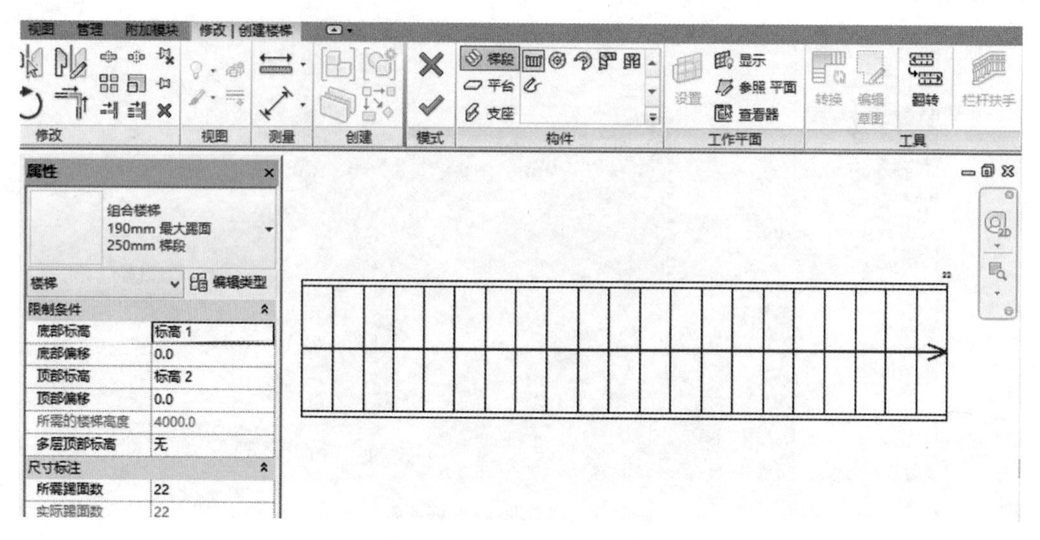

图324 “按构件”创建楼梯

在“按构件”编辑状态，也可以选中梯段，点击功能区“转换”命令，变成“按草图”模式。

“按草图”方式是通过编辑“梯段”、“边界”和“踢面”的线条来创建楼梯的，在编辑状态下，可以通过修改绿色边界线和黑色梯面线来编辑楼梯样式，如图 325 所示，形式比较灵活，可以创建很多形状各异的楼梯，如图 326 所示。

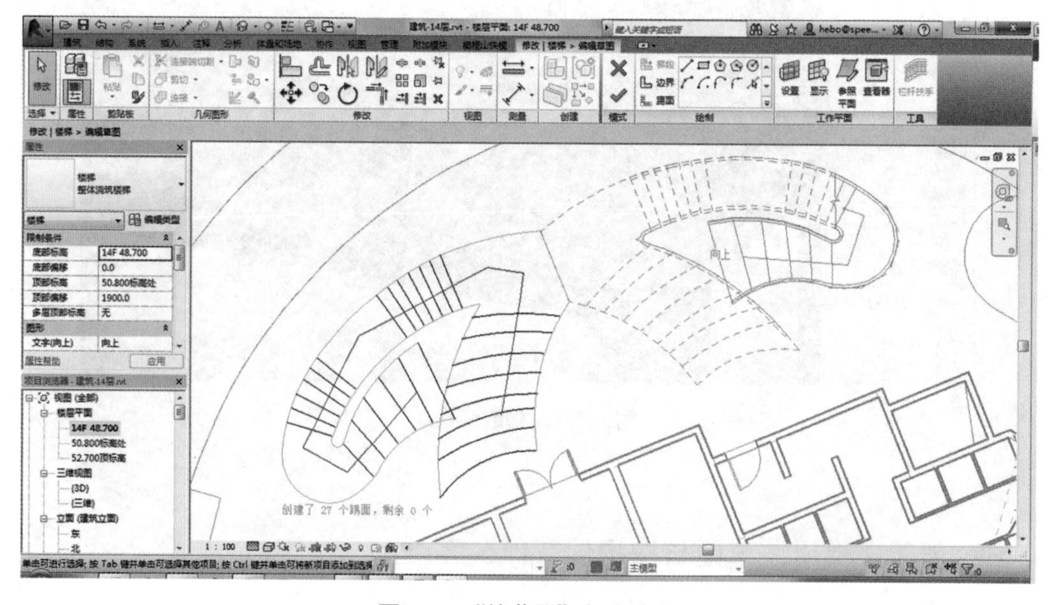

图325 “按草图”创建楼梯

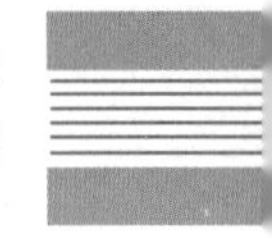

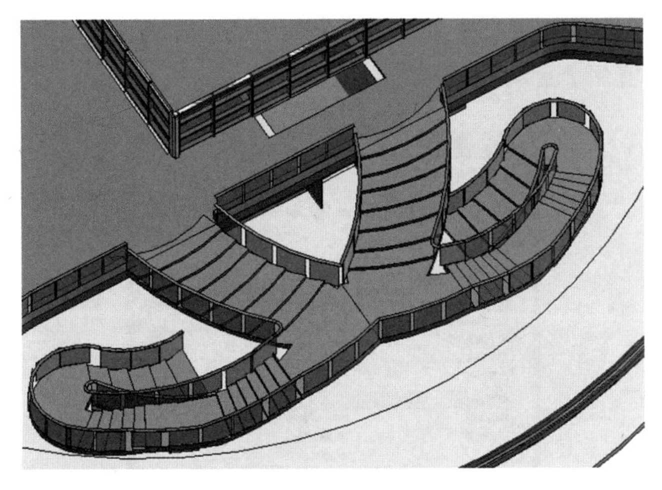

图326　异形楼梯

在草图方式中，创建平台时，要注意应把边界线在梯段与平台相交处打断。而且在草图方式中边界线不能重合，所以要创建有重叠的多跑楼梯，得用构件方式。

若需要创建一些带有弧形休息平台或是弧形边界的楼梯，可以先用“梯段”命令绘制好常规梯段，然后转到草图模式，删除原来的直线边界或踢面线，再用“边界”和“踢面”命令绘制新的弧形线即可。

这两种方式都只是用于创建楼梯的形状，而关于楼梯的高度、踏步数、材质等参数则要到楼梯的属性栏中设置。Revit 软件预设有几种楼梯样式，可以根据需要复制创建自定义的类型。

90. 绘制楼梯时，提示“一个或多个楼梯的实际踏板深度违反此类型的最小设置”，如何处理？

在 Revit 中创建楼梯时，经常会出现一些警告信息，如图 327 所示，出现这种提示主要是由于 Revit 楼梯自动计算的参数与实际绘制的数值产生冲突引起的。

Autodesk Revit 2014

警告 - 可以忽略

一个或多个楼梯的实际踏板深度违反此类型的最小设置。具有此违例的楼梯将以品红色显示，直到问题解决为止。

显示(S)　更多信息(I)　展开(E) >>

确定(O)　取消(C)

图327　警告提示框

Revit 中的楼梯构件有两个类型属性，“最大踢面高度”和“最小踏板深度”（图 328)，这两个参数值用于自动计算楼梯的踢面数。

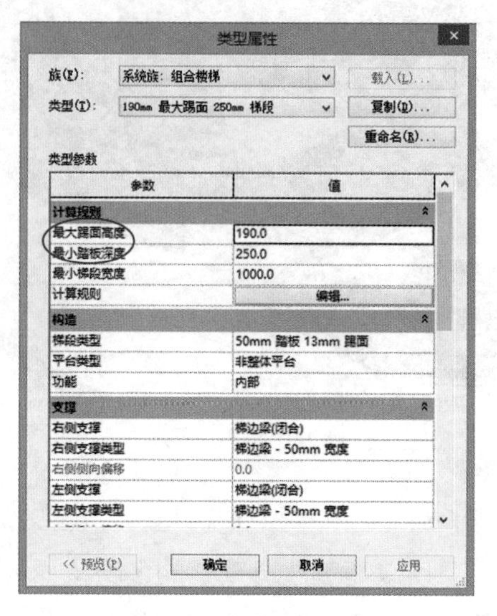

图328　楼梯类型属性

当我们在项目中创建楼梯实例时，会发现在楼梯的实例属性中“所需踢面数”会自动计算得到（图 329)，当我们修改楼梯的整体高度时（修改顶部或底部标高值)，该数量会随着更新。但如果我们不改楼梯的高度，而直接修改该值，当踢面数过少，导致踢面高度大于楼梯的类型参数“最大踢面高度”时，系统就会报错。同样，如果我们直接修改实例参数中的“实际踏步深度”，当其值小于其类型参数“最小踏板深度”时，系统也会报错。

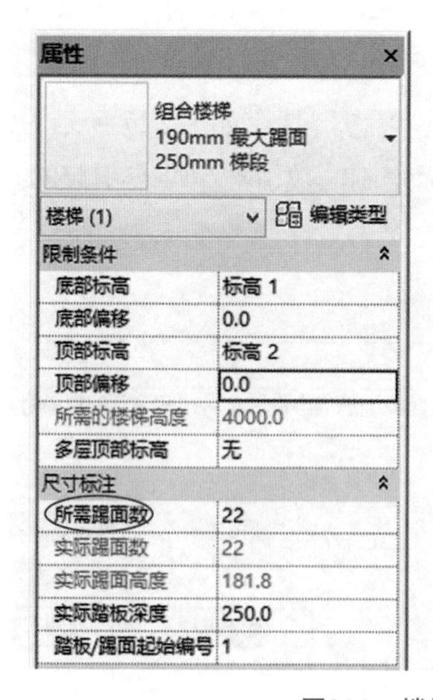

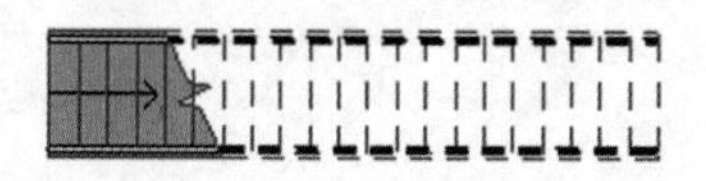

图329　楼梯实例属性

所以，当出现相关的报错提示时，要到楼梯的“类型属性”框中，把“最小踏板深度”值设置得比实际的值小，把“最大踢面高度”设置得比实际的值大即可。

91. 上下层楼梯交接不正确如何处理?

按默认的楼梯设置，在上下楼层的楼梯与楼板交接处往往出现如图 330 所示的情形，往上的梯段底部是平的，与楼板或梁搭接不上。

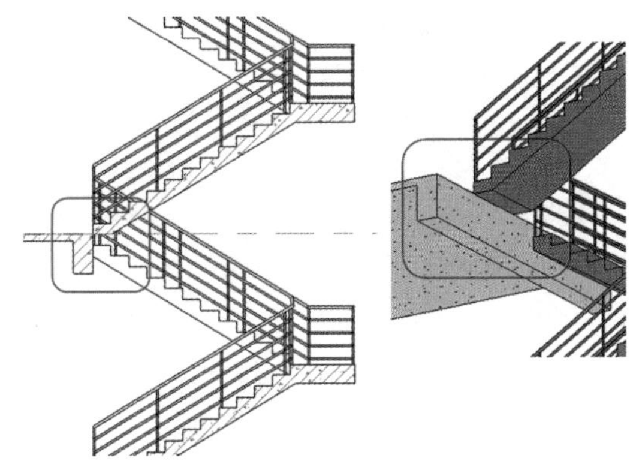

图330　交接不正确的楼梯

这在楼梯设置中可以通过一个比较隐蔽的选项来控制。具体操作为：

（1）选择楼梯，点击“修改 > 编辑楼梯”命令，进入编辑状态，选择第一个梯段；

（2）在“属性”栏里有一个参数“延伸到踢面底部以下”，如图 331 所示，将其设为 -175mm；

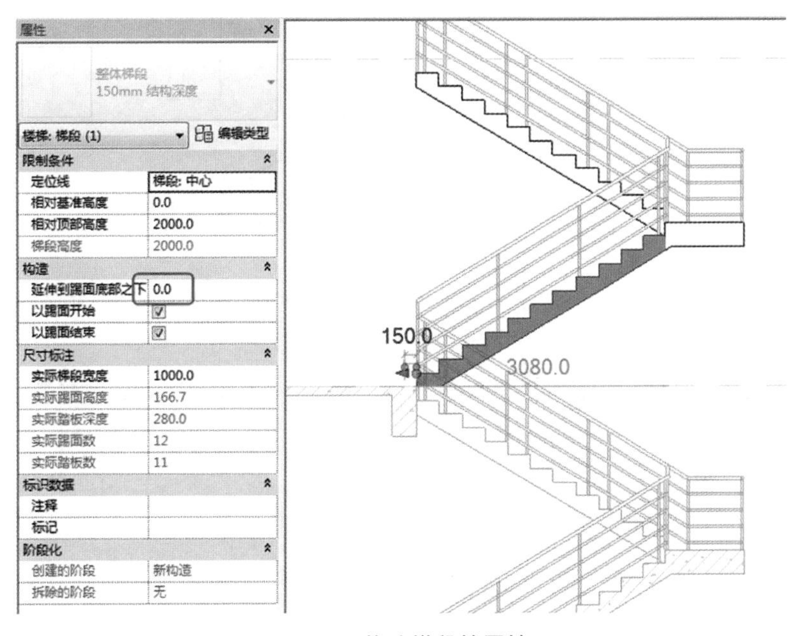

图331　修改梯段的属性

（3）完成后可看到梯段已延伸到下方，如图 332 所示。

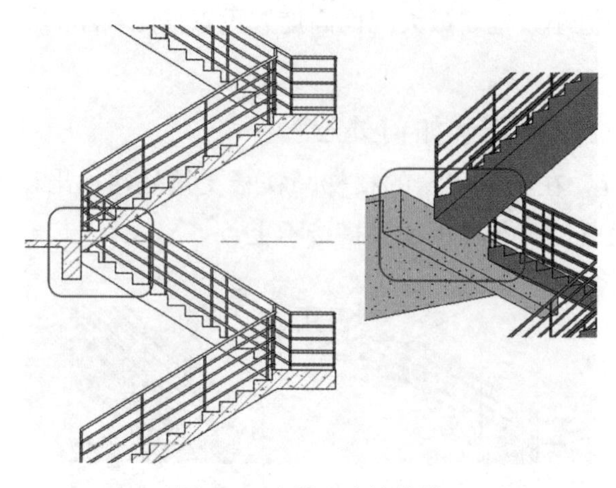

图332　交接正确的楼梯

其中“-175mm”的数值跟楼梯斜度有关，如图 333 所示，为梯段底面延伸至起始点的竖向偏移值。只要设到比这个值大就可以，比如也可直接设为“-200mm”。

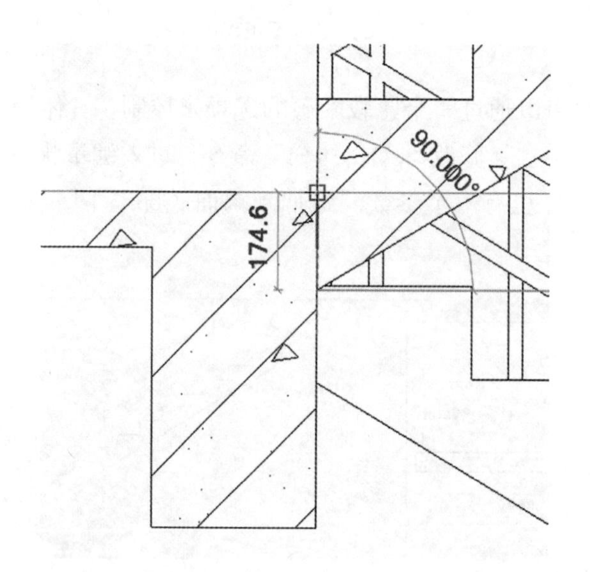

图333　“延伸到踢面底部以下”的数值设定

本方法仅适用于使用“现场浇筑楼梯”来创建的楼梯，其他楼梯类型没有此参数。注意，如果是选择整个楼梯，也是没有这个参数的，需选择其中的某个梯段才有。如果不进入编辑状态，也可以通过 Tab 键来切换选择梯段。

92. 栏杆扶手不连续，怎么办?

在 Revit 中创建楼梯，系统会自动添加栏杆扶手。但在创建好楼梯后，经常会发现

栏杆扶手不连续的问题。

以 Revit 的默认楼梯类型为例，如图 334 所示，会发现转角处栏杆有高差。这是因为，Revit 默认设置的栏杆都统一沿楼梯边缘偏移一定数值放置，但在转角处就有可能发生交不到一块的现象。

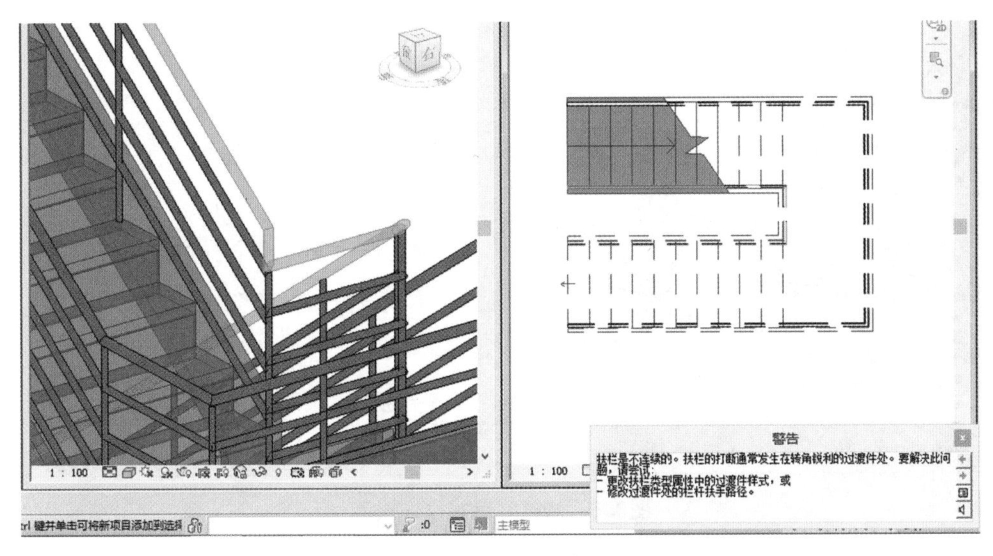

图334　不连续的栏杆扶手

这时可以通过手动调整栏杆扶手的路径位置来修改。

选中该栏杆扶手，点击功能区“修改 > 编辑路径”命令，进入路径编辑状态，如图 335 所示，选中要修改的中间一段路径，向平台方向拖拽，让栏杆扶手有足够的空间交在一起。

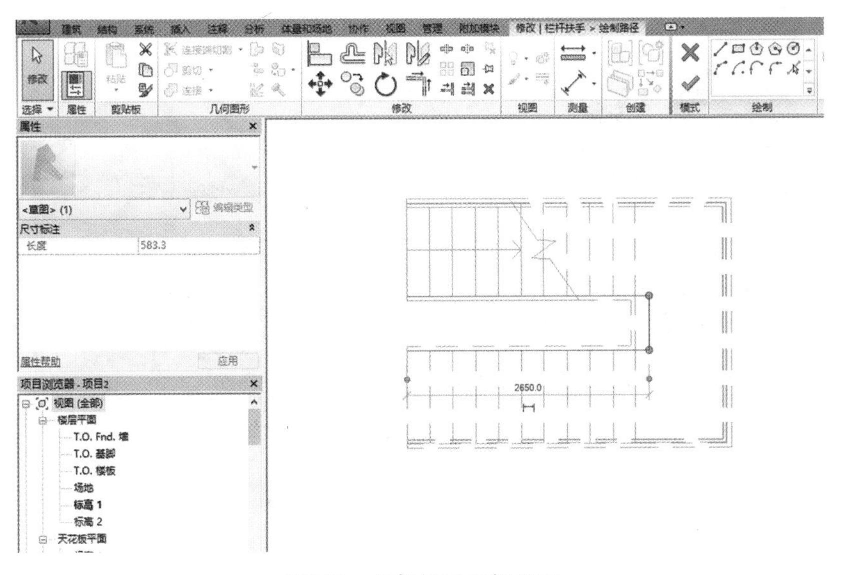

图335　栏杆扶手编辑界面

点击“确定”，按钮，完成交接连续后，就可得到如图 336 所示的连接的栏杆扶手。

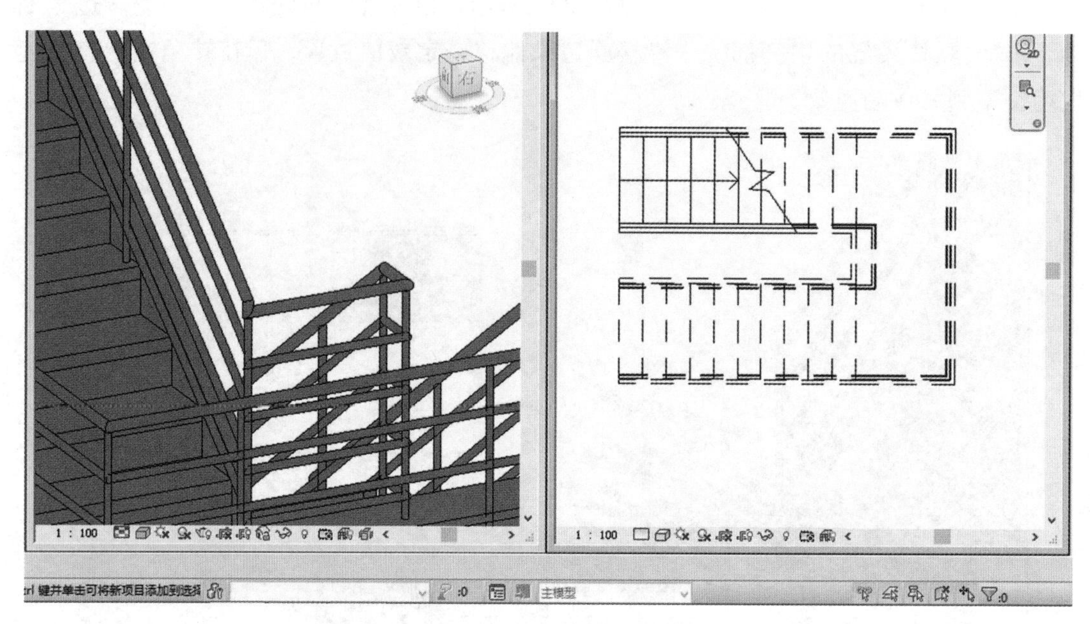

图336　修改好后的栏杆扶手

若修改后，栏杆扶手出现如图 337 所示的情况，则需要到其类型属性栏中（如图 338 所示），将“斜接”参数修改为“添加垂直 / 水平线段”，即可得到图 336 所示栏杆扶手。

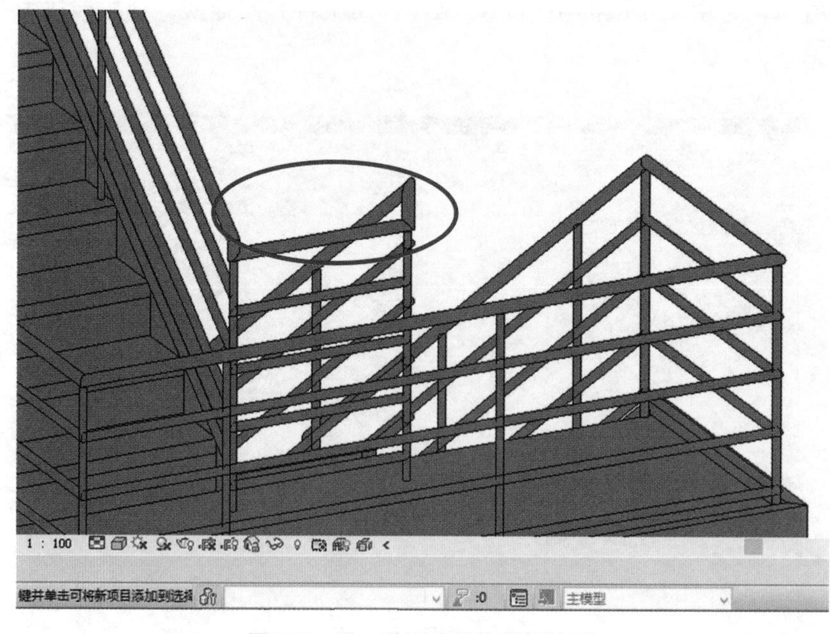

图337　另一种不连续的栏杆扶手

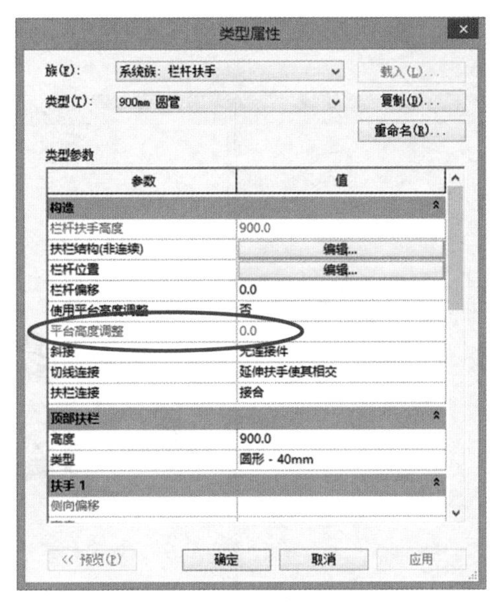

图338 栏杆扶手类型属性

93. 如何设置栏杆扶手的坡度?

Revit 中使用“栏杆扶手”命令，可以创建单独的栏杆扶手，栏杆扶手的坡度可以通过两种方式设置。

(1) 拾取新主体。

如图 339 所示，通过绘制路径得到的栏杆扶手，默认是水平的，若希望它能沿着有坡度的楼板布置，则可以选中该栏杆扶手，点击功能区“修改 / 拾取新主体”命令。

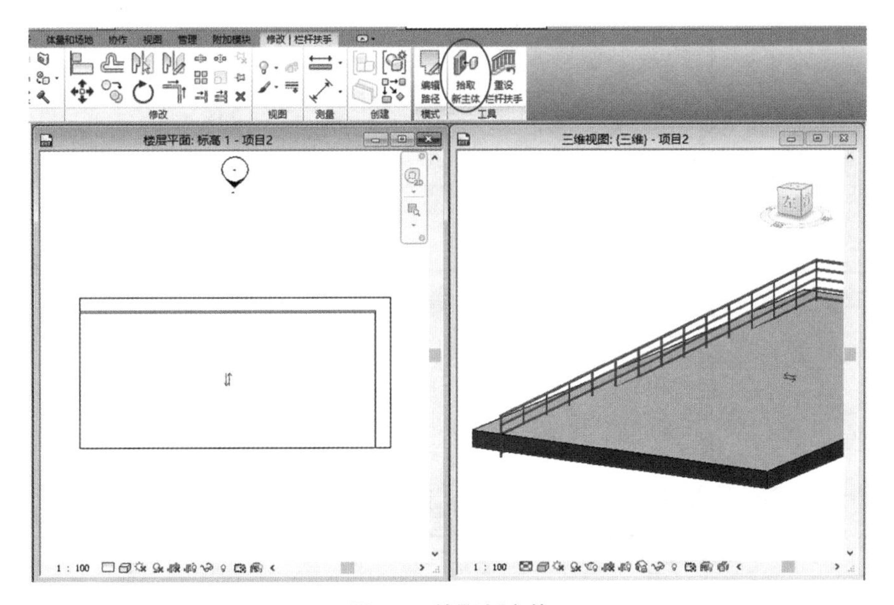

图339 拾取新主体

然后在绘图区点击楼板，则栏杆扶手自动附着到楼板上了，如图 340 所示。

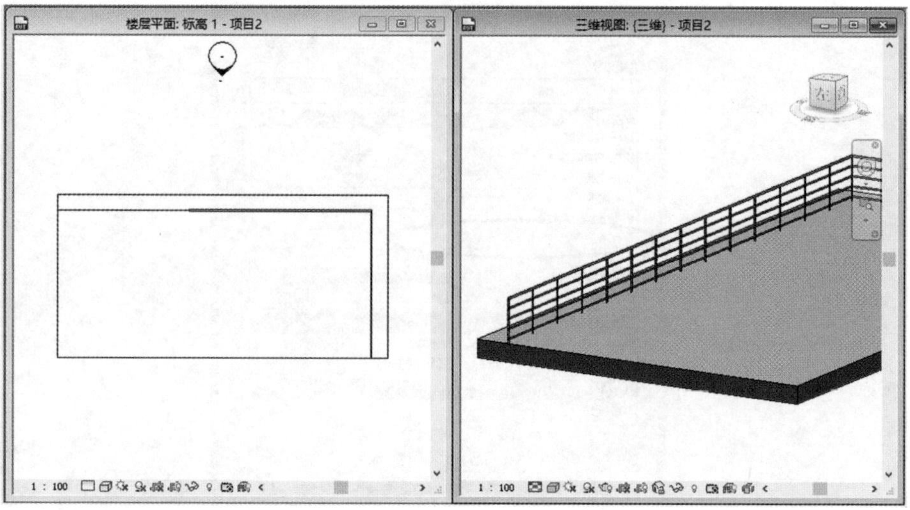

图340　附着到楼板的栏杆扶手

而且此时，无论楼板的坡度如何改变，该栏杆扶手的坡度都会与楼板保持一致。除非用“拾取新主体”命令重新选择一个主体。

（2）设置路径坡度。

该方法可以为每段路径分别添加坡度，在路径编辑状态下，先绘制好路径，再选中某段路径，在其选项栏中就会出现“坡度”和“高度校正”选项 (图 341)，分别选择“带坡度”和“自定义”，并输入所需的数值，则该段栏杆扶手就会有坡度了。

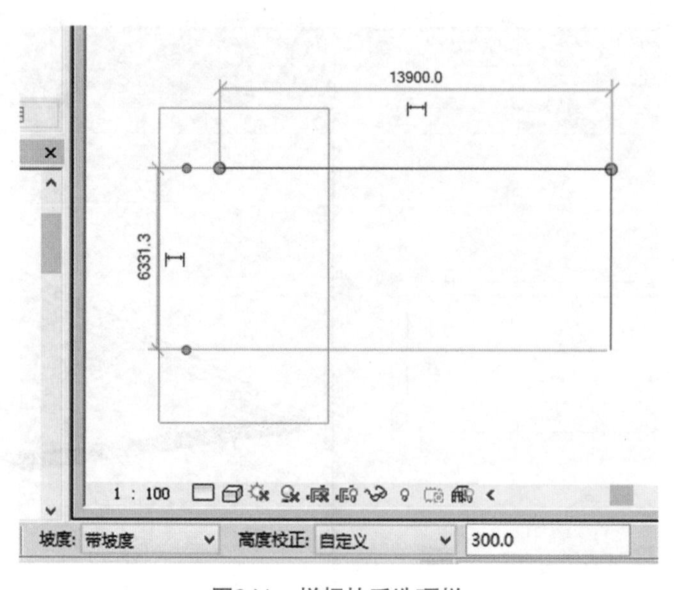

图341　栏杆扶手选项栏

94. 如何做出特殊造型的扶手?

Revit 中的栏杆扶手由“扶手”和“栏杆”两大部分构成，可以分别指定各部分的族类型，从而组合出不同造型的栏杆扶手，此处具体以图 342 中栏杆扶手为例说明制作方法。

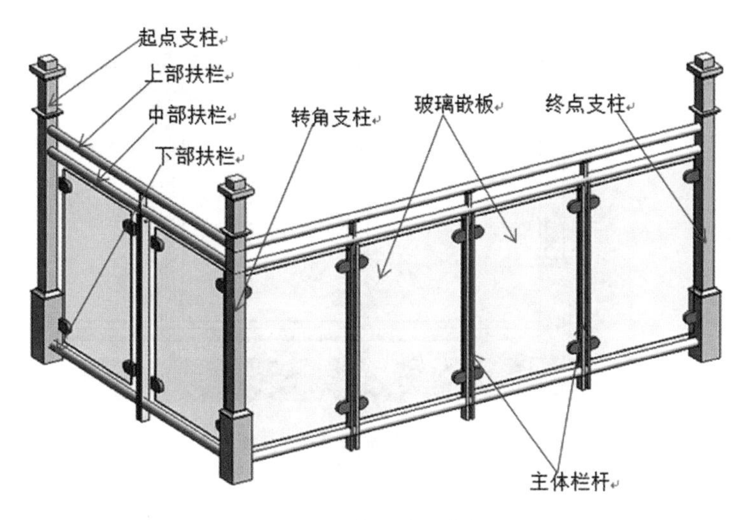

图342　栏杆扶手范例

栏杆扶手的类型属性中，有一项“扶栏结构”，是用于设置图 343 中的扶手部分的，可在“编辑扶手”对话框中定义扶手轮廓族，沿扶手路径放样生成扶手。

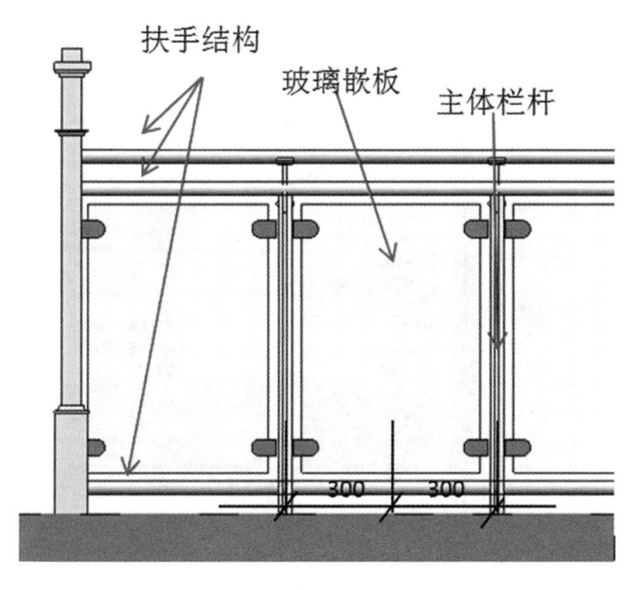

图343　栏杆扶手组成部分

栏杆扶手中的栏杆部分在类型属性中的“栏杆位置”编辑框中设置，可根据项目指定栏杆主样式和支柱栏杆样式，图 343 中的主体栏杆和玻璃嵌板部分就是主体栏杆，图 344 中的起点支柱在支柱部分设置。

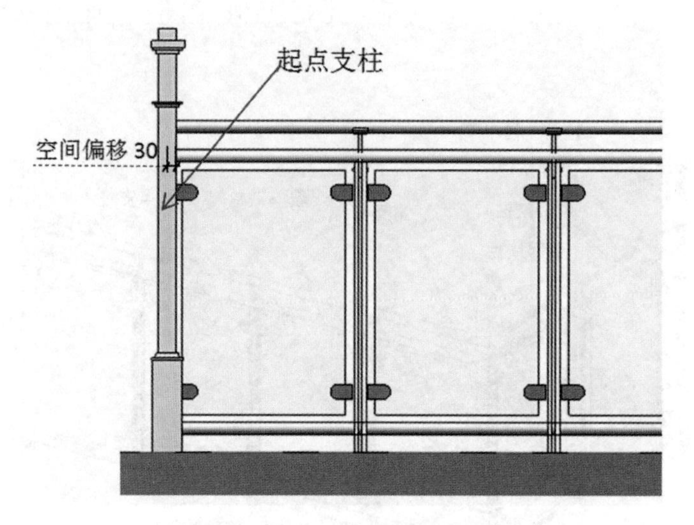

图344　栏杆扶手起点支柱

具体方法如下：

（1）选择功能区“建筑 > 栏杆扶手 > 绘制路径”命令；

（2）在属性框选择“1100mm”类型的栏杆并点击“类型编辑”按钮，复制新建栏杆类型并修改类型名称，如图 345 所示，并在绘图区绘制栏杆路径，然后打钩完成绘制；

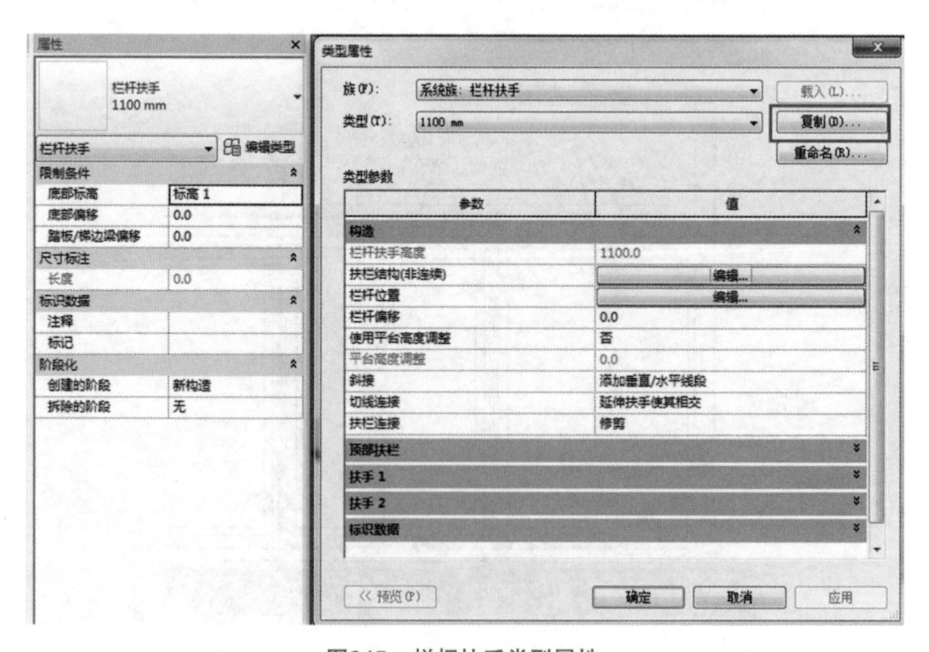

图345　栏杆扶手类型属性

(3) 选择功能区“插入 > 载入族”命令，载入图示栏杆所需的扶手轮廓族“圆形扶手”、栏杆族“双根扁钢栏杆 2”、“栏杆嵌板 - 玻璃带托架”等族文件；

(4) 绘制栏杆，点击“属性”窗口的“编辑类型”，按钮“类型属性”对话框，把“顶部扶栏”的“类型”设置为“无”，如图 346 所示；

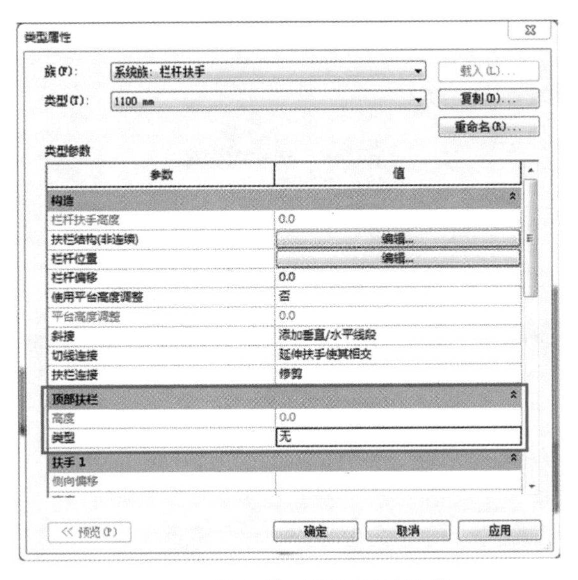

图346 栏杆扶手类型属性设置

(5) 单击“扶手结构”的“编辑”按钮（如图 347 所示），打开“编辑扶手”对话框，设置扶栏参数，如图 348 所示。在“编辑扶手”对话框中，可以添加修改扶手的名称、高度、偏移、轮廓、材质等参数，其中最高的扶手决定了栏杆扶手的高度。扶手的“偏移”是扶手轮廓对于基点偏移该中心线的左、右的距离。

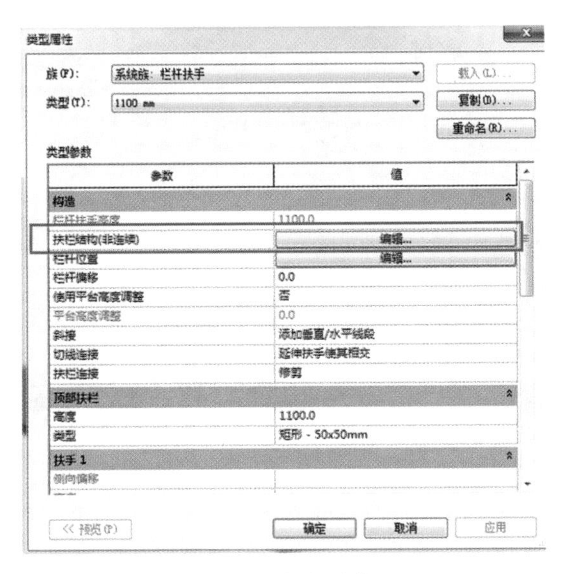

图347 扶栏结构

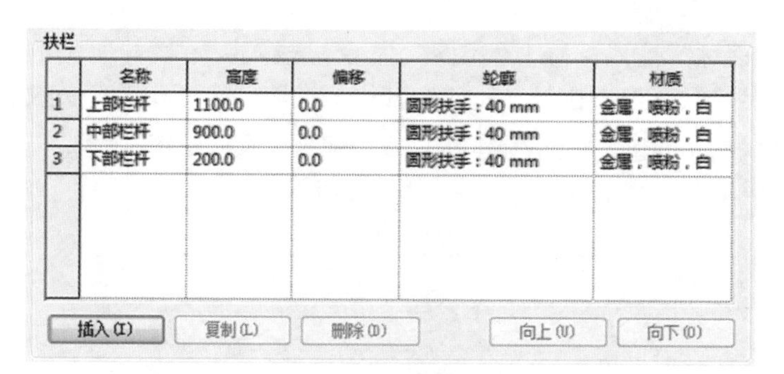

图348　扶手编辑框

(6) 单击“栏杆位置”的“编辑”按钮（图 349），打开“编辑栏杆位置”对话框，以“常规栏杆”作为基础复制一个新栏杆，如图 350 所示；

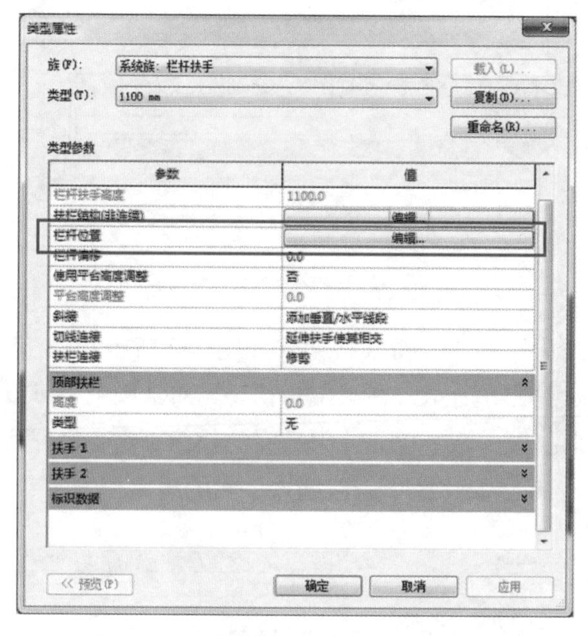

图349　栏杆位置

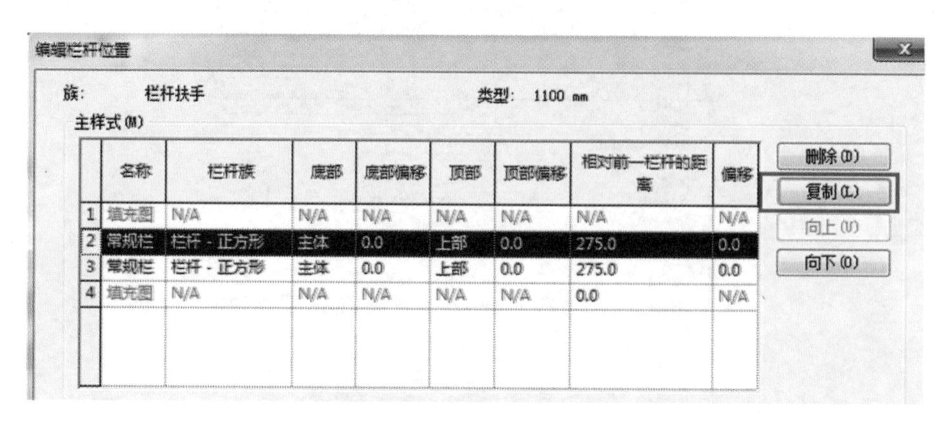

图350　复制生成新栏杆

（7）设置栏杆主样式，第一项“常规栏杆”族样式选择之前载入的“双根扁钢栏杆2”，将“底部”设置为“主体”，“底部偏移”设置为0，“顶部”设置为“上部”，“顶部偏移”设置为0，如图351所示；

主样式(M)

	名称	栏杆族	底部	底部偏移	顶部	顶部偏移	相对前一栏杆的距离	偏移
1	填充图	N/A	N/A	N/A	N/A	N/A	N/A	N/A
2	常规栏	双根扁钢栏杆2	主体	0.0	上部	0.0	0.0	0.0
3	常规栏	栏杆 - 正方形	下部	0.0	中部	0.0	110.0	0.0
4	填充图	N/A	N/A	N/A	N/A	N/A	110.0	N/A

删除(D)　复制(L)　向上(U)　向下(O)

图351　编辑栏杆主样式一

（8）用同样方法将第二项常规栏杆的“栏杆族”换为“栏杆嵌板-玻璃带托架”族，“底部”设置为“下部”，“底部偏移”为0，“顶部”设置为“中部”，“顶部偏移”为0，“相对前一栏杆的距离”设置值为300mm，偏移为0；以及将主样式对齐方式设置为“展开样式以匹配”，如图352所示；

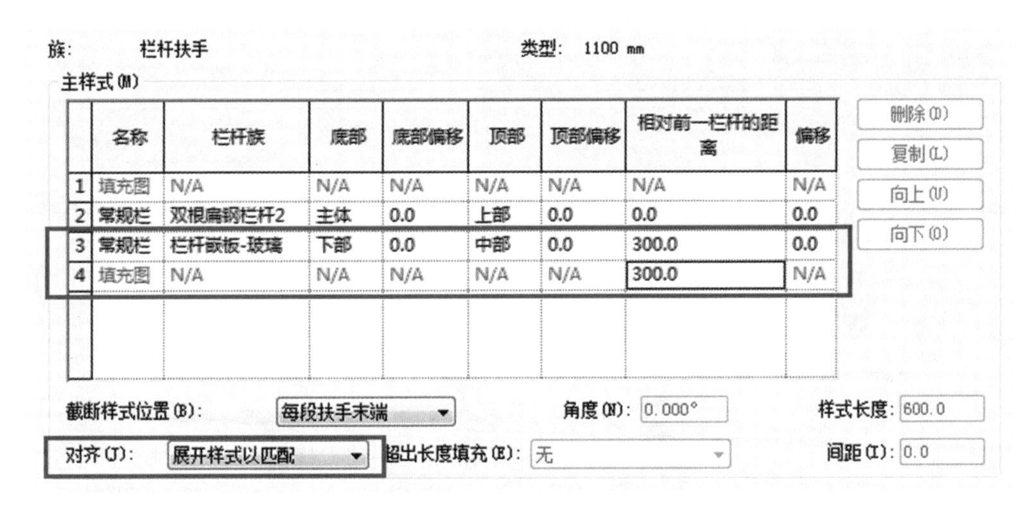

族：　栏杆扶手　　类型：　1100 mm

主样式(M)

	名称	栏杆族	底部	底部偏移	顶部	顶部偏移	相对前一栏杆的距离	偏移
1	填充图	N/A	N/A	N/A	N/A	N/A	N/A	N/A
2	常规栏	双根扁钢栏杆2	主体	0.0	上部	0.0	0.0	0.0
3	常规栏	栏杆嵌板-玻璃	下部	0.0	中部	0.0	300.0	0.0
4	填充图	N/A	N/A	N/A	N/A	N/A	300.0	N/A

删除(D)　复制(L)　向上(U)　向下(O)

截断样式位置(B)：每段扶手末端　角度(N)：0.000°　样式长度：600.0

对齐(J)：展开样式以匹配　超出长度填充(E)：无　间距(I)：0.0

图352　编辑栏杆主样式二

（9）设置“支柱”样式。将“起点支柱”、“转角支柱”、“终点支柱”替换为已载入族“立筋龙骨1”，并为各支柱设置相关参数（图353）。“空间”参数是相对栏杆起点里外偏移，负数是以栏杆起点为基点“向外”偏移，正数是是以栏杆起点为基点“向里”偏移，如图中所示设置空间参数；

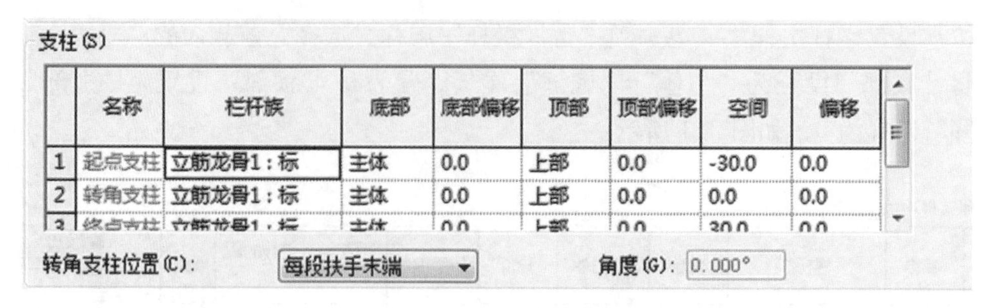

支柱(S)

	名称	栏杆族	底部	底部偏移	顶部	顶部偏移	空间	偏移
1	起点支柱	立筋龙骨1：标	主体	0.0	上部	0.0	-30.0	0.0
2	转角支柱	立筋龙骨1：标	主体	0.0	上部	0.0	0.0	0.0
3	终点支柱	立筋龙骨1：标	主体	0.0	上部	0.0	30.0	0.0

转角支柱位置(C)：每段扶手末端　角度(G)：0.000°

图353　编辑栏杆支柱

（10）所有参数都设置好后，即可点击“确定”完成，得到如图 342 所示栏杆扶手。

95. 楼板 / 屋顶的多层构造材料怎么设定？

跟墙体类似，楼板、屋顶也有两种做法：用复合材质，或者采用多层构件。复合材质会带来一系列的问题，对于楼板、屋顶来说，在专业协同方面的问题更比墙体突出，因为两者均属于结构构件，一般由结构专业负责建模，其他专业链接结构模型进行协同设计，但结构专业只考虑其结构层，其余可能存在的找平、防水、保温等填充层及面层均由建筑专业负责，因此，更合理的做法是采用多层构件的做法。

如图 354 所示，楼板采取分层建模，结构楼板为 130mm 厚的钢筋混凝土楼板，建筑楼板单独建模，左侧为 50mm 厚的单层楼板（找平层等层次忽略）；右侧为陶粒加面层的复合材质楼板。

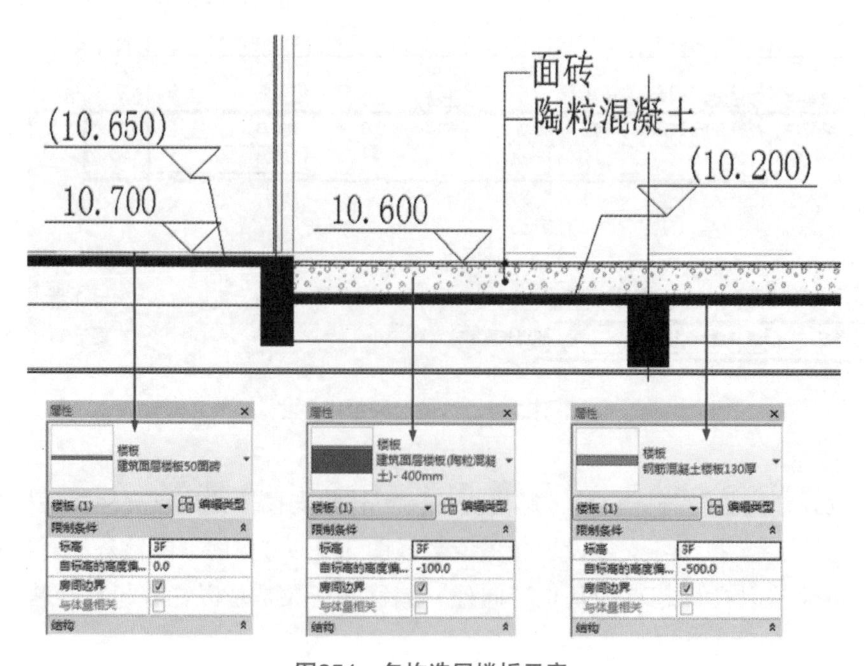

图354　多构造层楼板示意

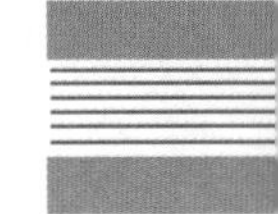

右侧建筑楼板还可以根据设计需要继续添加防水、保温等层次，如果视图比例较大（如 1:100），不希望看见分层线，可以将楼板的详细程度设为“粗略”，使其只显示最外侧线条。至于结构楼板显示成黑色，建筑楼板显示为白色，且为细线，则需通过视图“过滤器”分别进行设置，如图 355 所示，过滤器的条件可根据名称或材质等进行设置。

模型类别 | 注释类别 | 分析模型类别 | 导入的类别 | 过滤器

名称	可见性	投影/表面			截面		半色调
		线	填充图案	透明度	线	填充图案	
结构楼板 (1)	☑					■	☐
建筑楼板面层 (1)	☑	————	隐藏		————	隐藏	☐

图355　视图过滤器设置

屋顶材质设置跟楼板的设置原则类似，不再赘述。

96. 用楼板工具绘制的楼板面层如何正确地显示？

楼板面层一般由建筑专业用楼板工具创建，砌体墙则放置于结构楼板上，也就是说，砌体墙与楼板面层会有交叉，一般默认会自动连接，如果没有自动连接，也可以手动用“连接”命令将两者连接，使其互相扣减。但常常会发生这种情况：如果是楼板将墙体剪切掉，则平面显示正确，但剖面与实际不符；如果通过“切换连接顺序”，变成墙体剪切楼板，则剖面正确，但平面会出现门线，如图 356 所示。

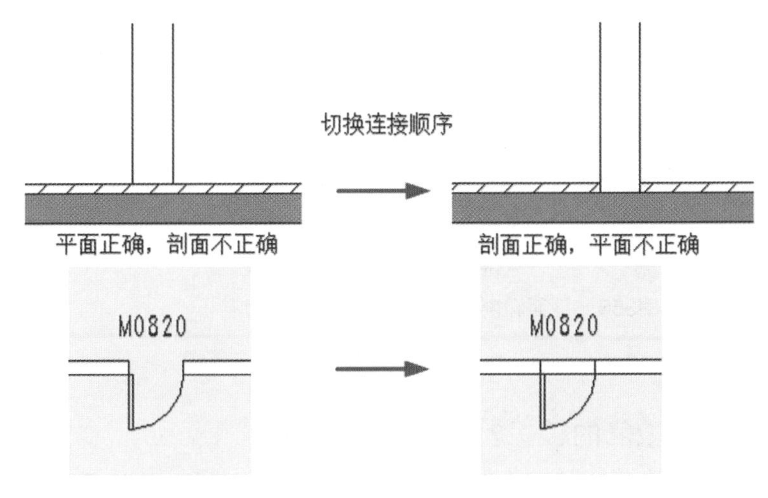

图356　楼板面层在平面或剖面显示不正确

这个问题是由于楼板面层直接使用了常规的楼板类型（或基于常规的楼板类型复制修改）来制作。常规的楼板类型，其构造层次的组成中，一般位于上下核心边界之间的层次是“结构”层，这样就会出现上述问题。如果将这一层次改为“面层”类别，如图 357 所示，问题即可得到解决。

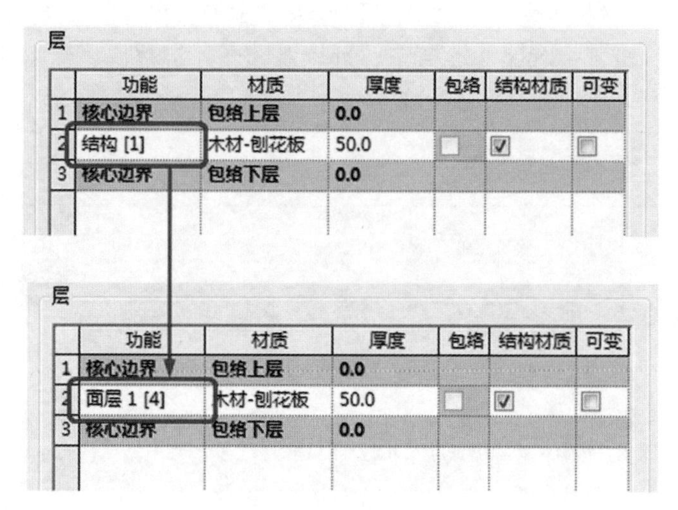

图357　修改构造层类别

当这样的楼板与墙体相连接时，不管怎么切换连接顺序，都是墙体剪切楼板，剖面关系都是对的，而平面显示也是我们想要的，如图 358 所示。

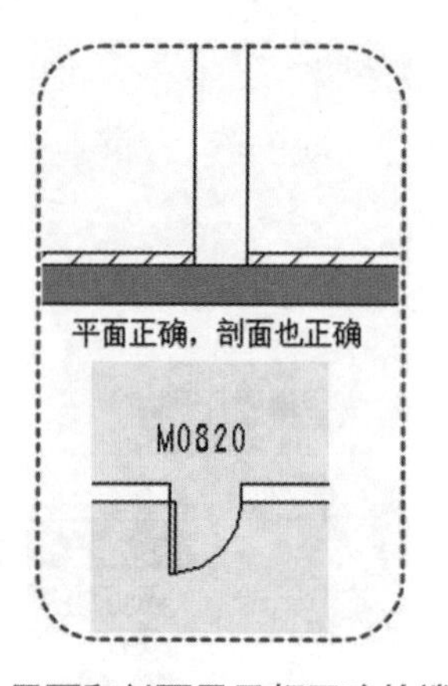

图358　平面和剖面显示都正确的楼板面层

97. 如何创建带坡度的楼板?

在 Revit 中创建带坡度的楼板有两种方法：坡度箭头和修改子单元。

（1）坡度箭头。

选中楼板，点击功能区“修改 / 楼板 > 编辑边界”命令，进入楼板边界绘制模式，选择功能区“修改 / 创建楼层边界 > 坡度箭头”命令，放置坡度箭头（如图 359）。点击“完成”即可退出编辑模式，得到带有坡度的楼板。坡度箭头只能是一段带箭头的线段，且只能放置一次，其头尾高度可在其属性栏中设置。

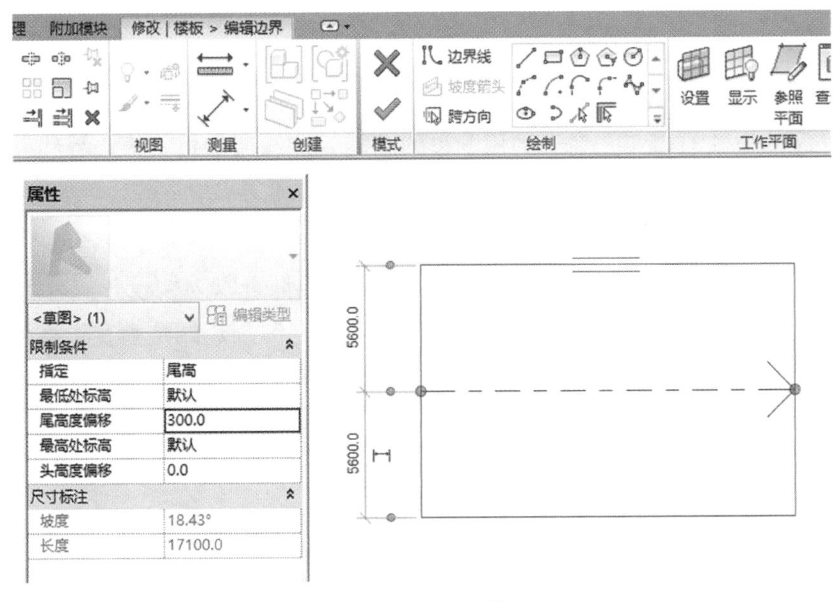

图359　绘制坡度箭头

（2）修改子图元。

选中楼板，功能区“修改 / 楼板”会出现“形状编辑”工具条（图 360），点击“修改子图元”命令，楼板会出现绿色虚线框，此时可以通过鼠标选择控制楼板上的点或边，调整其垂直偏移。还可以通过“添加点”和“添加分隔线”来添加更多的控制点或边。

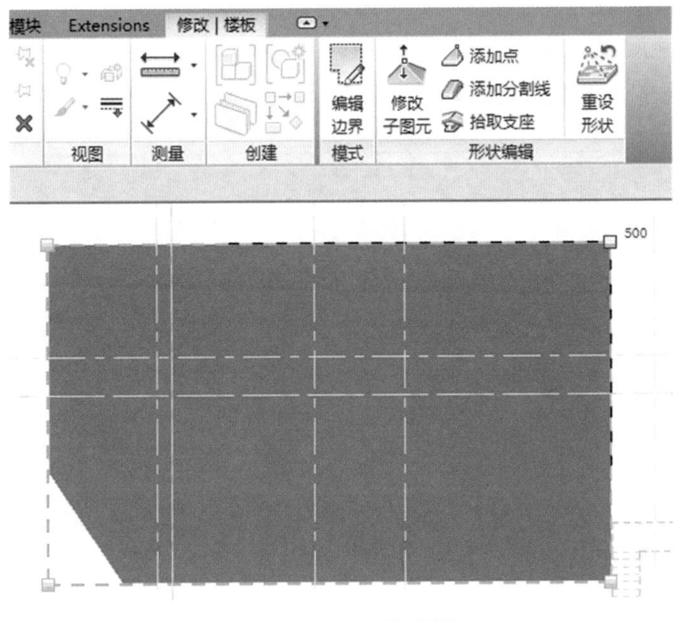

图360　楼板形状编辑

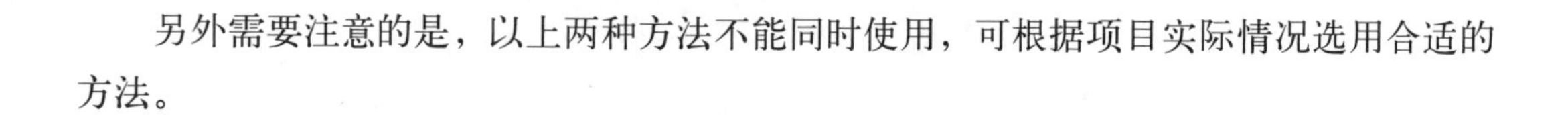

另外需要注意的是，以上两种方法不能同时使用，可根据项目实际情况选用合适的方法。

98. 如何在楼板上开洞口？

楼板开洞的方法有以下三种：利用洞口的功能开洞、通编辑楼板边界线开洞和通过空心构件族开洞。

（1）利用洞口的功能开洞

Revit 提供的“按面”、“垂直”、“竖井”几个功能都可以为楼板开洞（图 361），区别在于，“按面”创建的是垂直于楼板面的洞口，“垂直”创建的是垂直于楼板标高的洞口，而“竖井”可用于创建贯穿多层的洞口，所以“竖井”是有纵向深度的构件，可以在其属性栏中设置其顶部和底部的标高值。

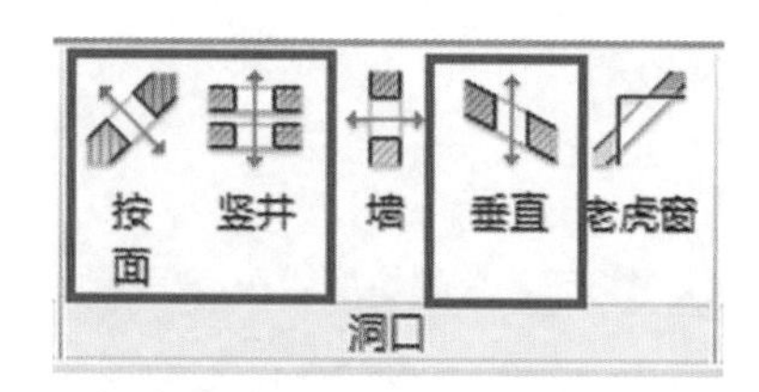

图361　用洞口的功能开洞

不管用哪种功能，都要注意在绘制洞口轮廓时，应确保轮廓不超出楼板的边界线，即洞口轮廓要被楼板边界线包括。

（2）通过编辑楼板边界线开洞

选择要开洞的楼板，单击“编辑边界”命令，进入绘制草图模式。在楼板的轮廓线里，绘制洞口轮廓线。单击“确定”按钮，完成绘制，如图 362 所示。另外，需要注意的是，洞口轮廓线应在楼板的轮廓线内，洞口的边界线不可以和楼板轮廓线有重叠、相交。

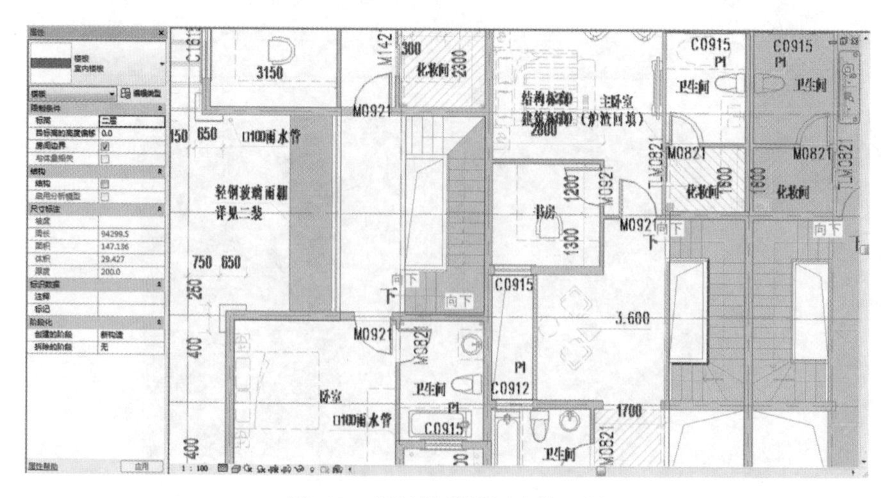

图362　通过编辑楼板迹线开洞

（3）通过空心构件族开洞

该方法可以使用内建的空心构件族，也可以使用外部载入的基于面或楼板的空心构件族，此处以外部载入族为例。

新建一个族，选择“基于面的公制常规模型”或者“基于楼板的公制常规模型”的族样板（图 363）。进入族编辑平面，选择“空心形状”绘制相应的洞口造型，进入族编辑立面，调整洞口高度，完成绘制之后保存，将族载入到项目中。在项目文件中，选择“建筑 > 构件 > 放置构件”命令，找到刚才载入的族，放置到绘制好的楼板上即可。

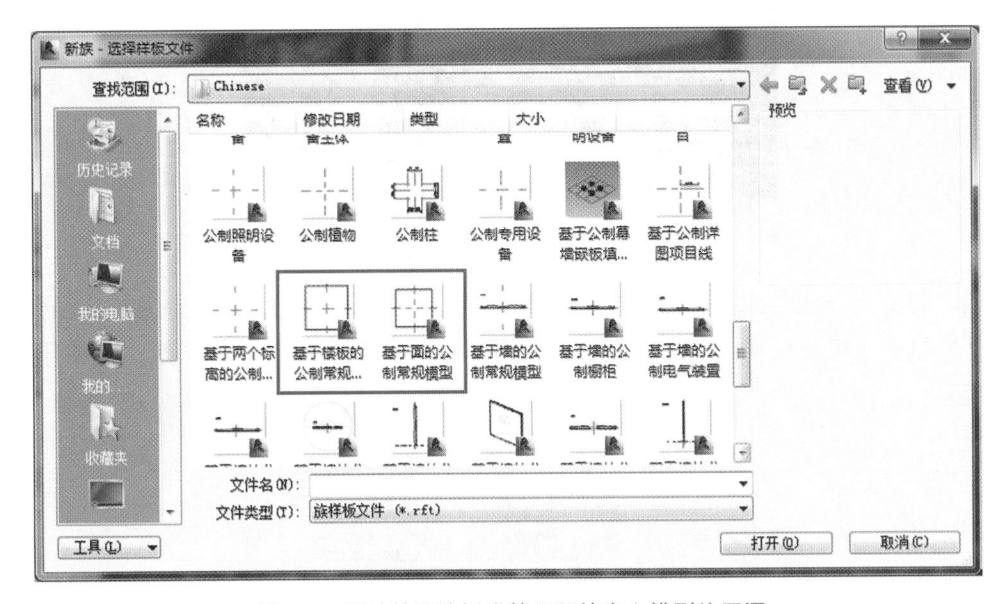

图363　通过基于楼板或基于面的空心模型族开洞

99. 绘制楼板后，提示“是否希望将高达此楼层的墙体附着到此楼层底部？”，该如何处理？

在用 Revit 完成楼板绘制后，当楼板上面或者下面有墙体时，系统将出现如图 364 所示的提示：“是否希望将高达此楼层标高的墙附着到此楼层底部 / 顶部？”

图364　提示框

此处，以优比土建培训课程中的别墅项目为例，当选择“是”时，楼板上面的墙将自动附着到板顶面，楼板下面的墙将自动附着到板底面。由于该命令将对所有相关的墙体都进行操作，有可能会导致某些墙体的连接出现问题，特别是外墙，如图 365 所示，自动附着后，下层墙体与上层墙体间会出现缝隙。

图365　上下层墙体出现缝隙

此时的解决办法是人工检查缝隙，手动将其取消附着。方法是先选中墙体，再选择功能区“修改 / 墙 > 分离顶部 / 底部”命令，如图 366 所示，再点击楼板，则墙体会取消附着。

图366　附着/分离图标

所以一般情况下，不建议自动附着。但对于坡屋面，可以选择自动附着，能够更好地确定墙体与屋面的交接面。

需要注意的是，选择不附着时，如果下层墙体的顶标高与楼板的顶标高一致，会在楼板面存在重面（图 367），这时有三个解决办法。

图367　楼板面产生重面

（1）建墙体时，将墙体顶标高设置在楼板的底标高处。

（2）通过手动附着。先选中墙体，再选择功能区“修改 / 墙 > 附着顶部 / 底部”命令（图 366），再点击要附着的楼板，则墙体自动附着到楼板底。此方法对于有坡度的楼板尤为有用。

（3）用“连接”命令将楼板与墙体进行连接，注意应以楼板剪切墙体。

100. 屋顶平面中看到的是屋顶剖切图，要如何才能显示完整的屋顶平面图？

在 Revit 中，默认的楼层平面是从标高以上 1200(mm) 位置剖切后得到的视图，所以默认得到的屋顶平面中看到的是屋顶的剖切图。要显示完整的屋顶平面图，需要调整视图的视图范围和剖切位置。

以优比土建培训课程中的别墅项目为例，屋顶层标高为 12.000m，屋顶顶部标高为 16.710m，默认得到的屋顶平面图如图 368 所示。

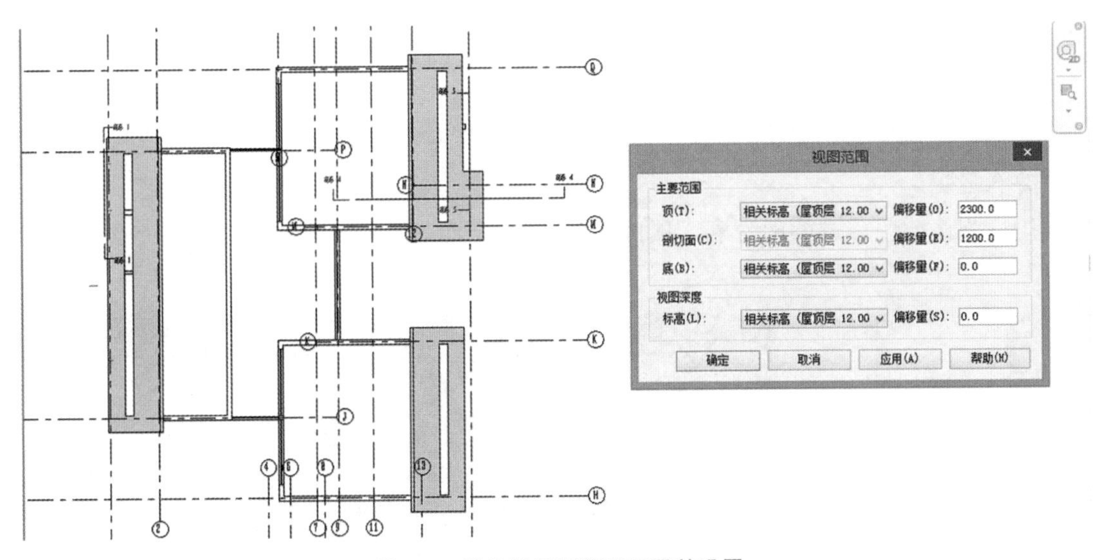

图368　默认的屋顶平面图及其设置

在屋顶平面视图的属性栏中，点击“视图范围”参数后面的“编辑”按钮，打开“视图范围”对话框，可见默认的视图范围取值如图 368 右侧对话框所示。

按图 369 对话框所示，设置“主要范围”的“顶”为“无限制”，“剖切面”后面的“偏移量”是相对于屋顶所在标高的偏移量，设置得比屋顶最高标高更高即可，此处就取屋顶顶部标高与屋顶层标高的高差，为 4710mm，应用后，就可看到屋顶平面图已显示，如图 369 所示。

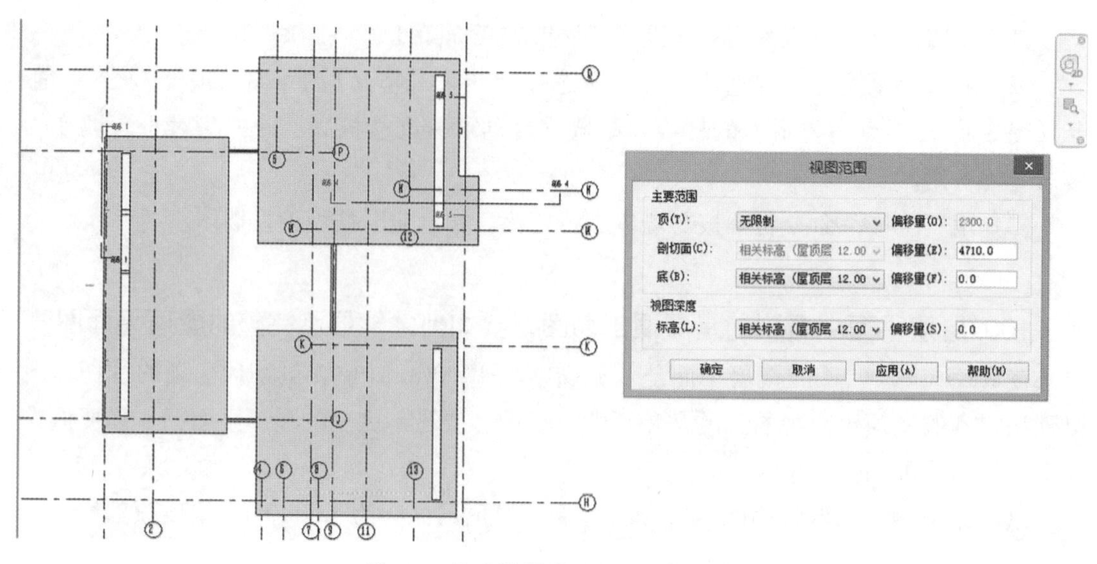

图369 修改的屋顶平面图及其设置

101. 降板怎样做?

在 Revit 中，降板的绘制可以通过设置楼板的标高和高度偏移值来实现。需要注意的是，降板绘制完后，要检查附近的梁、墙体的位置是否正确，特别是有高差的楼板间是否存在缝隙。

以广州优比服务过的南海意库项目为例（图 370），降板的绘制方法如下：

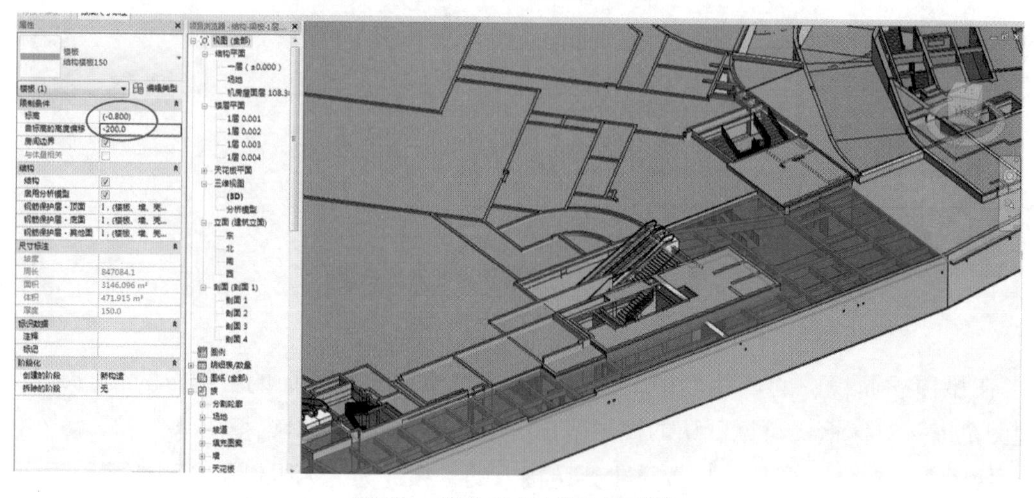

图370 图片来自南海意库项目

(1) 选择“建筑 / 结构 > 楼板”命令，绘制楼板边界线。注意，不同标高的楼板要分开绘制。

(2) 在“楼板”的属性面板里，设置楼板标高以及自标高的高度偏移值。

（3）设置墙体到相应的标高，如图 371 所示。

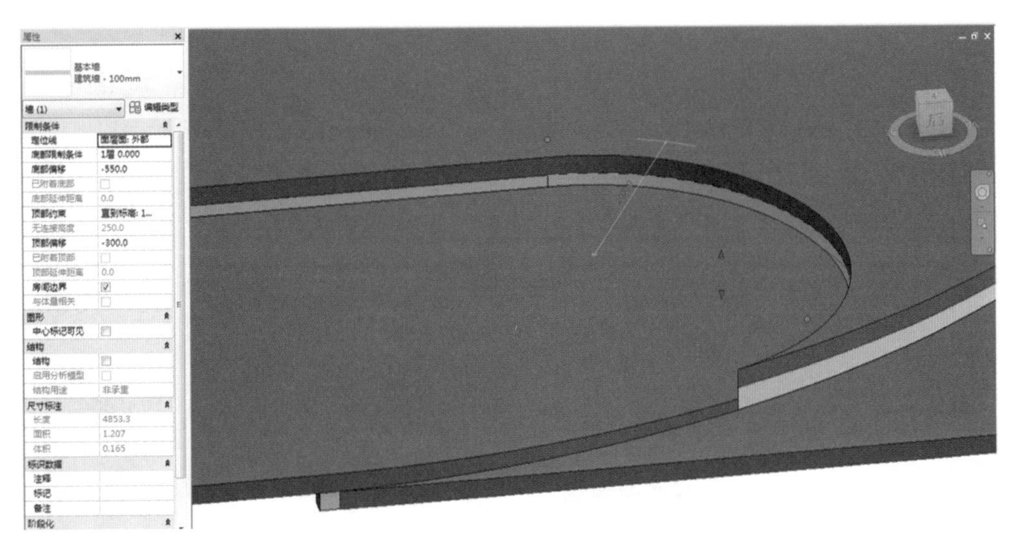

图371　楼板上的墙体需要设置到相应的标高

（4）若两块楼板间存在缝隙，则需要检查该处的梁板位置设置是否正确。

102. 造型天花如何建模？

Revit 中有专门的“天花板”命令，用以创建平面天花，但对于造型天花就无法用“天花板”命令直接得到。在此，我们以优比装饰培训课程中的造型天花为例（图 372），说明用族构件创建造型天花的方法。

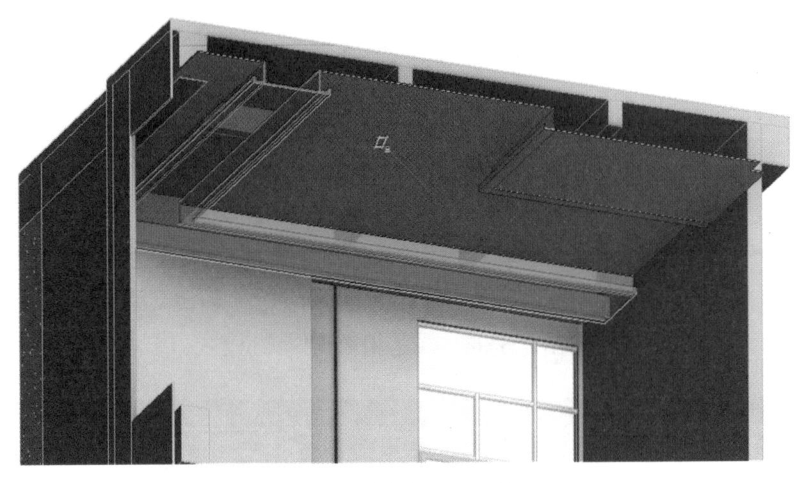

图372　造型天花范例

为方便定位，此处的造型天花我们用“内建模型”的方式来创建。

（1）选择功能区“建筑 > 构件 > 内建模型”命令，如图 373 所示。

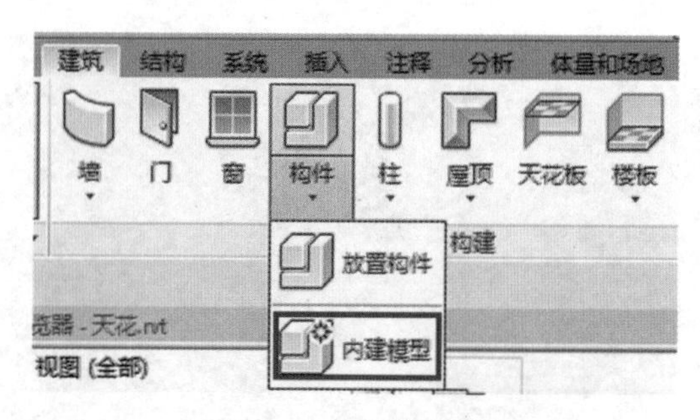

图373　内建模型命令

即会出现“族类别和族参数”对话框，选择“天花板”类别，如图 374 所示。

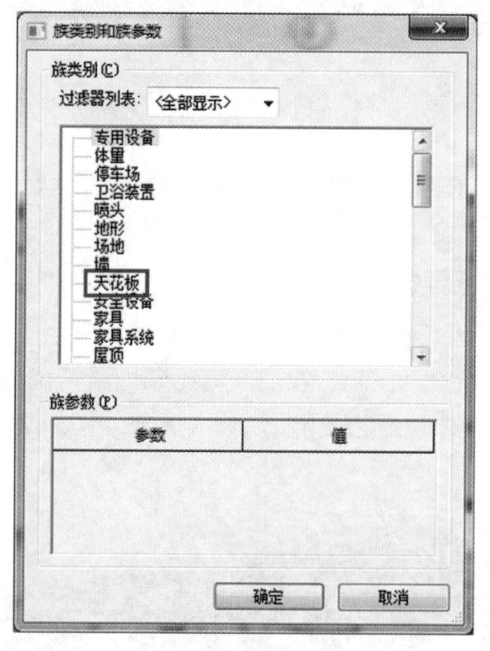

图374　设置族类别

（2）该类型的造型天花可以用放样命令得到，所以选择“放样”命令，进入放样编辑模式（如图 375），点击“修改 / 放样 > 绘制路径”命令，在合适的视图中绘制如图 376 所示的天花板路径，点击“完成”，退出路径编辑模式。

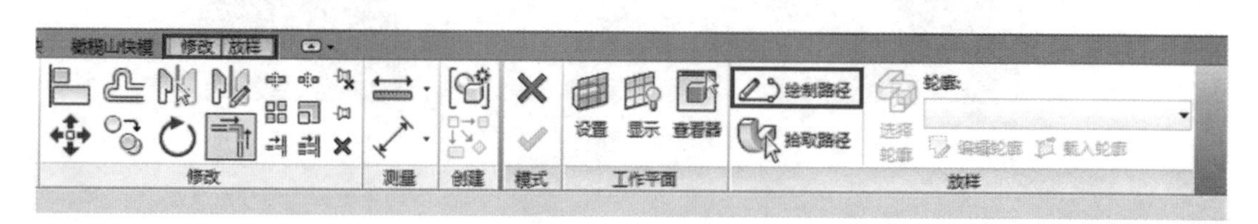

图375　放样编辑模式

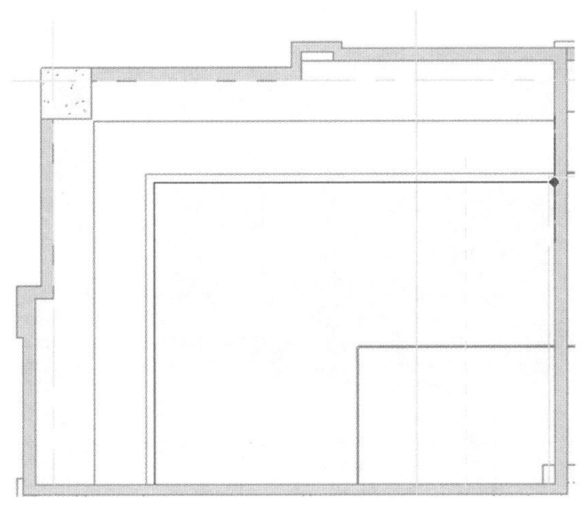

图376　绘制放样路径

（3）点击“修改 / 放样 > 编辑轮廓”命令（如图 377 所示），即会出现“转换视图”对话框，选择与路径相垂直的剖面或立面中去绘制放样的轮廓，如图 378 所示。

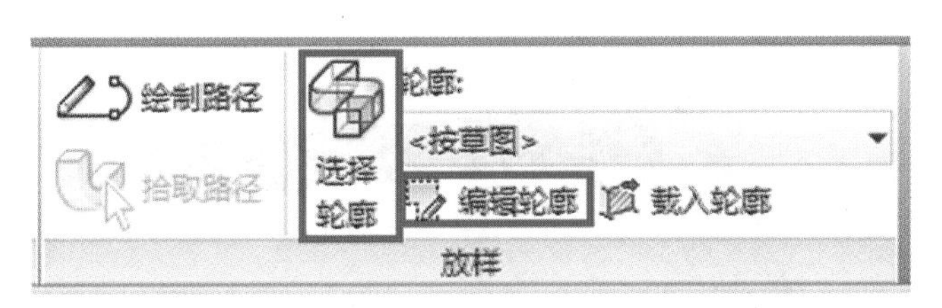

图377　编辑轮廓命令

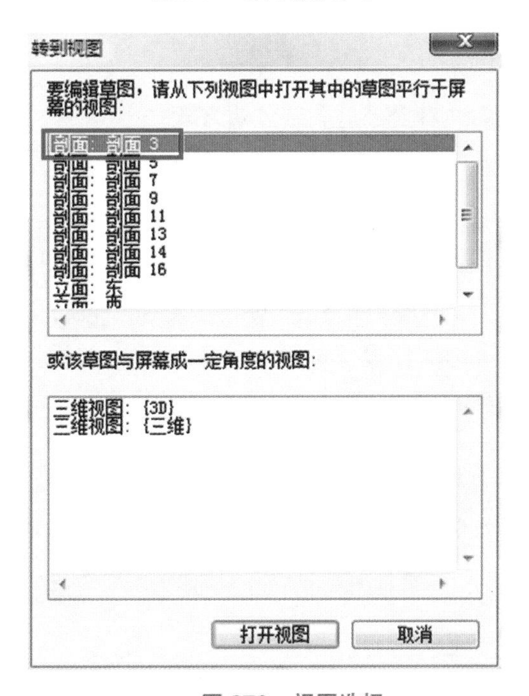

图 378　视图选择

（4）在转换到的视图中，按天花的造型绘制天花板轮廓（如图 379 所示），点击“完成”，退出轮廓编辑模式。此时再次点击“完成”，即可得到如图 380 所示的造型天花。

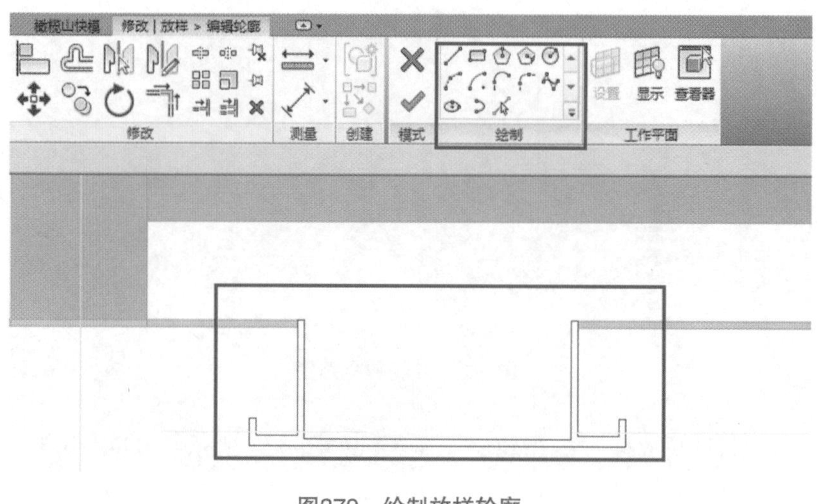

图379　绘制放样轮廓

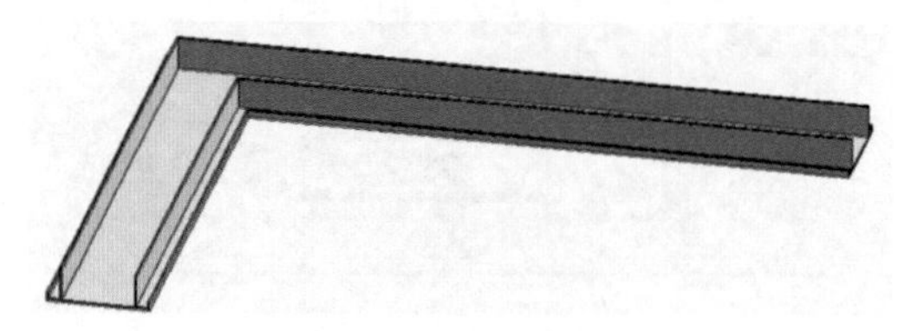

图380　完成内建造型天花

103. 新建的结构墙柱在当前层怎么看不到？

当在 Revit 中用“结构墙”或“结构柱”命令创建结构墙柱时，经常会发现所绘制的构件在当前层不可见，并跳出警告框，如图 381 所示。这是因为在 Revit 中结构构件默认是从当前层为基准向下绘制的。如果当前平面视图的视图范围不满足要求，这些结构构件就不可见。我们可以调整当前视图的视图范围，也可以直接创建“结构平面”。“结构平面”是 Revit 为结构专业设置的默认视图，可在“视图”工具条中的“平面视图”下拉菜单中选择“结构平面”添加。

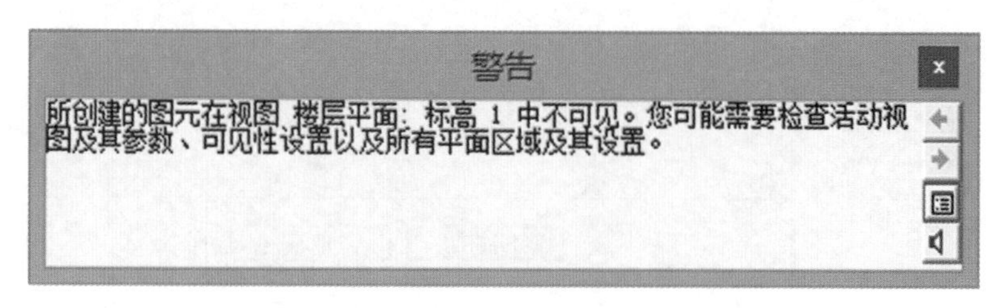

图381　警告框

由于国内设计习惯，我们通常将标高在二层的结构墙柱图视为“二层墙柱平面图”，将标高在二层的梁板图视为“一层顶梁板平面图”，所以结构墙柱我们还是习惯将属性设置成当前层。要确保结构墙柱放置在当前层上，需在放置结构墙柱前，将其“修改 / 放置”属性栏中选项“深度”改成“高度”，再在其后的选项中选择合适的高度输入即可。

若已经生成了当前层看不到的结构墙柱，就只能手动修改每个结构墙柱的属性，将其调整到合适的位置。

对于结构梁板，就不需要修改其默认属性设置，可以直接创建二层的“结构平面”，即可对应于传统设计图纸中的“一层顶梁板平面图”。

104. 结构柱没有构造层，该怎样处理？

Revit 提供的结构柱构件主要用于结构专业的柱建模，没有外部的构造层，这时，我们可以利用建筑柱来为结构柱添加构造层。

选择功能区“建筑 > 柱 > 柱 : 建筑”命令，载入所需建筑柱族，根据需要确定所需的建筑柱尺寸。如果考虑装饰层，则建筑柱的外形尺寸就是柱子装饰完成面的尺寸。确定好尺寸，在平面图中与结构柱重叠放置，放置时，默认会出现结构柱的中心位置，放置后，建筑柱会自动被结构柱剪切，呈现外部构造的效果，如图 382 所示。

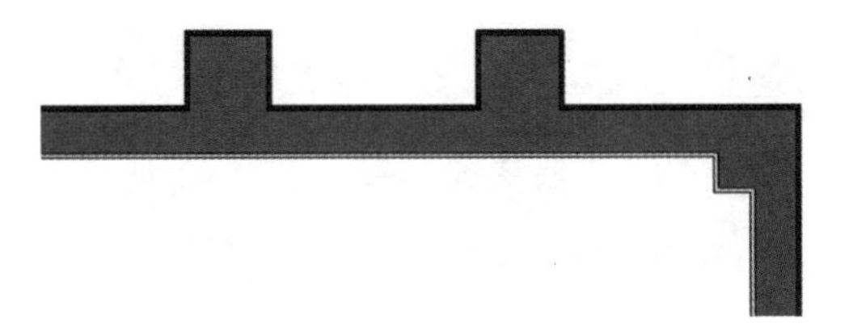

图382　放置建筑柱平面效果

需要注意的是，Revit 提供的建筑柱和结构柱一样，本身并未提供多层构造，采用这种方式只是在结构柱外部增加一个构造论廓而已。但是一旦建筑柱和墙体相连，则建筑柱会自动沿用墙体的构造层设置，如图 383 所示。

图383　放置建筑柱三维效果

105. 如何创建加腋梁？

想要在 Revit 中创建如图 384 所示的加腋梁，有两种方法：一是利用矩形梁族进行改造；二是使用内建模型创建。

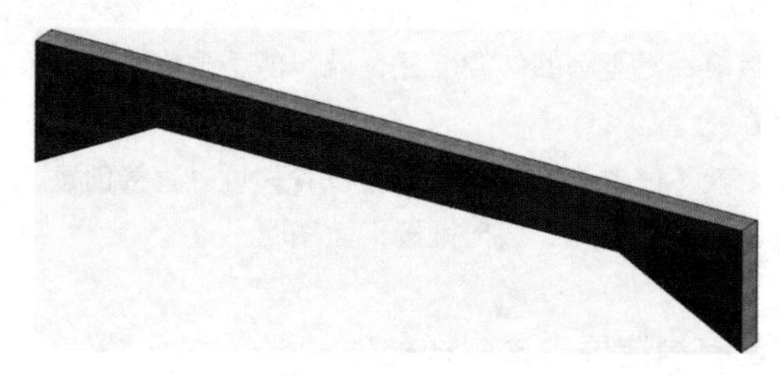

图384　加腋梁模型

(1) 利用矩形梁族进行改造

具体步骤如下：

1) 打开 Revit 默认的矩形梁族；

2) 选择功能区“创建 > 族类型”命令，创建两个族类型参数：加腋长度和加腋高度，并指定默认值；

3) 在项目浏览器的视图中，选择“立面 > 前”视图；

4) 选择功能区“创建 > 拉伸”命令；

5) 在“创建拉伸”属性窗口，默认的当前工作平面是“中心（前 / 后）”，也就是在梁中先大致输入拉伸值，如图 385 所示；

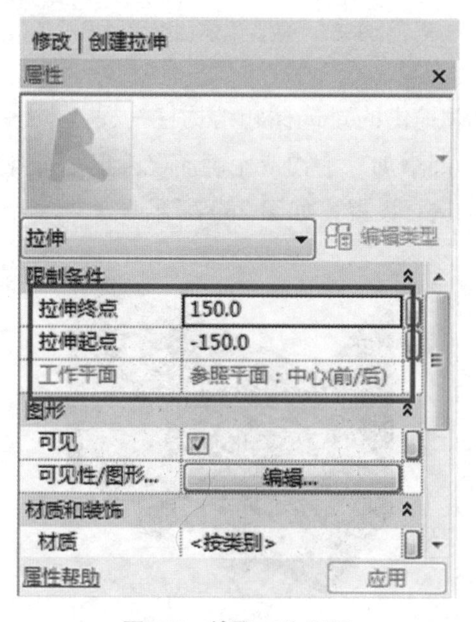

图385　拾取工作平面

6）绘制三角加腋轮廓，直角边锁定梁末端面，如图 386 所示；

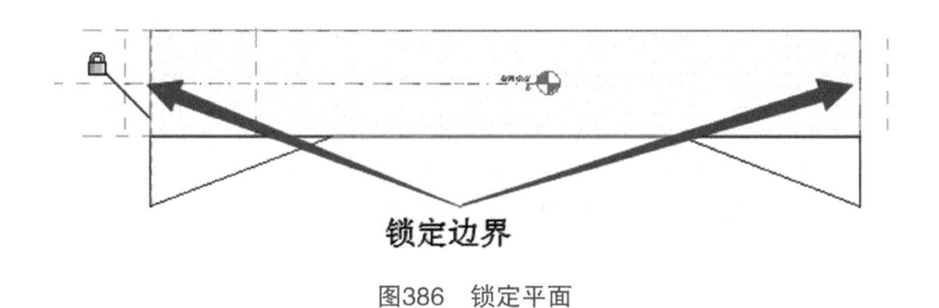

图386　锁定平面

7）使用对齐命令，使轮廓端点与参照平面对齐，并添加锁定的约束关系，添加尺寸注释，把尺寸标注分别替换为之前定义的加腋族参数，如图 387 所示；

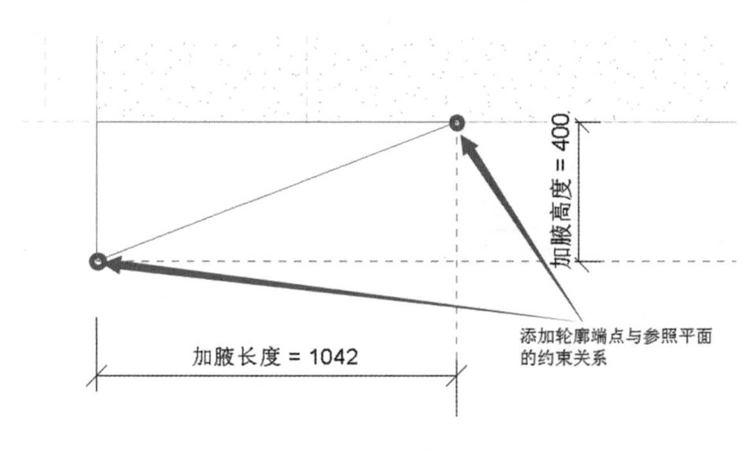

图387　添加参数

8）转到参照标高的视图平面，将拉伸的深度锁定梁的两侧面，如图 388 所示；

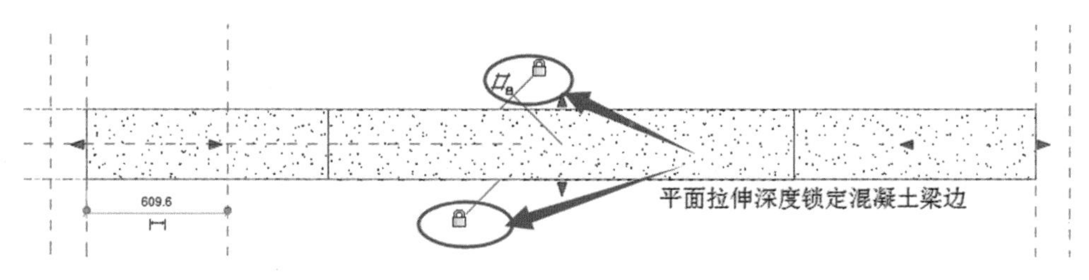

图388　与梁面锁定

9）完成拉伸，载入项目中即可使用。

(2）使用内建模型创建

具体步骤如下：

1）创建一条矩形混凝土梁，并在平行于梁的方向创建一个剖面视图，如图 389 所示；

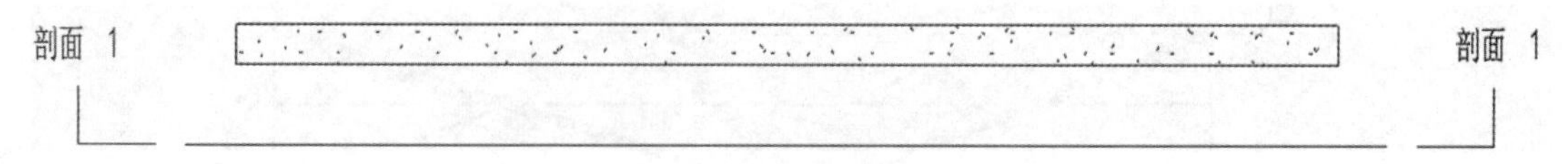

图389　创建剖面视图

2）转到剖面视图中，选择功能区“结构 > 构件 > 内建模型”命令，在“族类别和族参数”对话框中选择结构框架（如图 390），点击“确定”后即可进入内建族编辑界面；

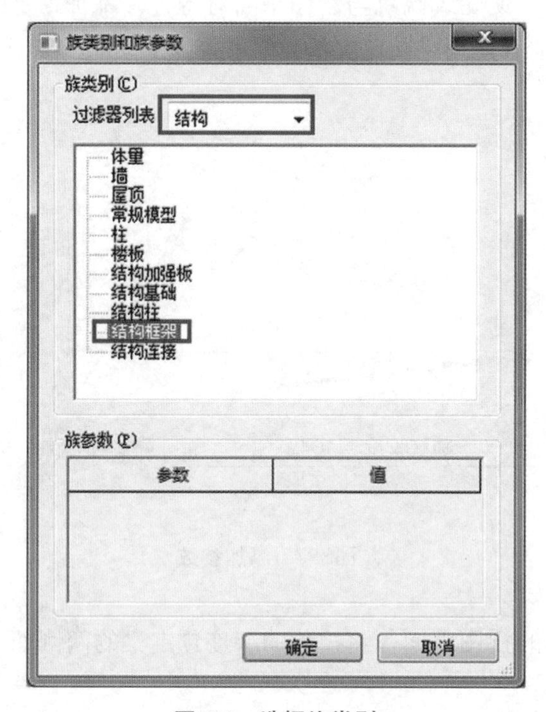

图390　选择族类别

3）选择功能区“创建 > 拉伸”命令，进入拉伸编辑界面，为拉伸拾取梁的侧面为工作平面，绘制两个三角形轮廓（如图 391），绘制好选择“✔”图标完成。

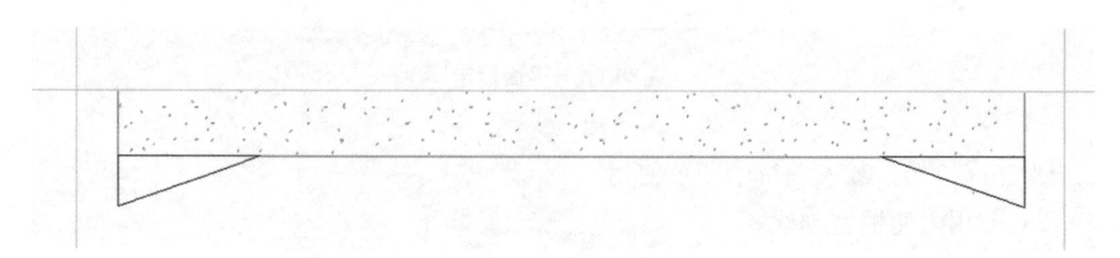

图391　绘制拉伸轮廓

4）点击完成族编辑，此时就得到了我们想要的构件。选中内建构件，可以通过其周围出现的三角形箭头，调整其位置。比如，转到平面视图，选中构件，点击拖拽三角形箭头，可使其两个拉伸面与梁的两个侧面平齐，如图 392 所示。

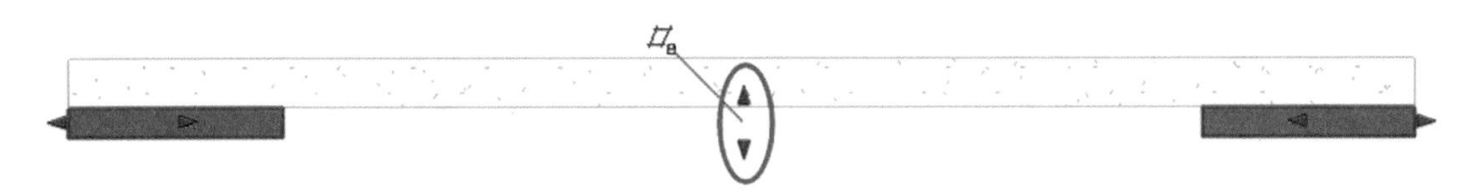

图392　调整内建构件

106. 如何创建异形结构柱？

异形结构柱一般为变截面情况，此类结构柱可以使用“公制结构柱”样板文件来新建族构件。具体步骤为：

（1）选择“开始 > 新建 > 族”命令，在弹出的框中选择“公制结构柱”样板文件，如图 393 所示，点击“打开”按钮。

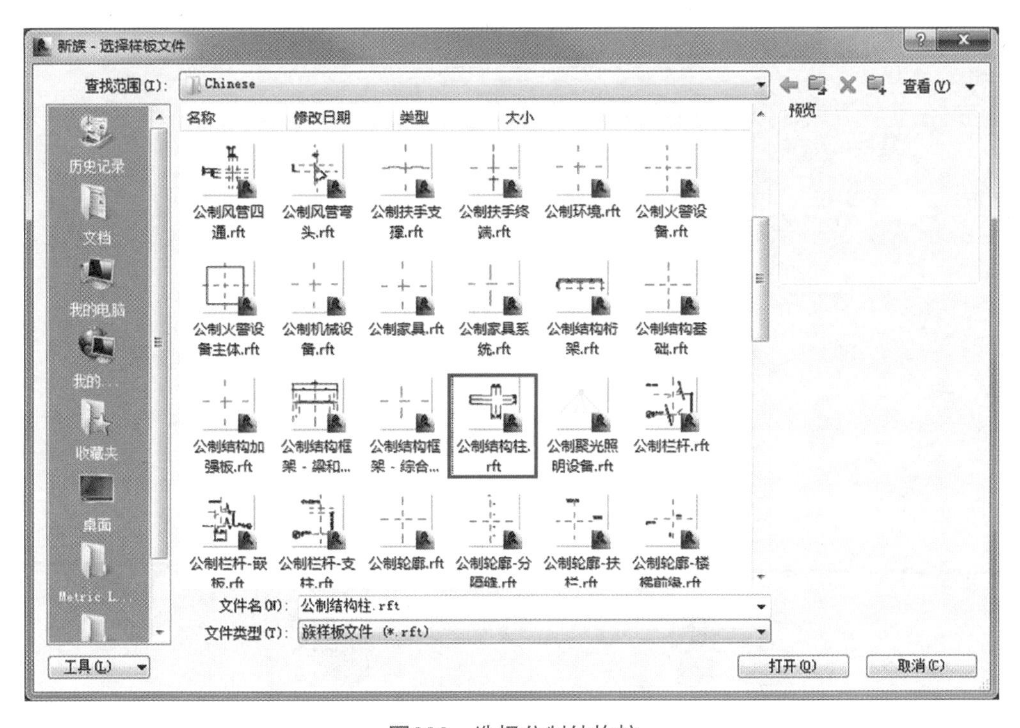

图393　选择公制结构柱

（2）在新建族文件中，将原有的两个参数“深度”和“宽度”的名称分别改为“底部深度”和“底部宽度”。创建如图 394 所示三个参照平面，并以新建的三条参照平面为基础添加另外两个参数，命名为“顶部深度”和“顶部宽度”。

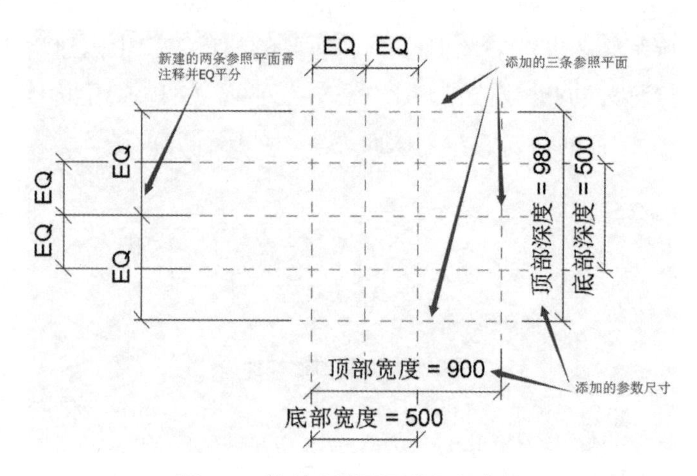

图394　绘制参照平面并添加参数

（3）选择“创建 > 融合”命令，进入融合编辑界面，分别绘制底部和顶部的轮廓，注意底部矩形轮廓要与“底部宽度”、“底部深度”等参数关联的参照平面锁定，顶部矩形轮廓要与“顶部宽度”“顶部深度”等参数关联的参照平面锁定，如图 395、图 396 所示。

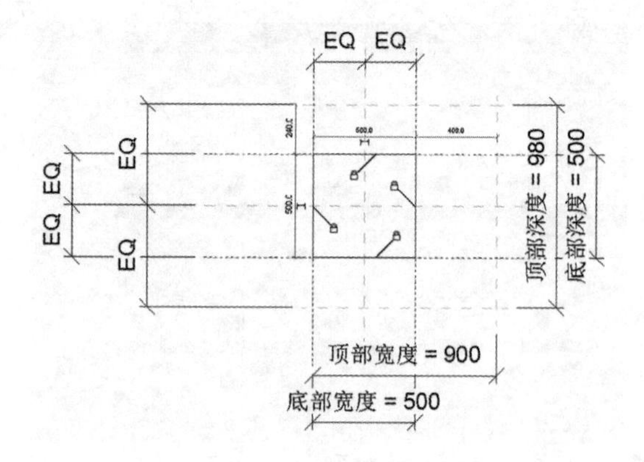

图395　绘制底部轮廓

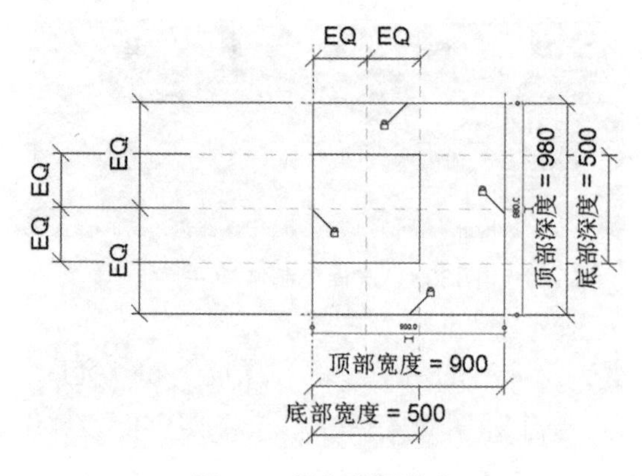

图396　绘制顶部轮廓

(4) 点击“✔”图标，完成融合编辑模式，转到立面图将实体构件的顶部和底部与相对应的顶部和底部参照标高锁定约束，如图 397 所示。

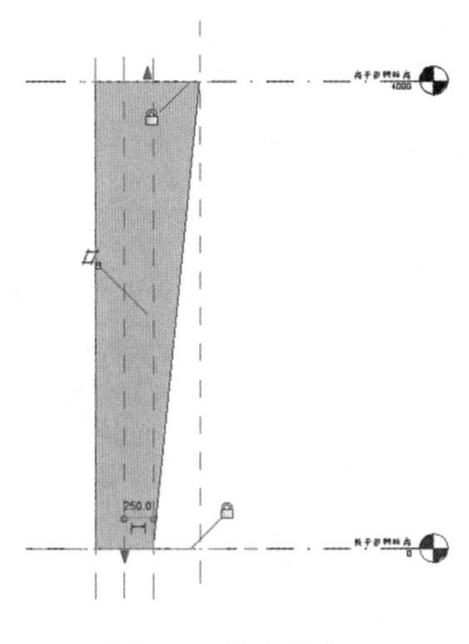

图397　锁定约束

(5) 选择功能区“族类型”命令，打开“族类型”对话框，调试族参数的设置是否正确，如图 398 所示，确认无误后载入项目中使用。

图398　调试族参数

107. 无梁楼板的柱帽怎样建模?

关于无梁楼板柱帽（图 399）的建模在 Revit 中可以有两种方式，一种是基于柱子的族在顶部加柱帽，即柱帽与柱子同为一个族文件；另一种则将柱帽单独建个族文件，即柱帽需要单独放置。

图399　无梁楼板柱帽

两种方法中柱帽的实体构件都是用融合命令来创建，此处以第一种方法为例说明。

（1）打开混凝土矩形结构柱的族文件，另存为一个带柱帽的结构柱文件。

（2）在平面上新建四个参照平面，并两两 EQ 锁定，以新加的参照平面为基准添加两个参数“柱帽深度”和“柱帽宽度”，如图 400 所示。

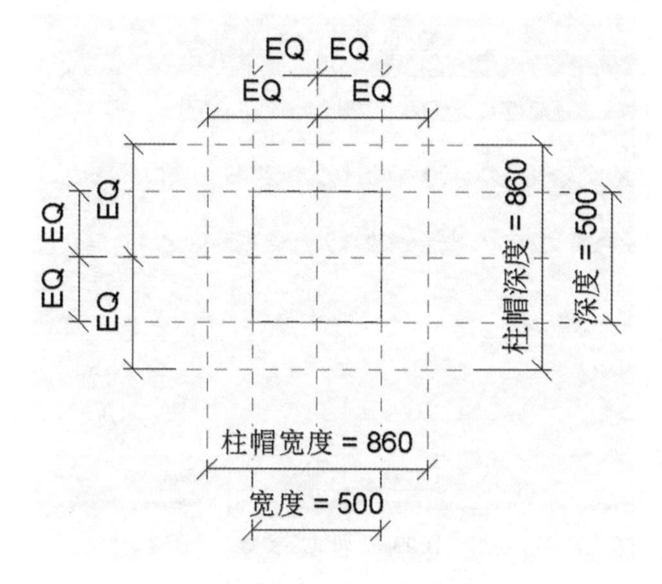

图400　绘制参照平面并添加参数

（3）使用融合命令创建柱帽，柱帽底部轮廓要与“宽度”和“深度”参数相关联的参照平面锁定，即保证柱帽底部尺寸随着柱子截面大小改变。柱帽顶部轮廓要与“柱帽宽度”和“柱帽深度”参数相关联的参照平面锁定，这两项参数用于驱动改变柱帽顶部的大小。

(4) 转到立面视图，添加一个“柱帽底部”参照平面，标注该参照平面与顶部标高，并添加参数“柱帽高度”。然后将柱子底部与“低于参照标高”标高线锁定，顶部与“柱帽底部”参照平面锁定。将柱帽顶部与“高于参照标高”标高线锁定，底部与“柱帽底部”参照平面锁定，如图 401 所示。

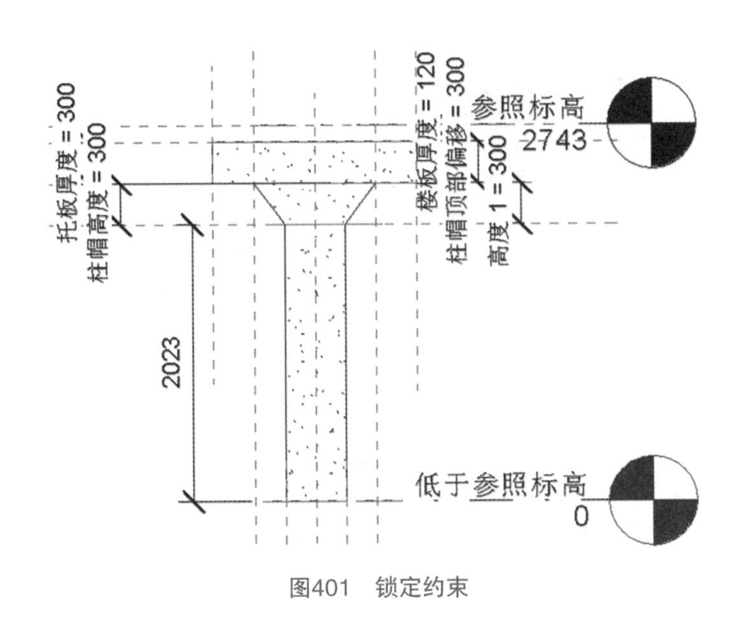

图401 锁定约束

(5) 选择功能区“族类型”命令，打开“族类型”对话框，调试族参数的设置，确认无误后载入项目中使用。

108. 挡土墙怎样建模?

在 Revit 中，挡土墙若是一般规整墙体可直接使用结构墙体命令绘制，若是放坡式挡土墙，如图 402 所示，可使用内建模型中的放样来制作。

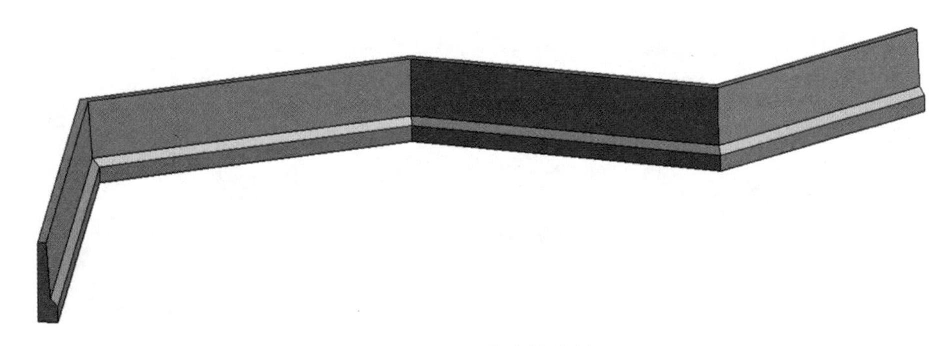

图402 坡式挡土墙

（1）选择“建筑 > 构件 > 内建模型”命令，在“族类别和族参数”对话框中选择结构“墙”（如图 403 所示），点击“确定”后即可进入内建族编辑界面。

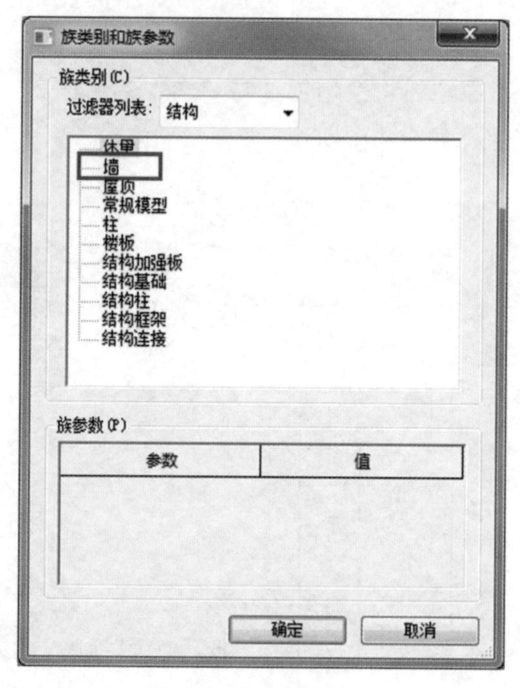

图403　选择族类别

（2）选择“创建 > 放样”命令，进入放样编辑模式，点击“修改 / 放样 > 绘制路径”工具条，转到平面视图中绘制路径（墙体路径），如图 404 所示，点击“完成”，退出路径编辑模式。

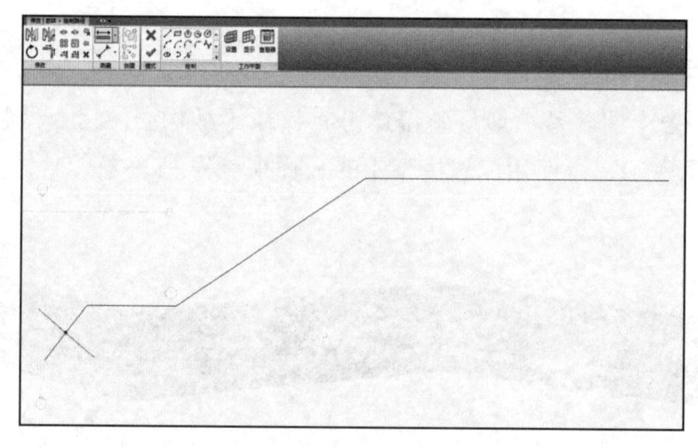

图404　绘制路径

（3）点击“修改 / 放样 > 编辑轮廓”命令，即会出现“转到视图”对话框，选择与路径相垂直的剖面或立面中去绘制放样的轮廓（如图 405）。按照实际墙体剖面轮廓

尺寸绘制墙体的剖面轮廓线条（如图 406 所示），点击完成，退出轮廓编辑模式。点击"✔"符号，完成放样，即可得到如图 402 所示的放坡式挡土墙。

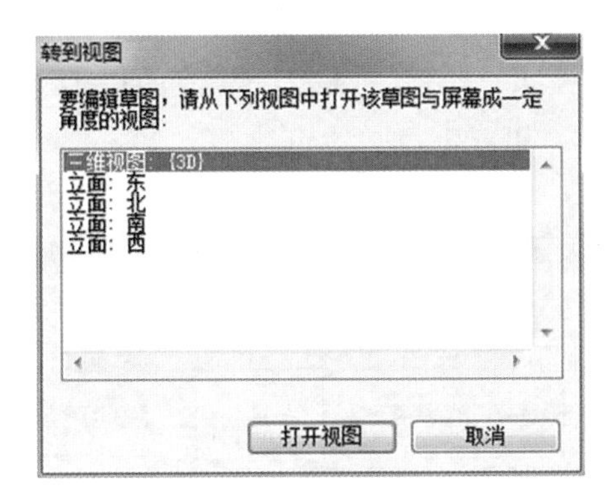

图405　选择视图

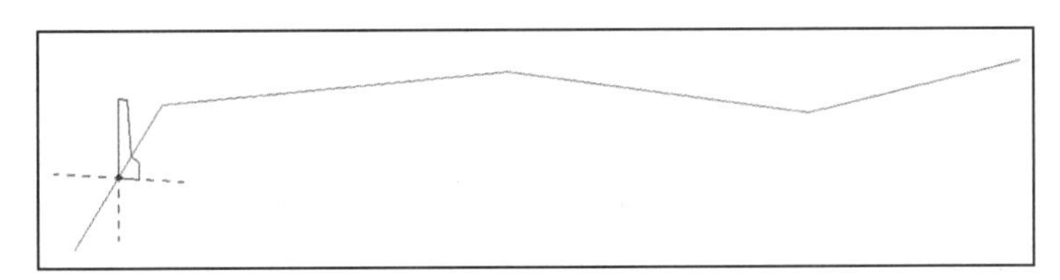

图406　绘制轮廓

109. 怎样增加梁和柱的加密箍筋？

在 Revit 梁柱等构件上放置钢筋，一般可使用 Extensions 插件，如图 407 所示。该插件可自定义钢筋参数、间距、个数等信息并生成实体钢筋。但 Extensions 不能识别所有的钢筋主体构件，如出现变截面或异形主体则有可能无法使用 Extensions 配筋，这时只能使用 Revit 自带钢筋命令，进行单独的配筋与设置。

图407　Extensions插件菜单

这里，以梁的箍筋加密配筋为例，来说明 Extensions 插件的使用方法。

先选中需要配筋的梁，在 Extensions 选项卡中点击“钢筋 > 梁”命令。在梁配筋对话框中修改分布类型，并设置 S1、S2、S3 与 L1、L2、L3 等参数信息。其中 S1 与 S3 分别表示加密区间箍筋间距，L1 与 L3 分别表示箍筋加密区域的长度，如图 408 所示。完成设置点击“确定”按钮，即可生成实体钢筋。

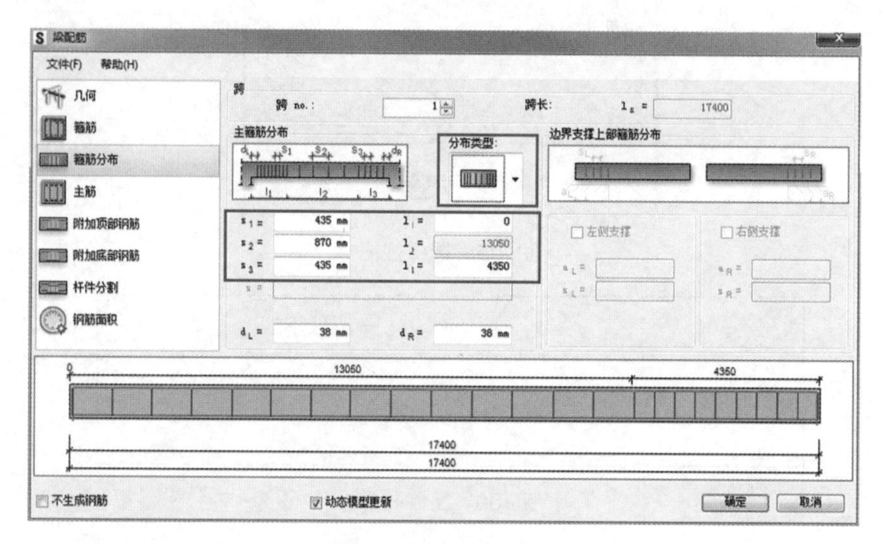

图408　梁配筋对话框

对于变截面或异形结构构件无法使用 Extensions 的插件，可直接使用 Revit 的钢筋功能进行配筋。以下以梁箍筋加密配筋为例，具体方法如下：

（1）转到梁跨向的横剖切面；

（2）用“参照平面”绘制加密箍区域，如图 409 所示；

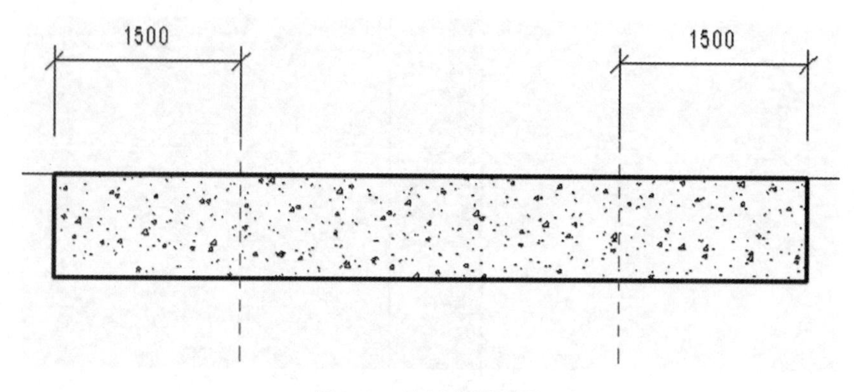

图409　绘制参照平面

（3）选择功能区“结构 > 钢筋”命令；

（4）在“钢筋形状浏览器”选择“钢筋形状 33”（箍筋）；在属性窗口选择箍筋类

别：例如箍筋直径和钢筋等级；在“布局”栏选择箍筋“间距”；在钢筋放置工作平面选择“垂直于保护层”，放置箍筋；

（5）Revit 会按梁的全长自动排布箍筋，所以需要调整，选中箍筋，拖动“钢筋造型操纵柄”至加密箍的“参照平面”，如图 410 所示；

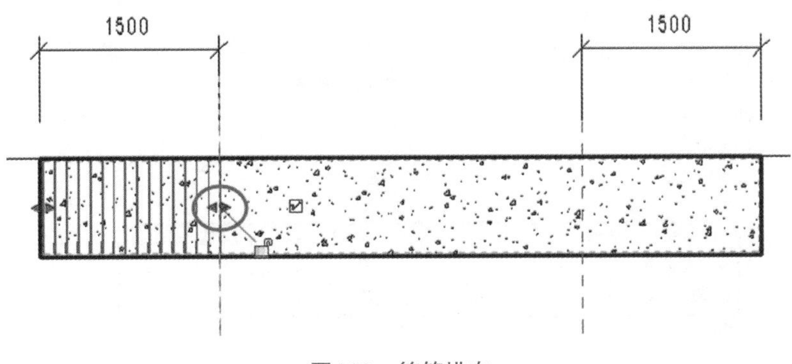

图410 箍筋排布

（6）重复（3）~（5）步骤，完成右边加密箍筋和中部非加密箍筋的布置，注意中部非加密箍筋的布置位置，避免在加密箍区域的“参照平面”位置的箍筋重叠，要拖动“钢筋造型操纵柄”分别在两端各减少一个箍筋，结果如图 411 所示。

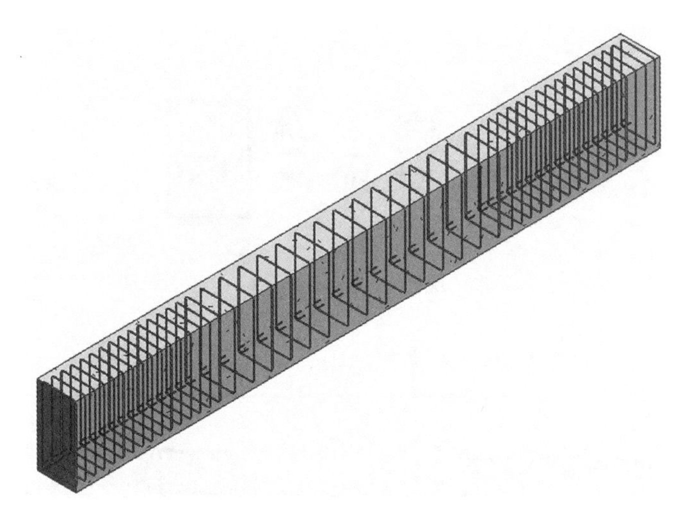

图411 梁加密箍筋

110. 如何自定义钢筋保护层厚度？

在 Revit 结构模型中，梁、板、柱、墙体、基础承台等构件都设有“钢筋保护层”的参数，其数值是可以自定义的，这里以梁为例，说明自定义的方法。

在梁的“属性”对话框中可以看到“钢筋保护层”的属性，有分为“顶面”、“底面”、“其他面”三个属性，如图 412 所示。

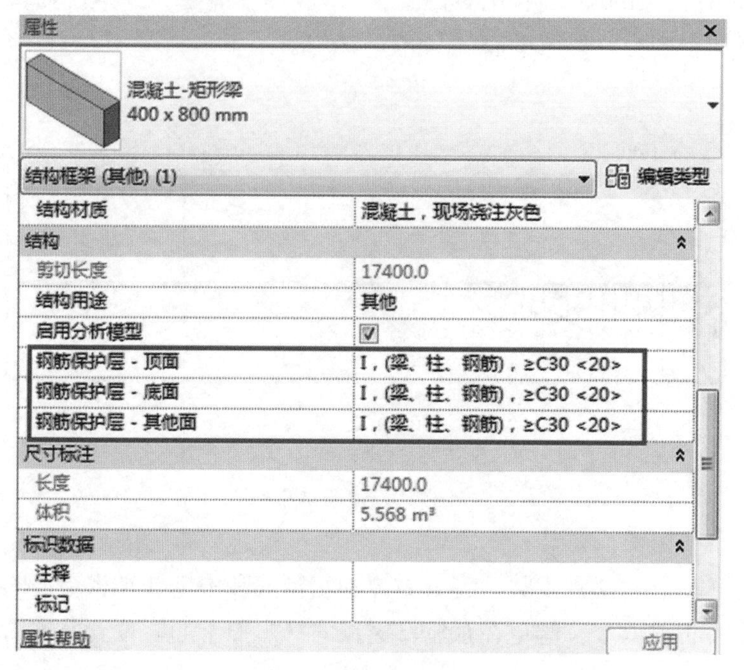

图412　钢筋保护层参数

（1）若想修改该钢筋保护层厚度值，选择“结构 > 保护层”命令，如图 413 所示。

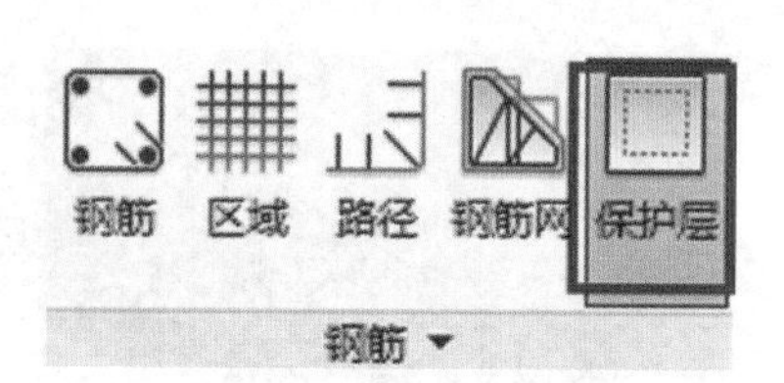

图413　保护层命令

在选项栏中点击“编辑保护层设置”按钮，如图 414 所示。

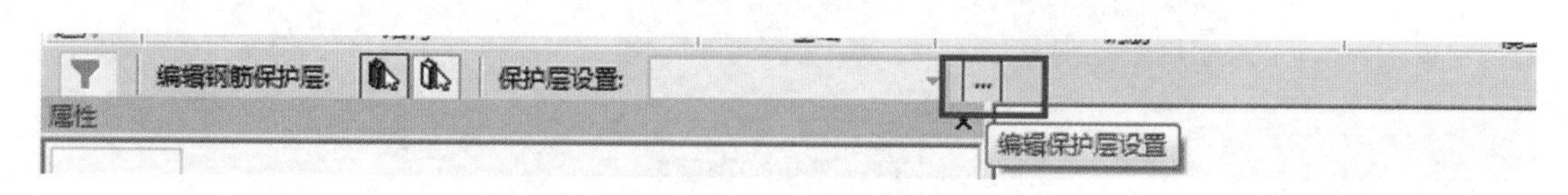

图414　保护层选项栏

（2）在“钢筋保护层设置”对话框中点击“添加”则新建出一个钢筋保护层厚度，在“说明”一栏可更改保护层名称的定义，“设置”一栏可修改保护层厚度的设置，输入相应数值即可，如图 415 所示。设置好后点击“确定”按钮。

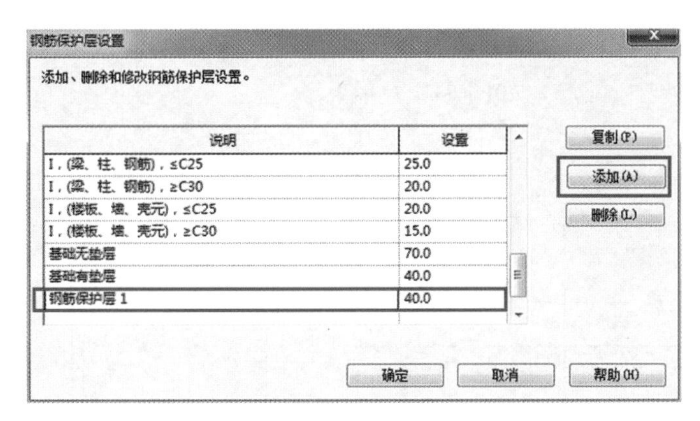

图415　钢筋保护层设置框

（3）在选项栏中，可以选择“拾取图元”或是“拾取面”，来对一个构件或是构件中的任何一个面进行单独的保护层设置，在用鼠标点选后，在“保护层设置”下拉栏中选择修改该面的厚度设置值，如图 416 所示。

图416　选择保护层

此时，我们再回到梁的属性栏中，会发现“钢筋保护层”的“顶面”、“底面”、“其他面”三个属性的下拉框中都增加了刚刚新添加的新保护层，在这也同样可以选择修改。

111. 为什么当前视图创建不了钢筋？

在 Revit 中对结构构件进行配筋时，需要注意当前视图是否可以看见构件内部，因为结构构件的表面部分都存在着钢筋保护层，而钢筋是不能够直接放置在保护层或者结构构件之外的，因此需要对结构构件创建一个剖视图，视图可直接剖切到构件内部并直接进行钢筋的创建，以图 417 的小框架为例。

图417　结构框架范例

(1) 当对梁进行配筋时，需绘制当前梁截面的一个剖切面视图并进入到该视图选择梁，点击钢筋命令进行配筋，如图 418 所示。

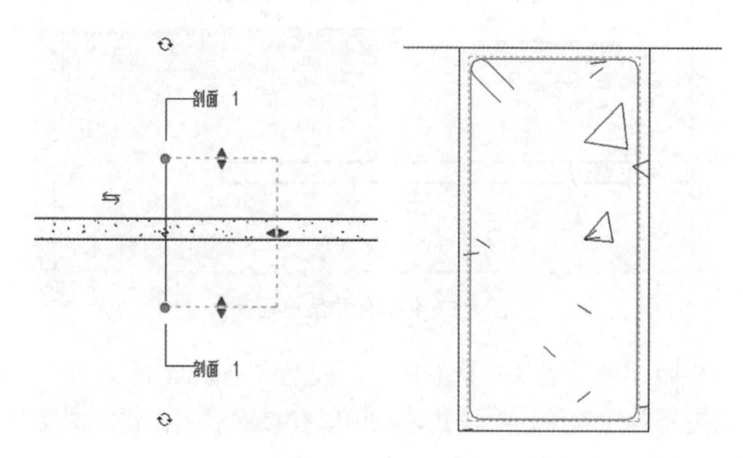

图418　梁配筋剖面

(2) 当对楼板进行配筋时，可以选择楼板，并使用“区域钢筋”命令配筋，注意，设置顶部与底部的钢筋做法以及主筋与分布筋的样式，如图 419 所示。

图419　区域钢筋命令

(3) 当对柱子配筋时，只需考虑当前柱子的平面视图中视图范围的定义，当该视图中的视图范围剖切到柱子，就可在平面视图中配筋，如图 420 所示。

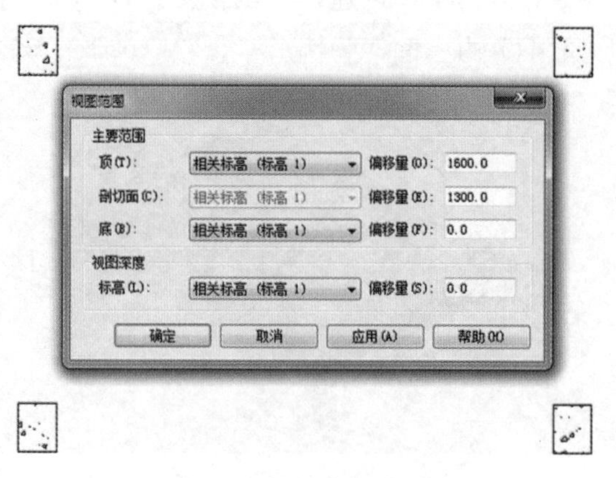

图420　视图范围设置

112. 如何进行国标钢筋符号的标注?

在进行结构施工图出图的时候经常会发现国标的钢筋注释符号，如 $、%、&、# 等在 Revit 中无法正常显示并标注出。这时，就需要设置字体文件来实现。

首先，确保“Revit.ttf”字体已放置在 windows\fonts 文件夹下。然后打开 Revit 软件，为需要标注的结构构件添加标记，我们将梁的钢筋标注都输入到其“标记”参数栏中，用键盘输入“$、%、&、#”(即对应于钢筋注释符号 $、%、&、#)，即可得到如图 421 所示的标记。

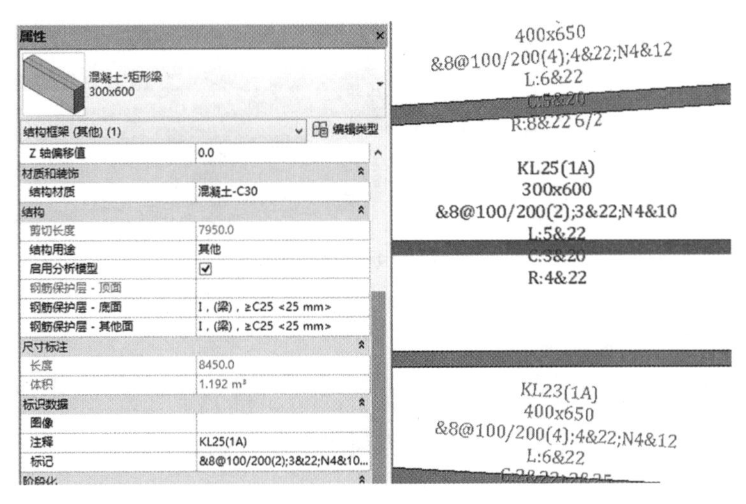

图421　显示不正确的钢筋标注

这时，视图中的标记还没有显示正确的钢筋注释符号。接下来，选中梁标记，点击功能区“编辑族”命令，进入标记族编辑界面，选中当前标签，在其“类型属性”对话框中“文字字体”选项下拉栏中选择“Revit”字体(如图 422 所示)。确定后将族重新载入到项目中。

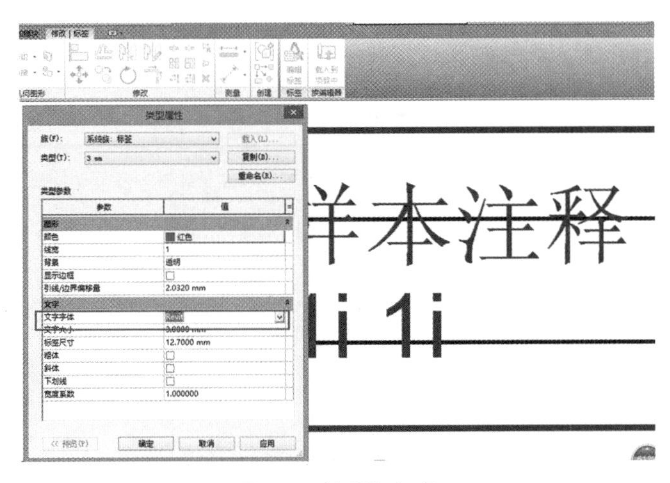

图422　编辑标记族

现在，项目视图中梁的标记都会显示为正确的钢筋注释符号了，如图 423 所示。

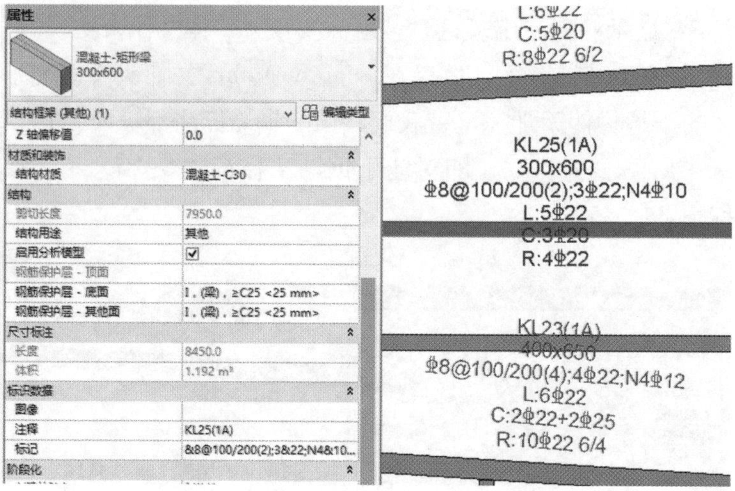

图423　显示正确的钢筋标注

113. 如何创建异形钢筋？

放置 Revit 的钢筋时，是基于一个平面进行的，对于一些不在同一个平面的钢筋，如图 430 所示，其钢筋在多个平面上，需要利用钢筋绘制工具中的“多平面”功能，具体方法如下。

首先绘制其中一个平面的钢筋，方式与单平面钢筋一样，先创建一个剖面，然后在剖面上绘制钢筋：

（1）选择功能区“结构 > 钢筋”命令，在“属性”窗口选择钢筋类型，如图 424 所示；

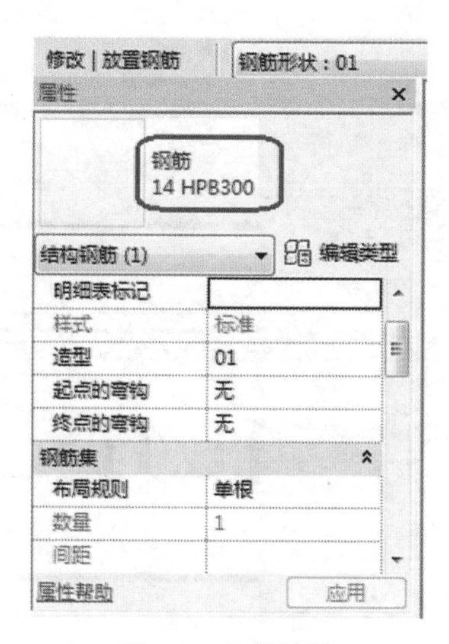

图424　钢筋属性

（2）点击“修改 > 绘制钢筋”命令，选择要绘制钢筋的结构构件；

（3）为能显示实体钢筋，可修改钢筋“属性”窗口的“视图可见性状态”选项，如见图 425 所示；

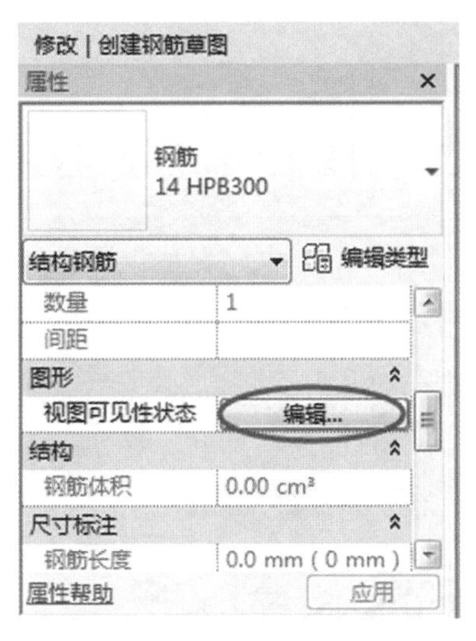

图425　钢筋的“视图可见性状态”

（4）钩选要显示钢筋的视图和查看方式，如图 426 所示。由于显示实体钢筋需要消耗电脑的资源，所以 Revit 默认状态下是不显示实体钢筋的，而是用单线显示钢筋；

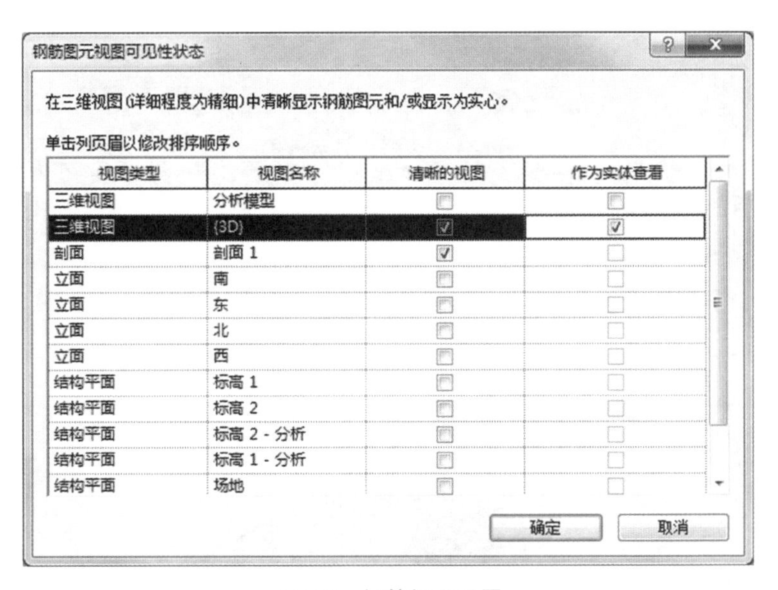

图426　钢筋视图设置

（5）在“修改”状态，用“直线”等绘图工具绘制当前平面的钢筋。

完成了当前平面的钢筋绘制后，为了方便绘制另外一个平面的钢筋，可把视图切换到三维显示状态，然后绘制另外一个平面上的钢筋。

（1）点击“多平面”钢筋工具，出现三个复选框可供进一步编辑多平面钢筋形状。将光标悬停在每个复选框可查看，钩选需要的复选框，如图 427 所示；

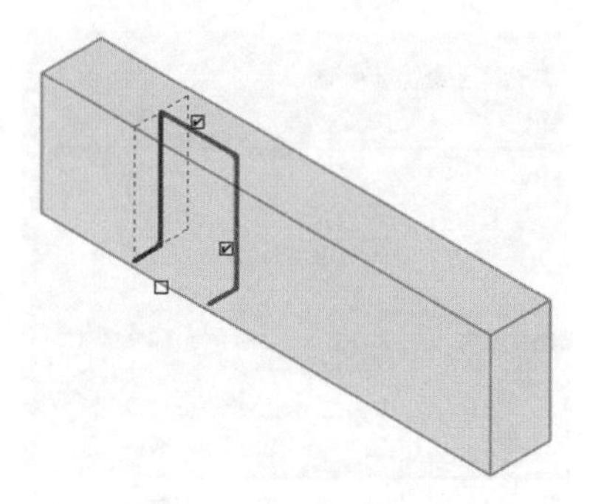

图427　多平面钢筋编辑

（2）点击“✔”符号，完成钢筋绘制，如图 428 所示；

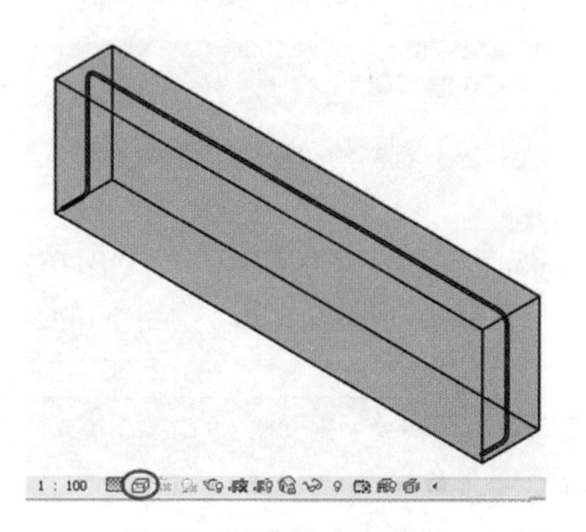

图428　“线框”显示模式

（3）完成后的钢筋会自动定位到“限制条件”的位置，当然你还可以调整其位置。选择要修改的钢筋（可利用“Tab”键循环切换选择）；

（4）点击“钢筋造型操纵柄”对钢筋的位置和形状进行调整，如图 429 所示；

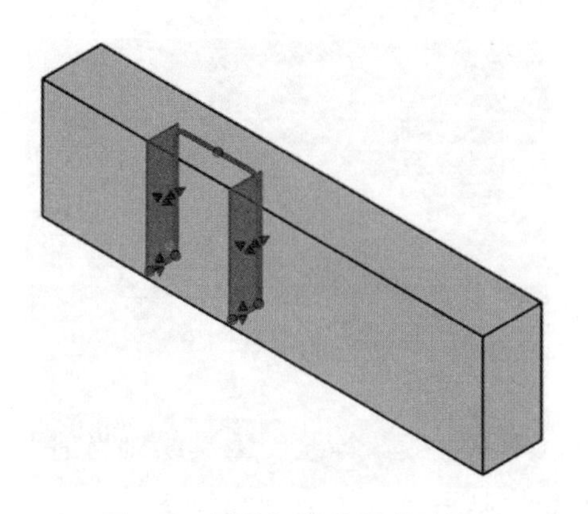

图429　调整钢筋位置或形状

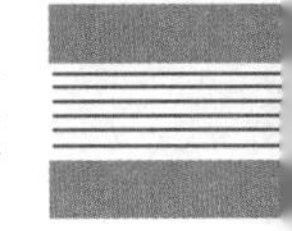

（5）最终完成的异形钢筋如图 430 所示。

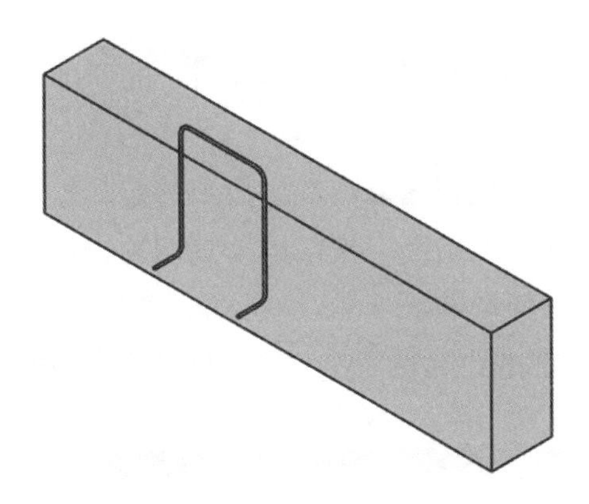

图430　完成的异形钢筋

114. 如何在三维视图中显示真实钢筋？

默认情况下，三维实体模型中的钢筋包含在主体结构构件里，在隐藏线视图中，它们则被主体所遮挡。你可以通过修改钢筋的“视图可见性状态”来改变钢筋的显示方式。

（1）修改钢筋可见性：

1）选择要使其可见的所有钢筋实例和钢筋集。要选择多个实例，请在按住 Ctrl 键同时进行选择。

2）在“属性”选项板中，单击“视图可见性状态”对应的“编辑”按钮。

3）在“钢筋图元视图可见性状态”对话框中，钩选要使钢筋可在其中清晰查看的视图，如图 431 所示。

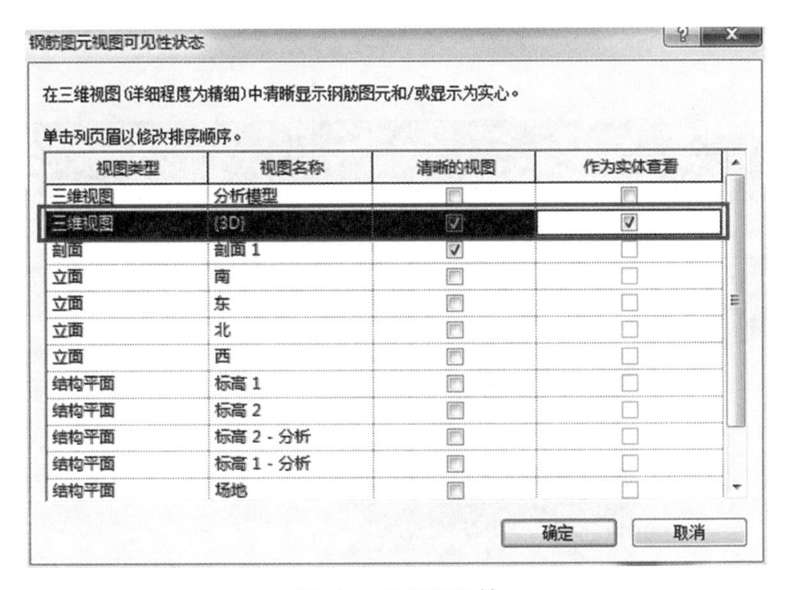

图431　图元可见性

4）钩选要在其中将钢筋作为实体显示的三维视图，由于 Revit 显示实体钢筋要消耗大量的电脑资源，除非有必要，否则建议不要钩选该选项。

(2) 钢筋的“清晰的视图”和“作为实体查看”的详细说明如下。

1）清晰的视图。

无论采用何种视觉样式，该视图参数都会显示选定的钢筋。钢筋不会被其他图元遮挡，而是显示在所有遮挡图元的前面。被剖切面剖切的钢筋图元始终可见。该设置对这些钢筋实例的可见性没有任何影响。

禁用该参数，以在除“线框”外的所有“视觉样式”视图中隐藏钢筋，如图 432 所示。

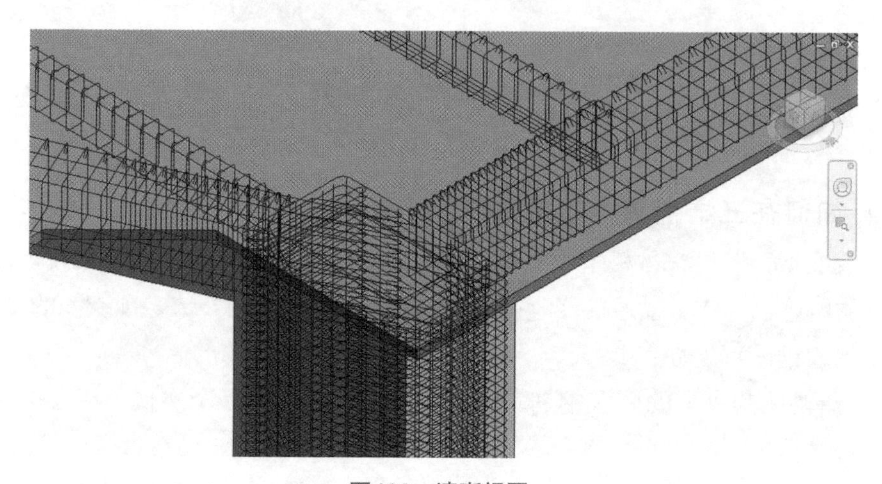

图432　清晰视图

2）作为实体查看。

在将视图的详细程度设置为精细时，该参数将在其实际体积表示符号中显示钢筋。该视图参数仅适用于三维视图，如图 433 所示。

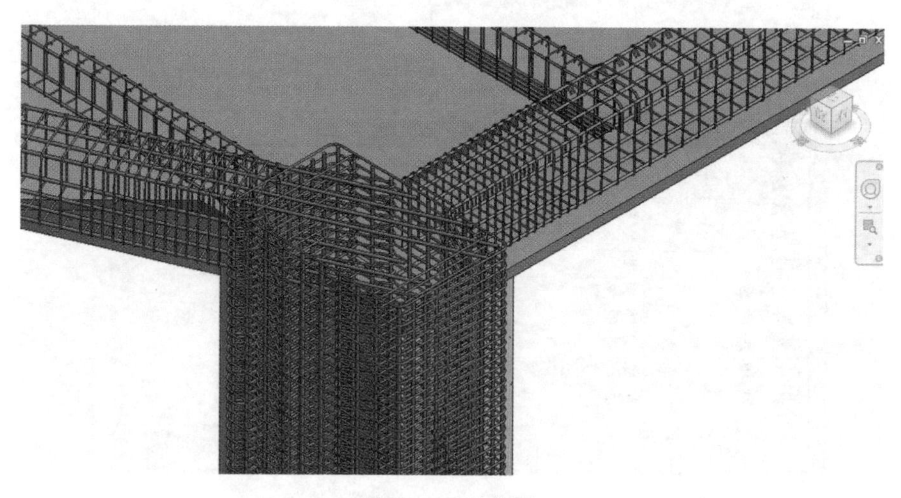

图433　实体视图

115. 如何把剪力墙在平面视图中涂黑?

国内施工图习惯一般在平面图中将剪力墙涂黑表示，在 Revit 中，有两种解决办法，一是利用墙体的显示属性，另一种是通过设置过滤器显示。

(1) 设置墙体的显示属性。

Revit 中的墙体在其类型属性中都有一个“粗略比例填充”的属性，一般用于视图详细程度在粗略模式下图形的填充样式和颜色。此设置和墙体实际的材质无关，只是一种显示样式。所以，可在剪力墙的类型属性栏中，将“粗略比例填充样式”改为实体填充，“粗略比例填充颜色”改为黑色，如图 434 所示。

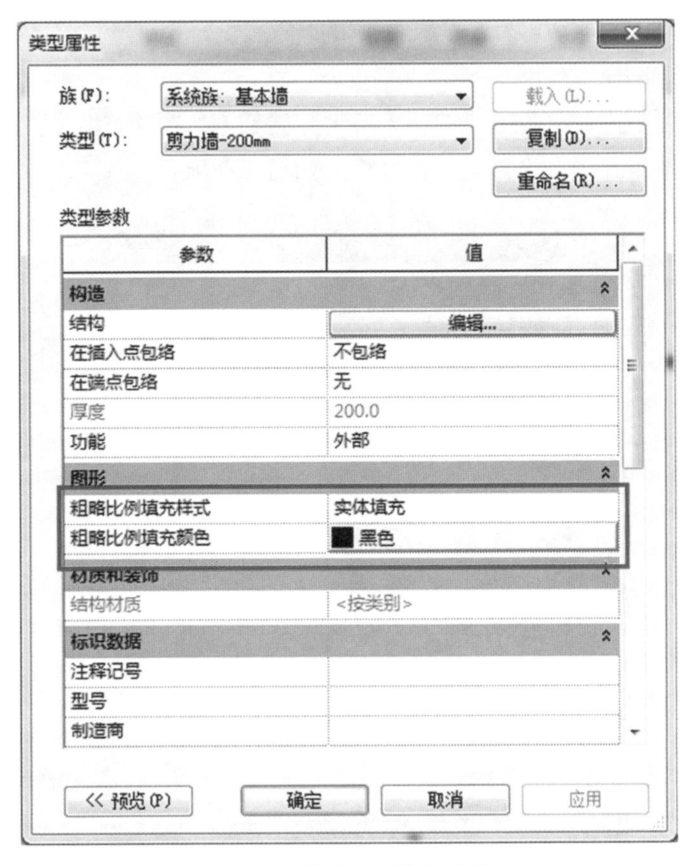

图434　粗略比例填充设置

需要注意的是，该显示只在视图详细程度为粗略模式时适用，当模式改为中等或精细时，就不显示了。

(2) 过滤器显示。

1) 打开当前视图的“可见性 / 图形替换”对话框，在过滤器设置栏中点击“添加”按钮，如图 435 所示。

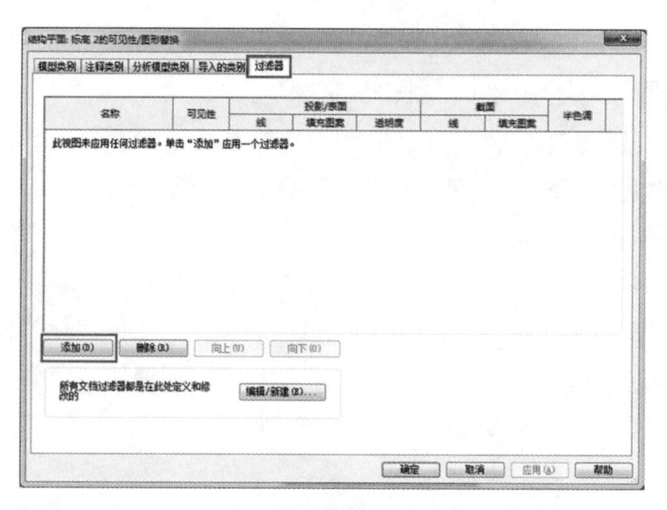
图435 过滤器设置窗口

2）在弹出对话框中，点击“编辑 / 新建”按钮（如图 436），进入“过滤器”对话框中，点击新建按钮并命名名称为：剪力墙，如图 437 所示。

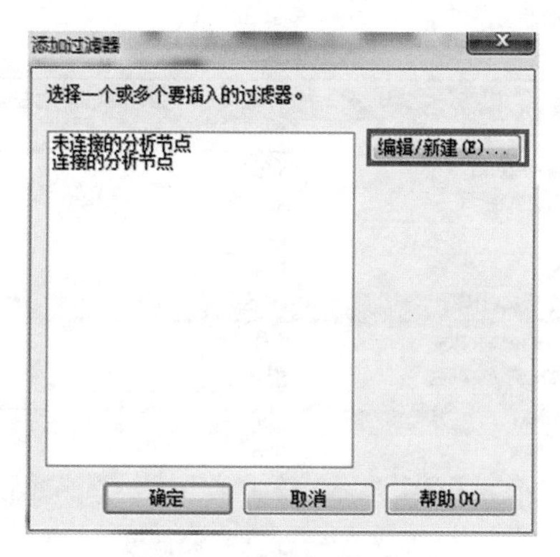

图436 添加过滤器窗口

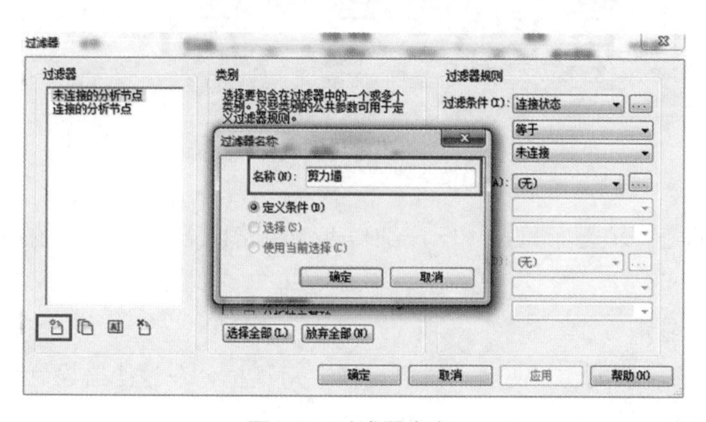

图437 过滤器命名

3）在过滤器构件类别中钩选上“墙”，并在“过滤条件”中设置“类型名称”，条件定义为“包含”，信息内容输入“剪力墙”，如图 438 所示。点击“确定”按钮，完成设置。

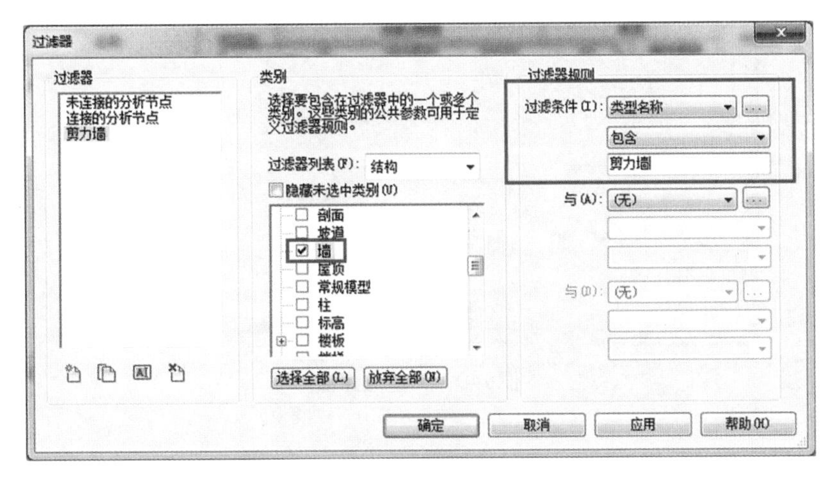

图438　过滤器条件设置

4）在“添加过滤器”对话框中已新增了一个我们刚刚新建的“剪力墙”过滤器（如图 439 所示），点击“确定”后，“剪力墙”就添加在可见性的过滤器一栏中了。

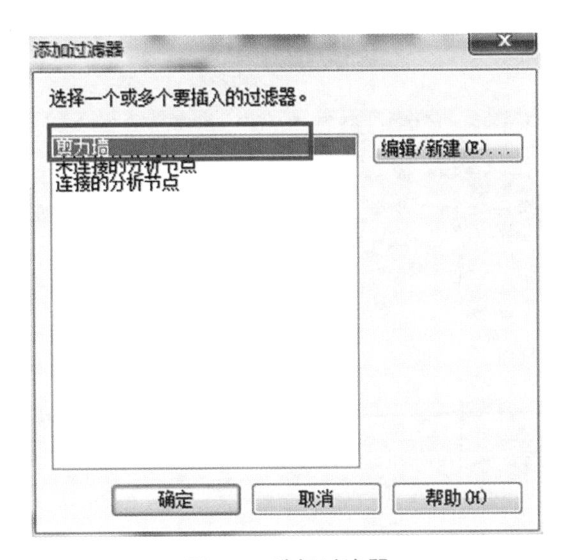

图439　选择过滤器

5）在如图 440 所示的对话框中，设置剪力墙的可见性与填充图案，可见性一项需打钩，否则，在视图中类型名称包含剪力墙字段的墙体将被隐藏，同时，填充图案一项设置为黑色实体填充样式。最后点击“确定”按钮，即可完成设置。

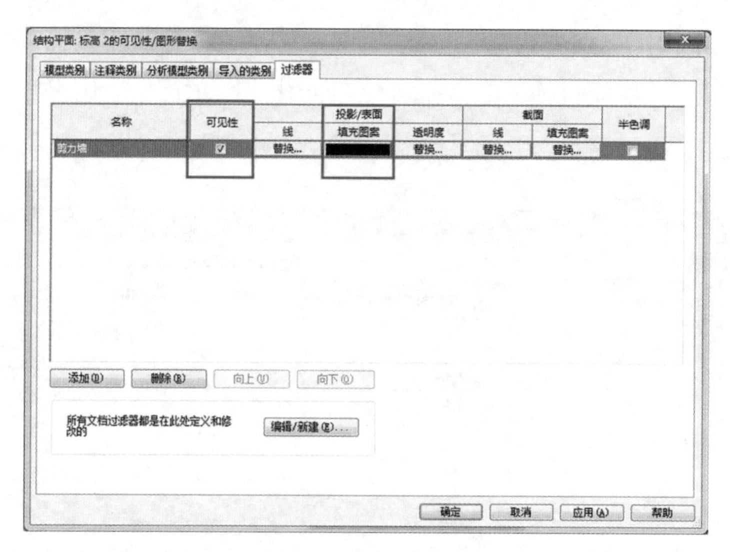

图440　钩选过滤器

116. 如何统计规划建设用地面积?

在 Revit 中，项目的规划建设用地面积可以通过创建的建筑红线来自动统计。方法如下：

（1）选择功能区“体量和场地 > 建筑红线”命令，可以通过“表格输入距离和方向”和“草图绘制”两种方式来创建，基于草图绘制的建筑红线可以转换为基于表格的建筑红线，但不能进行反向操作。创建的建筑红线如图 441 所示。

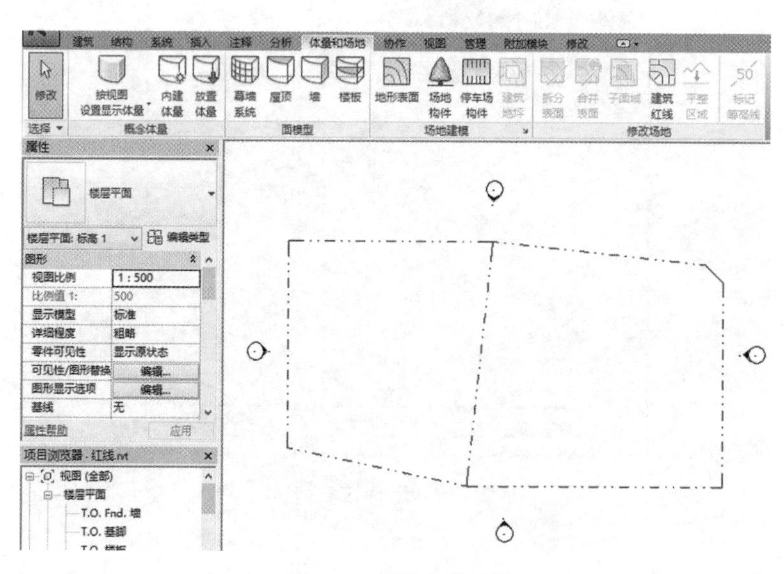

图441　绘制建筑红线

注意：要绘制多条建筑红线，需分别绘制，每条红线都必须封闭。

（2）选择功能区“视图 > 明细表 > 明细表 / 数量”命令，在类别列表中选择“场地 > 建筑红线”，点击“确定”后进入如图 442“明细表属性”对话框，在左侧列表中选择“名称”和“面积”参数，添加后得到如图 443 所示的明细表。

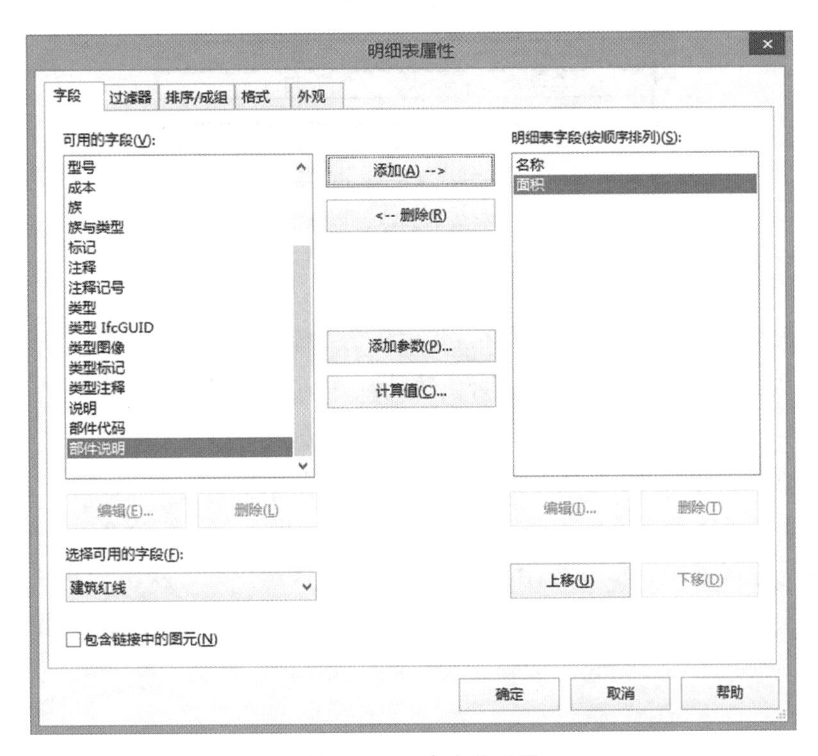

图442　明细表字段设置

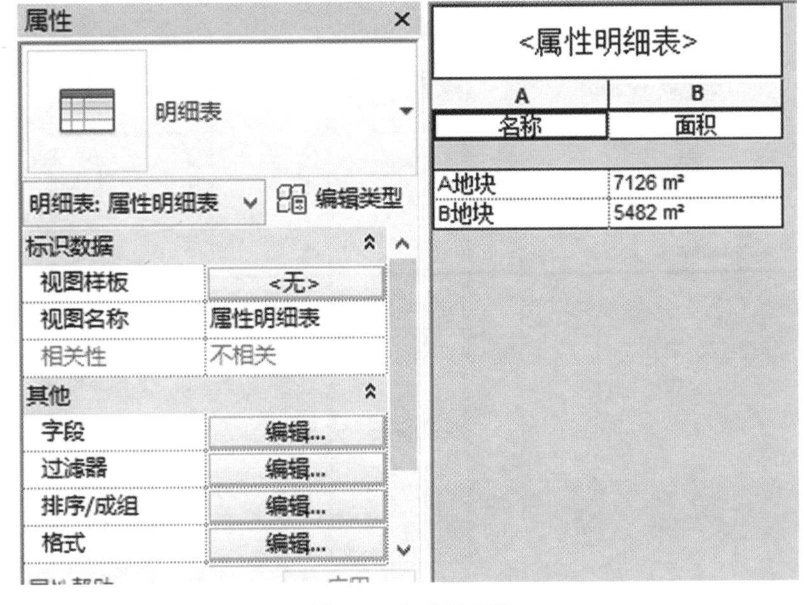

图443　生成明细表

（3）点击表格标题，修改为“规划建设用地面积表”，并可点击属性栏中的格式或是功能区的图标，调整表格的格式。最终可得到如图 444 所示的表格。

<规划建设用地面积表>	
A	B
名称	面积
A地块	7126 m²
B地块	5482 m²

图444　完成规划建设用地面积表

117. 怎么统计建筑面积？怎么统计防火分区面积？

Revit 建筑面积统计及防火分区面积统计都是通过“面积平面”功能来分层实现，最后通过列表汇总。它不像“房间”可以自动查找边界，需手动拾取或手动绘制。下面以广东省建筑设计研究院设计的华润小径湾会所项目为例说明操作过程。

如图 445 所示，默认模板的浏览器里中已有“面积平面”的分类，且分为“总建筑面积”、“防火分区面积”等几个小类，每个小类按楼层排列，双击打开“总建筑面积”里的目标楼层。如果没有所需楼层，则可以从功能区“建筑 > 面积 > 面积平面”命令新建，如图 446 所示。新建时会弹出提示问“是 / 否”自动关联外墙，可以选“是”，再观察自动关联是否正确完整。

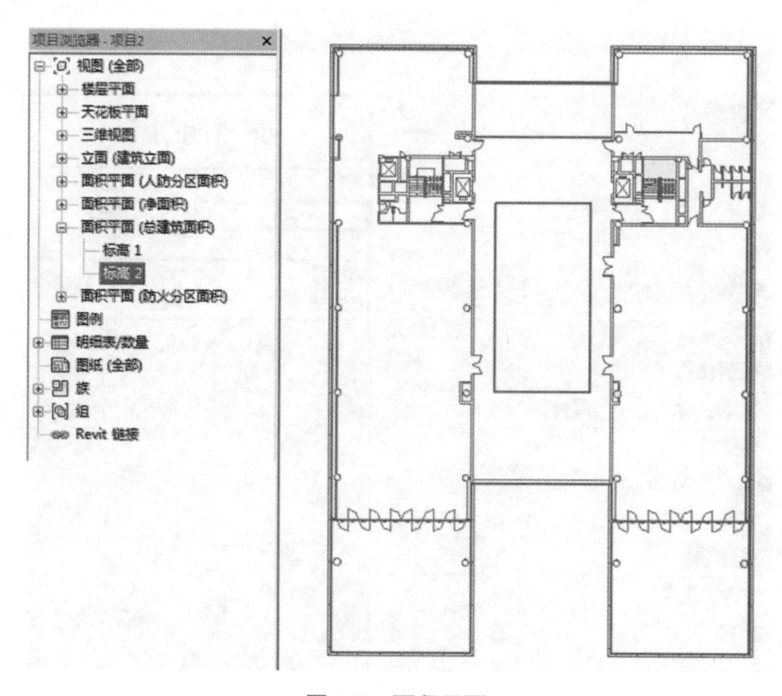

图445　面积平面

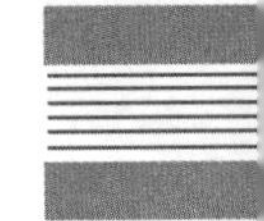

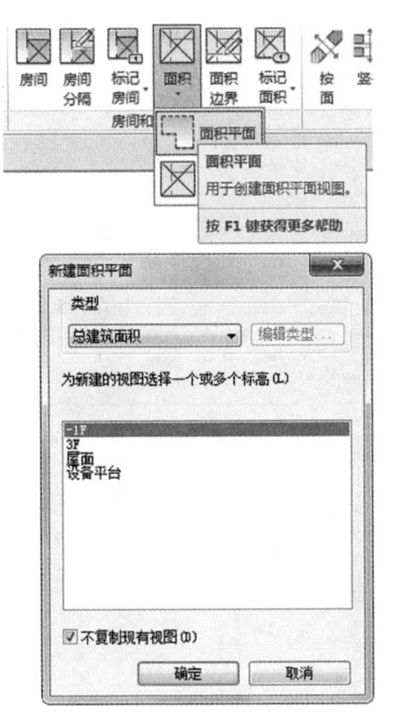

图446 新建面积平面

打开面积平面后，会发现跟普通的新建平面没有什么区别。为了方便看清楚边界，需先整理图面，将无关的构件类别隐藏，其余的模型类别全部设为“半色调”，“线”类别除外，因为下一步的面积边界线就属于“线”类别。

点击“建筑”>“面积边界”命令，默认为“拾取”工具，拾取该楼层的外围墙体，可按 Tab 键选择墙链，如图 447 所示。本例平面中间还有一个中庭，不算面积，因此拾取边界时要把中庭边缘也拾取上。如果有不围闭的墙体，可以手动绘制边界线。

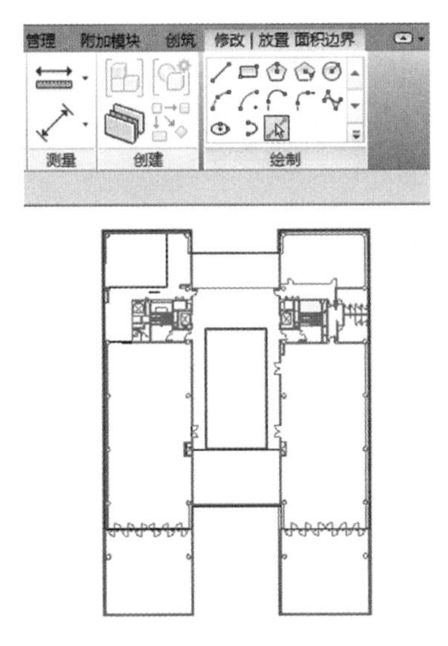

图447 拾取墙体生成面积边界

边界绘制完成后，执行“建筑 > 面积 > ⊠面积”命令，点击面积边界内部，如果边界围合或基本围合（这里支持一定的容差），即生成一个面积，并添加面积标记，如图 448 所示。如果边界不闭合，会弹出提示。

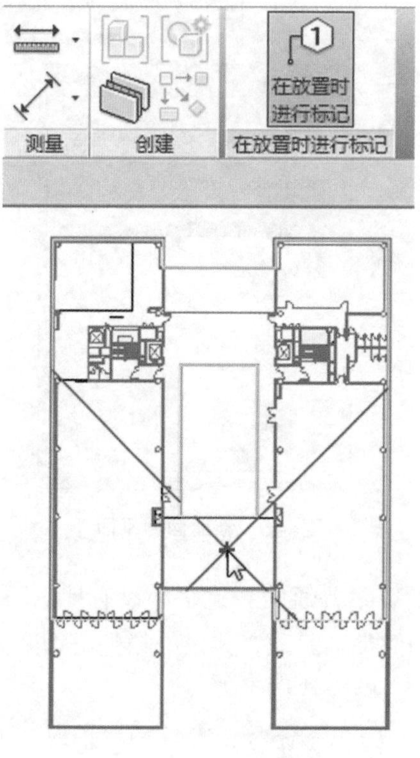

图448　放置面积并标记

该层面积已绘制完成，为了更清晰地显示边界，Revit 提供了“颜色方案”功能。在视图属性栏里点击“颜色方案”按钮，默认已提供了跟“总建筑面积”类别相匹配的颜色方案，可设定填充的颜色，如图 449 所示，确定后，平面用颜色填充显示出面积边界。

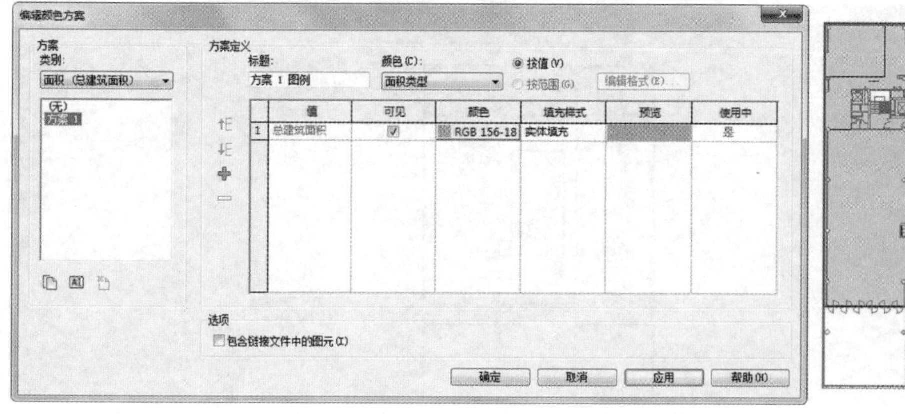

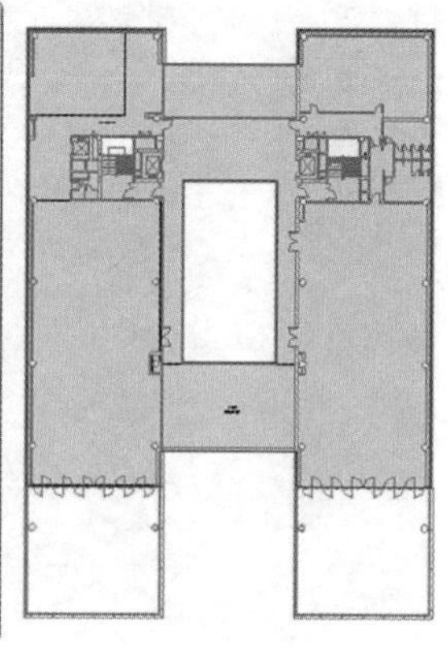

图449　颜色方案

其他楼层按此流程依次创建面积，最后用明细表功能对建筑面积进行列表统计，如图 450 所示。

A_总建筑面积明细表	
标高	面积（平方米）
-1F	1629
1F	2382
2F	2360
3F	2288
总计：6	8660

图450　列表统计建筑面积

注意，Revit 没有对阳台等特殊部位的面积计算作调整，因此需另想办法。下面提供一个思路：添加一个“面积折算系数”的共享参数，赋予“面积”类别，在列表时加入这个参数，并根据面积的名称填写该参数（如“阳台”设为 0.5，其他设为 1），再在列表中添加一个计算值“实际面积 = 面积折算系数 × 面积”，这样就得出实际的建筑面积了，如图 451、图 452 所示。

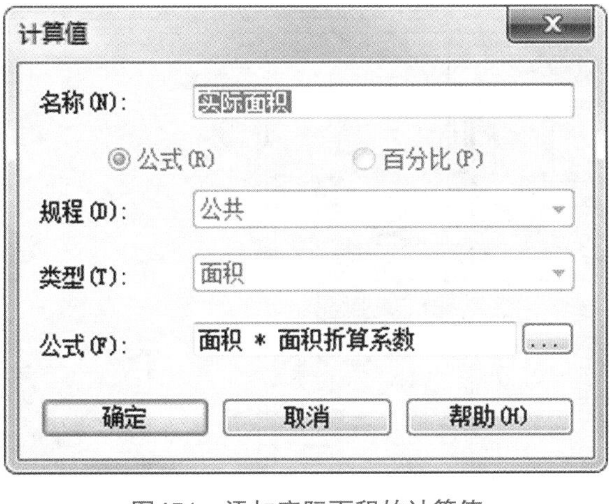

计算值
名称(N)：实际面积
公式(R)　百分比(P)
规程(D)：公共
类型(T)：面积
公式(F)：面积 * 面积折算系数
确定　取消　帮助(H)

图451　添加实际面积的计算值

A_总建筑面积明细表				
名称	标高	面积（平方米）	面积折算系数	实际面积
面积	-1F	1629	1	1629.48
面积	1F	2382	1	2382.10
面积	2F	1936	1	1935.93
阳台	2F	212	0.5	105.99
阳台	2F	212	0.5	106.05
面积	3F	2288	1	2288.46
总计：6		8660		8448.02

图452　统计实际建筑面积

对于防火分区、人防分区的做法，跟上面的做法类似，创建相应类别的面积平面，再拾取或绘制面积边界，放置面积、列表统计即可（不同分类的面积不会混在一起），所不同的是在平面视图的颜色方案设置里改为按编号区分颜色，此视图可以缩小比例，放在建筑平面图旁边作为示意，如图 453、图 454 所示，实际出图时可将实体填充改为图案填充。

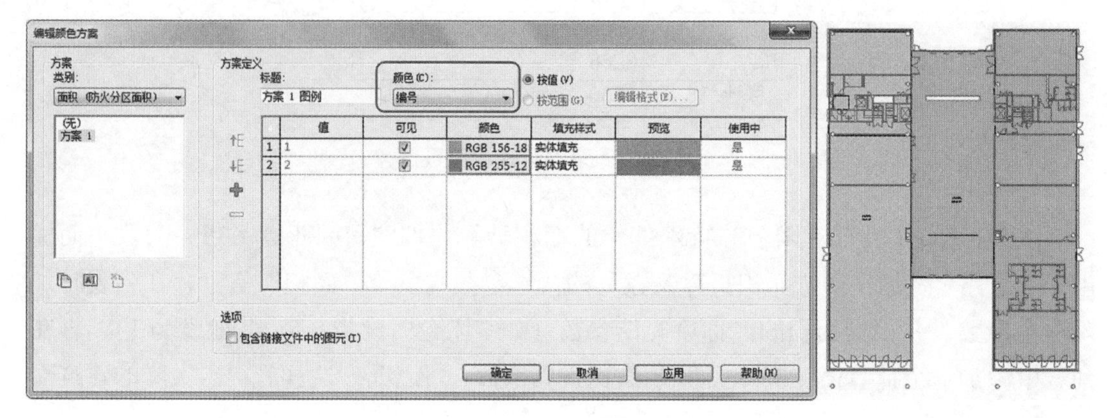

图453　防火分区颜色方案

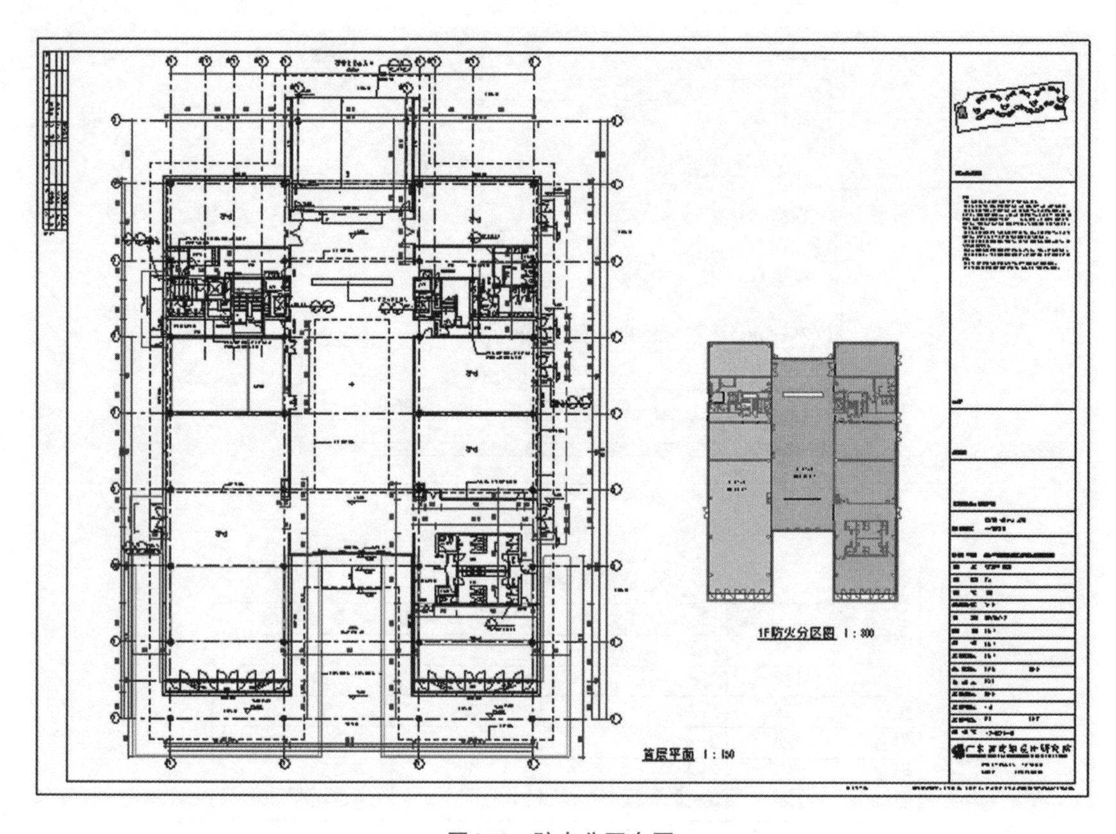

图454　防火分区布图

由于面积边界优先选用拾取，因此外墙如果有微调，面积边界会自动锁定修改，但如果外墙位置有较大变更，或者删除、新建外墙，面积边界将无法保持锁定，需手动重新拾取或绘制。

118. 如何在明细表中显示出门窗面积?

Revit 明细表不能直接统计出门窗面积，但可以通过添加“计算值”的方式来处理。本例以门明细表为例，具体步骤如下：

（1）选择功能区“视图 > 明细表”命令，在“新建明细表”窗口，从“类别”下拉栏中选择“门”，如图 455 所示。

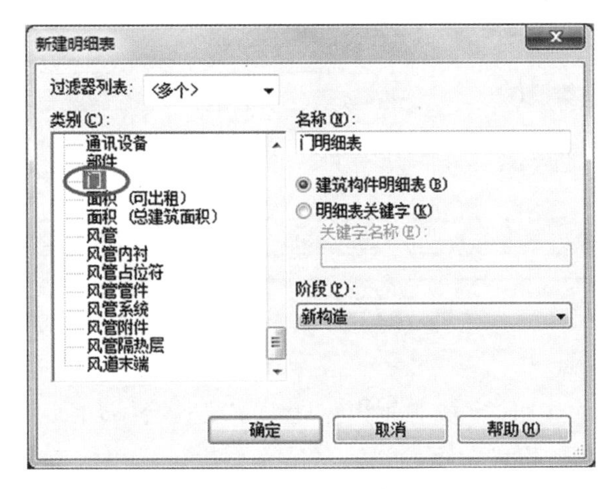

图455 新建门类别

（2）在“门明细表”可用的字段中添加所需字段，其中必须包含“高度”和“宽度”这两个字段，如图 456 所示。

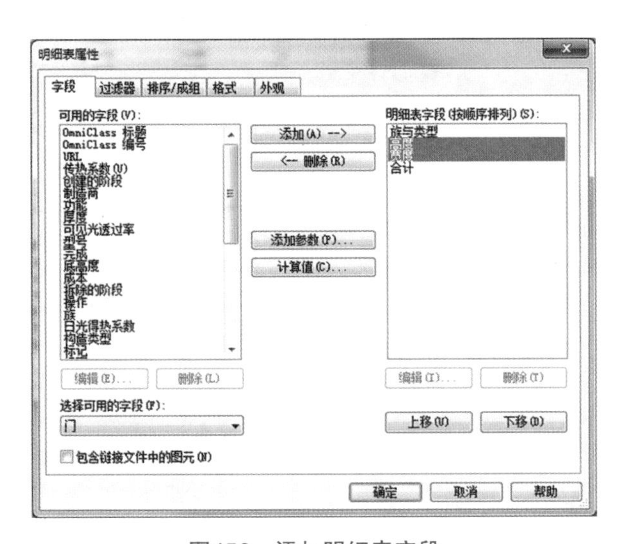

图456 添加明细表字段

（3）由于可用字段没有面积可选，但可以添加“计算值”来实现面积的计算。单击“计算值”按钮，出现“计算值”窗口，在“名称”栏输入“面积”，“类型”栏选择“面积”，在“公式”栏把“高度”和“宽度”与“面积”进行关联，输入“高度 × 宽度”即可。“高度”和“宽度”这两个字段可以在公式这一行后面的“...”按钮中添加，如图 457 所示。

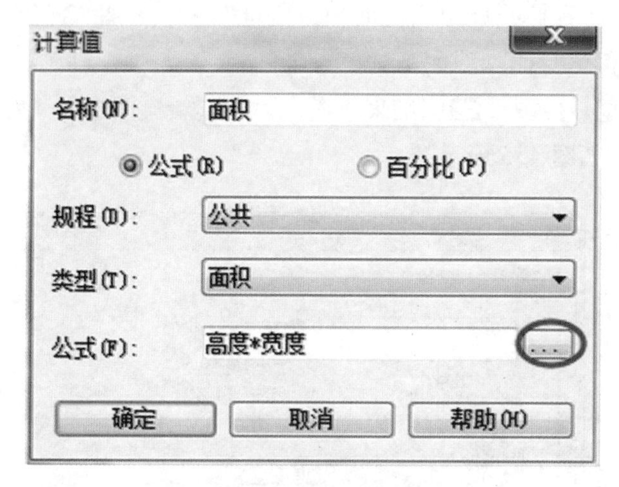

图457　添加计算值

（4）单击“确定”按钮之后，“面积”这一字段就会添加到明细表字段当中。如要统计总面积，可切换到“格式”页，钩选“计算总数”，如图 458 所示。

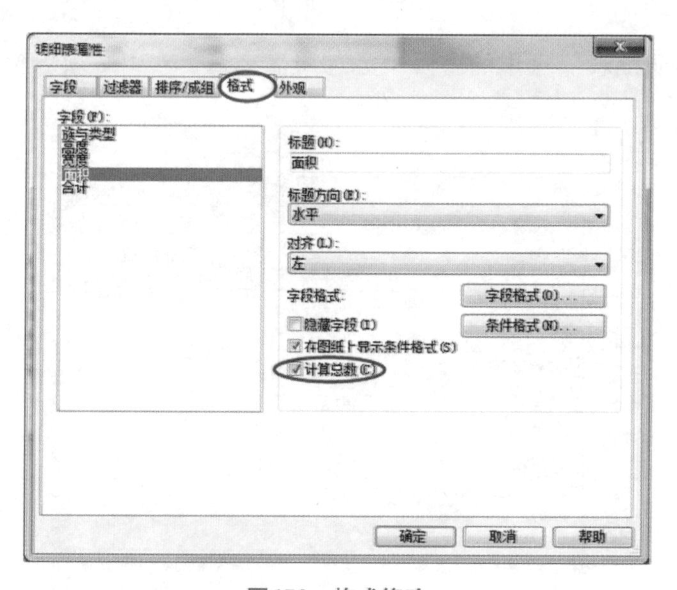

图458　格式修改

注意：“面积”不钩选计算总数时显示为该类型门（窗）单樘面积。

（5）单击“确定”按钮，即可得到包含门（窗）面积的明细表，如图 459 所示。

<门明细表>					
A	B	C	D	E	F
族与类型	高度	宽度	单扇面积	总面积	合计
双扇平开连窗玻璃门2: BM5326	2600	5300	13.78	27.56	2
双扇平开连窗玻璃门3: LM3526D	2600	3500	9.10	27.30	3
成品实木门-单扇: M0821B	2100	800	1.68	10.08	6
成品实木门-单扇: M1021	2100	1000	2.10	67.20	32
成品实木门-单扇: M1021B	2100	1000	2.10	27.30	13
成品实木门-单扇: M1026	2600	1000	2.60	36.40	14
成品实木门-单扇: M1026A	2600	1000	2.60	5.20	2
成品实木门-单扇: M1026B	2600	1000	2.60	7.80	3
成品实木门-双扇: M1521	2100	1500	3.15	34.65	11
成品实木门-双扇: M1526	2600	1500	3.90	42.90	11
木质丙级防火门-打开双扇: FM丙	1950	1000	1.95	1.95	1
木质丙级防火门-打开双扇: FM丙	1950	1200	2.34	2.34	1
木质乙级防火门-单扇: FM乙1021	2100	1000	2.10	2.10	1
木质乙级防火门-双扇: FM乙1521	2100	1500	3.15	28.35	9
木质乙级防火门-双扇: FM乙1821	2100	1800	3.78	7.56	2
木质乙级防火门-双扇玻璃: RMP	2100	1500	3.15	6.30	2
木质甲级防火门-单扇玻璃: RMP	2100	900	1.89	5.67	3
电梯门: DT1324	2400	1300	3.12	18.72	6
门洞: 门洞1000x2100	2100	1000	2.10	4.20	2

图459　含有面积的门明细表

119. Revit 默认的梁、板、柱扣减方式不符合中国算量的规则，如何处理？

在 Revit 中结构柱、梁和板搭接部分虽然会自动相互进行扣减，但其默认的扣减方式是：板扣梁，柱扣梁，板扣柱。要改变扣减方式，可以通过切换连接顺序这种方法来处理。

具体方法如下：

（1）切换至三维视图，并调整到合适操作的视角，如图 460 所示；

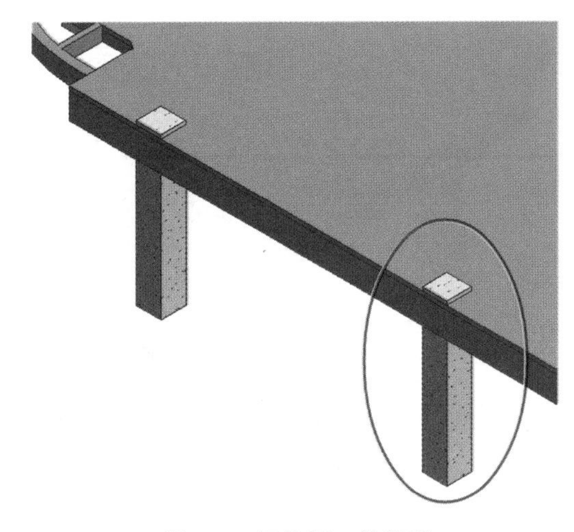

图460　切换至三维视图

（2）点击功能区“修改 > 连接 > 切换连接顺序”命令，如图 461 所示；

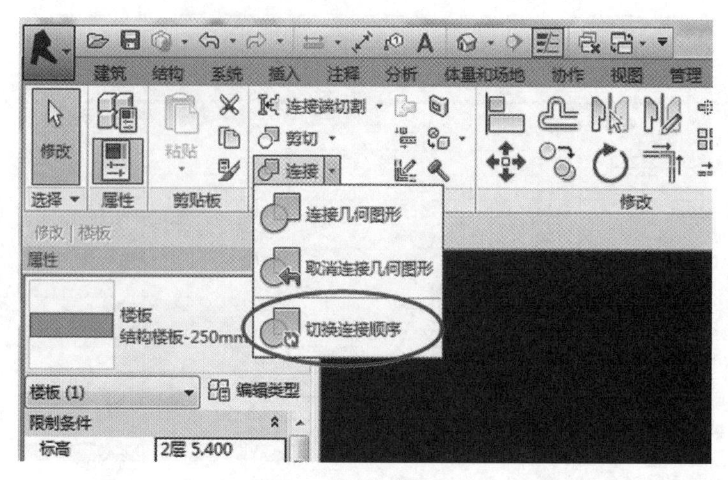

图461　切换连接顺序

（3）在选项栏中钩选“多个开关”选项，如图 462 所示；

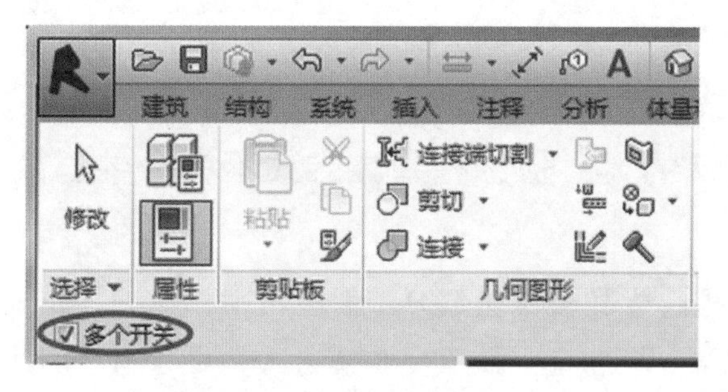

图462　打开“多个开关”

（4）点击选中结构板，然后框选所有结构柱和结构梁，此时软件会对结构柱、结构框架和结构板之间的连接关系进行重新建立，如图 463 所示。

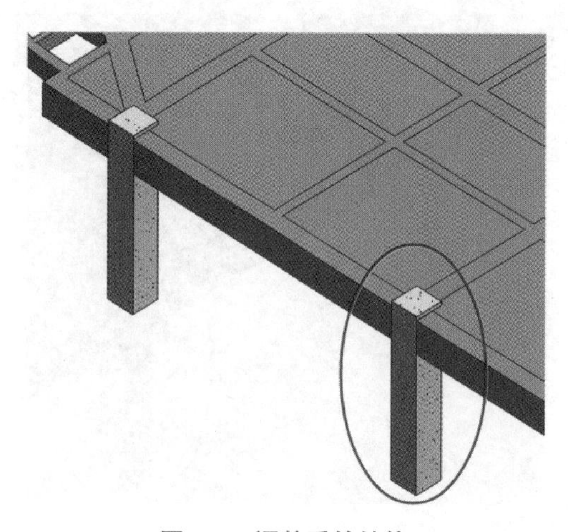

图463　调整后的结构

120. 标准层怎么做?

标准层一般通过“组”来组织模型，将一个楼层里的构件组合成一个“组”，再复制到各个楼层，以达到各楼层同步修改的目的。但做组时需注意以下要点。

（1）做好“组”的规划。

很多情况下并不适宜整层合成一个组，需做好规划。如有些建筑外立面是整体变化的设计，层与层之间不同，但里面是一致的，这种情况下，就需把外围构件（外墙、外窗、幕墙等）排除，将剩余的内部构件成组。如图 464 所示，所用案例为广东省建筑设计研究院设计的宝钢（广东）大厦项目。此案例外围构件按其规律亦可单独成组，复制至不同的楼层段。

图464　宝钢（广东）大厦项目

有些建筑并非完全的标准层，可能只是核心筒是标准的，各层的房间隔墙并不一致，那么可以仅将核心筒成组，如图 465 所示，所用案例为广东省建筑设计研究院设计的横琴保利国际广场项目。

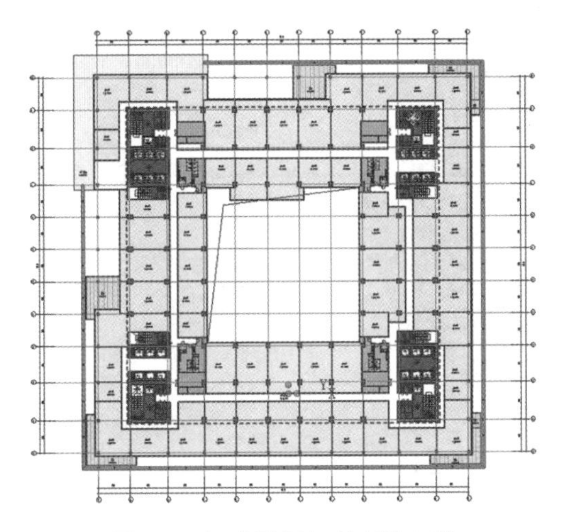

图465　标准层组仅考虑核心筒

有些建筑结构在不同的楼层段会收分（比如每上几层，结构墙柱就小一点），这种情况做组时应该把结构构件另外成组。

（2）成组时，需特别注意不要遗漏一些在平面图上没有表达的构件（如凸窗上部的空调机位等），在平面上无法选择，应该在 3D 或其他视图里连同其他构件一起选取成组，否则其余楼层会遗漏这些构件，如图 466 所示。

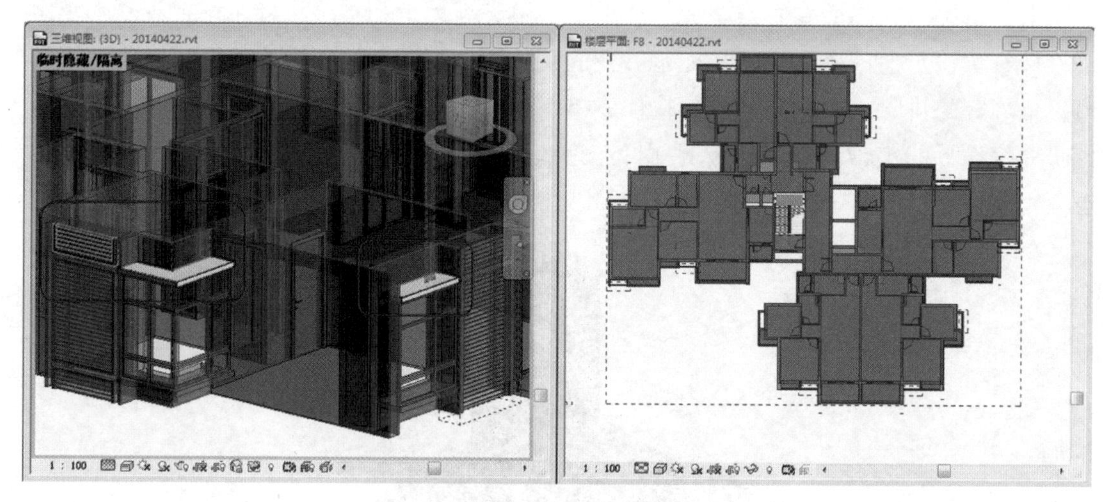

图466　在多个视图中选择构件

（3）楼梯的做法决定它是否成组。

楼梯有两种做法，一种是分楼层做，那么应该放进组里面；一种是多层楼梯（即设置了“多层顶部标高”参数的楼梯），一个楼梯即表达了多个楼层的，显然不应该放进组里，如图 467 所示。

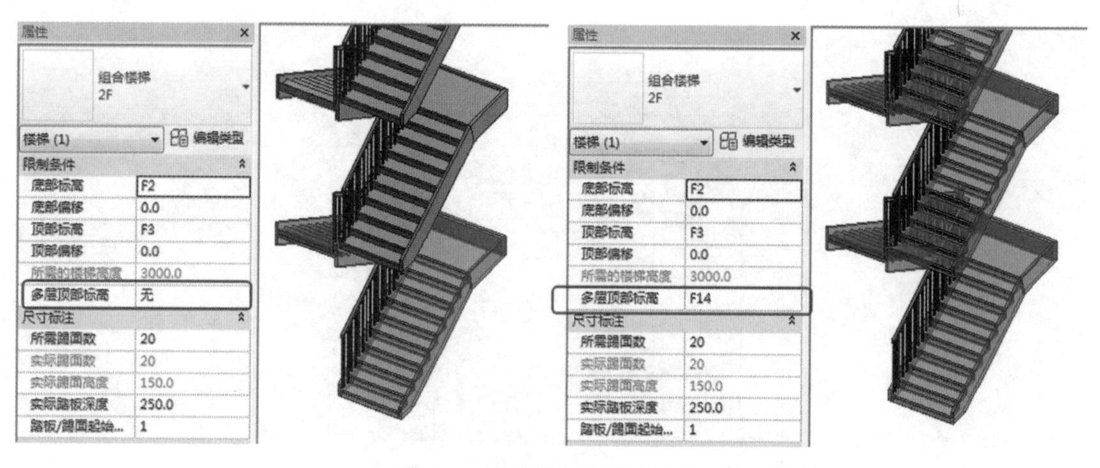

图467　楼梯的两种不同做法

（4）轴网不要放进组里，否则复制时会在同一位置出现多个不同编号的轴网，导致错乱。

（5）成组时，需注意一些有附着关系的构件，如附着到楼板的墙体、柱等，应一起选择成组，或者直接设置高度、去掉附着关系，否则复制到其他楼层时，没有附着目标，构件会回复它本身设定的尺寸，可能引起错误。

（6）成组时可以包含尺寸标注，但需注意尺寸标注如果参照了轴网，则无法添加到组里。

（7）复制组到其他楼层时，优先采用“与选定的标高对齐”方式，以确保定位精确。

（8）复制组到其他楼层时，需注意连同附着的“详图组”一起选择复制。当建立组的时候选择的对象除了模型对象也包含注释对象时，会同时生成一个“模型组”和一个有附着关系的“详图组”，如图 468 所示的房间标记、门窗标记等。如果在做标准层时只选择模型组，则复制到其他楼层时将没有相应的注释对象。

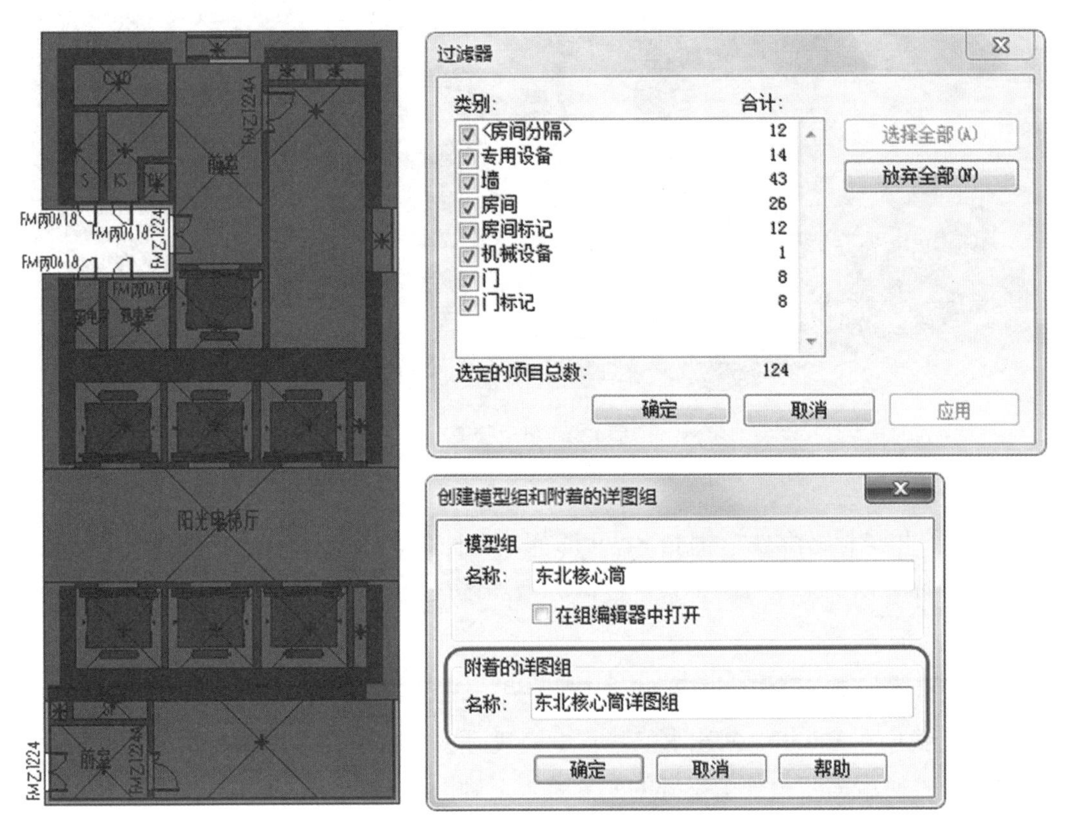

图468　模型组与附着的详图组

第三章　Revit 机电模型创建问题

121. Revit 的“管件”和“管路附件”是什么含义？

Revit 的“管件”是指创建管道时自动添加的弯头、三通、四通等。而“管路附件”是指阀门、仪表、过滤器等，如图 469 所示。

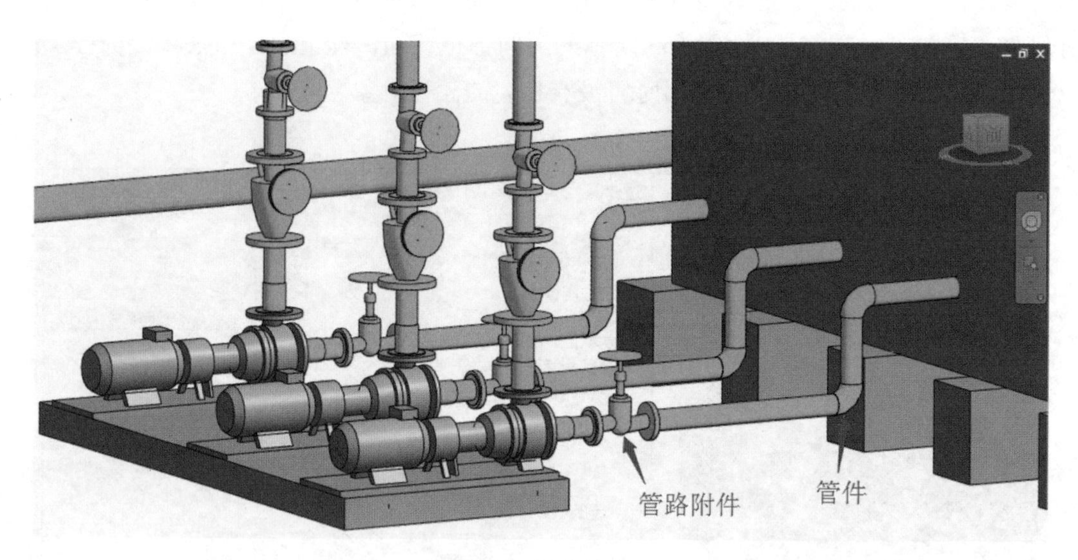

图469　机电管道

“管件”和“管路附件”都是 Revit 的族，软件默认提供了一些“管件”和“管路附件”族，你可以根据项目实际情况修改和增加这些族。

122. 创建机电管线时，无法生成弯头、三通或四通，该怎样处理？

有时，我们在 Revit 中创建水、暖、电管线时，会出现管线因为缺少管件而无法生成的情况，这时就需要检查该系统的配置是否正确。

我们以 Revit 自带的电气项目样板为例：

（1）新建一个以自带的电气样板文件“Electrical-DefaultCHSCHS.rte”为样板的项目，选择“系统 > 管道”命令，在其类型属性中的“布管系统配置”对话框中，检查发现各个配件中的选项都为无，如图 470 所示，这就表示管道系统缺少管件，所以现在在项目中是无法正确创建管道系统的。

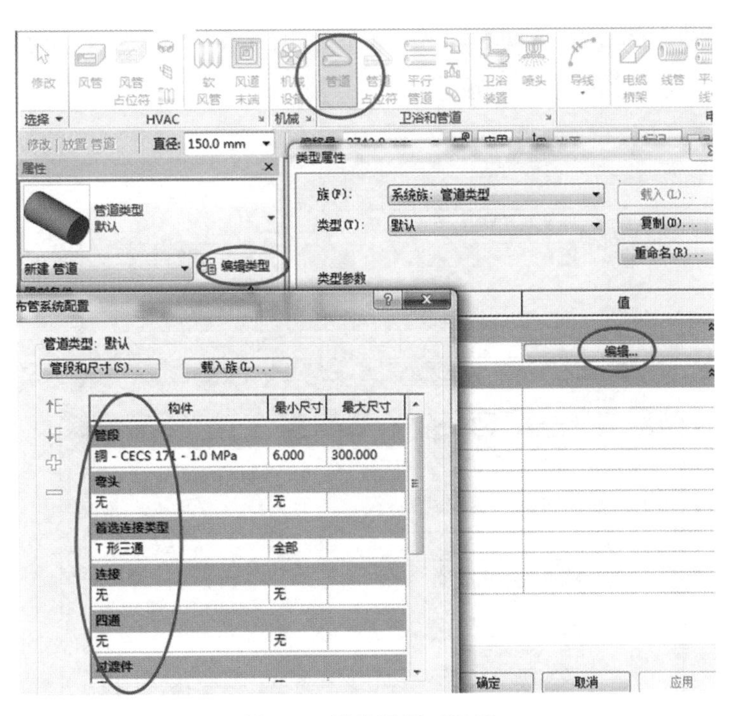

图470　管件设置对话框

(2）这时需要到族库中查找所需要的管件载入到当前的项目中，单击“插入 > 载入族”命令，在 Revit 自带的族库文件夹中选择合适的水管管件载入，如图 471 所示。

图471　水管管件族库

（3）将各类型中的管件对应选择上，再将最小尺寸的选项选择“全部”，如图 472 所示。这样，管道系统的配置就完成了。

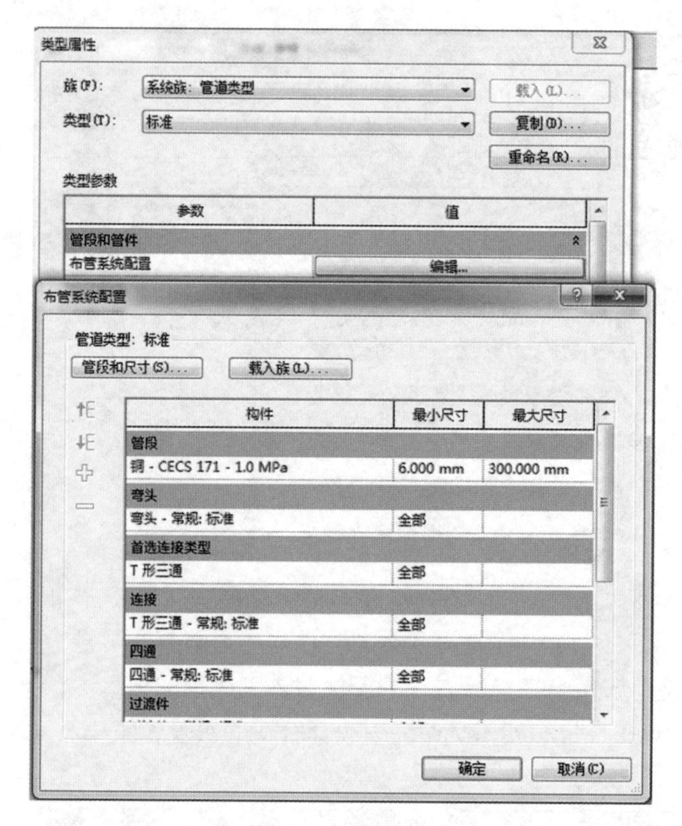

图472　配置管件

在水、暖、电专业建模时，选择合适的专业样板很重要。每个专业样板都会为本专业设置专门的系统配置、视图样板和可见性设置等。

123. 为什么管道弯头不能自动改变直径？

Revit 软件在绘制管道时，管道弯头是自动添加的，弯头的直径会根据管道的直径自动匹配，但有时会出现弯头不能自动匹配管道直径。出现这种情况通常是 Revit 找不到定义弯头直径的外部数据文件“Elbow - Generic.csv”，这时需要检查该文件是否被损坏或 Revit 的搜索该文件的路径出现错误，以致无法找到该文件。该路径存放在 Revit.ini 文件里，Revit.ini 存放的位置在“%APPDATA%\Autodesk\Revit\< 产品名称与版本 >”，打开此文件夹的方法如下：

（1）点击 Windows 的资源管理器文件夹栏；

（2）输入：%APPDATA%\Autodesk\Revit\，将显示当前你的电脑安装的所有 Revit 的版本（见图 473）；

图473 %APPDATA%\Autodesk\Revit文件夹显示的内容

（3）打开相应的 Revit 版本文件夹，即可找到 Revit.ini 文件；

（4）用 Windows 的“记事本”打开 Revit.ini；

（5）检查 Revit.ini 文件中的 LookupTableLocation 参数定义的路径（通常为 C:\ProgramData\Autodesk\RVT 2014\Lookup Tables\）与实际是否一致，并检查该文件夹里的 Elbow - Generic.csv 文件是否存在或能正常打开。

如果经过上述的修正，重新启动 Revit 就可修复该问题。其实除了上述管件弯头以外，所有 Revit 的“管件”和“管路附件”族当公称直径变化时，其他参数也随之变化，以驱动族的形状作相应的改变，这是 Revit 利用其独特的“查找表格”功能来实现的，由于这些“管件”和“管路附件”形状各异，其族参数也不尽相同，所以对应的数据文件也很多，为此，Revit 把需要进行“查找表格”时的数据文件都集中存放在 Revit.ini 文件中的 LookupTableLocation 参数指定的文件夹内。

124. 创建的管线为什么在三维视图可见，但在平面视图却看不见？

在水、暖、电建模时，常会碰到创建的管线在三维视图可见，但在平面视图中看不见的情况。比如出现如图 474 所示的警告。这时可以检查一下视图可见性和视图范围的设置。

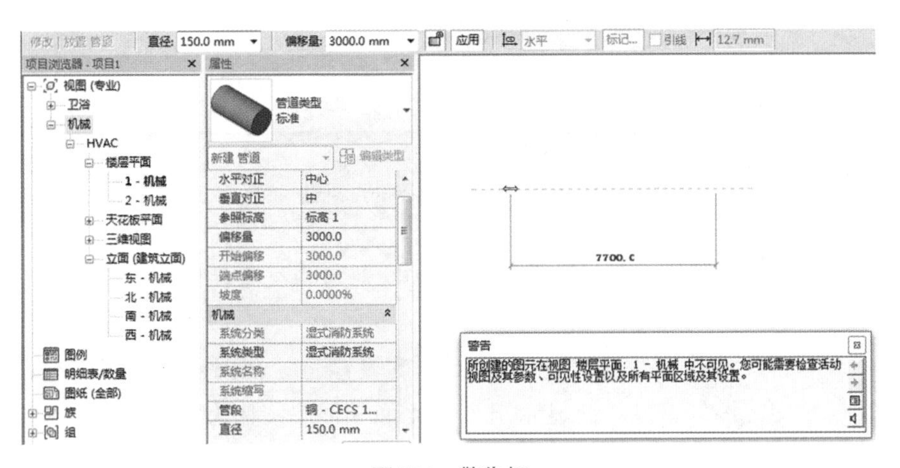

图474 警告框

在视图属性栏中的“可见性 / 图形替换”对话框中，检查想要显示的类别前的方格是否有钩选，如图 475 所示。如果没有钩选，该类别在当前视图是看不到的。另外也要检查一下“过滤器”的可见性是否有钩选，如图 476 所示。

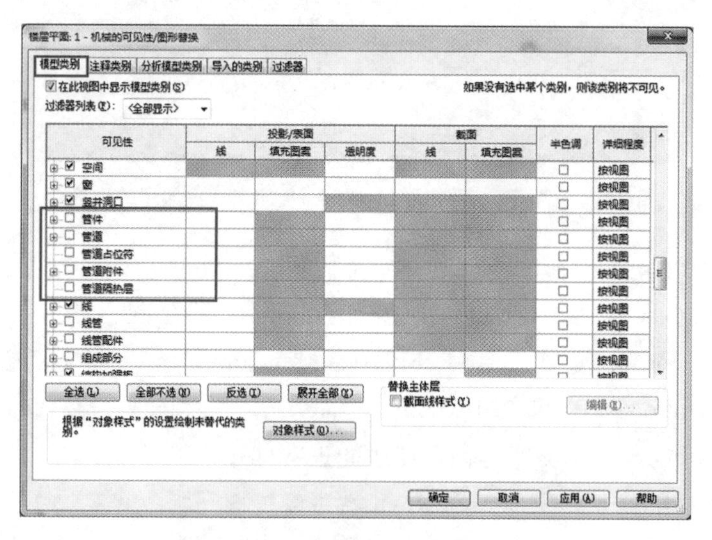

图 475　检查模型类别的可见性

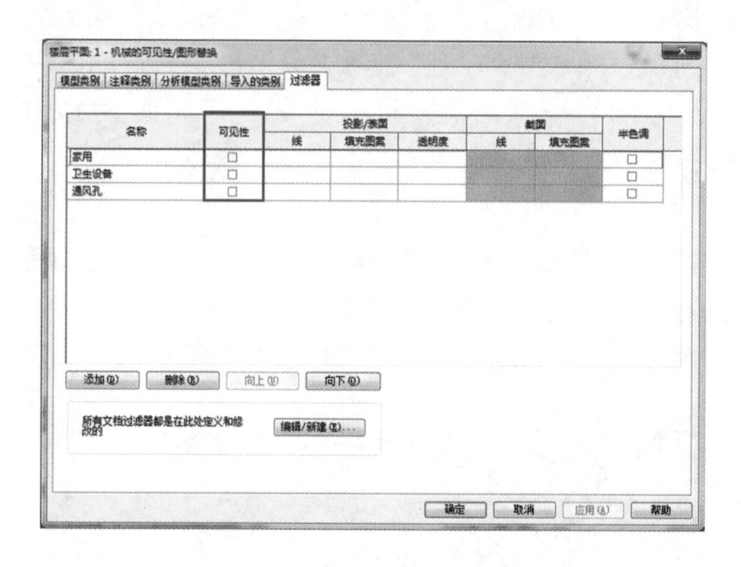

图 476　检查过滤器的可见性

“可见性”设置与选用的专业样板关系很大，不同的专业样板的视图，其可见性的设置差别很大，需要手动检查。

另外一个可能影响在平面视图中是否显示的设置是“视图范围”。在平面视图里，绘制的管道在视图范围外，就不会显示出来。比如一根偏移量为 3000mm 的管道，当视图范围的顶偏移量为 2000mm 时（如图 477 所示），在平面视图中就不可见。

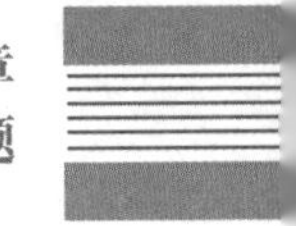

图477　检查视图范围

这时需要调整该视图的视图范围，将顶偏移量设为4000mm（图478），管道就可见了。

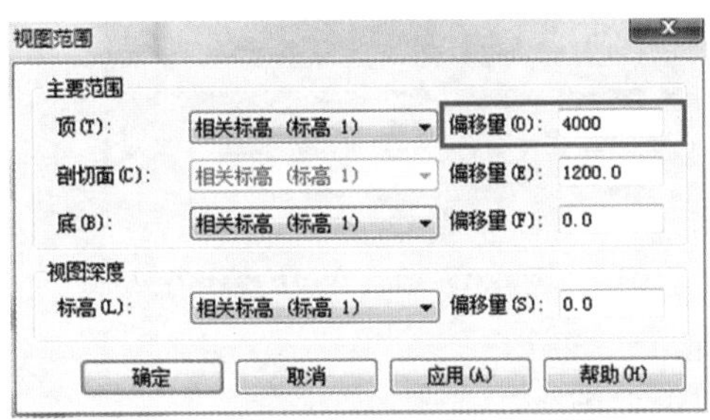

图478　调整视图范围

125. 机电管线中的立管如何创建？长度如何编辑？

在Revit里创建立管有两种方法，分别为在平面创建和在立剖面创建。这里以风管立管为例进行说明。

（1）在平面创建立管

此方法主要是通过在选项栏上修改“偏移”值以实现立管的创建。

1）选择功能区“系统 > 风管”命令；

2）选择选项栏上的风管尺寸值，输入起始的偏移量，光标移动到立管的起点位置，单击指定立管起点，如图479所示；

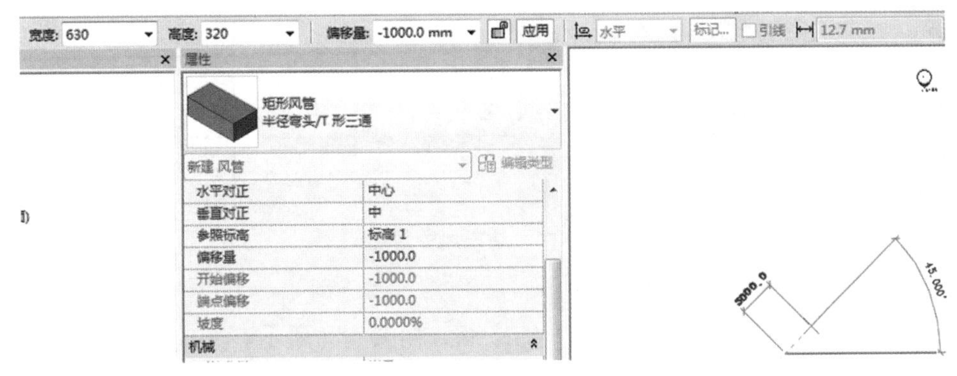

图479　输入起始偏移值

3）再次输入终点的偏移量，单击“应用”按钮，即可生成立管，如图 480 所示。

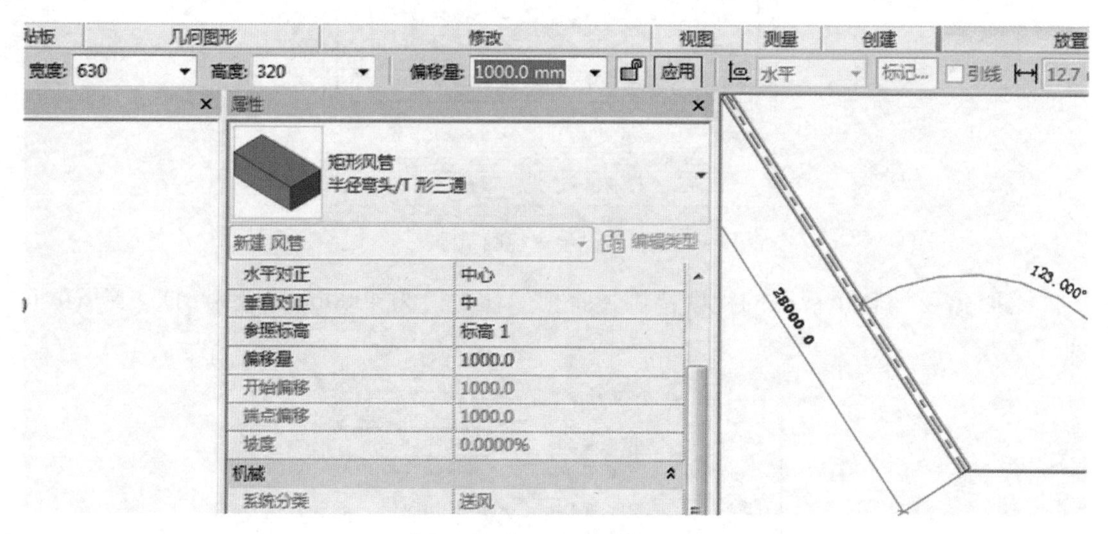

图480　输入终点的偏移值

（2）在剖面或立面创建立管

在剖面（或立面）创建立管的方法就如在平面创建水平管网的方法是一样的。

在剖面（或立面）视图，选择“系统 > 风管”命令，选择选项栏上的风管尺寸值。注意，此处的偏移量输入框为灰色，表示此处不可输入数值。在视图上单击鼠标创建风管的起点，如图 481 所示。

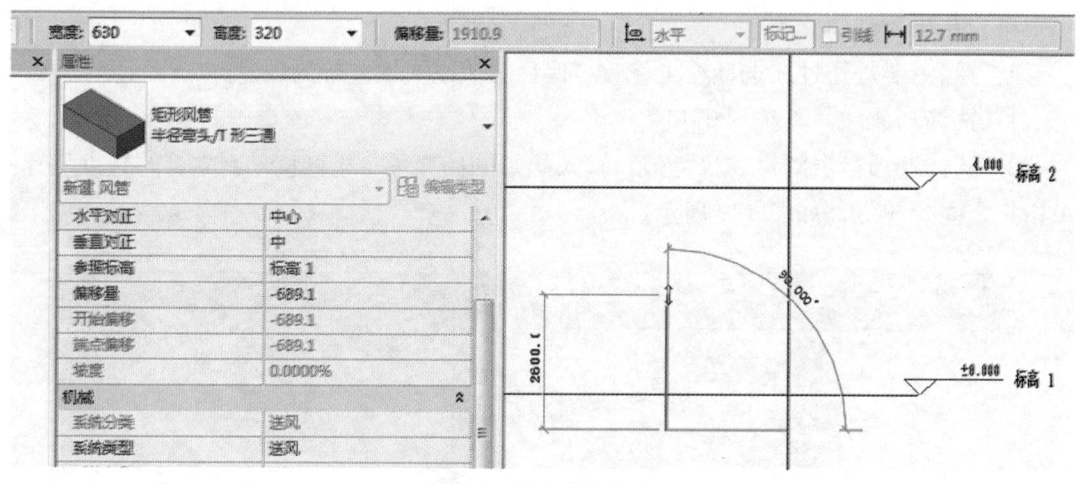

图481　绘制风管起点

再次单击鼠标创建风管（或管道）的终点，如图 482 所示。完成创建后，单击鼠标右键点击“取消”按钮，立管创建就完成了。

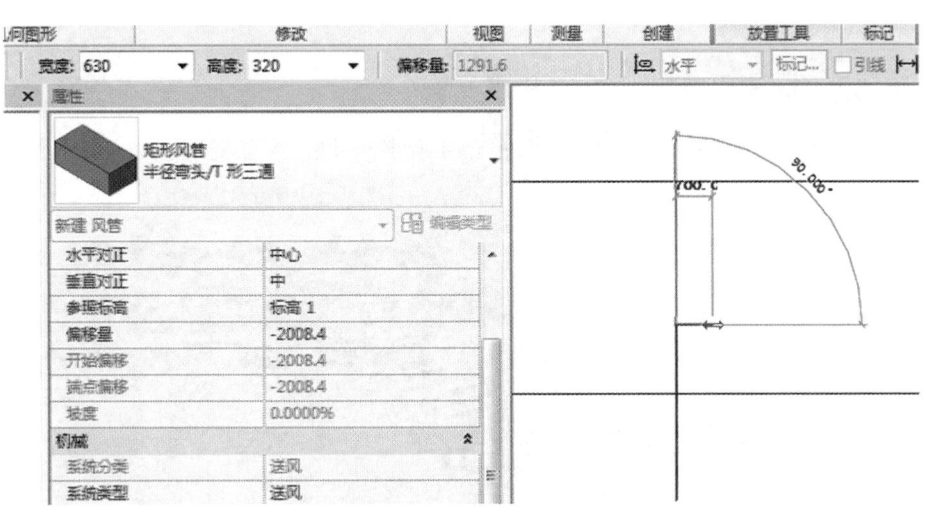

图482　绘制风管终点

当立管创建完成，需要调整立管长度时，可以选择需要调整的立管，点击立管的上部（或下部）临时显示的偏移量，如图 483 所示，在出现的白底数值框内输入实际需要的数值，再点击空白处完成调整长度。

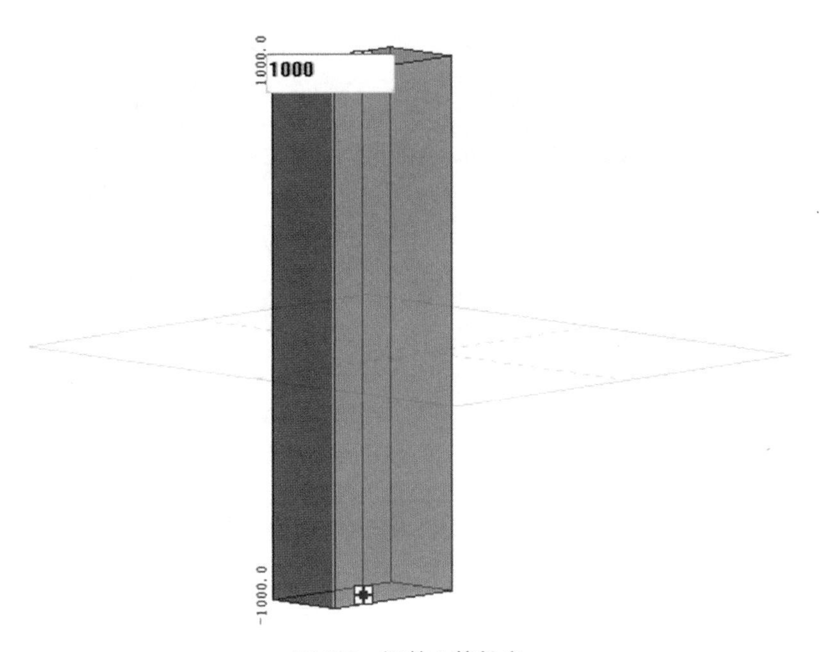

图483　调整立管长度

注意：立管中的临时尺寸是以工作平面为基准的“±”值偏移。其中“+”值为工作平面上方的偏移数值，“-”值为工作平面下方的偏移数值。图 483 中的蓝色虚线平面即为工作平面。

126. 如何标注风管的顶标高和底标高？

以优比服务的河南建设大厦项目 2 层风管为例，如图 484 所示。

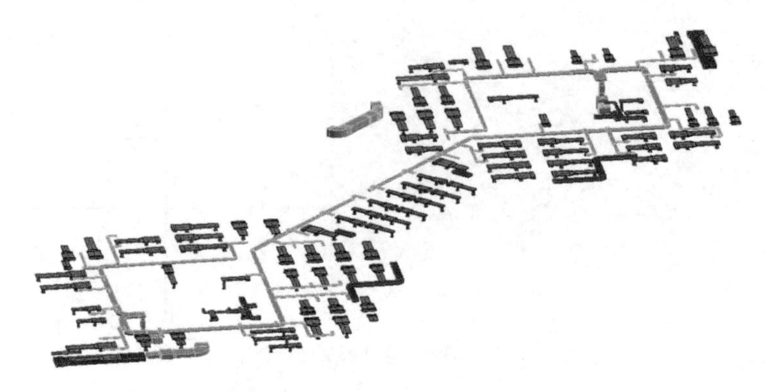

图484　河南建设大厦2层风管

标注风管标高的步骤如下：

（1）打开“2 层 5.40”标高楼层平面（图 485）。（注：标记只能在二维视图中表示）

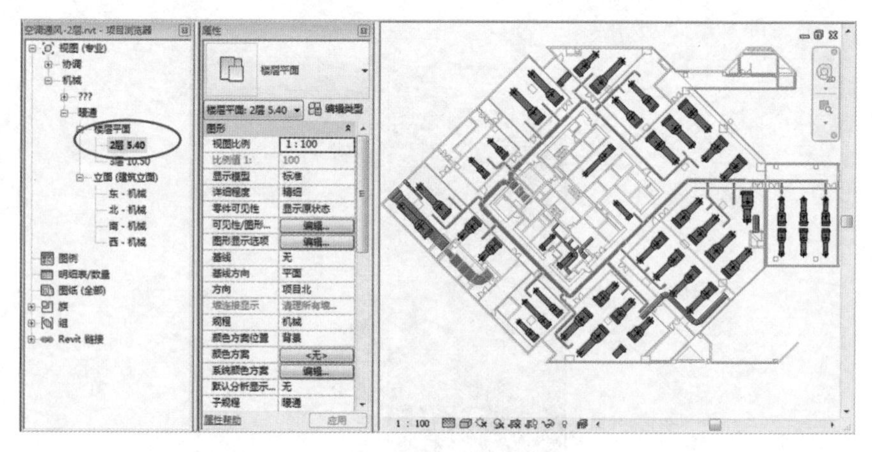

图485　风管的平面视图

（2）单击“注释 > 按类别标记”命令 (图 486)，移动鼠标到高亮显示要标记的风管并单击放置标记（图 487)，放置的风管标记为默认值。

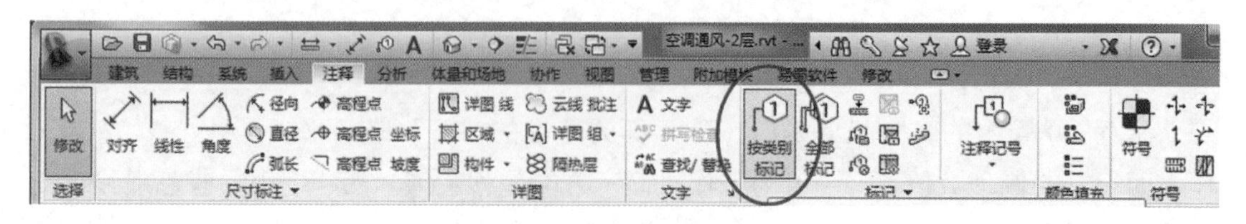

图486　“按类别标记”命令

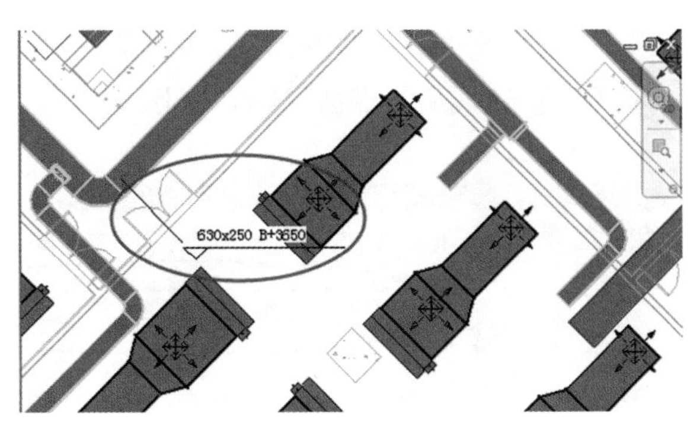

图487　放置标记

（3）要显示风管的标高，选择风管尺寸标记，在其属性栏的类型名称下拉栏，更换为“标高”，如图 488 所示，此时标记的风管标高为风管的底标高。

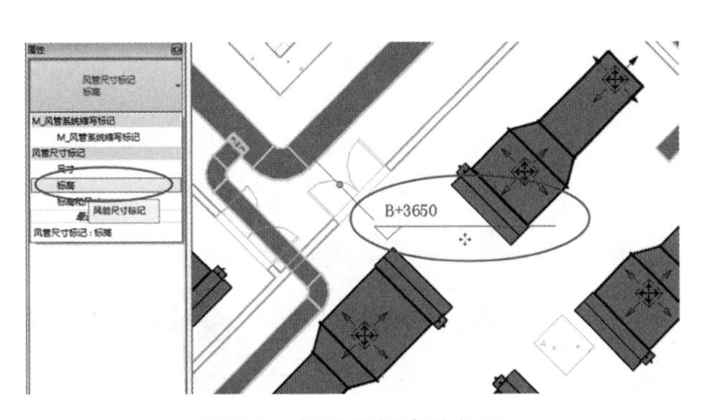

图488　标注底标高的标记

（4）如果要显示风管的顶标高，则需要编辑风管尺寸标记。选择风管标记，单击功能区“修改 > 编辑族”命令，进入标记族编辑界面。选择编辑标签，单击功能区“编辑标签”命令，如图 489 所示。

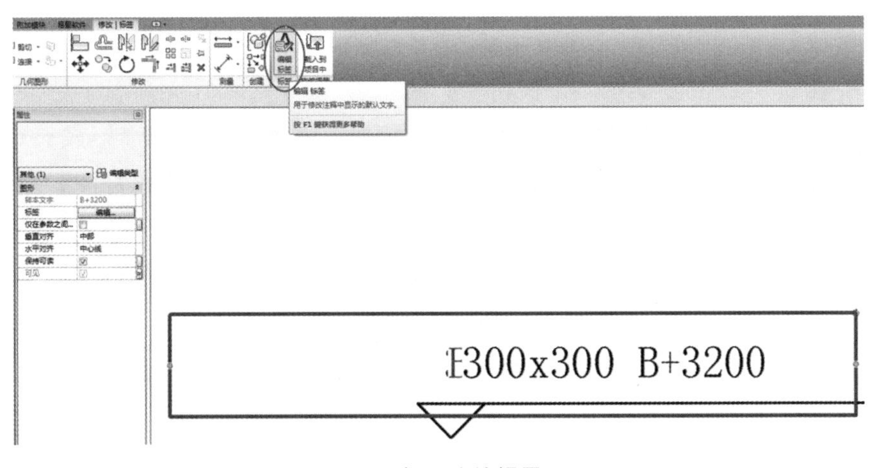

图489　标记族编辑界面

（5）在“编辑标签”对话框中，将左侧中的“顶部高程”参数添加到右侧，将“底部高程”去除，如图 490 所示。完成后，点击“确定”退出。

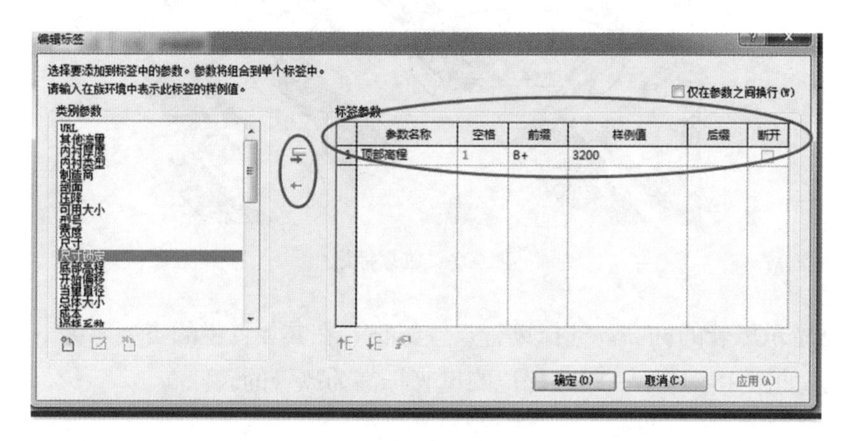

图490　编辑标签

（6）在族编辑界面，单击“载入到项目中”按钮，此时项目中的标记标注的就是风管的顶标高了，如图 491 所示。

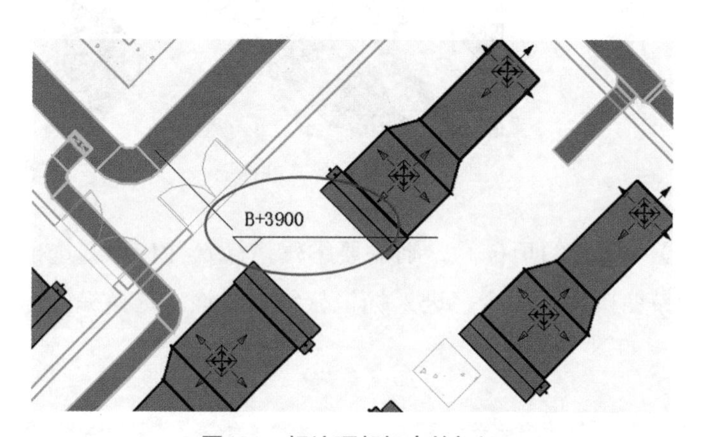

图491　标注顶部标高的标记

桥架的标高标注跟风管类似，但管道的标记中，并无“顶部标高”或“底部标高”的参数，即使另外添加共享参数并使用外部插件将参数值计算出来再标注，但仍无法实时更新。管道的标注方法另详见第 127 问。

127. 如何标注管道的顶标高和底标高？

管道的顶标高或底标高不能用风管或桥架的方法进行标记，但可以利用高程点在平面视图标注的方法实现。

具体步骤如下：

（1）选择“项目浏览器 > 机械 > 暖通 > 楼层平面”命令，选择楼层，例如：“2 层 1.500”，如图 492 所示；

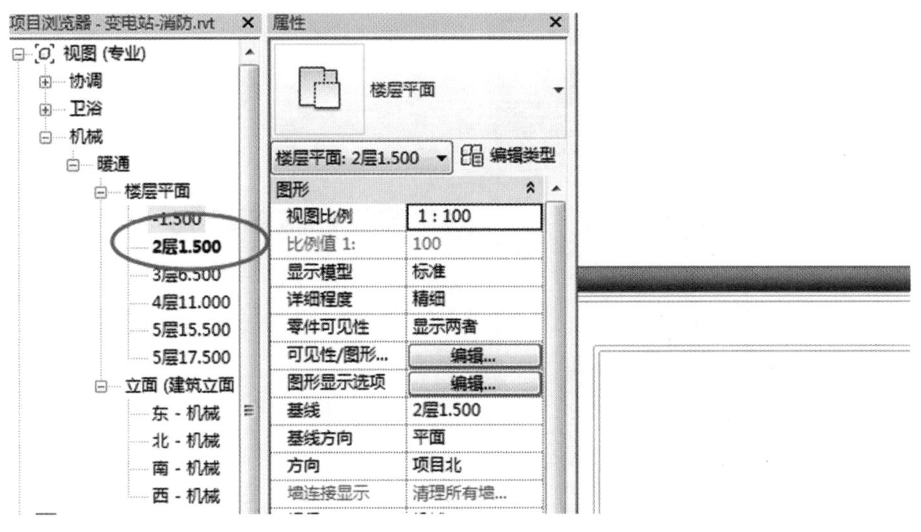

图492　选择管道的平面视图

（2）选择功能区“注释 > ⌖高程点”命令；

（3）在选项栏中选择“相对于基面”为“当前标高”列表，如图 493 所示；

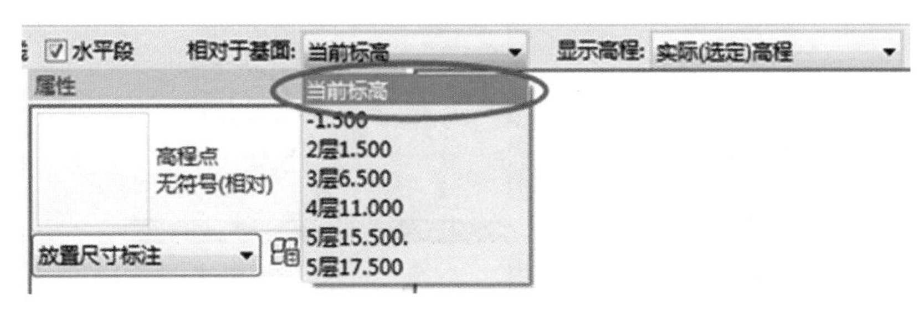

图493　高程点选项一

（4）在选项栏中选择“显示高程”为“顶部高程”，如图 494 所示；

图494　高程点选项二

（5）在“高程点”属性对话框中选择“三角形（相对）”为“无符号（相对）”，如图 495 所示；

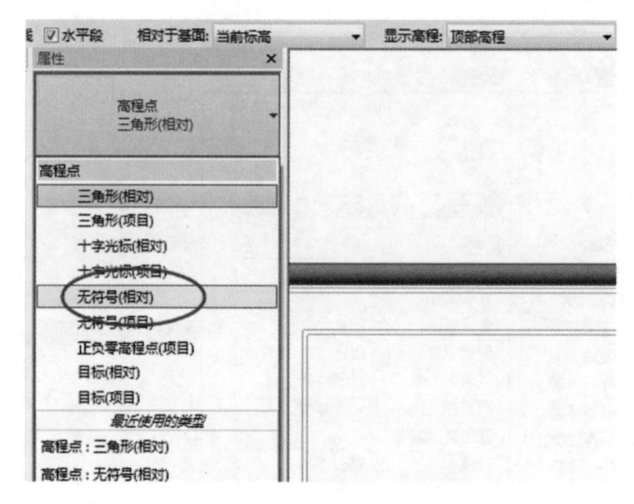

图495　高程点属性栏类型

（6）单击要标记的管道以放置标记，如图 496 所示。注意，需点选管道的中心线，如果点选管道边线，则标注出来的是管道两侧的标高，即管中标高。

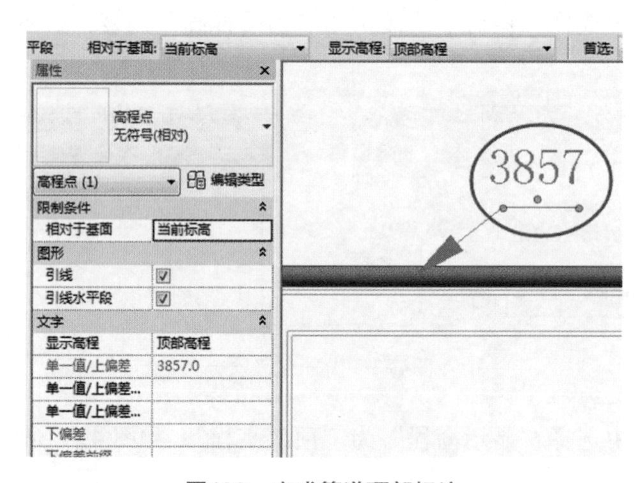

图496　完成管道顶部标注

128. 为什么剖面上的风管 / 桥架无法标注外框尺寸？

在用 Revit 软件进行水、暖、电专业设计过程中，在剖面进行尺寸标注的时候，风管与桥架只能标注到中心线，无法标注到边界，常常要手动加一条详图线或参照平面用来标注，如图 497 所示。

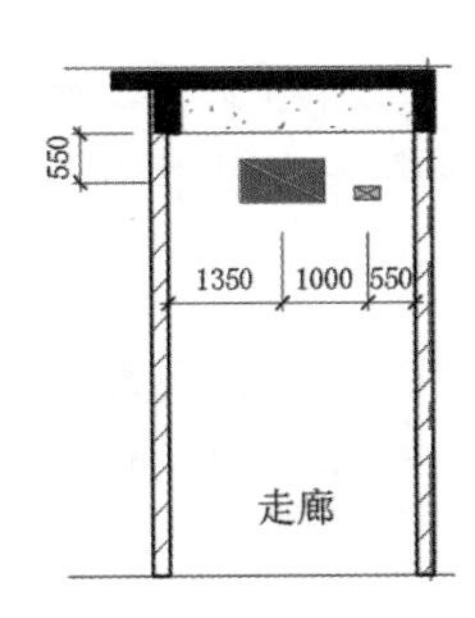

图497　无法标注风管桥架的边界

这个问题是 Revit 针对设备管线的一个叫做“升 / 降”的机制导致的，这个机制一般用于平面视图的立管表达，但在剖面视图中就导致上述问题。解决方法很简单，把视图“可见性设置”里的风管及桥架的“升”关闭即可，如图 498 所示。

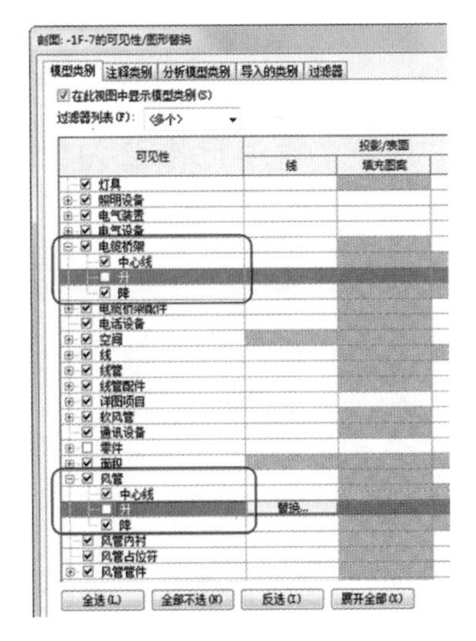

图498　将风管桥架的“升”关闭

在“升”关掉之后就可以标注风管及桥架的边界，但其截面显示会有点不一样，如图 499 所示，这就是“升 / 降”所起的作用。可以在标注尺寸之后，再把“升”打开，显示回复正常，标注也保留下来，得到如图 500 所示的剖面。

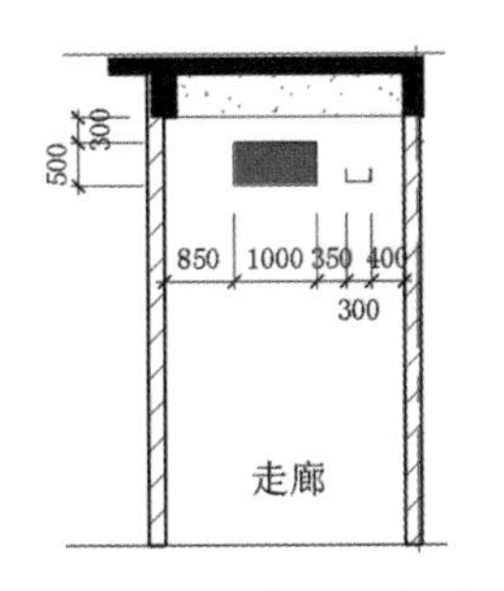

图499　关闭“升”后可标注边界

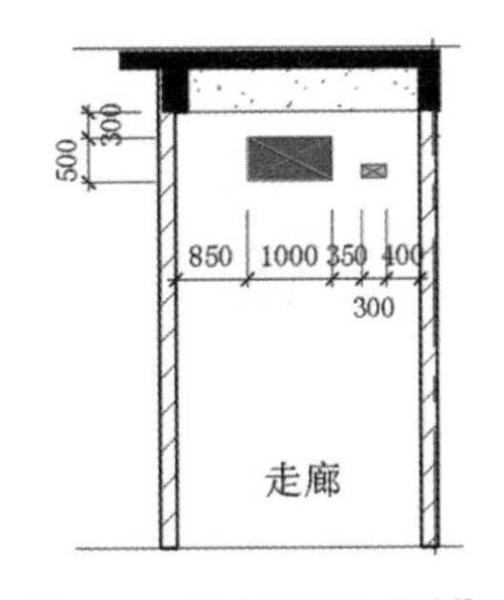

图500　重新打开“升”

此操作非常频繁，每次都要在视图“可见性设置”里操作，比较麻烦，可使用二次开发的插件来提高效率，例如“创筑”插件提供了快捷的“升降开关”工具，如图 501 所示。

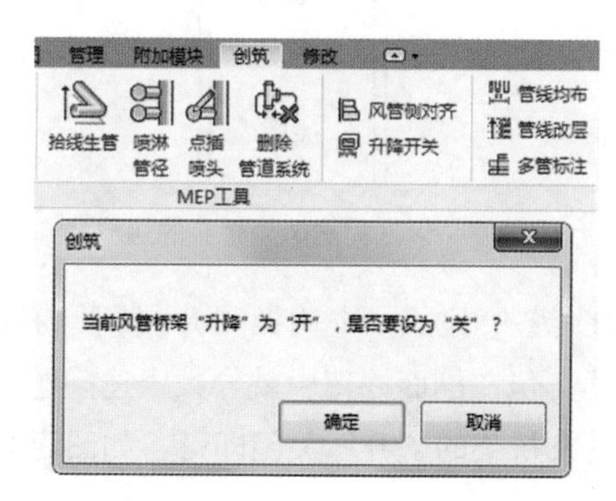

图501 “创筑”插件里的“升降开关”工具

129. 连接管线时出现“风管 / 管道已修改为位于导致连接无效的反方向上”的错误提示，如何处理？

我们在连接管线时，有时会出现“风管 / 管道已修改为位于导致连接无效的反方向上”的提示框，如图 502 所示。

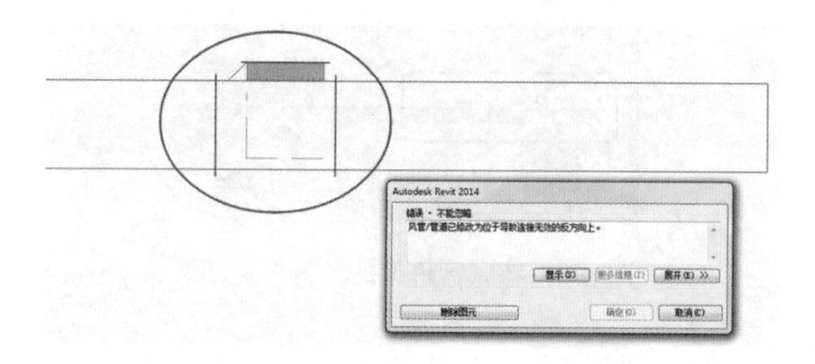

图 502 错误提示框

出现这种提示，主要是因为要连接的末端与管线之间的距离太近，如图 503 所示，在这种情况下，当末端连接风管时，就会出现错误提示。

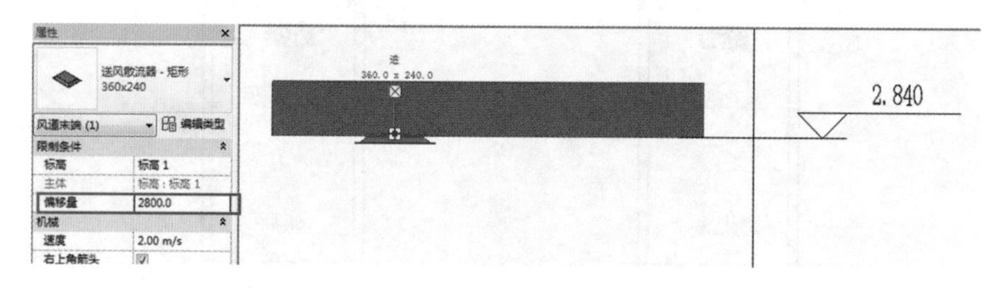

图503 末端与管线间距离不合适

此时的解决办法是，将末端与风管之间的距离拉开，尽量使用接口的方式连接。连接成功后，如图 504 所示。

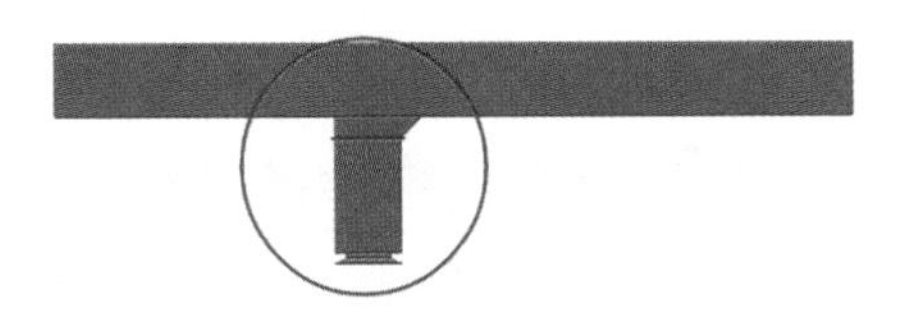

图 504　末端与风管连接成功

130. 怎样自定义风管系统和管道系统的系统类型？

在 Revit 自带的项目样板中，风管系统和管道系统已经预设有若干系统类型，在项目浏览器中“族”列表下的“管道系统”和“风管系统”中可以看到这些系统类型，如图 505 所示。这些系统类型可以重命名，但不能被删除。

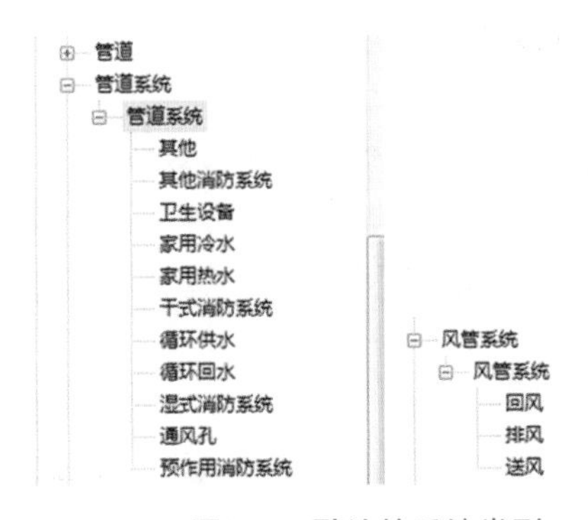

图505　默认的系统类型

如果想要自定义一个系统类型，则可以在类似的系统类型上单击鼠标右键，然后选择“复制”，在新复制的系统类型上单击“重命名”命令，输入新的系统类型名称，如图 506 所示。

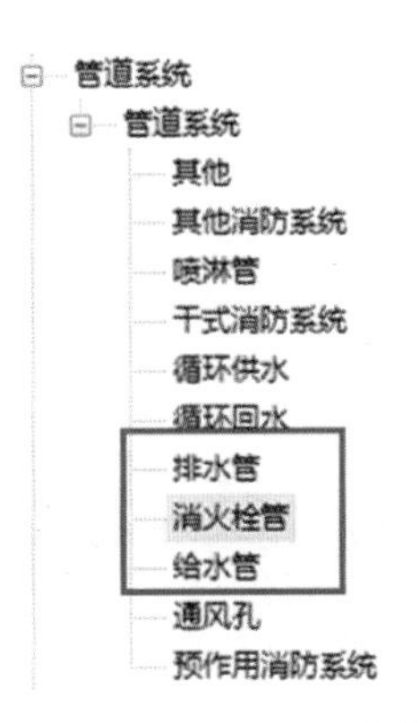

图506　新增系统类型

在此处自定义的系统类型，会出现在绘制管道的“系统类型”参数的下拉栏中。

选择每个系统类型，可在属性框中看到系统相关的参数值。想要修改，则可点击鼠标右键，在菜单中选择“类型属性”，在弹出的对话框中修改。

131. 在标注水暖电管线时，怎么把标注的单位和后缀去掉？

我们以优比服务的番禺广汽变电站项目的桥架为例（图 507）来说明一下具体方法。

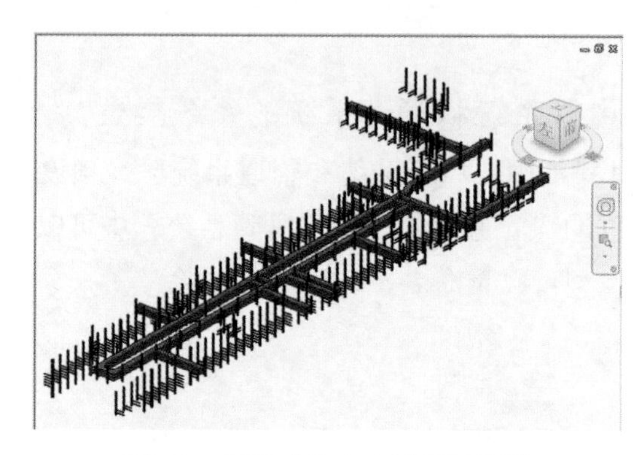

图507　番禺广汽变电站桥架模型

（1）选择功能区“注释 > 按类别标记”命令，放置一个标记（图 508），放置的桥架标记此时为默认值。

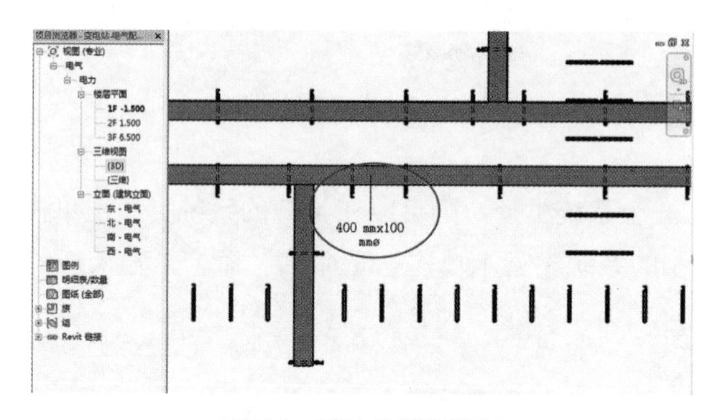

图508　默认的桥架标记

（2）我们先去掉标记中的单位。选择功能区“管理 > 项目单位”命令，如图 509 所示。

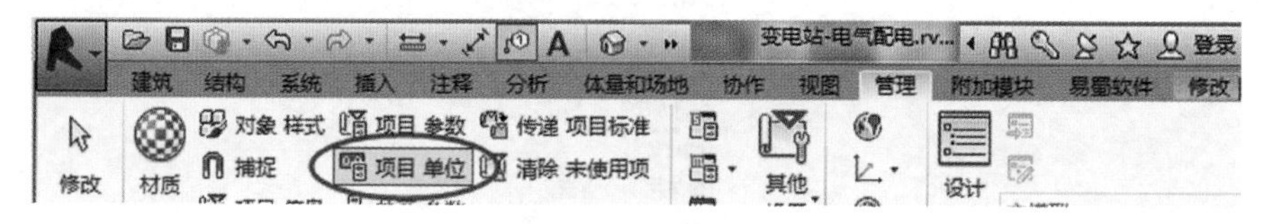

图509　项目单位命令

(3) 在“项目单位”对话框中，将“规程”选择“电气”，单击“电缆桥架尺寸”后面的“格式”，如图 510 所示。

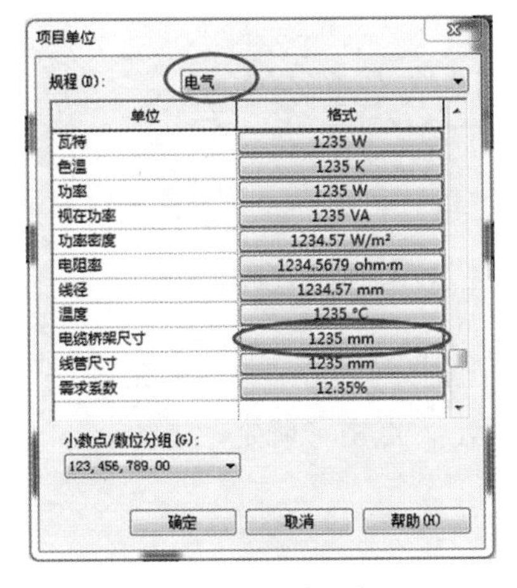

图510　项目单位窗口

(4) 在“格式”对话框中，将“单位符号”的选项选择“无”，如图 511 所示，点击“确定”退出。这时视图中的标记就已经没有单位了，如图 512 所示。

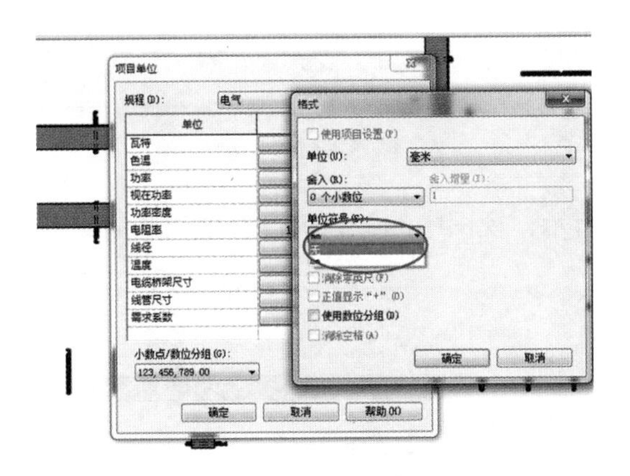

图511　格式对话框

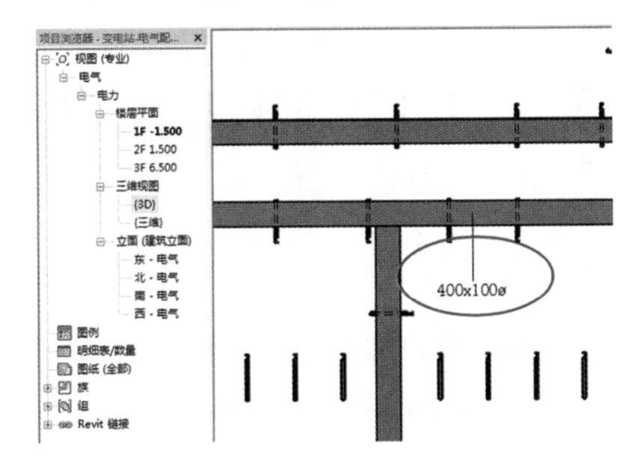

图512　去掉单位的桥架标记

（5）现在我们再去掉标记中的后缀。选择“管理 >MEP 设置”下拉栏中的“电气设置”命令，如图 513 所示。

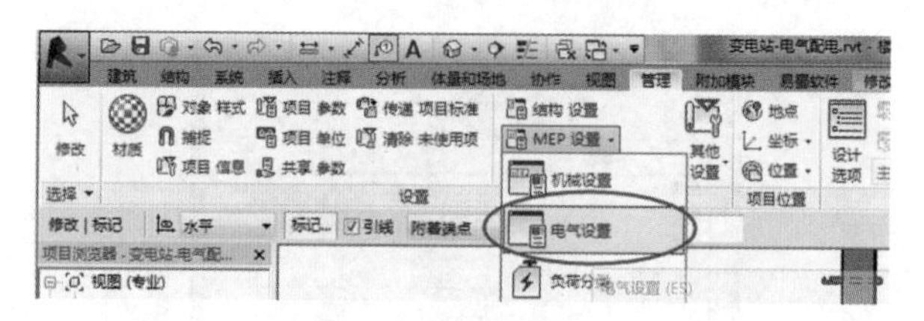

图513　电气设置命令

（6）在“电气设置”对话框中，单击“电缆桥架设置”按钮，删除“电缆桥架尺寸后缀”的值“ø”，如图 514 所示，点击“确定”退出。

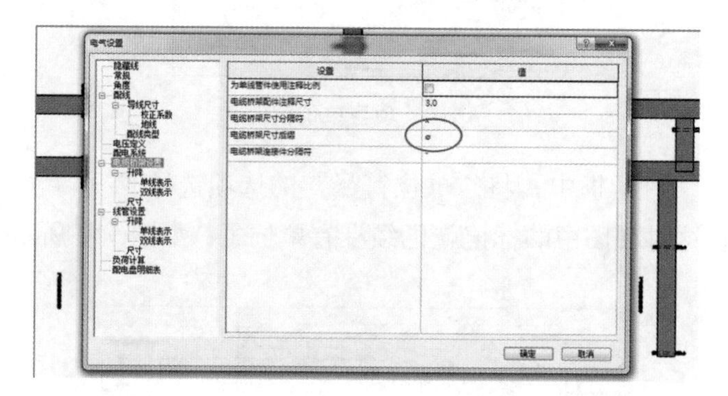

图514　电气设置窗口

（7）这时如图 515 所示，视图中的标记就没有单位和后缀了。

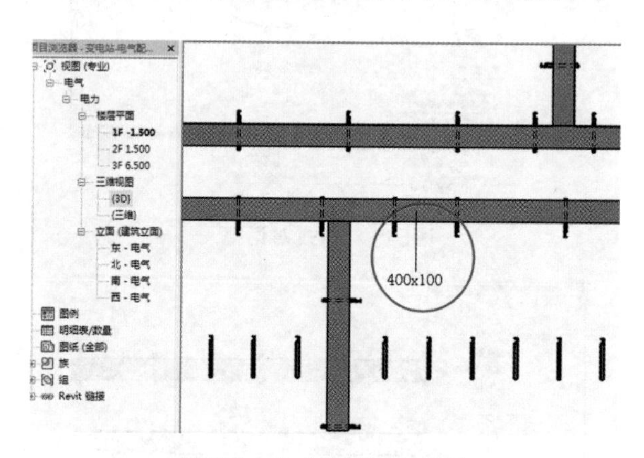

图515　完成后的桥架标记

132. 风管占位符和管道占位符有什么作用？

风管占位符和管道占位符是用于绘制不带弯头和 T 形三通管件的占位符风管和管道，是一种管线的示意性表达。可在早期设计阶段不确定风管和管道的具体位置时，用于指示管线的大概方位，帮助管线系统的前期设计。

占位符风管和管道始终显示为不带管件的单线几何图形，如图 516 所示，且具有和风管管道一样的参数值。

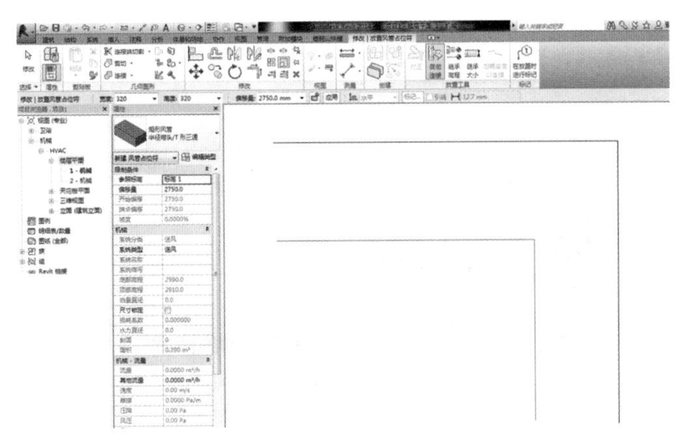

图516　占位符风管和管道

在设计确定后，可以将占位符风管管道转换为带有管件的风管管道。如图 517 中，选中管道，单击功能区“修改 / 管道占位符 > 转换占位符”命令，则可生成实际带管件的管线，如图 518 所示。

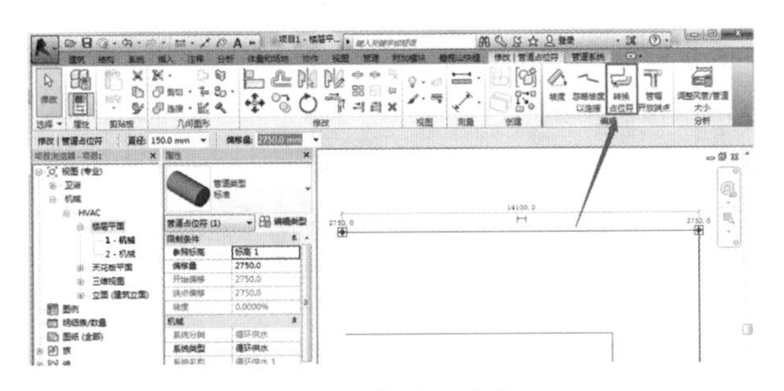

图517　转换占位符

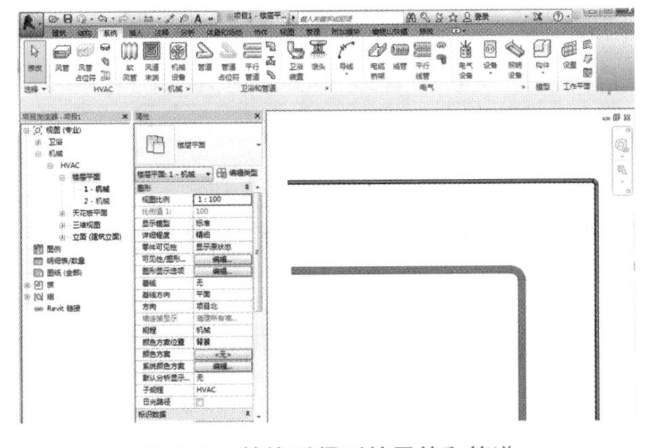

图 518　转换后得到的风管和管道

133. 在创建风管或管道时为何系统类型会表示为“未定义”选项?

在 Revit 中，风管和管道都设有“系统类型”参数，可以在创建时在下拉栏中选择相应的系统类型。但是，有时在创建风管或管道时，我们会发现其“系统类型”显示为“未定义”，如图 519 所示。

图519 风管的系统类型为未定义

出现这种情况，是因为我们在创建风管或管道时把风管或管道创建成了封闭的管网，程序默认无法定义“系统类型”。2015 版的 Revit API 提供了相关接口，可采用插件直接定义系统，此问题可望得到解决。

目前的解决办法是添加一段新的管线，使之前的封闭管网变成非封闭的管网，原“未定义”的管线的系统类型都会变成与新建的管线一样了。

134. 在使用“转换为软风管”时，为何经常不能生成?

在绘制暖通专业管线功能里，Revit 提供了一个“转换为软风管”的功能，在使用这个功能时很容易会出现一个误区，那就是直接用鼠标点取想要转换的风管，这样经常会导致操作失败。

这个功能的正确操作步骤应该是：

先选择功能区“系统 > 转换为软风管”命令，如图 520 所示。

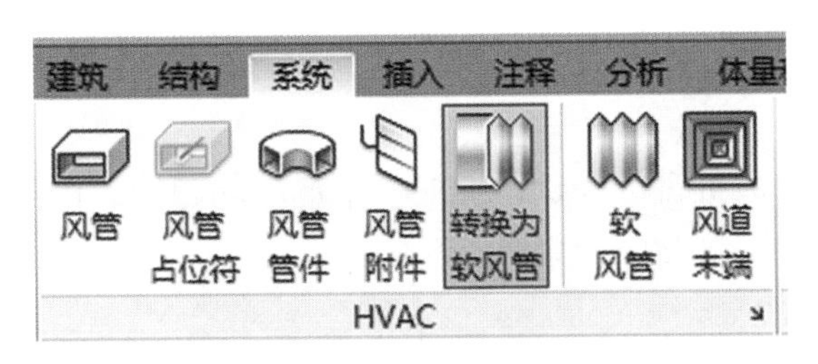

图520　转换为软风管命令

在选项栏的“最大长度”中，输入需要的软风管管段长度，如图 521 所示。

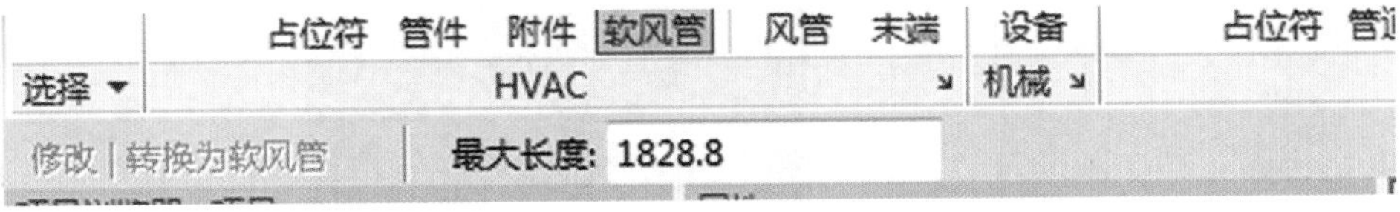

图521　“转换为软风管”选项栏

这里要注意的是，如果输入的长度大于选项栏上指定的“软风管最大长度”值，将显示如图 522 的错误提示。

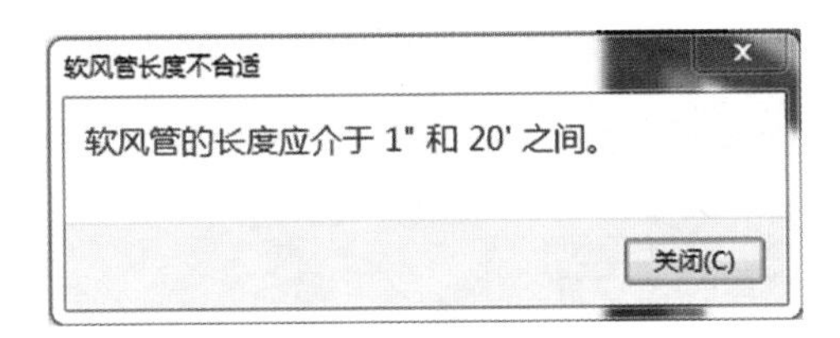

图522　错误提示框

输好数值后，点选与要转换的风管相连接的风道末端，这时，与该末端相连的风管指定长度就会转换成软风管，如图 523 所示。

图523　转换成功的软风管

135. 为什么与风机的回风口和送风口连接的风管会变成一个系统？如何解决？

我们以图 524 中的风机盘管为例，说明一下产生问题的原因和解决办法。注意，该风机盘管的“系统分类”目前为“未定义”。

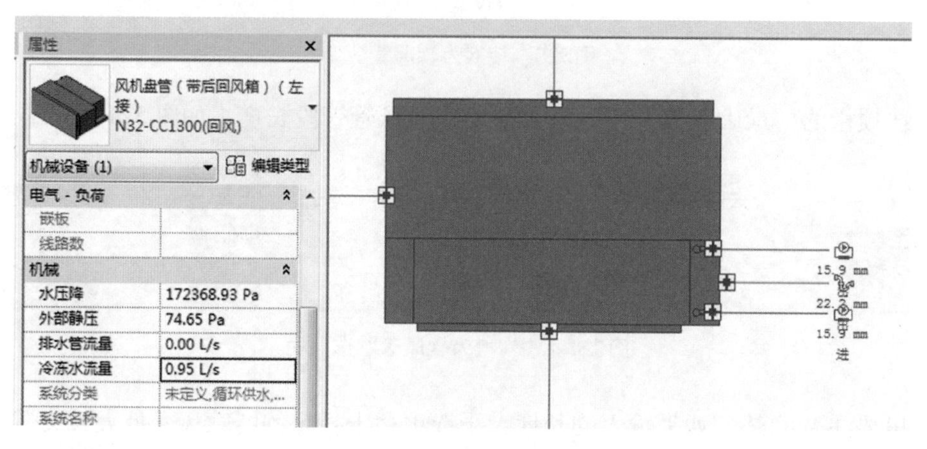

图524 风机盘管范例

我们在此风机盘管的出风口处创建一段“系统类型”为“送风”的风管，如图 525 所示。

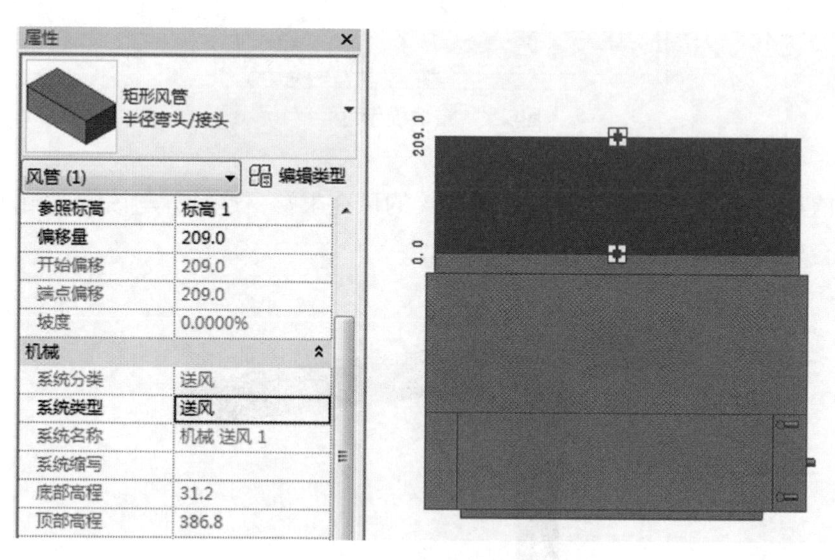

图525 绘制送风风管

此时，点击风机盘管时我们会发现风机盘管的“系统分类”变为了“送风”，如图 526 所示。

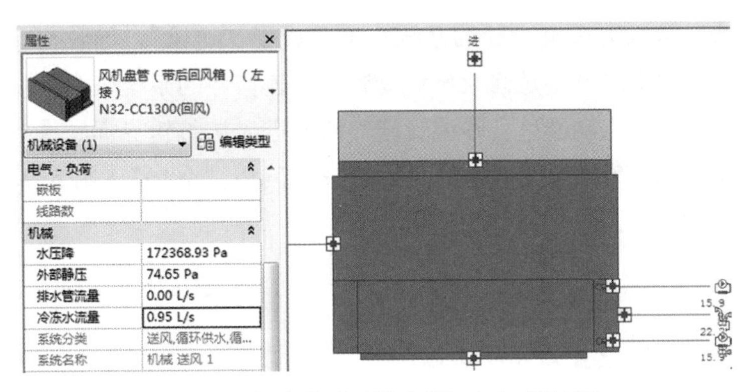

图526　风机盘管“系统分类”变为“送风”

然后，我们再在回风口处绘制一段“系统类型”为“回风”的风管，如图 527 所示。

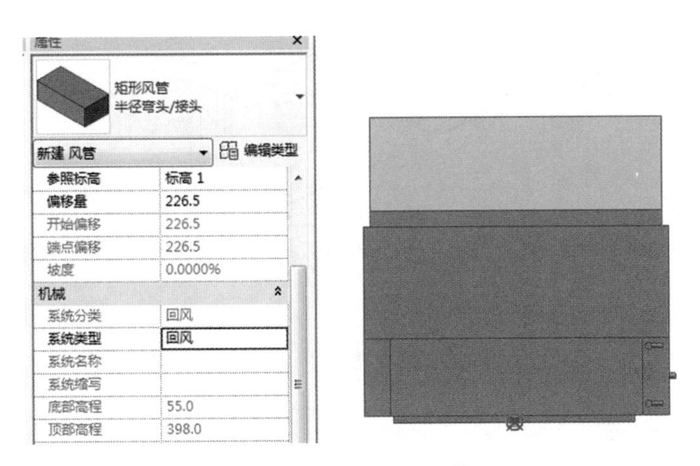

图527　绘制回风风管

连接风机盘管后我们会发现回风口的风管也变成了“系统类型”为“送风”的风管，如图 528 所示。

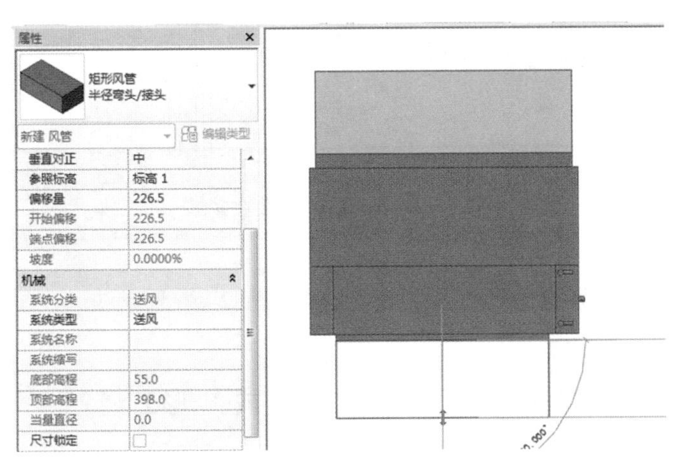

图528　回风风管变为“送风”

出现这种情况是因为风机盘管的系统分类变成了“送风”，导致与之相连接的管线都默认为送风了。解决的方法是修改风机盘管族中连接件的系统分类。

选中风机盘管，点击功能区“编辑族”命令进入族编辑界面。选择风机盘管处于回风口的“连接件”，将其属性栏中的“系统分类”由“全局”（图 529）改为“回风”如图 530 所示。

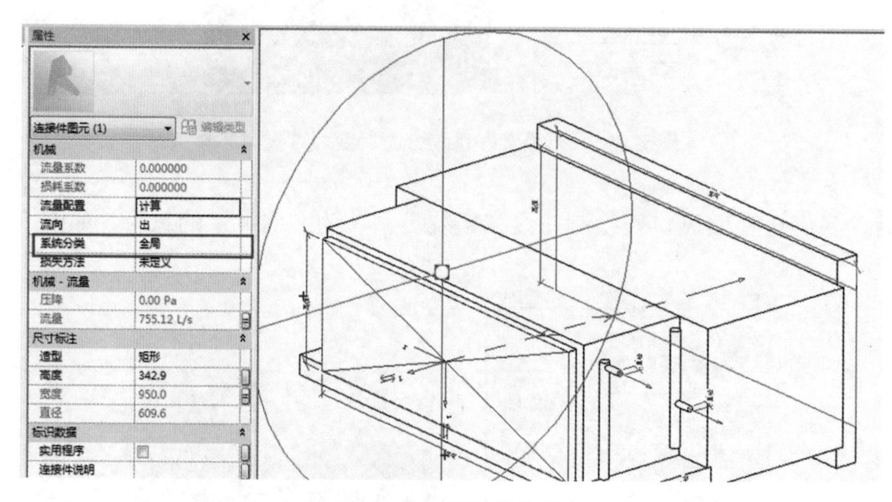

图529　原连接件参数

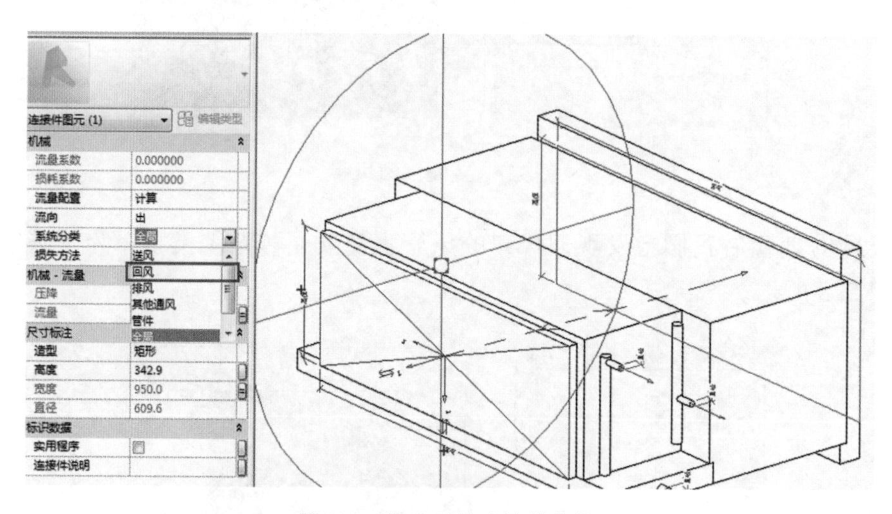

图530　修改后的连接件参数

把改好的风机盘管族再载回到项目中，问题就可以得到解决。

136. 如何将创建好的风管 T 形三通转换成 Y 形三通？

在 Revit 中创建风管，风管的连接件会按风管的“布管系统配置”自动生成，如图

531 所示风管自动生成的连接件，是一个 T 形三通，这是由风管的类型属性中的“布管系统配置”中“连接”一项设定的，如图 532 所示。

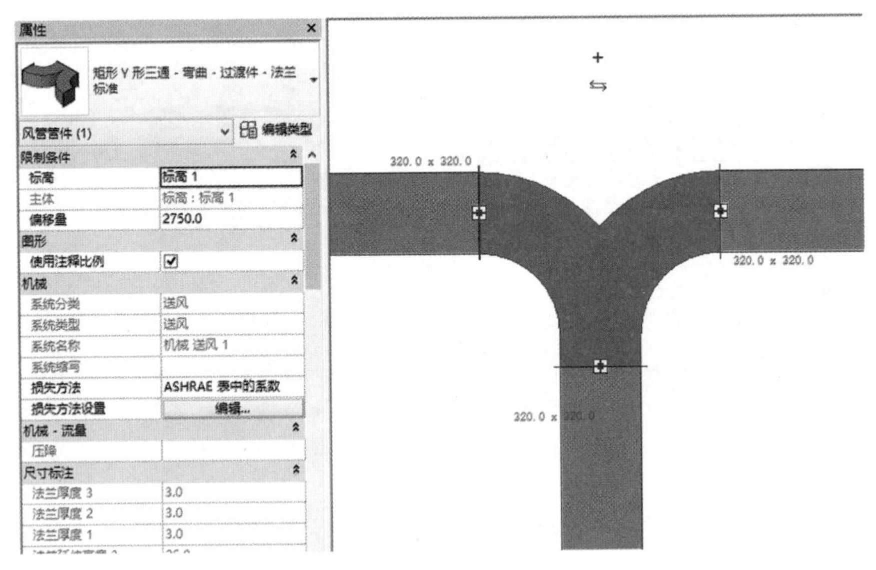

图531　自动生成的T形三通

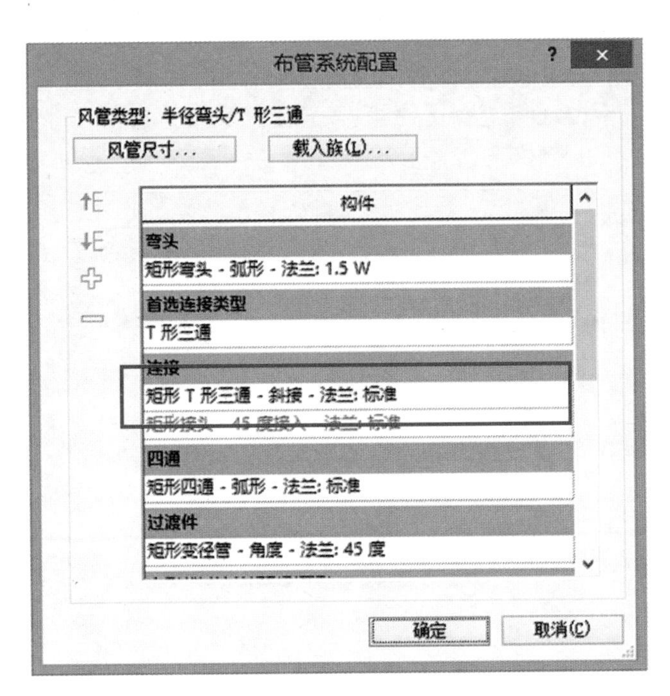

图532　布管系统配置窗口

我们可以载入更多的连接件族，在此处就可以在下拉栏中选取。比如，到 Revit 自带的族库中选择一个矩形 Y 形三通，载入到项目中，如图 533 所示。

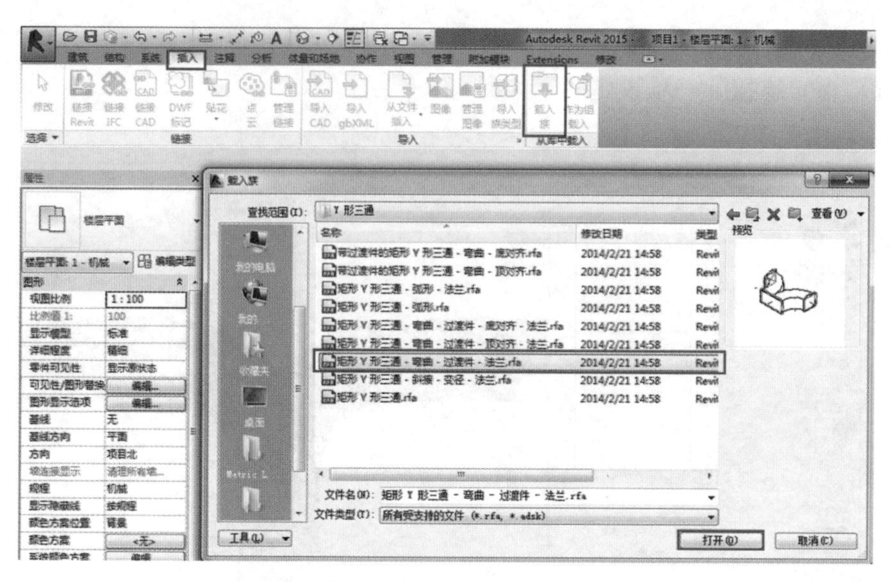

图533　载入Y形三通族

则在“布管系统配置”中“连接”项下就有了“矩形 Y 形三通”可供选择了，如图 534 所示。

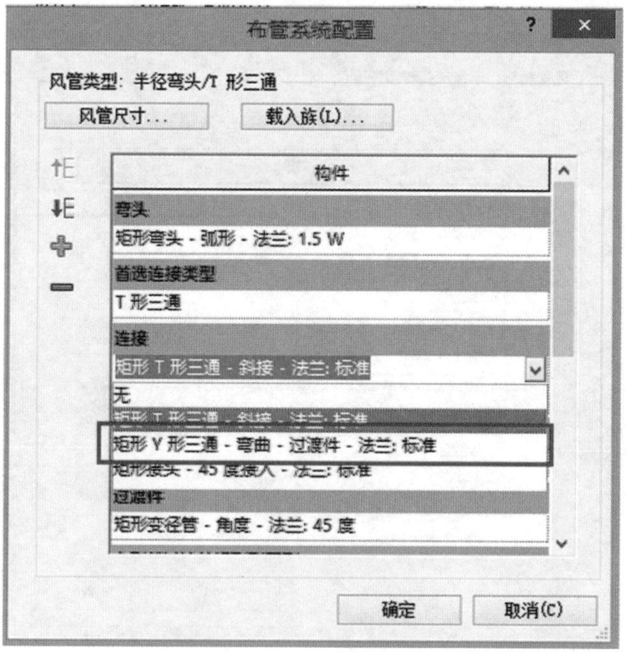

图534　选择Y形三通

需要注意的是，在“布管系统设置”中所做的修改只会影响之后绘制的风管，之前绘制好的风管不会更改。

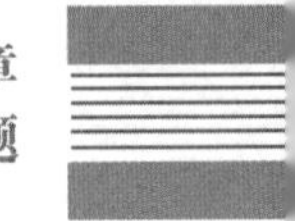

要修改之前绘制的风管的连接件，需到视图中选中 T 形三通，在其属性栏类型下拉栏中点击 Y 形三通更换，如图 535 所示。

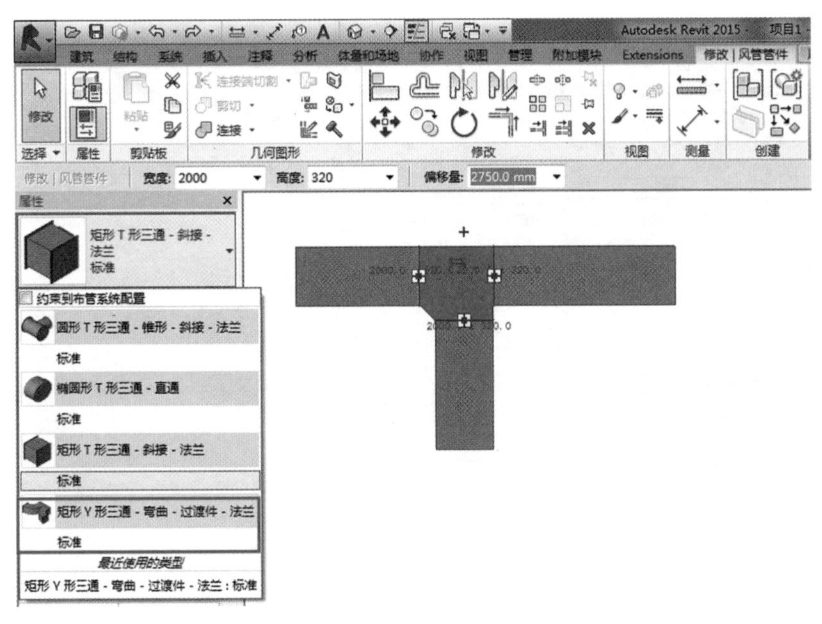

图535　修改类型

这样，创建好的风管 T 形三通就转换成了 Y 形三通了，如图 536 所示。

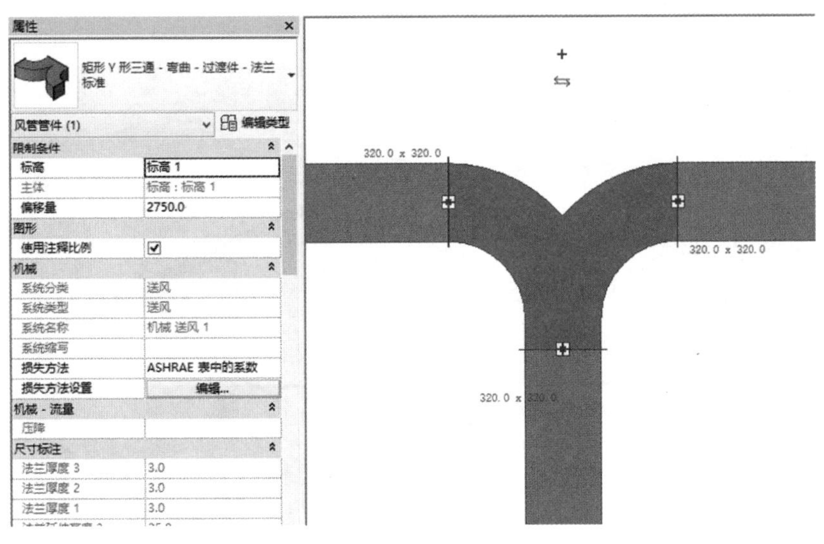

图536　转换完成

137. 如何在三维视图中显示管道标注文字？

有时为了方便检查模型，需要在三维视图中显示管道的标注，具体步骤如下：

（1）在三维视图属性窗口中编辑视图可见性，在“注释类别”选项卡，钩选要显示的类别的可见性，如图 537 所示；

图 537　可见性/图形替换设置

（2）在三维视图的视图下，点击“保存方向并锁定视图”命令，如图 538 所示；

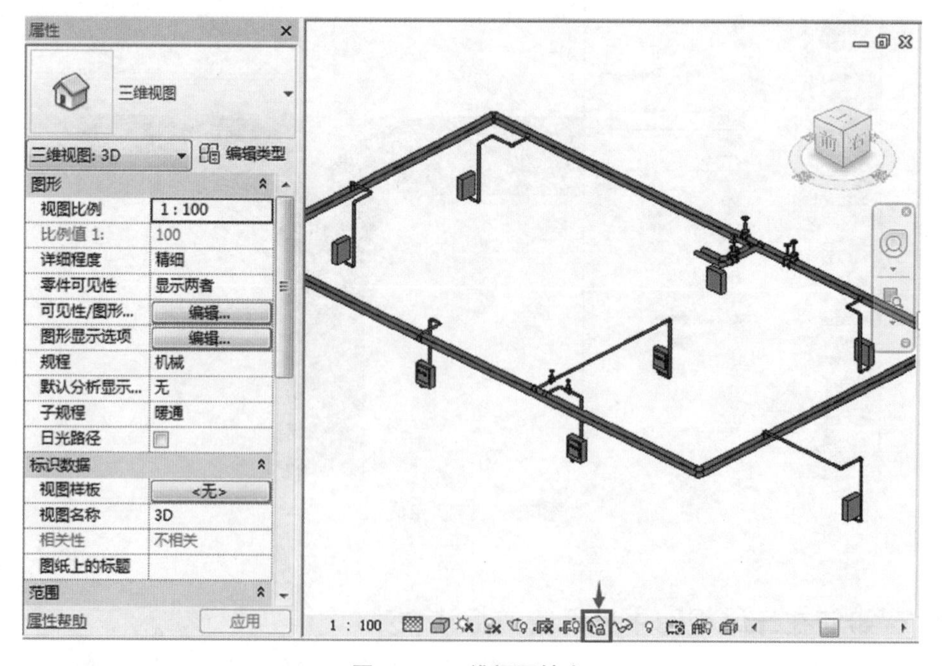

图 538　三维视图锁定

(3) 锁定好视图后就可使用功能区“注释 > 按类别标记”的命令来标注管道，如图 539 所示。

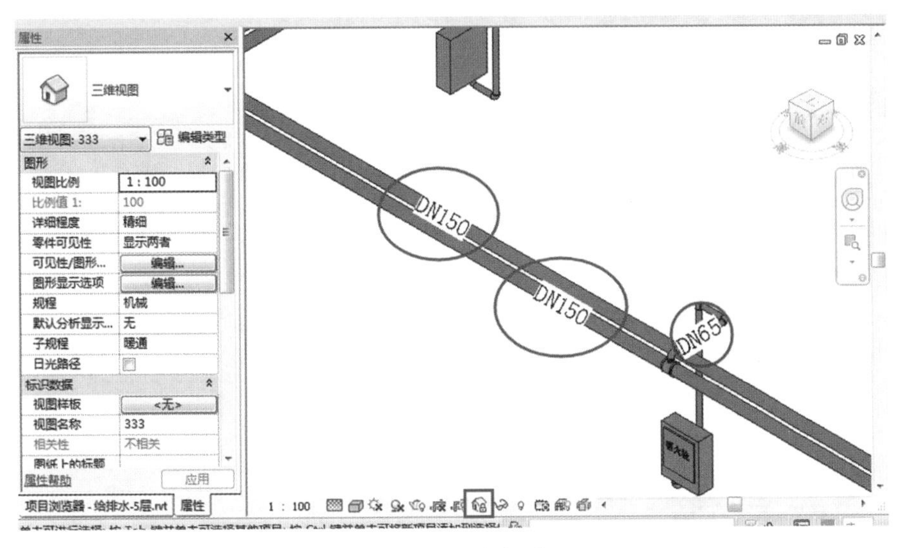

图 539　添加标注

138. 标记管道尺寸时，怎样将标注文字的白背景去掉？

标记文字的白背景属于标注族里面的设置，所以需要进入到族编辑里修改。具体步骤如下：

(1) 点击管道的“尺寸标记”—编辑族，如图 540 所示；

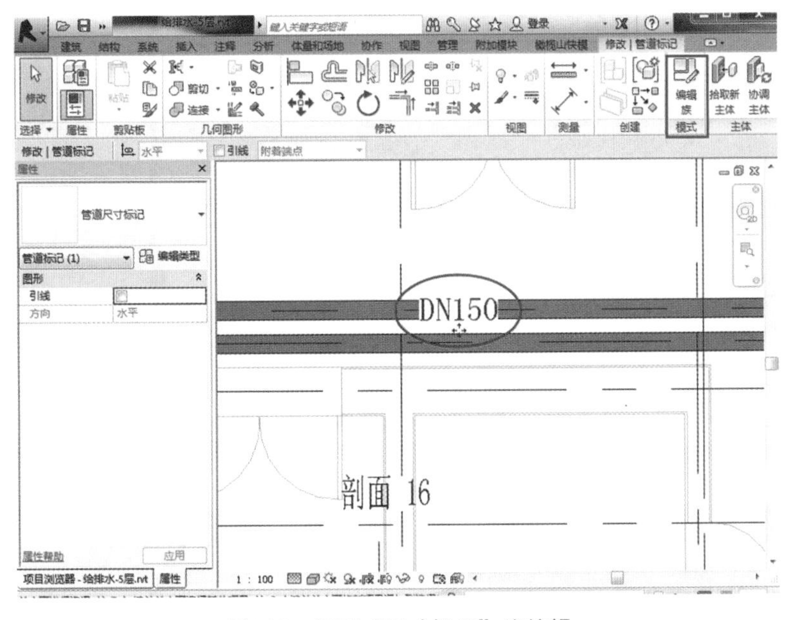

图540　打开“尺寸标记”族编辑

（2）在族编辑环境下点击“标签”，“编辑类型”按钮（图 541），把“背景”修改成“透明”，如图 542 所示。

图541　编辑标签类型

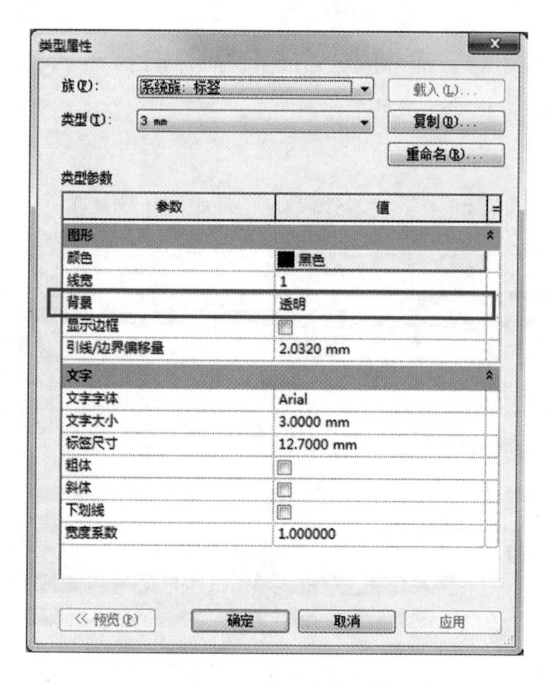

图542　设置字体背景

139. 为什么消火栓箱只能贴墙壁才能放置？没有墙怎样处理？

Revit 的族，有些是基于特定构件的，如基于墙、基于楼板、基于天花板的族等。如果某个消火栓箱的族构件只能贴墙壁才能放置，说明这个消火栓箱族是使用“基于墙的样板”为基础创建的族模型，如图 543 所示。

图543　族样板选择窗口

在放置这种基于墙的族时，如果所放置的位置没有墙体时，将无法放置，解决的方法是：

（1）在我们需要放置此类型族模型的位置先绘制一段墙体，如图 544 所示。

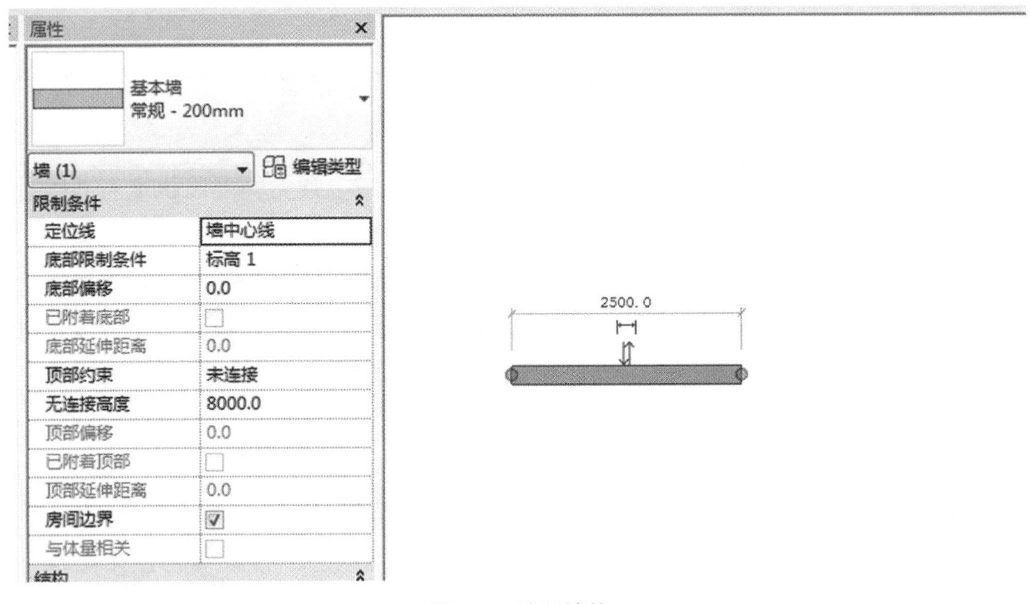

图544　绘制墙体

（2）然后在墙体上放置我们需要的基于墙的族模型，如图 545 所示，然后把墙体删除掉即可。

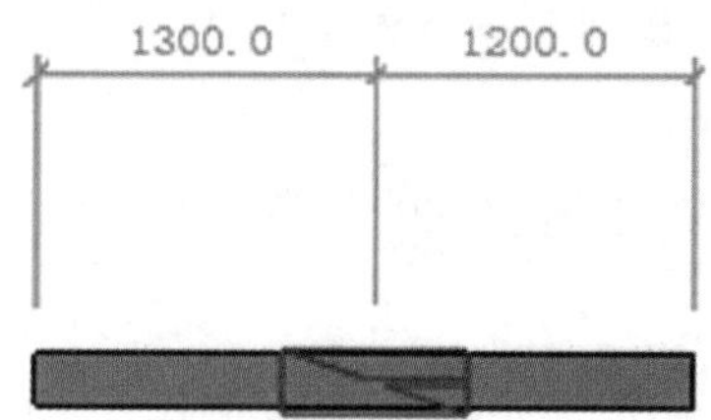

图545　放置消火栓族

140. 给机电管线赋予不同的表面颜色，用“过滤器”或“材质”哪种方式更好？

为了在机电管线综合协调时方便直观地辨认管线系统，通常需要给机电管线赋予不同的表面颜色。在 Revit 中，可以通过对象的材质或者过滤器两种方式进行定义，两种方法都可以改变管道的颜色来区分各个专业的管道，但区别在于使用过滤器来定义管道系统颜色会比改变材质的方法更方便和使用时更灵活。因为使用过滤器，可以通过过滤器规则来灵活过滤选择各专业管线，并对过滤选择的管线进行灵活的颜色设置（图 546），而通过材质定义颜色就没有这么灵活方便地做到这点。所以，建议在管线综合协调时，使用过滤器来定义管道颜色。

需要注意的是，通过过滤器设置的颜色在导出模型到 Navisworks、Lumion 等软件时并不会传递过去；通过材质设置的颜色可以传递，但风管、桥架等构件无法设置材质。对于在 Navisworks 中的解决方案可参见第 175 问。

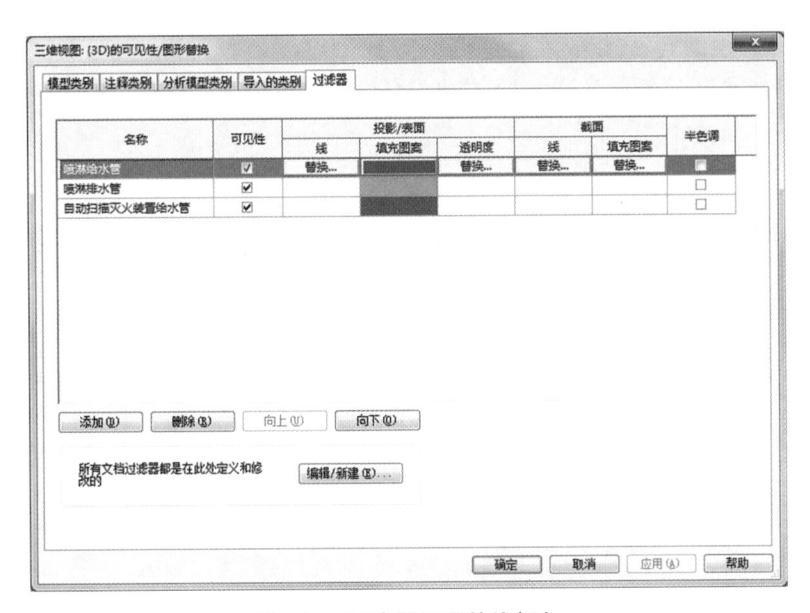

图546　过滤器设置管线颜色

141. 如何定义过滤器给机电管线赋予不同的表面颜色？

为了在机电管线综合协调时方便直观地辨认不同管线系统，通常需要给机电管线赋予不同的表面颜色，在 Revit 中，一般通过定义过滤器的方法来实现，具体步骤如下：

（1）点击视图属性窗口的“可见性 / 图形替换”右边的“编辑”按钮；

（2）出现当前视图的“可见性 / 图形替换”对话框，切换到“过滤器”选项卡；

（3）点击“编辑 / 新建”按钮，如图 547 所示；

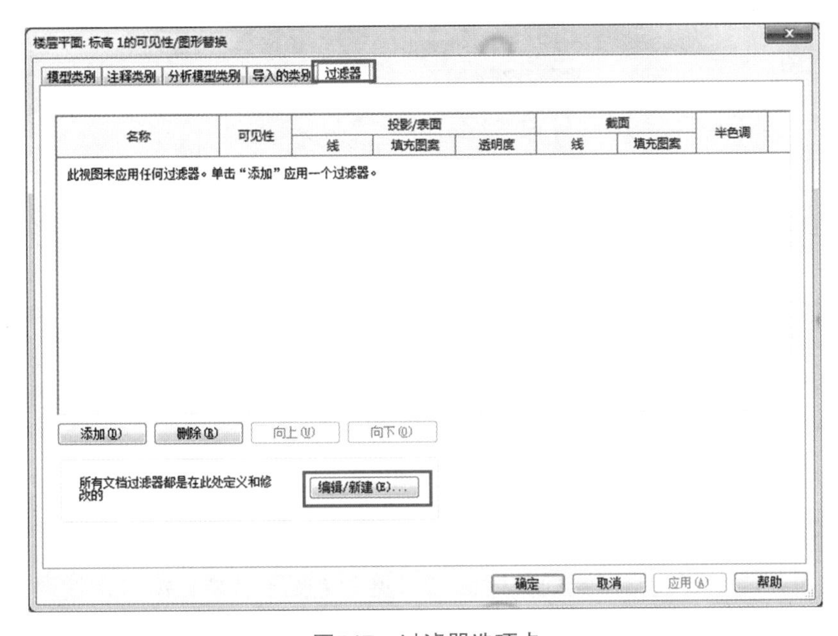

图547　过滤器选项卡

（4）出现“过滤器”窗口，创建机电专业的过滤器，如以“消火栓”为例，按图 548 所示的“新建过滤器”按钮，输入消火栓，然后设置消火栓“类别”和设置“过滤器规则”，如图 549 所示；

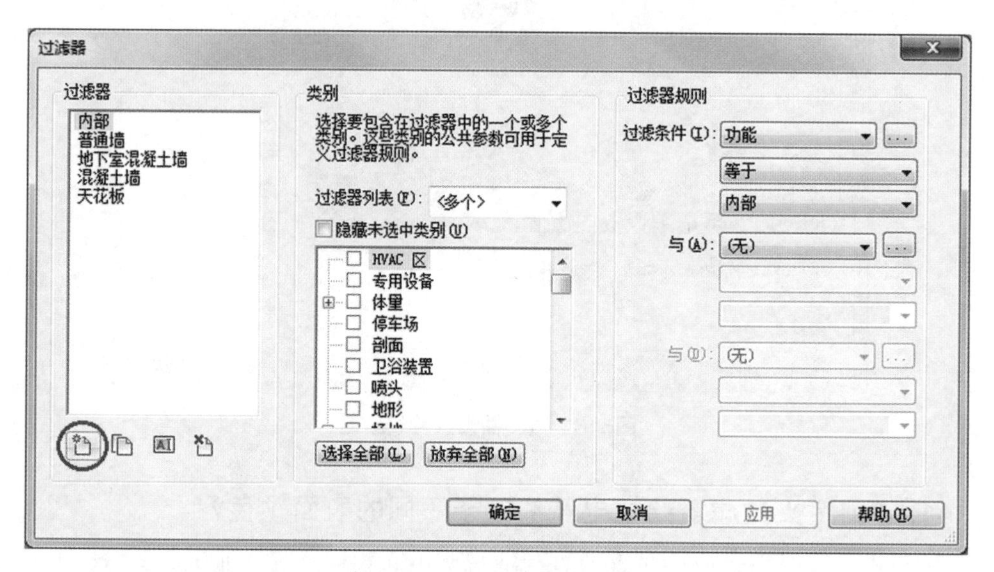

图548　新建过滤器

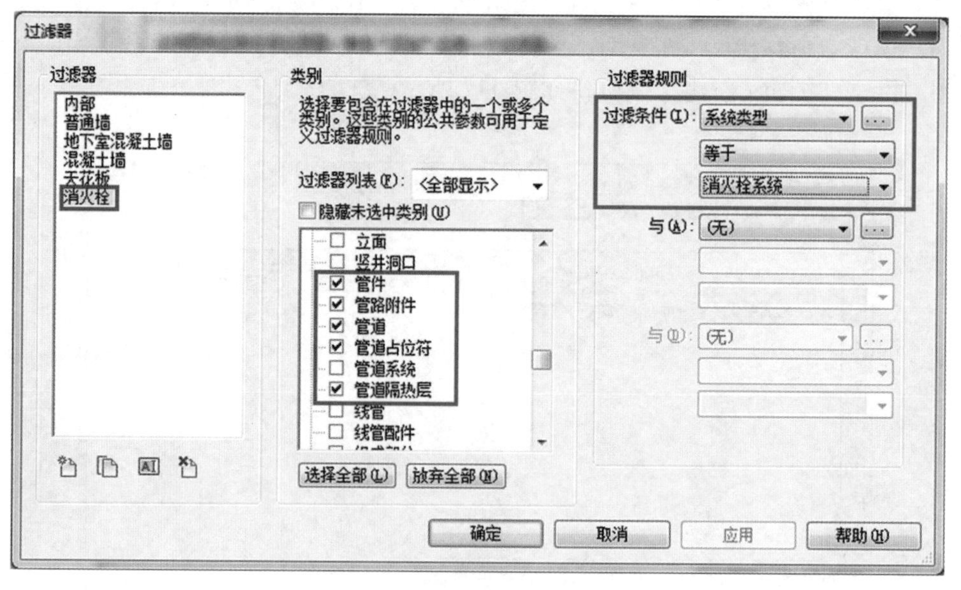

图549　过滤器设置窗口

（5）点击“确定”按钮，完成并返回“可见性 / 图形替换”窗口，按“添加”按钮添加“消火栓”过滤器，如图 550 所示；

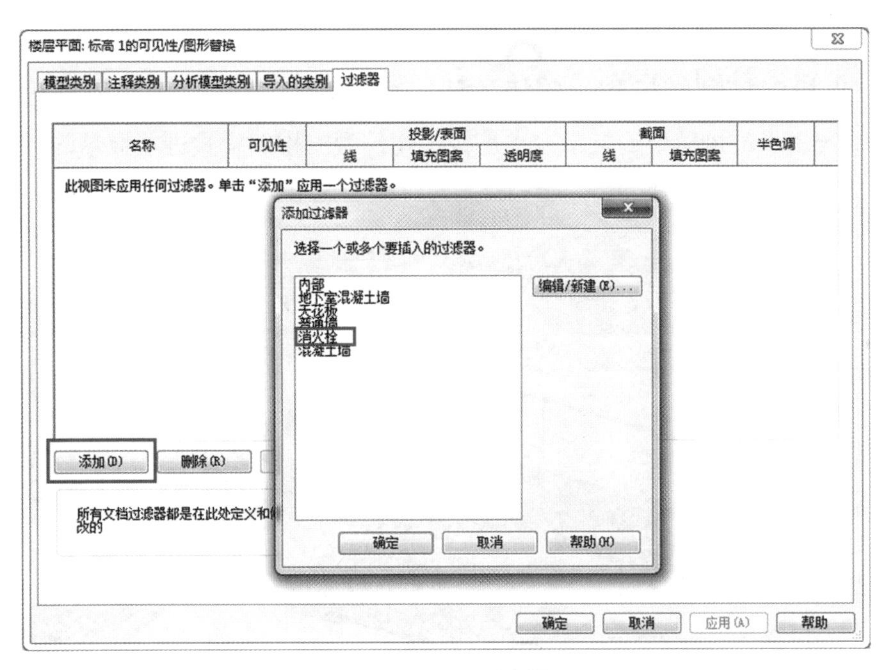

图550　添加过滤器

（6）点击“消火栓”过滤器的填充图案的“替换”按钮，选择“颜色”和“填充图案”，如图 551 所示，完成“消火栓”的过滤器设置；

（7）其他机电系统重复上述步骤分别进行设置。

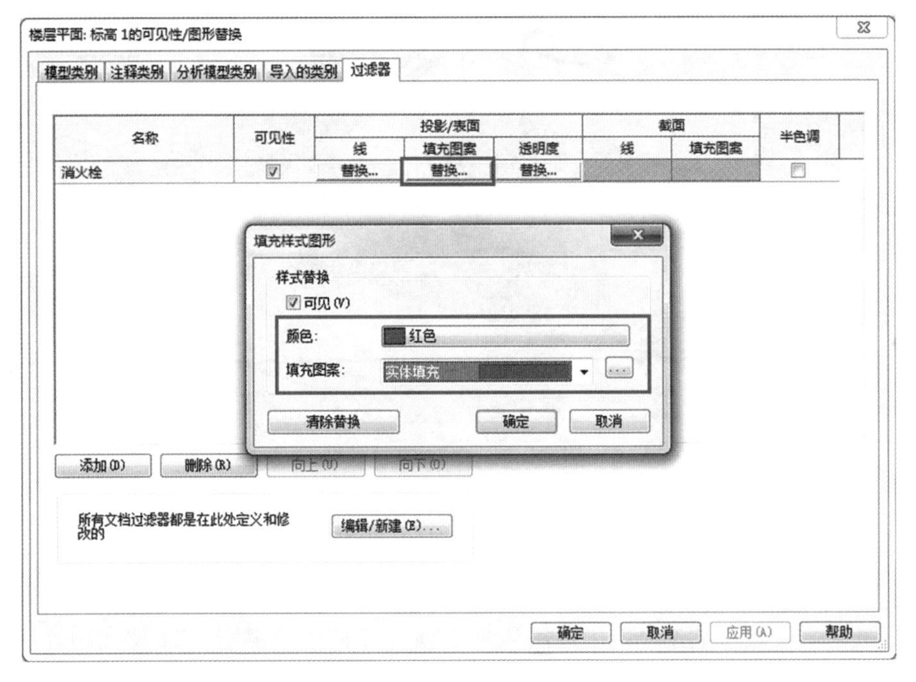

图551　消火栓颜色设置

142. 当机电模型链接到建筑模型里，原有颜色丢失了，如何处理？

默认情况下，链接模型的显示方式是按主体模型的视图样式进行显示的，所以原来机电模型设置好的颜色（图 552），被链接到建筑模型里可能就看不到了，如图 553 所示。

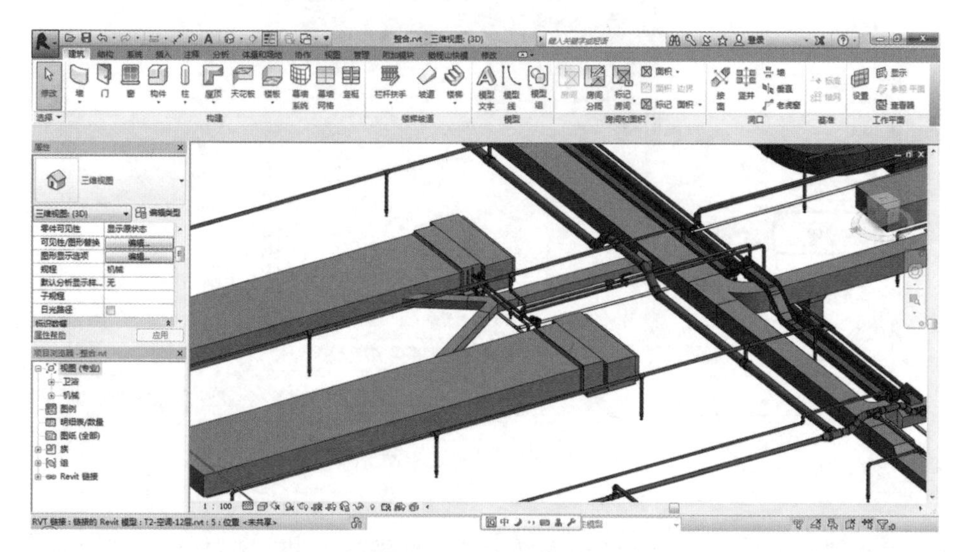

图552　原机电模型

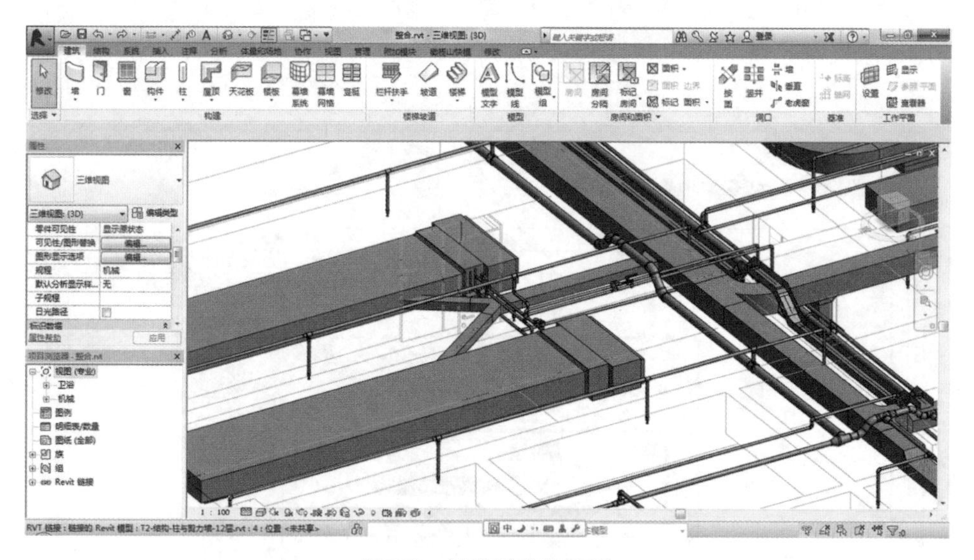

图553　链接到建筑模型

可以有两种方法解决这个问题：传递过滤器和修改显示设置。

（1）传递过滤器。

可以通过“传递项目标准”，直接从机电模型文件中将其过滤器及视图样板传递过来，具体步骤参见第 44 问。

（2）修改显示设置。

通过改变 Revit 链接的显示设置，恢复链接文件原视图显示，具体步骤如下：

1）点击视图属性窗口的“可见性 / 图形替换”右边的“编辑”按钮；

2）出现当前视图的“可见性 / 图形替换”对话框，切换到“Revit 链接”选项卡；

3）把各专业模型的显示设置从原来的“按主体视图”改为“按链接视图”，如图 554 所示；

图554　修改链接文件的显示设置

4）点击“确定”按钮，完成设置。

143. 布置桥架时，由于空间不够无法放置桥架配件时怎么办？

当空间不够，无法放置电缆桥架配件时，可以用“无配件的电缆桥架”来绘制桥架模型。

方法如下：

（1）选择功能区，“电缆桥架”命令，如图 555 所示；

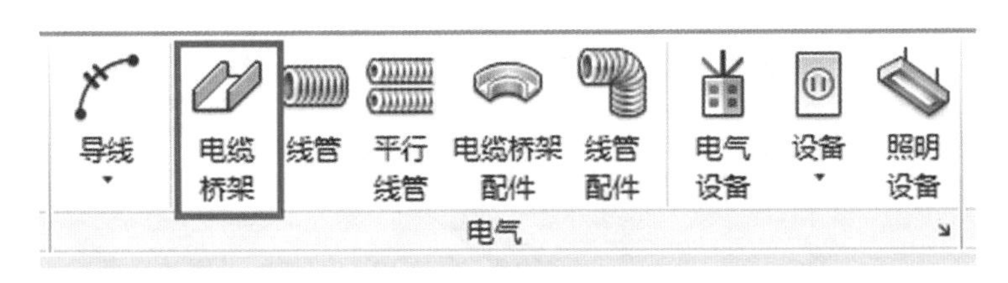

图555　电缆桥架命令

（2）在桥架“属性”窗口选择“无配件的电缆桥架”，如图 556 所示；

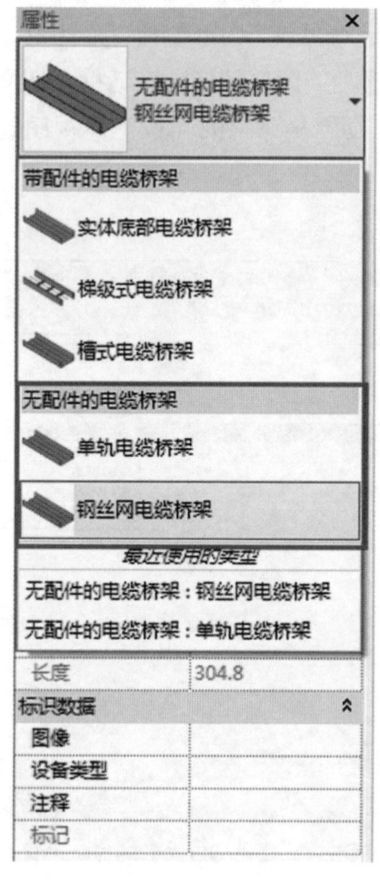

图556　选择类型

（3）在绘制电缆桥架模型时，不生成“三通连接件”也能连接，如图 557 所示；

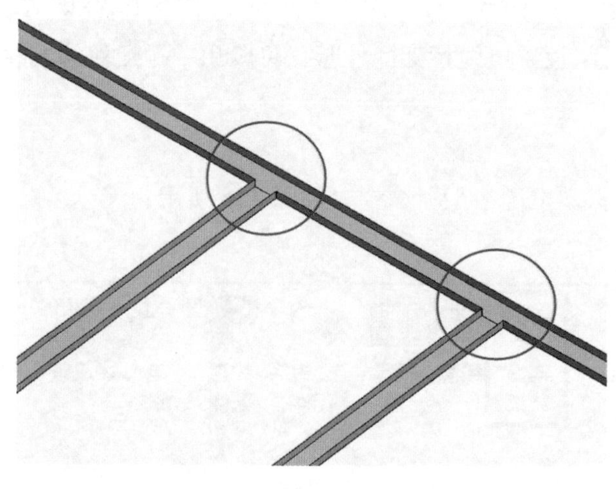

图557　无配件的电缆桥架

（4）当遇到管线密集区域，电缆桥架需上翻或下翻来连接，但空间不够生成连接件时，只能是“插进去”不连接。以优比咨询服务的南海意库项目管线密集区域为例，如图 558、图 559 所示。

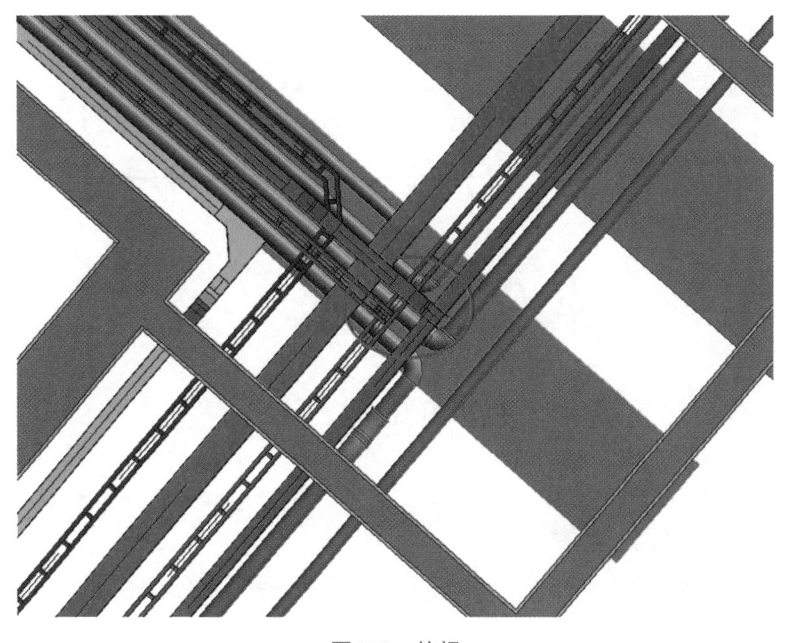

图558　俯视

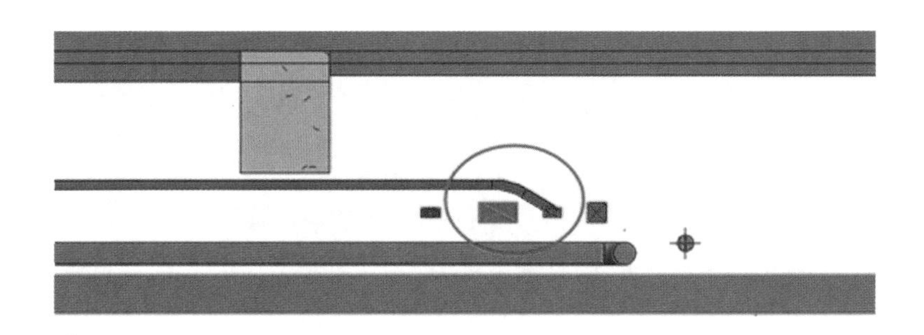

图559　剖面

144. 为什么有时风管尺寸标注的宽和高是反的（往往是在剖面出现）？

出现这种情况与风管标记族的做法有关，如果标记的做法是“尺寸”，就有可能出现这种情况，比如在剖面画的竖向风管，在其侧面的剖面视图标注，就会出现宽、高对调的情况，这是由于不同视图方向使 Revit 对风管的“尺寸”有不同的理解。要保持一致，就要将标记的做法改为“宽”“×”“高”，那么各个视图都是一致的。具体方法如下：

（1）编辑“风管尺寸标记”族，进入族编辑器；

（2）选择“标签”，点击“属性框”的“标签编辑”，如图 560 所示；

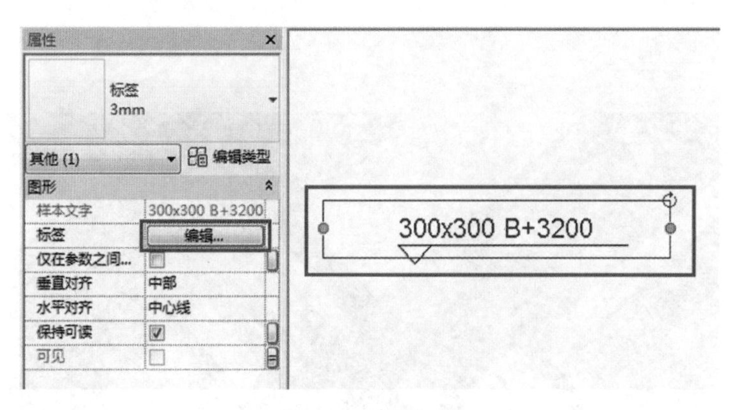

图560　编辑标签

（3）打开“编辑标签”窗口，如图 561 所示；

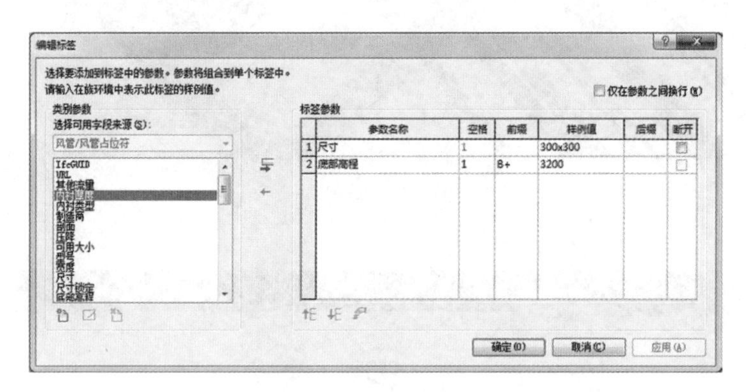

图561　编辑标签窗口

（4）把“编辑标签”窗口里的标签参数改为如图 562 所示的宽度和高度；

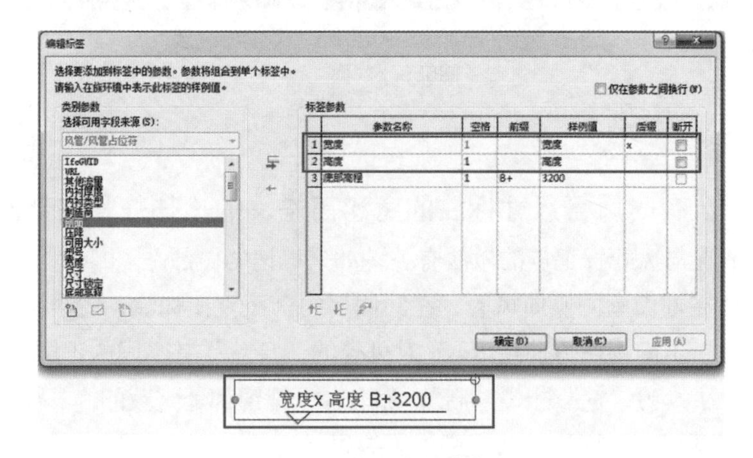

图562　修改标签参数

（5）把族载入到项目中，选择“覆盖现有版本及其参数值”命令，这样在平面和剖面添加“风管尺寸标注”，宽和高的标注都是一致的，如平面图（图 563）和剖面图（图 564）所示。

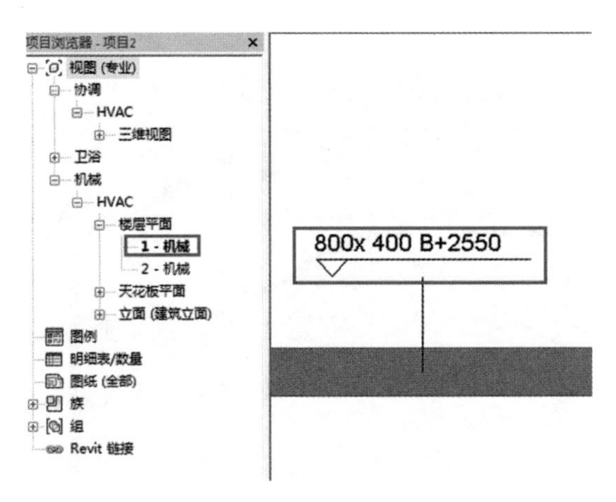

图563　平面视图

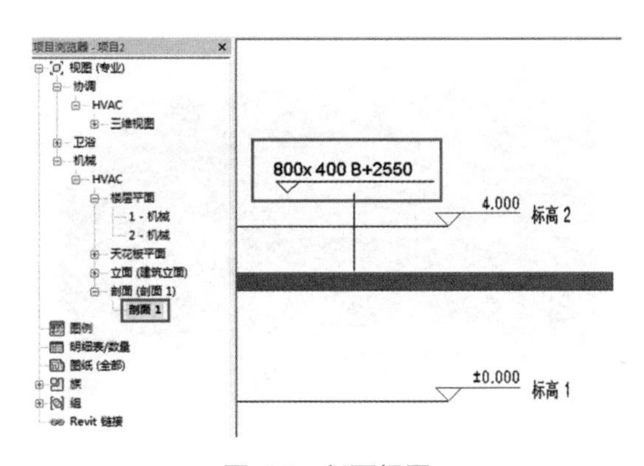

图564　剖面视图

145. 如何用标准角度的弯头进行非标准角度的管道连接?

Revit 默认弯头可以是任意角度（图 565），但实际工程中一般弯头是标准角度为 90°、135°。如果需要真实模拟工程实际，一般做法是将两根成角度的管道上下错开，中间用短立管连接。

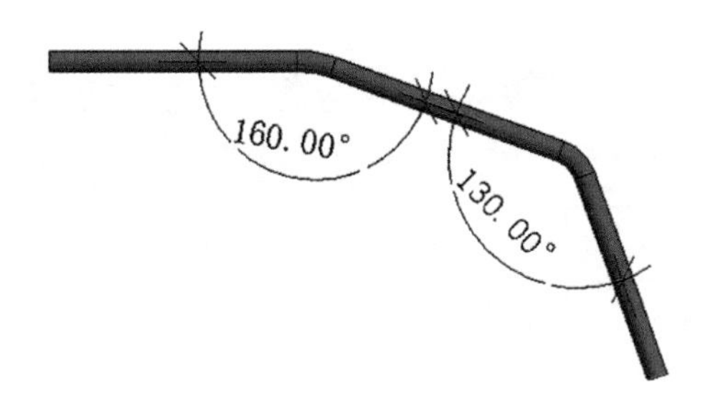

图565　Revit任意角度弯头

以图 566 为例，管道需沿走廊敷设，而走廊拐弯的角度分别是 154° 和 116°，虽然 Revit 可以直接做出，但实际工程则需要抬高中间的水管，上下错开，短立管连接，模拟实际工程的常见做法，如图 567 所示。

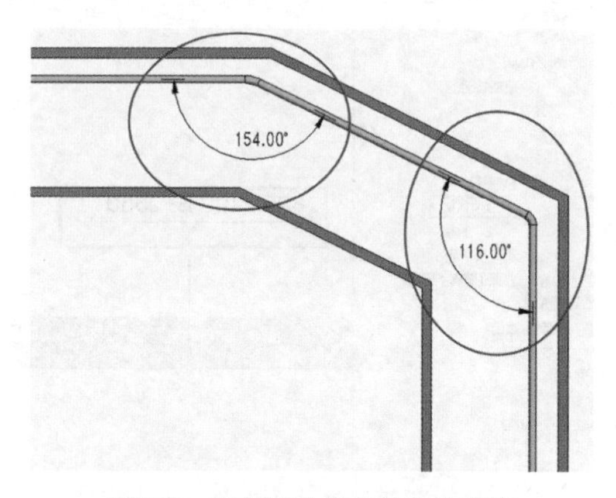

图566 用非标准角度的弯头连接

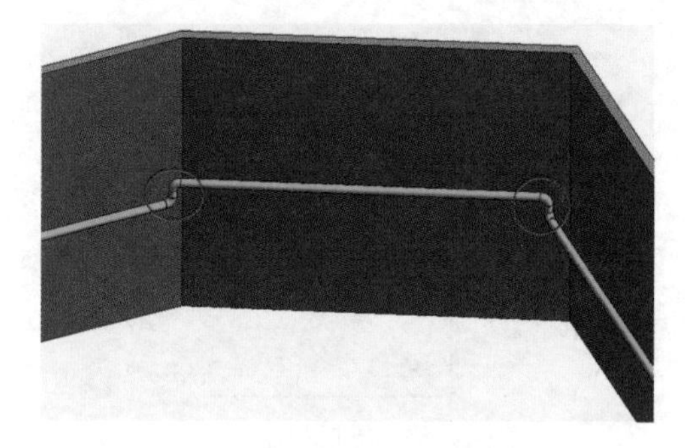

图567 用标准角度的弯头连接

146. 自建阀门族如何自适应管径大小？

阀门族要能自适应管径的大小，关键是连接件加上“半径”参数，该参数需设为实例参数，才能自适应管径大小，如果是类型参数，则不能自适应管件的大小。具体方法如下：

（1）新建阀门族，点击“族类型”命令，如图 568 所示；

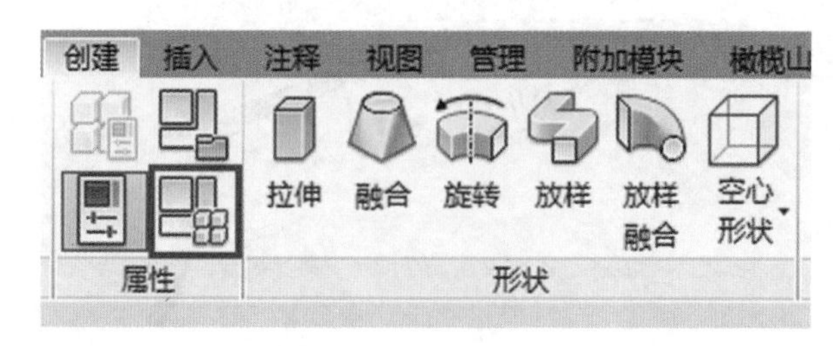

图568 族类型命令

（2）在族类型窗口（图 569），按参数“添加”按钮添加“公称半径”参数；

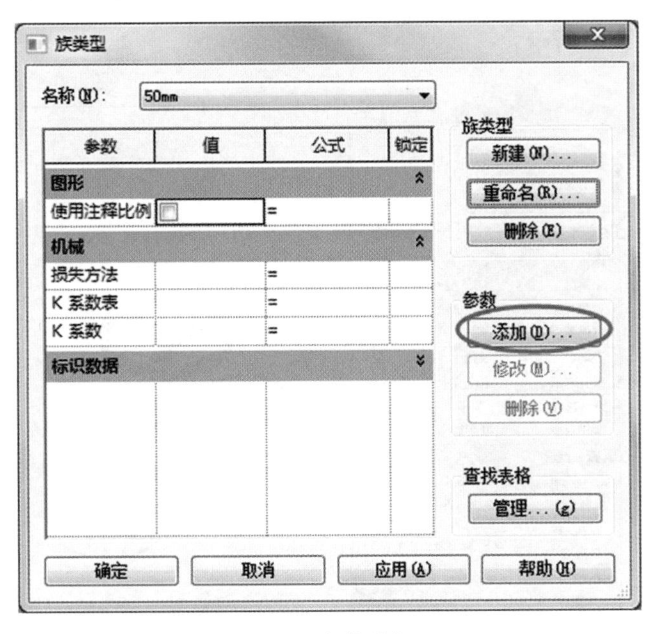

图569　族类型窗口

（3）在“参数属性”窗口，添加名称“公称半径”，选择参数类型为“实例”，如图 570 所示；

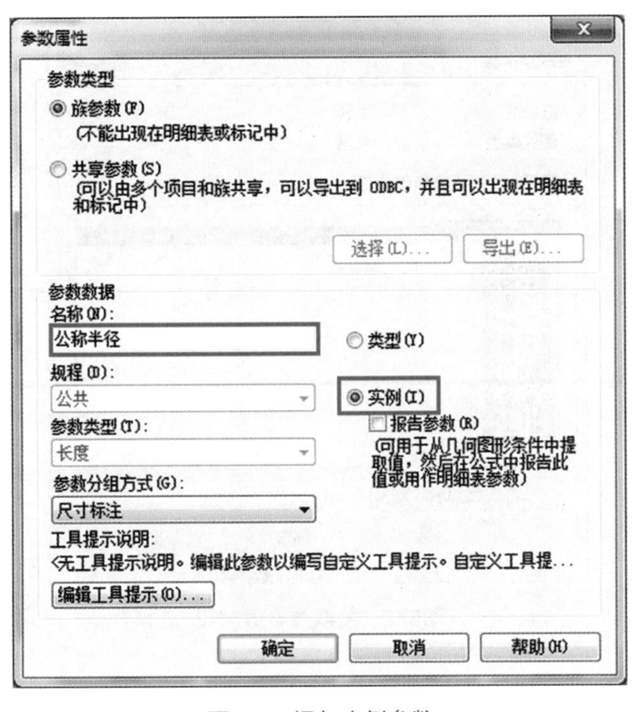

图570　添加实例参数

（4）在模型中添加“管道连接件”，把“管道连接件”的“半径”参数与“公称半径”关联，选择“管道连接件”，点击“属性框”里的“半径”参数右边的“关联族参数”按钮，如图 571 所示；

图571　关联参数

（5）在“关联族参数”窗口，选择“公称半径”参数，如图 572 所示；

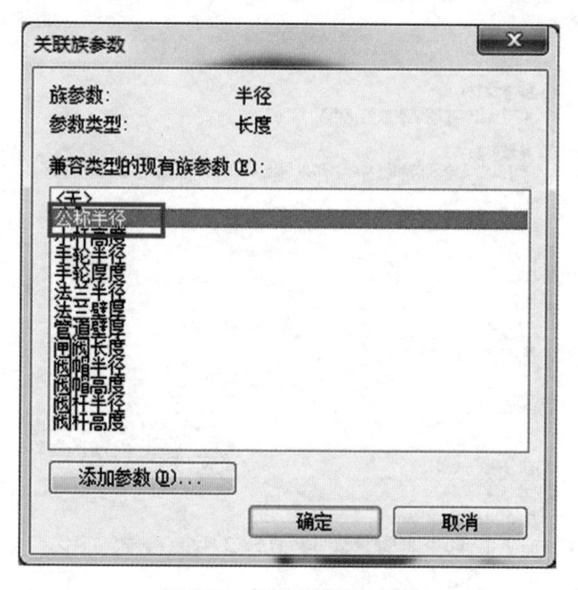

图572　关联族参数窗口

（6）把族载入到项目中，放置闸阀族时，就会自适应管径大小。

147. 隐藏线模式下风管如何显示中心线？

Revit 风管的中心线除了在视图“线框”模式下可以显示外，其他显示模式默认都不能显示其中心线，此处以优比服务的广汽变电站项目，风管为例，如图 573 所示，具体说明解决的方法。

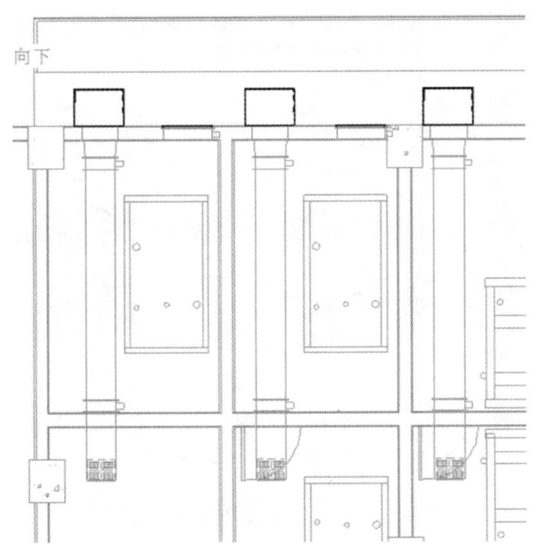

图573　广汽变电站风管模型

(1) 选择功能区“视图 > 可见性 / 图形”命令，打开“可见性 / 图形替换”窗口，选择“模型类别”选项卡，进行可见性的控制，如图 574 所示。

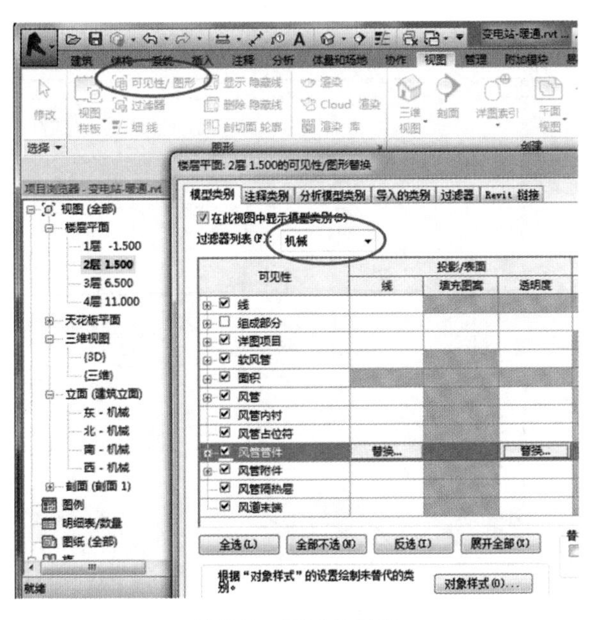

图574　可见性设置

（2）把风管及其风管管件的透明度设为大于 0，如图 575 所示。

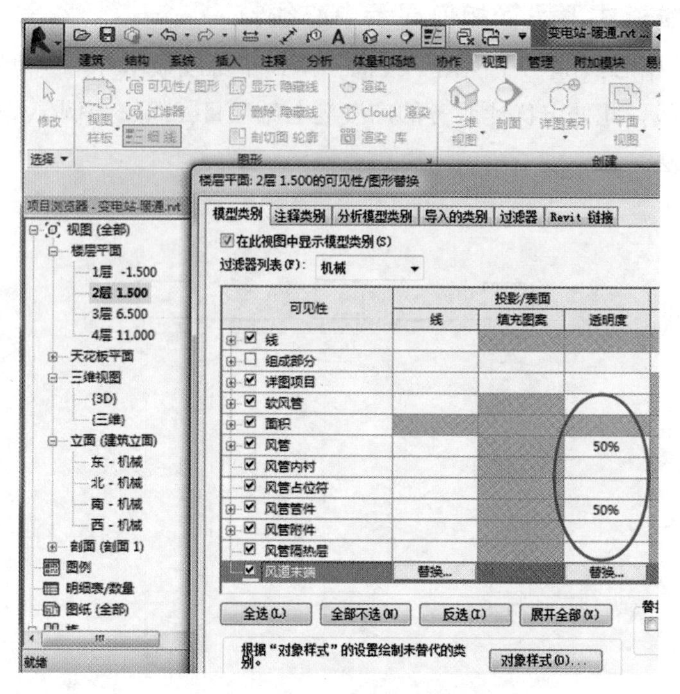

图575 更改风管及管件的透明度

（3）单击“确定”按钮，完成效果如图 576 所示。

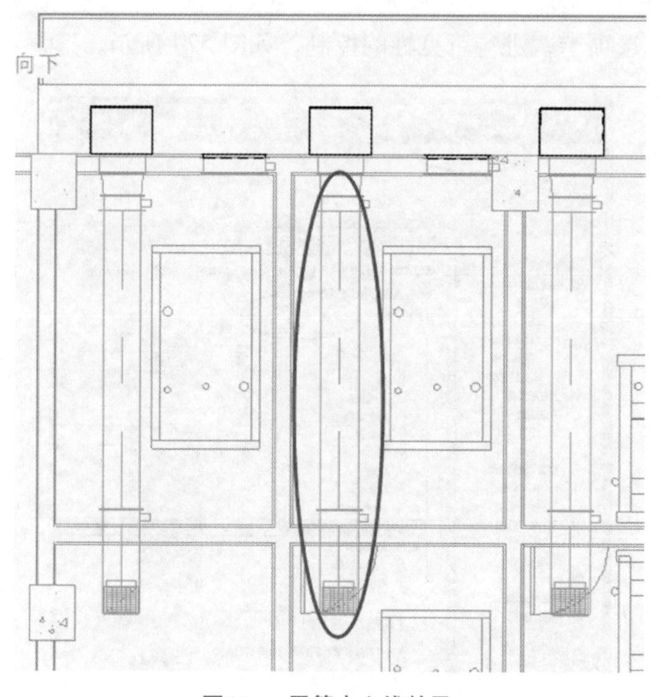

图576 风管中心线效果

148. 如何控制管道立管的平面符号大小?

当 Revit 的视图显示详细程度为“粗略”时，机电管线将以符号化方式代替真实模型来显示，如图 577 的左视图所示的立管平面符号大小是另外由特定的参数控制，而非实际管道的直径，立管显示超出管井范围，容易引起误解。

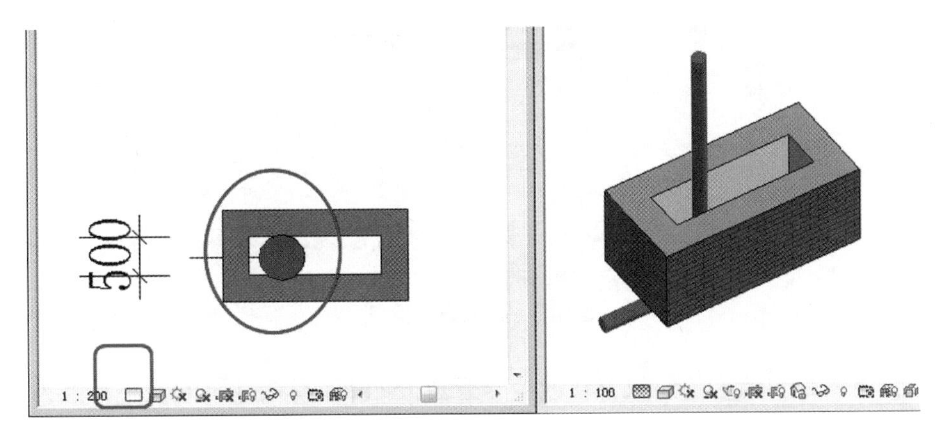

图577　管道的粗略显示

通常情况下，我们建议在检查专业协调和碰撞时，视图显示模型还是设置为“精细”，以确保管道按实际尺寸显示，如图 578 所示，避免误解。

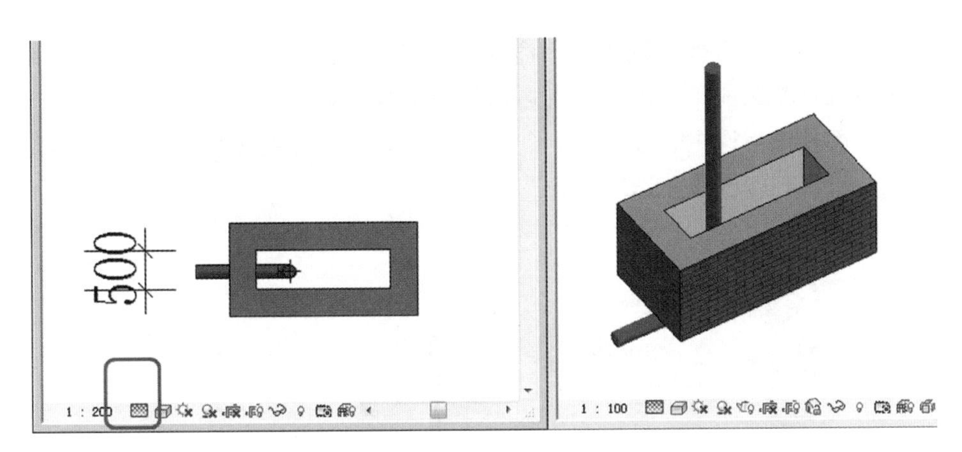

图578　管道的精细显示

Revit 的“粗略”视图显示主要是为了出图，通过改变出图比例可以改变立管符号大小，因为注释符号的实际打印尺寸是不变的，所以所有的注释符号当视图比例越大时，注释符号显示就越小。

立管符号尺寸大小可以按以下方法设置：

(1) 选择功能区“管理 >MEP 设置 > 机械设置”命令；

（2）在图 579 的“机械设置”窗口中，选择“管道设置”，改变“管道升 / 降注释尺寸”的大小。

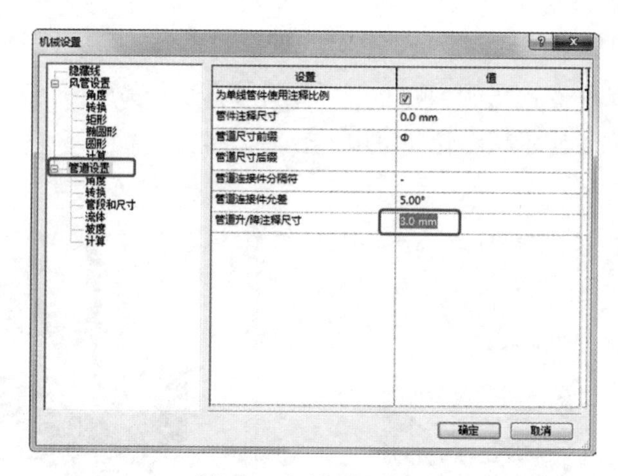

图579　机械设置窗口

需要注意的是，我们不建议直接改变“管道升 / 降注释尺寸”的大小，因为这样会影响出图的效果，而且这个设置是全局性的，会影响所有立管的标注符号。

149. 有坡度的主管、支管怎么连接？

对于有坡度的管道，要连接支管，可采用“继承高程”功能来完成。

（1）选择功能区“系统 > 管道”命令，放置支管；

（2）在放置支管之前，点击“修改 > 继承高程”命令；

（3）在平面视图点选主管连接点，则支管自动继承此处主管的高程，然后再点击放置支管末端，可得到图 580 所示的支管。

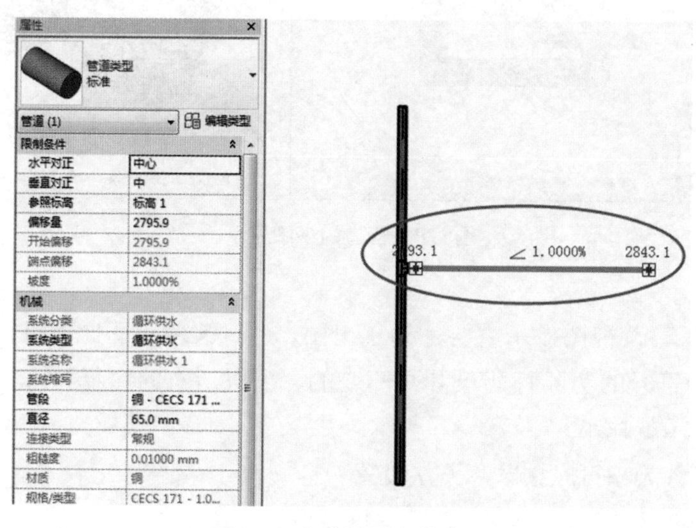

图580　支管继承主管高程

150. 管线的平面表达能不能使用像 AutoCAD 那样的带字母线型?

由于目前版本的 Revit 线型不像 AutoCAD 那样可以直接带字母，所以只能通过附加管线标记来完成出图要求的管线平面表达。具体方法如下：

(1) 把平面视图的视图样式改为“中等”或“粗略”，如图 581 所示；

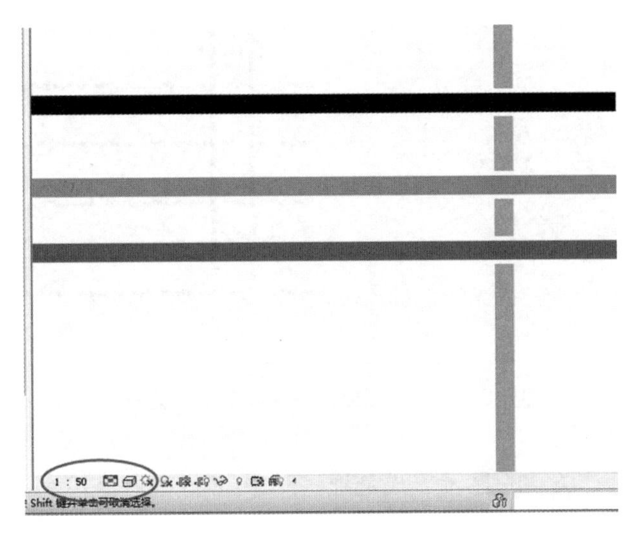

图581　视图样式设置

(2) 选择功能区“注释 > 按类别标记”命令，“引线”钩选去除；

(3) 点选要标记的管道（图 582)。附图里的标注建议改为仅类型标记，不要管径，这样才是 AutoCAD 的效果。

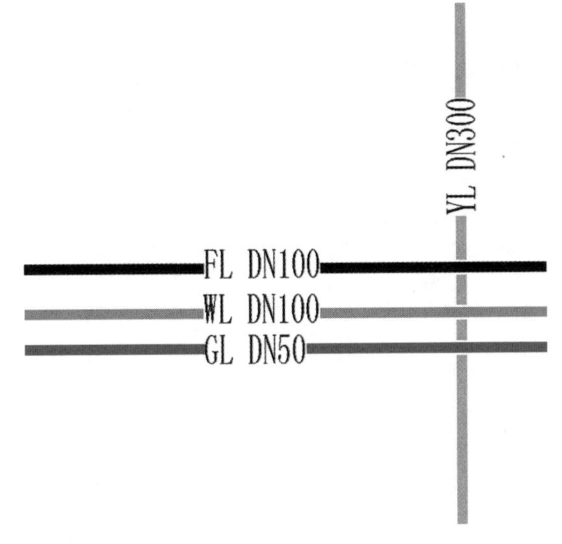

图582　标记的管线

151. 如何设置管线上下空间关系的遮挡表达?

在平面视图显示管线时，需要把管线上下空间遮挡关系表达出来，不论是双线表达方式还是单线表达方式，如图 583 所示。

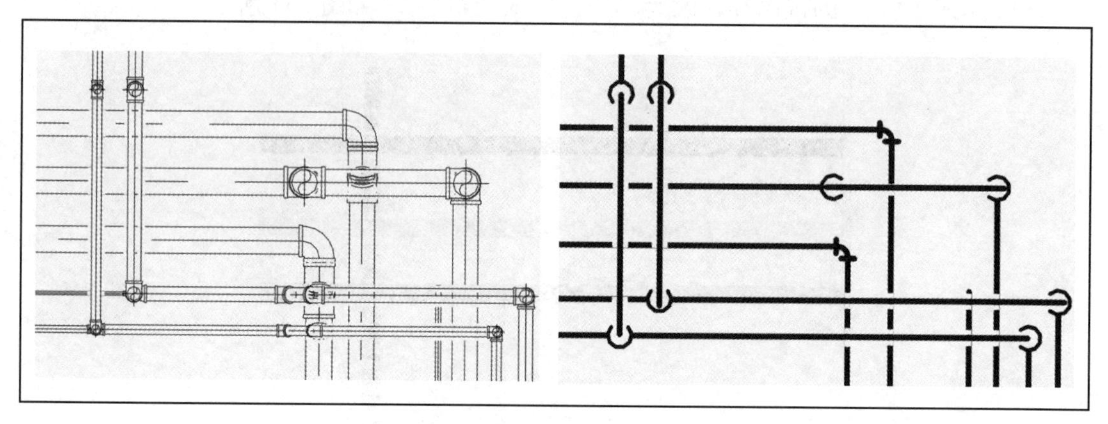

图583　管线上下空间双线和单线表达方式

管线上下空间遮挡关系的显示方式是通过“MEP 设置”来控制，打开“MEP 设置”具体方法如下：

(1) 选择功能区“管理 > 设置 > 机械设置”命令；

(2) 在“机械设置”窗口（见图 584)，点选左侧面板的“隐藏线”，右侧面板的“绘制 MEP 隐藏线”选项默认为钩选，将进行隐藏线的绘制；

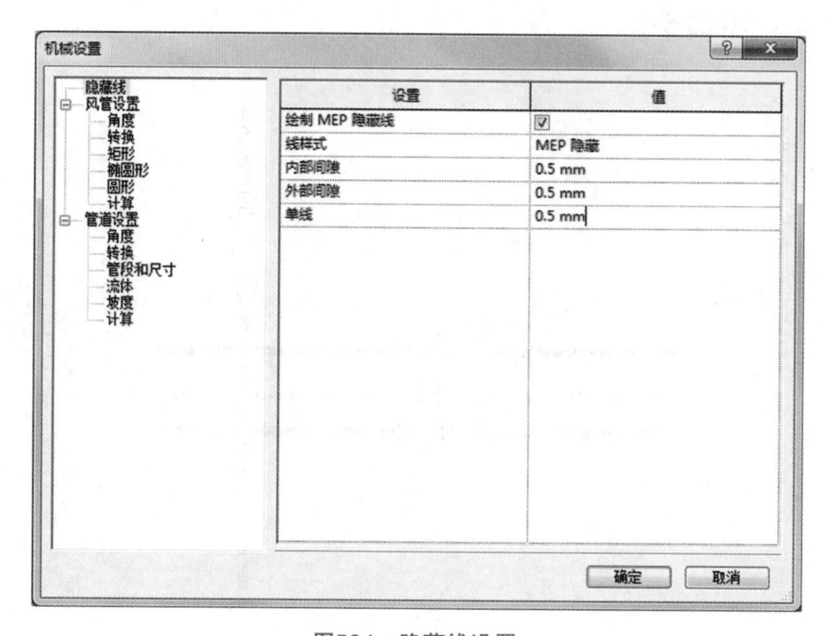

图584　隐藏线设置

（3）单击“确定”按钮，完成设置。

另外，通过调整“内部间隙”、“外部间隙”和“单线”三个参数还可以分别控制隐藏线的效果，见图 585 所示。

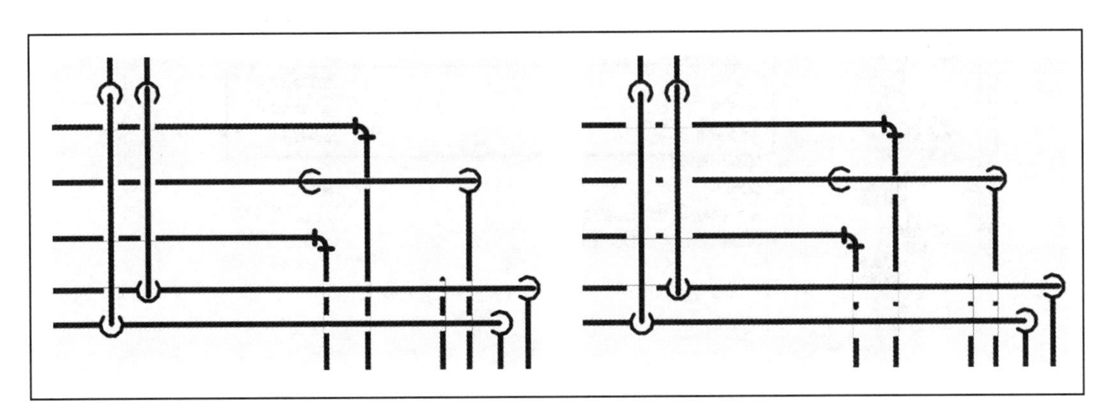

图585　单线隐藏设置值效果：左图为1mm、右图为2mm

152. 如何修改电气专业的导线类型中（火线，中性线，地线）的记号？

Revit 默认的导线显示记号如图 586 所示，但其中火线、中性线和地线的记号并没有区分出来，只标识了导线的根数。

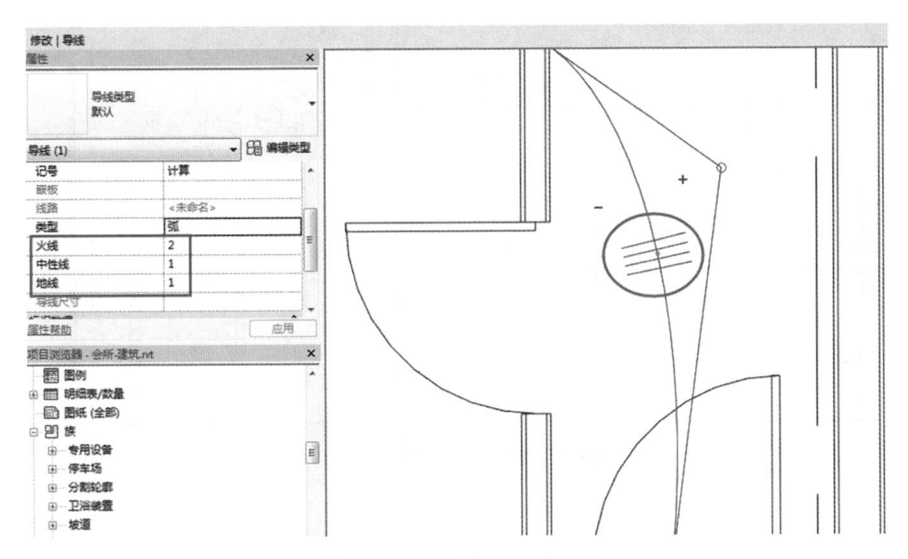

图586　Revit默认导线记号

有时为了更容易辨别导线类型及其根数，可通过设置不同的导线记号以便于分辨。具体方法如下：

（1）选择功能区“管理 > MEP 设置 > 电气设置”命令；

（2）在“电气设置”窗口（见图 587），修改火线、地线和中性线的记号；

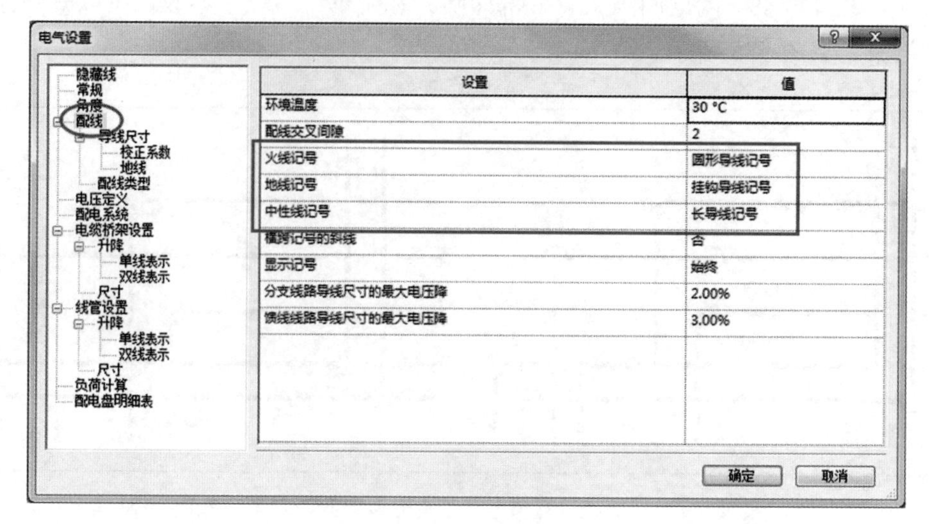

图587　导线记号设置

（3）单击“确定”按钮，完成设置，如图 588 所示。

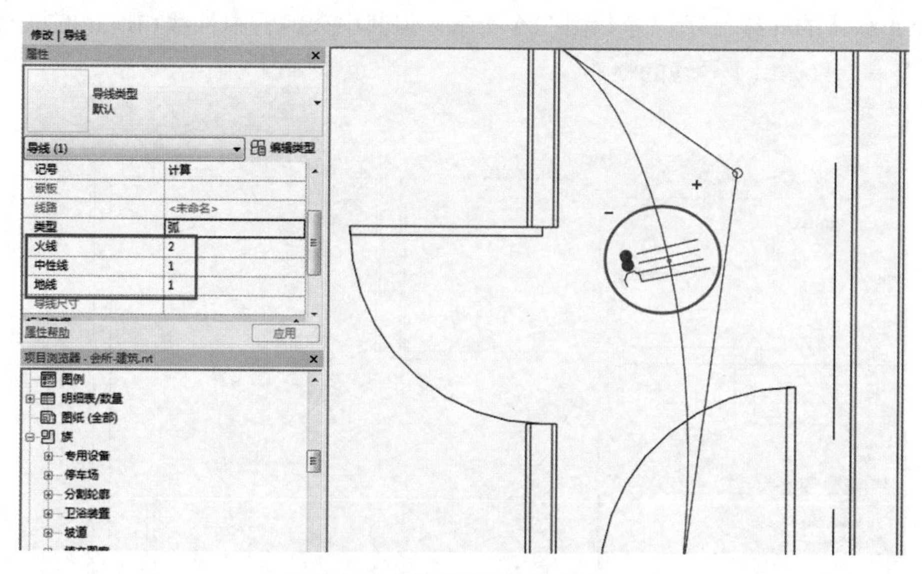

图588　用不同记号标记导线

153. 如何按管线的直径尺寸做颜色的填充图例？

通常情况下，管道按专业和系统分别赋予不同的颜色，例如消防管道系统用红色、生活热水给水用黄色、空调冷冻水供水用青色等，以便于专业和系统的区分，如图 589 所示。

图589　按颜色区分专业和系统

但有时为了方便检查管道的直径是否正确，用颜色来区分管道直径比尺寸标注更为方便，如图 590 所示。

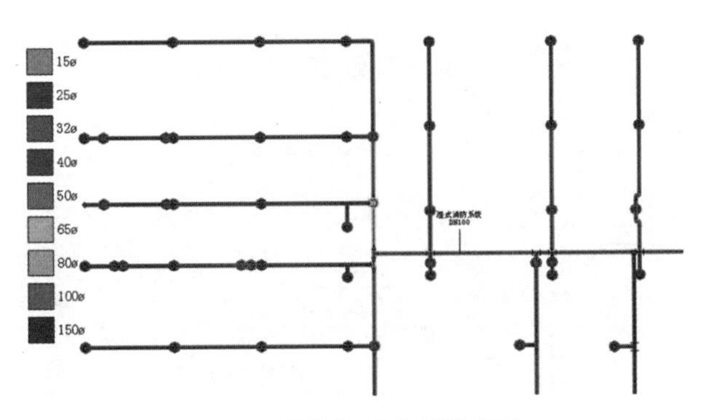

图590　用颜色区分管道直径

具体方法如下：

(1) 在平面视图属性窗口（见图 591），单击“系统颜色方案”右边的“编辑”按钮，打开“颜色方案”窗口，如图 592 所示；

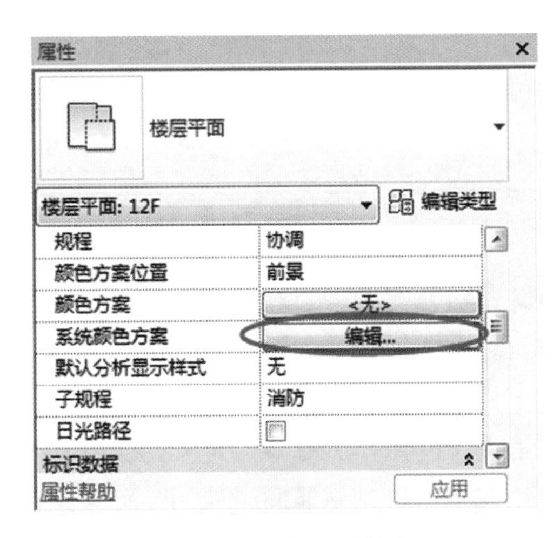

图591　平面视图属性窗口

（2）单击“管道”右侧的配色方案按钮（见图 592），打开“编辑颜色方案”窗口，如图 593 所示；

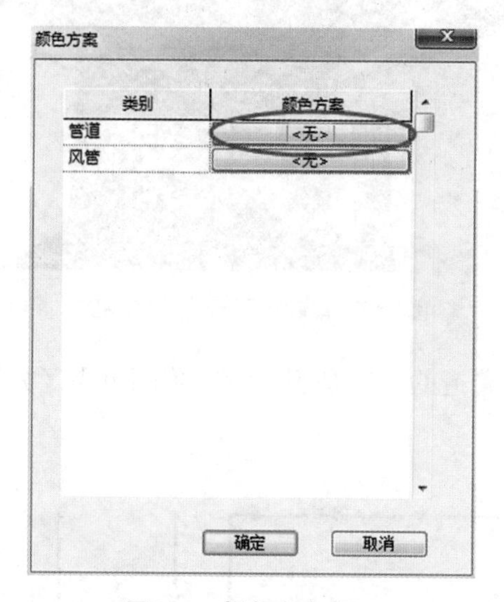

图592　颜色方案窗口

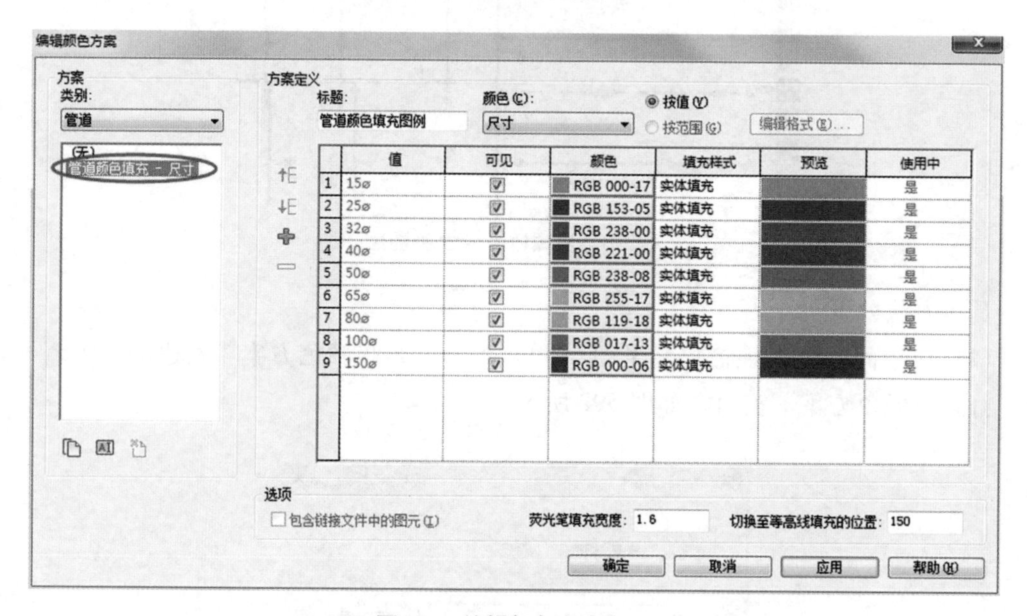

图593　编辑颜色方案窗口

（3）选择默认的管道颜色填充方案，当然也可以自定义颜色填充方案；

（4）单击“确定”按钮，完成设置，如图 590 所示，颜色效果如同使用不同颜色的荧光笔进行填充。

需要特别注意的是，第 141 问用“过滤器”定义的颜色和本问题叙述的用管道直径定义颜色两种方法只能使用其中一种，不能同时使用，如果之前已经用过滤器定义了颜色，则需要先删除过滤器，本方式才能起作用。

154. 如何修改风管末端的系统分类？

风管末端（如送风口、回风口等）都默认设置了系统分类，为了与风管系统匹配，需要选择对应的送风口、回风口族或直接修改风口族的系统分类为“送风”、“回风”等，如图 594 所示。

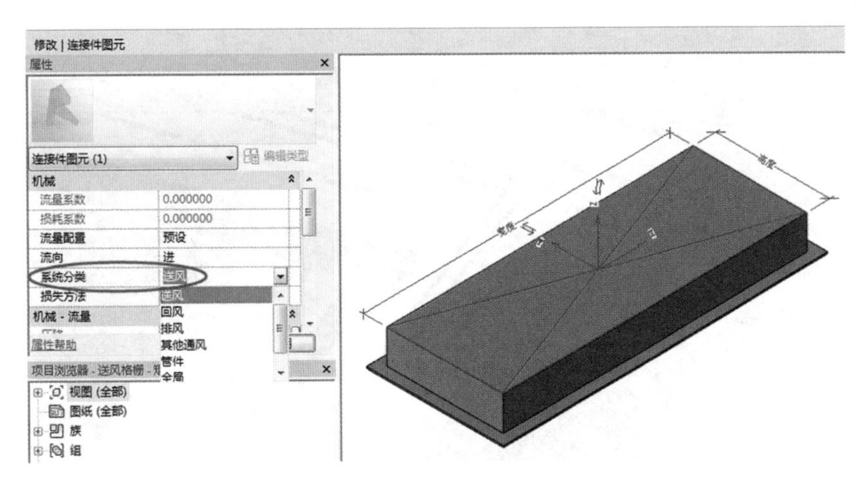

图594　修改风口族系统分类

155. 如何让风管的附件跟随风管的尺寸大小变化？

默认情况下，风管附件（如风阀）的尺寸大小是需要根据风管的尺寸做相应的设置，为了提高建模的效率，让风管的附件尺寸随风管的大小变化而变化，可把风阀族的宽度和高度类型参数改为实例参数（见图 595），这样风阀就会随风管的大小变化而变化。

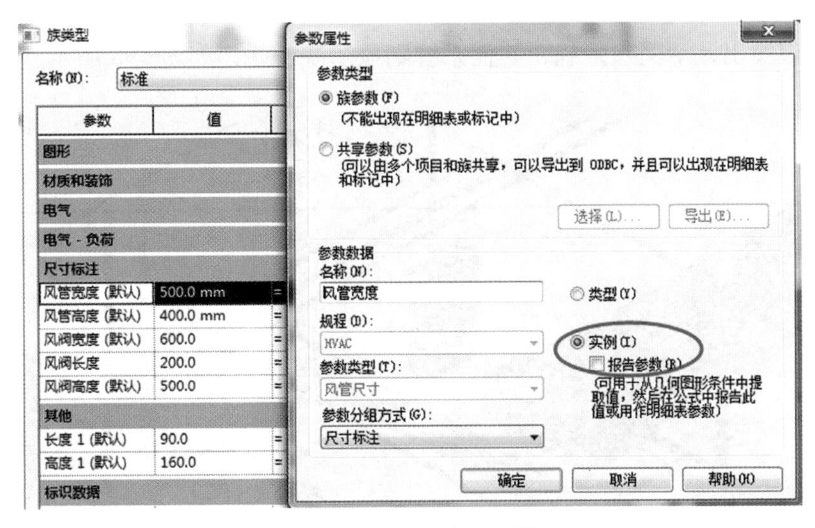

图595　风阀族参数设置

156. 如何一次修改连续的管道坡度?

要一次选中如图 596 所示的红色连续的管道，可利用“Tab”键即可一次选择而无需多选或框选，这在模型密集或管路有弯弯曲曲时就非常有效。

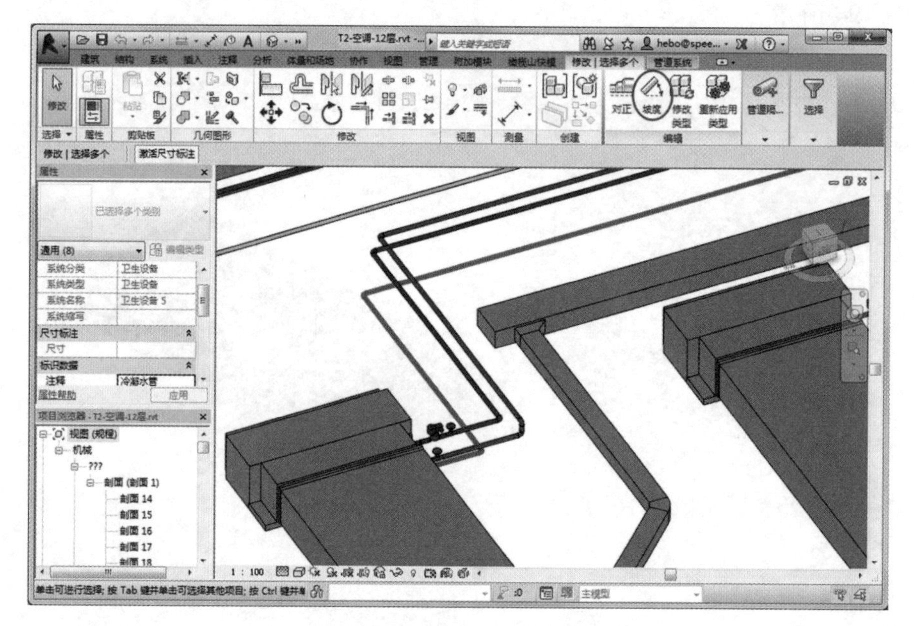

图596　修改连续的管道坡度

选择完成后单击“坡度”命令，即可指定一个坡度给这一连续的管道。

157. 如何修改其他机电设备的半色调来突出重点关注的管道?

在机电管线比较密集的区域（图 597），如果想重点关注某些管道系统时，例如消防系统，希望突出显示消防系统，其他系统则显示淡一些，如图 598 所示。

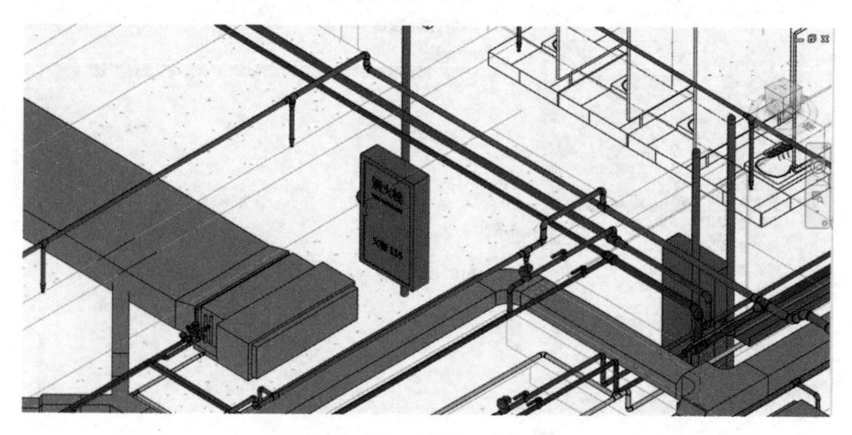

图597　机电管线正常显示

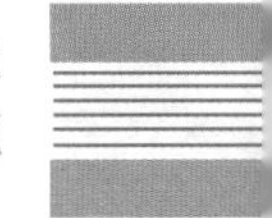

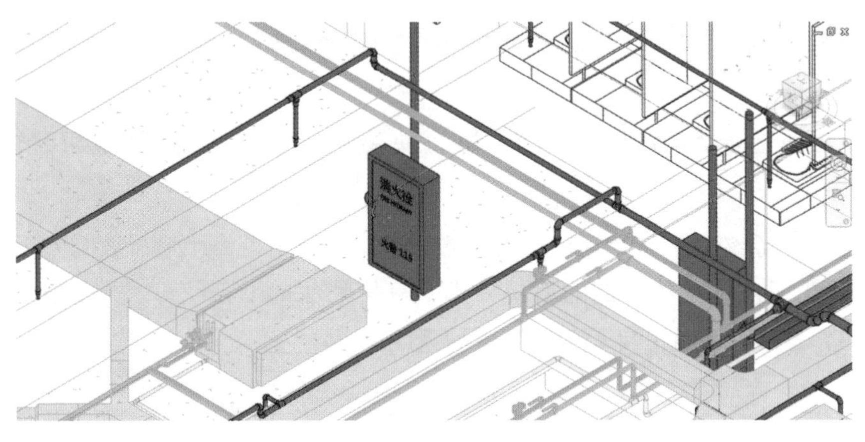

图598　突出消防系统的显示

可以通过视图可见性的“半色调”来控制，具体方法如下：

（1）单击视图属性窗口的“可见性 / 图形替换”右边的“编辑”按钮；

（2）在“可见性 / 图形替换”窗口，把需要减弱显示的模型类别的“半色调”钩选上（图 599），如果是链接的文件则选择“Revit 链接”选项卡，钩选链接文件的“半色调”选项；

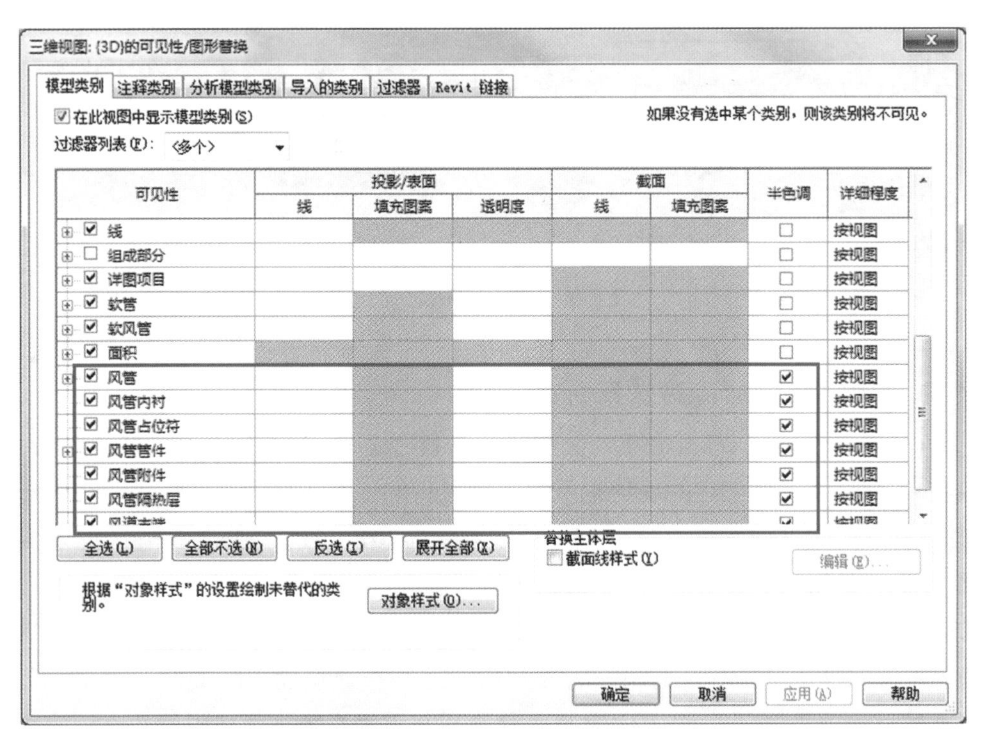

图599　“可见性/图形替换”窗口半色调设置

（3）单击“确定”按钮，完成设置，效果如图 598 所示。

158. 如何在绘制喷淋喷头时，将喷头生成的管道系统归属到自行创建的管道系统？

要把喷头的系统分类归属到自行创建的管道系统里，可修改喷头族的“系统分类”，如果希望喷头适应连接的管道的系统分类，可把喷头的“系统分类”设定为“全局”（见图 600），这样喷头就可自动匹配管道的系统。

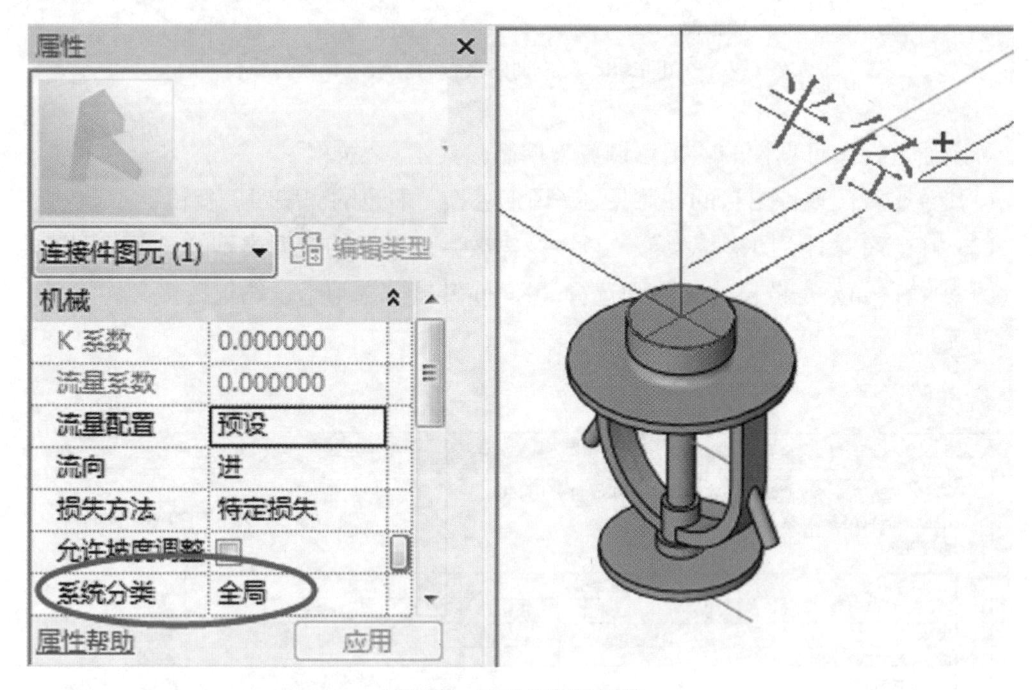

图600　喷头族系统分类

159. 创建 MEP 族应该选择什么样板？

Revit 族是按族类别进行分类，族类别不应随意选择，因为 Revit 的所有对象都是有特定的工程属性，明细表的统计也是按类别进行的，如果族类别选错了，将意味着这个族的工程属性就是错误的。这个族可能就无法与 MEP 的相关设备、管线等连接，明细表统计也将是错误的。

族类别是软件固定的，用户只能按实际需要选择，不同的族类别具有不同的族参数。Revit 软件默认自带了一些典型的族样板，这些样板预设了族类别。在创建自定义的 MEP 族时，首先要考虑你的 MEP 族是什么族类别，有了这个前提就知道应该选择什么族样板了。表 1 是 MEP 族类别的分类表以及创建该族建议选用的族样板文件。

MEP 族类别 表 1

专业	族类别	族样板	说明
通用管道	管件	公制常规模型.rft	包括给水排水和暖通空调水
	管路附件	公制常规模型.rft	
通用设备	机械设备	公制机械设备.rft	锅炉、冷却塔、泵等
给水排水	卫浴装置	公制卫浴装置.rft 基于墙的公制卫浴装置.rft	
	喷头	公制常规模型.rft	
	火警设备	公制火警设备.rft 公制火警设备主体.rft	
暖通空调	风管管件	公制风管弯头.rft 公制风管T形三通.rft 公制风管四通.rft 公制风管过渡件.rft	
	风管附件	公制常规模型.rft	风阀、加湿器等
	风道末端	公制常规模型.rft	各类风口
电气	灯具	公制常规模型.rft 基于面的公制常规模型.rft 基于墙的公制常规模型.rft	各类照明开关
	照明设备	公制照明设备.rft 公制聚光照明设备.rft 公制线性照明设备.rft 基于墙的公制聚光照明设备.rft 基于墙的公制线性照明设备.rft 基于墙的公制照明设备.rft 基于天花板的公制聚光照明设备.rft 基于天花板的公制线性照明设备.rft 基于天花板的公制照明设备.rft	带光源的各类照明设备
	电气装置	公制电气装置.rft 基于墙的公制电气装置.rft 基于天花板的公制电气装置.rft	各类插座
	电气设备	公制电气设备.rft	配电箱
	电缆桥架配件	公制常规模型.rft	弯头、三通、四通等
	电话设备	公制电话设备.rft 公制电话设备主体.rft	
	线管配件	公制常规模型.rft	弯通、三通、四通等
	通信设备	公制常规模型.rft	对讲机、扬声器等
	安全设备	公制常规模型.rft	监控摄像机
	数据设备	公制常规模型.rft 基于面的公制常规模型.rft 基于墙的公制常规模型.rft	综合布线的各类插座

上述涉及基于常规模型族样板创建族时，进入族编辑器首先要选择相应的族类别。

具体方法如下：

(1) 选择功能区“创建 > 族类别和族参数”命令；

(2) 在“族类别和族参数”窗口，默认族类别是“常规模型”，选择相应的族类别，如图 601 所示；

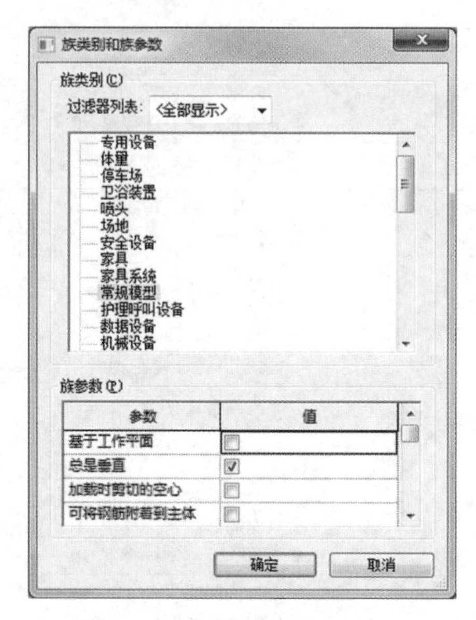

图601　族类别和族参数窗口

(3) 单击“确定”按钮，完成设置。

只有选择正确的族类别，才能创建正确的族。关于族的具体创建由于涉及的内容较多，不在本问中展开叙述。

第四章　Navisworks 模型集成和应用问题

160. 利用 Navisworks 进行模型集成时，如果原来的模型单位不统一怎么办?

Navisworks 可以集成目前主流建模软件创建的模型，其支持的模型文件格式见表 2。

Navisworks 可集成的模型文件格式　　表 2

软件	文件格式
AutoCAD	.dwg，.dxf
MicroStation (SE，J，V8 & XM)	.dgn，.prp，.prw
3D Max	.3ds，.iges
ACIS SAT	.sat，.sab
Catia	.model，.session，.exp，.dlv3，.CATPart，.CATProdu ct，.cgr
CIS\2	.stp
DWF/DWFx	.dwf，.dwfx
FBX	.fbx
IFC	.ifc
IGES	.igs，.iges
Inventor	.ipt，.iam，.ipj，iges，.step
Informatix MicroGDS	.man，.cv7
JT Open	.jt
Leica	.pts，.ptx
Parasolids	.x_b
Pro/ENGINEER	.prt，.asm，.g，.neu
Revit	.rvt，.rfa，.rte
Riegl	.3dd
RVM	.rvm
SketchUp	.skp
Solidworks	..prt .sldprt .asm .sldasm
STEP	.stp .step
STL	.stl
VRML	.wrl .wrz
Z+F	.zfc，.zfs
所有 Navisworks	.nwc，nwd，nwf

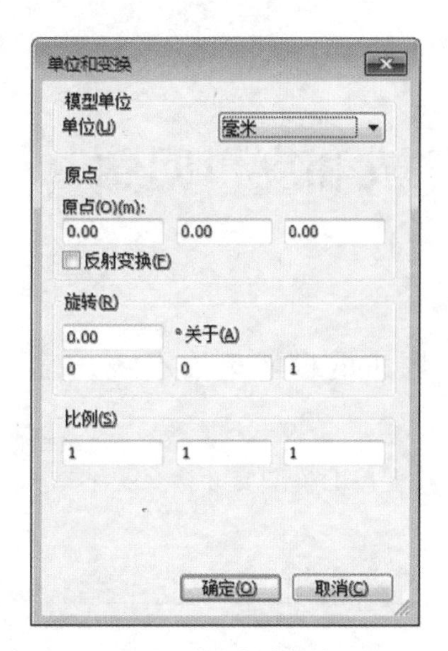

图602 单位与变换窗口

在创建模型时，可能会使用不同的单位，但在Navisworks进行项目的整体模型整合时，就要分别处理使用不同单位的模型。Navisworks 可以对添加的模型分别进行单位的定义，方法如下：

（1）在“选择树”窗口，选中模型；

（2）鼠标右键菜单，选择关联菜单的“单位和变换”命令；

（3）在“单位和变换”对话框（图 602）中的“单位”下拉列表中选择原来模型的单位。

所选单位与原来模型单位一致即可。例如，某个项目地形模型的单位是“米”，建筑模型单位是“英尺”，钢结构单位是“毫米”，把这三个专业的模型整合到 Navisworks 后，再按上述步骤分别设定各自原来模型使用的单位，原来模型单位是毫米，这里就选毫米，原来模型单位是英尺，这里就选英尺，Navisworks 会分别对模型进行单位换算。这样处理不会影响 Navisworks 的显示单位，即使模型单位不同，但在模型整合后，Navisworks 依然可以选择不同单位来显示。

可以通过“选项编辑器”中的“界面”>“显示单位”命令，调整显示单位，如图 603 所示。

图603 选项编辑器

需要注意的是，即使在 Revit 建模时使用的单位是“毫米”，但在 Revit 里通过 Navisworks 导出模型插件导出的 nwc 文件，默认单位是“英尺”，利用 Navisworks 整合模型时要注意其单位是“英尺”。

161. 利用 Navisworks 进行模型集成时，原来的模型没有使用统一的坐标原点导致位置不正确，该如何处理?

首先，我们强烈建议在建模前务必统一坐标原点，这样可以避免后续模型整合带来的许多不可预知的问题。但如果真是没有使用统一的坐标原点建模，在 Navisworks 整合时，还是可以进行调整的，方法如下：

（1）在“选择树”窗口，选中需要调整坐标的模型；

（2）鼠标右键菜单，选择关联菜单的“单位和变换”命令；

（3）在“单位和变换”对话框（图 604）中的“原点”，分别输入新的原点坐标以及旋转角（如果有的话）。

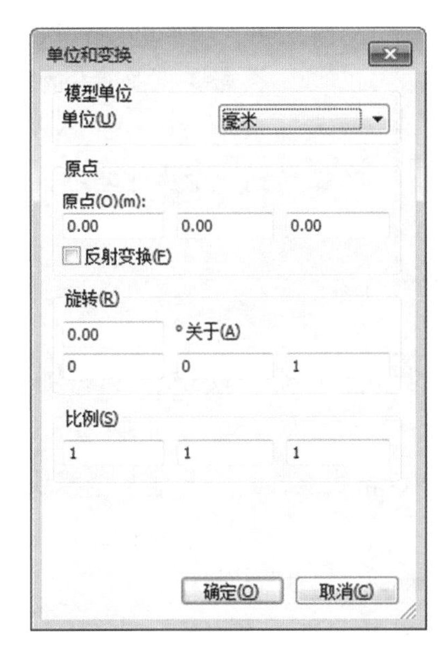

图604　单位与变换窗口

162. NWC、NWD、NWF 这几个格式的文件有什么区别?

NWC 格式文件是 Navisworks 的原生文件，Navisworks 在打开或添加其他格式的模型文件时，其实 Navisworks 会相应转换为与原来格式文件同名，但文件扩展名为 .NWC 的文件，所以，NWC 文件也称为“缓存文件”，Navisworks 实际使用的是 NWC 格式文件。

NWF 格式文件可以理解为“容器”文件，此文件格式不会保存任何模型数据，它只是链接了有关的 NWC 文件，打开 NWF 文件其实最终是打开 NWF 文件指向的 NWC 文件。当然，NWF 文件还会保存一些特定的 Navisworks 数据，诸如审阅标记、模型替换颜色等信息。由于 NWF 不包含任何模型数据，所以文件通常很小，但如果要完整打

图605　发布对话框

开项目所有模型，一定要确保 Navisworks 能打开 NWF 指向的所有 NWC 文件。

NWD 格式文件是 NWF 与 NWC 的集成，它把 NWF 和相关的 NWC 集成为一个 NWD，便于整体模型的发布和共享，而且 Navisworks 发布 NWD 时，还可以对 NWD 文件进行加密和控制文件的到期日期，以保护你的数据文件（图 605）。

通常情况下，在工作过程中建议使用 NWF 组织 NWC 的工作方式，这样的好处是如果某个模型修改了，只需把该模型文件转换成新的 NWC 格式文件即可，而无需更新所有模型文件，这对于由多个 NWC 组成的整合模型非常方便。

当需要把整合的模型对外进行交流时，则建议发布成单一的一个 NWD 格式文件，这样只需复制或传送一个文件即可。

163. Navisworks 系列包含了多个模块，都有哪些区别?

Navisworks 系列共有 4 个模块，其中 Navisworks Freedom 是免费的模型浏览模块，用于打开和浏览已发布的 NWD 格式文件。而其他 3 个模块的功能和区别见表 3。

Navisworks 模块功能对比　　表 3

功能	Navisworks Manage	Navisworks Simulate	Navisworks Review
预测问题（Clash Detective）：通过碰撞检查，能够预测潜在问题	✓	×	×
4D 进度编排（TimeLiner）：支持用户实现 4D 进度模拟	✓	✓	×
安装、训练模拟（Animator）：提供模型对象动画，模拟设备安装或训练模拟	✓	✓	×
展示项目（Presenter）：将照片级渲染导出到 AVI 动画或静态图像等	✓	✓	×

续表

功能	Navisworks Manage	Navisworks Simulate	Navisworks Review
模型发布（Publisher）： 支持在一个可以发布的 .NWD 文件中发布和存储完整的 3D 模型，并以 DWF ™格式发布 3D 模型等	√	√	√
数据工具（DataTools）： 将对象属性元素链接到外部数据库的表中存在的字段。支持具有合适 ODBC 驱动程序的任何数据库	√	√	√
评审对象（红线注释）： 存储、组织和共享设计的相机视图，然后导入图像或报告。用完全可搜索的注释对观点进行评论，其中包含日期签名审计追踪等	√	√	√
优化工作流程： 能对磁盘或互联网中的大型模型和内容进行智能优化，支持在模型加载过程中对整个设计进行导航等	√	√	√

Navisworks Manage 是功能完整模块，其他模块可根据需要和软件采购资金情况选择。如果只是浏览模型成果 NWD 格式文件，则可使用免费的 Navisworks Freedom 模块。

164. Navisworks 中的显示单位可以修改吗?

Navisworks 的显示单位可以根据需要修改，与原模型使用的单位无关。方法如下：

（1）点击 Navisworks 程序按钮，在下拉菜单里点击“选项”按钮；

（2）在“选项编辑器”窗口，点击“界面 > 显示单位”命令，修改单位，修改完成，点击“确定”按钮，如图 606 所示。

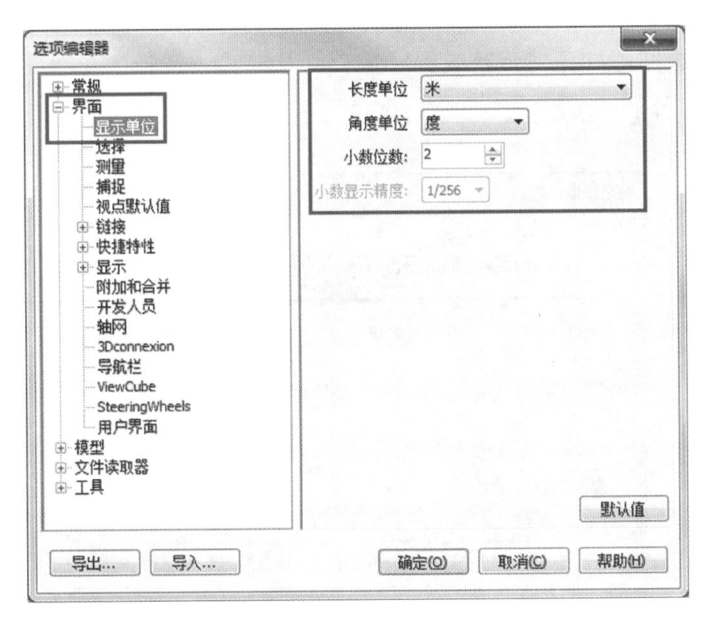

图606　选项编辑器

165. Navisworks 如何改变显示背景颜色？

方法一：在 Navisworks 软件中点击“查看”选项卡，在场景视图栏点击“背景”工具来选择背景模式，如图 607 所示。

图607　背景命令

方法二：在模型显示区域鼠标右键关联菜单，选择“背景”，进行更换背景模式，如图 608 所示。

图608　右键菜单

上述两种方法都可打开“背景设置”窗口，从模式中选择“单色”、“渐变”或“地坪线”，如图 609 所示。

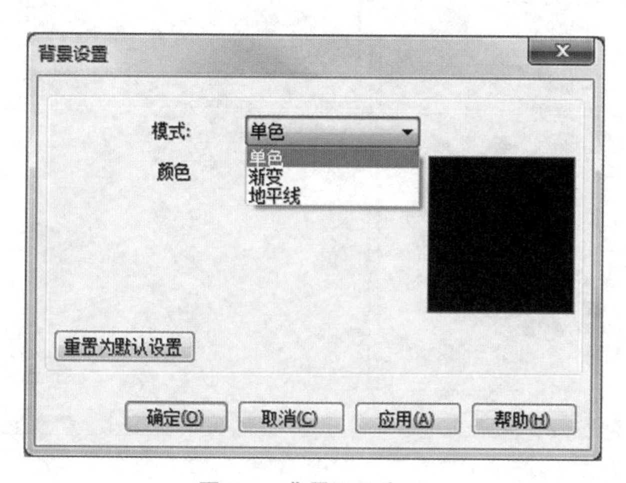

图609　背景设置窗口

166. 怎样才能让模型产生阴影效果?

Navisworks 模型产生阴影效果有两种方式，第一种是在实时漫游中产生阴影效果（见图 610），第二种是在渲染后产生阴影效果（见图 611）。

图610 添加视图阴影的效果

图611 添加了灯光的渲染阴影效果

第一种阴影设置方法：打开“选项编辑器 > 显示 >Autodesk”命令，钩选 Autodesk 效果中的“屏幕空间环境阻挡”，点击“确定”按钮，设置完成，如图 612 所示。

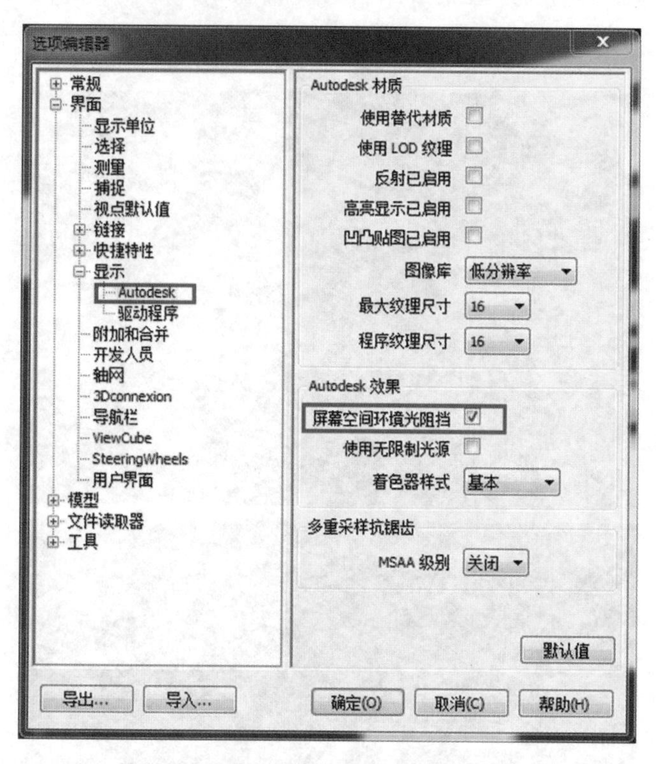

图612　屏幕空间环境光阻挡设置对话框

第二种阴影设置方法：

（1）选择功能区“常用 >Presenter”命令，选择“光源”选项卡，在里面添加灯光，如图 613 所示；

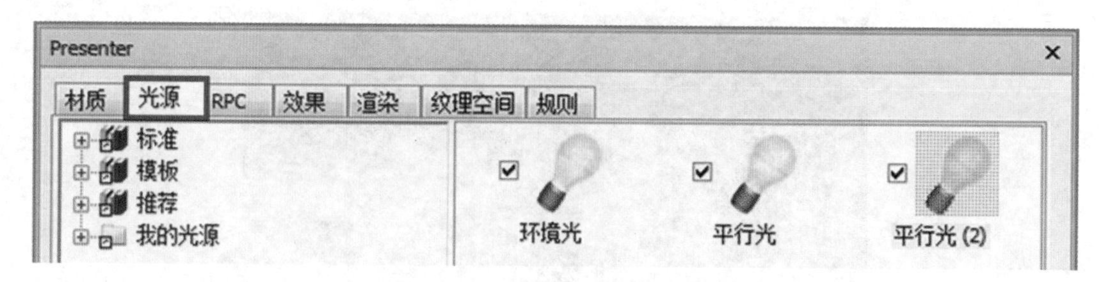

图613　添加光源对话框

（2）双击“灯光”按钮，打开光源编辑器，在光源编辑器中钩选“阴影”，如图 614 所示；

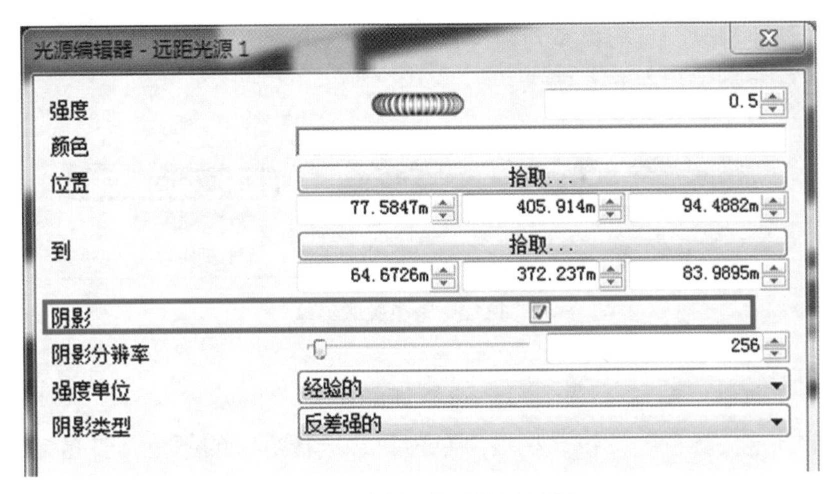

图614　光源阴影设置对话框

单击“Presenter”窗口下方的“渲染”按钮，经过一段时间的渲染，就可以得到带阴影效果图，如图 611 所示。

167. 如何把隐藏的模型对象恢复显示?

有时为了方便模型的查看，临时把一些模型隐藏起来。要知道哪些模型被隐藏，在选择树里面可以看到被隐藏的模型以灰色状态显示，选择需要重新显示的模型，在可见性上可以看到“隐藏”按钮处于激活状态，再次点击“隐藏”按钮，即可显示被隐藏模型，如图 615 所示。

图615　可见性控制按钮

还有一个最简单的方法就是，选择功能区“常用 > 取消隐藏所有对象”命令（图 615），当然这样就将所有隐藏的对象都显示了。

168. 原来的模型对象颜色还能在 Navisworks 里进行修改吗?

如果在建模软件里已经设置了模型对象的颜色，到了 Navisworks 里发现需要改变颜色，若要返回建模软件里修改颜色的话就比较麻烦。这时可以在 Navisworks 对模型的颜色进行修改。具体方法如下：

（1）选择要修改颜色的模型对象，鼠标右键点击，在关联菜单选择“替代项目 > 选择替代颜色”命令，如图 616 所示；

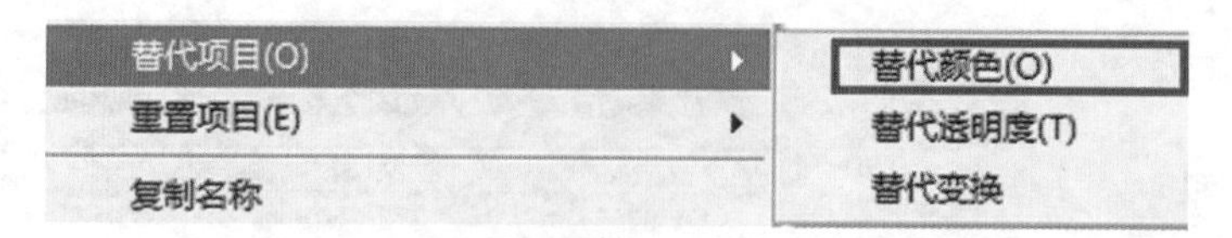

图616　对象关联菜单

（2）在“颜色”窗口（图 617），选择新的颜色，如果基本颜色不满足你的要求，点击“规定自定义颜色”按钮，扩展颜色窗口，选择更多的颜色，点击“确定”按钮，完成修改。

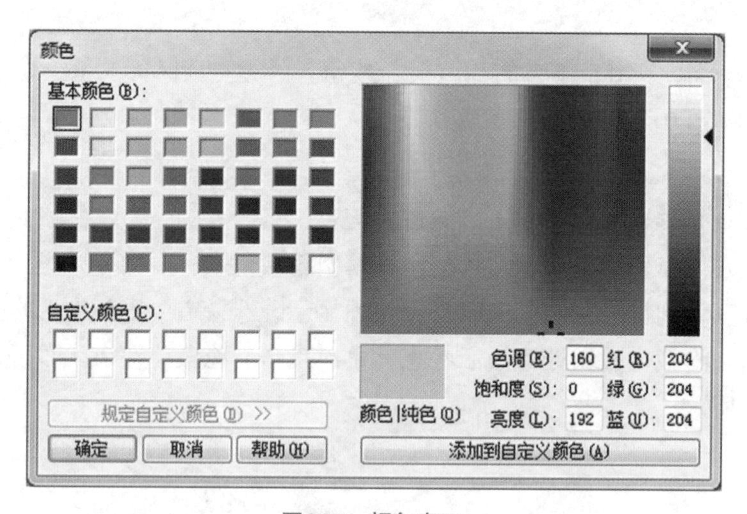

图617　颜色窗口

169. 在 Revit 建模时的 CAD 底图怎么会在 Navisworks 里出现了，如何处理？

在 Revit 里建模时，经常会把 CAD 的图纸作为底图参照建模，如果在导出 NWC 格式时，没有隐藏 CAD 底图，在 Navisworks 里就会出现，为避免出现这种情况，需要在 Revit 中把 CAD 底图隐藏再导出 NWC。

当然，也可以在 Navisworks 里利用显示样式控制线条的显示，方法如下：选择功能区“视点 > 线”按钮，该按钮是切换打开和关闭显示线条开关。通常情况下不建议使用这种方式，虽然这样可以隐藏 CAD 底图，但它是把当前模型里的所有“线”对象都隐藏了，这可能会出现你不希望的结果，所以还是建议在 Revit 导出 NWC 时避免导出 CAD 底图。

170. 如何快速定位到理想的视点位置和角度？

要观察模型，我们可以通过平移、漫游、缩放等方式进行，但有些视点位置需要再次去观察时，如何可快速到达呢？Navisworks 可以通过保存视点的方式来实现。先在模型中调整到合适的视点位置和观看角度，保存视点有两种方法：

方法一：

选择功能区“视点 > 保存视点”命令，这样在“保存的视点”窗口就保存了当前视点。

方法二：

(1) 打开“保存的视点”窗口（快捷键 Ctrl+F11）；

(2) 在“保存的视点”窗口，鼠标右键点击，选择菜单的“保存视点”，保存当前视点，如图 618 所示。

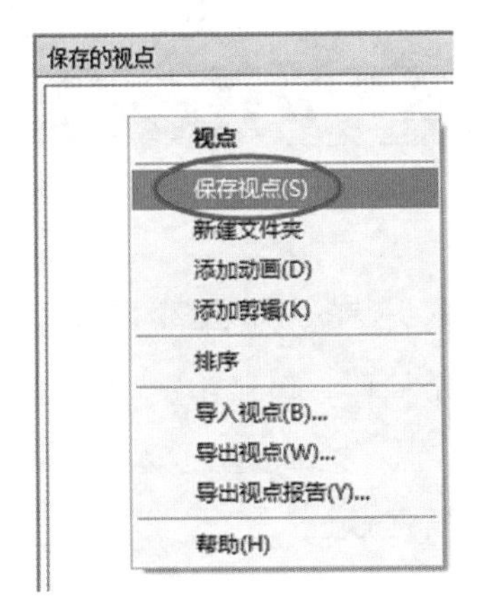

图618 保存视点

(3) 设置视点名称。

需要再次快速定位到之前保存的视点，直接在“保存的视点”窗口点击已保存的视点即可。

此外，Navisworks 还可以通过漫游的导航辅助工具进行快速的视点定位，方法如下：

(1) 选择功能区“查看 > 参考视图 > 平面视图”按钮（图 619），钩选“平面视图”图标。

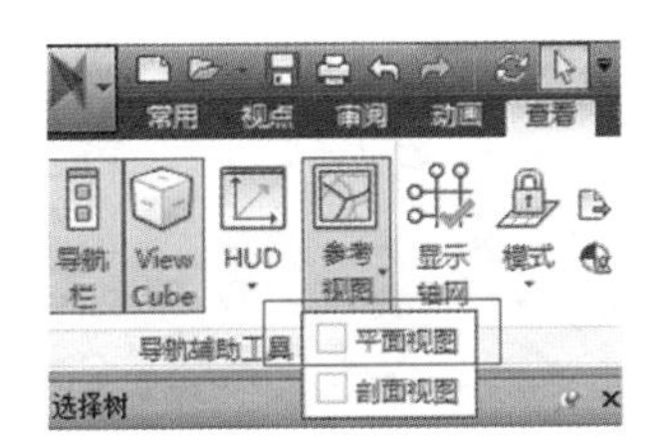

图619 平面视图选项

（2）出现“平面视图”窗口（图 620），拖动窗口里的白色小三角形（当前视点位置）到你想去的位置，模型窗口的视点即可快速跟随联动。

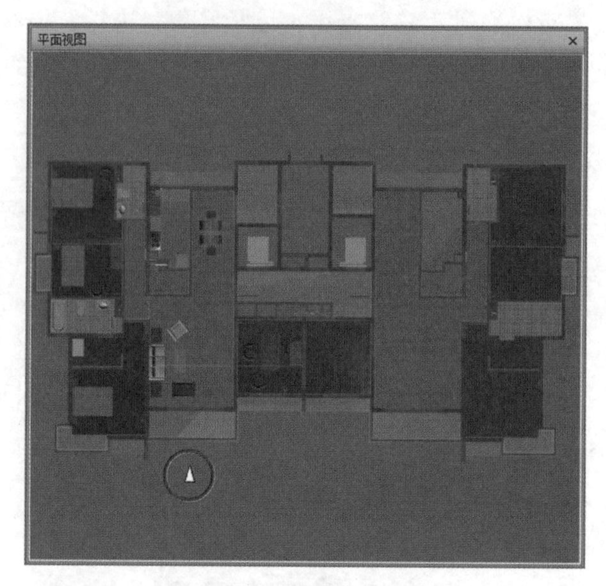

图620　平面视图窗口

171. 选择模型时，为什么不能选中单个构件？

选择模型构件时希望选中某个构件，但显示选中的却是一大片模型，出现这个现象主要是 Navisworks 的“选择精度”当前设置问题。Navisworks 可以设置选取模型的精度有：

①文件：选中当前文件的所有对象。

②图层：选中图层内所有对象。

③最高层级对象：图层节点下的最高级别对象。

④最高层级的唯一对象：“选择树”中地第一个唯一级别对象（非多实例化）。

⑤最低层级对象：Navisworks 的默认选项。“选择树”中的最低级别对象。首先查找复合对象，如果没有找到，则会改为使用几何图形级别。

⑥几何图形：“选择树”中的几何图形级别，也是组成构件的最小几何图形单元。

设置选取模型的精度的方法如下：

（1）选择功能区“常用 > 选择和搜索”命令，如图 621 所示；

图621　选择与搜索

（2）展开面板，选择“选取精度”命令，如图 622 所示。

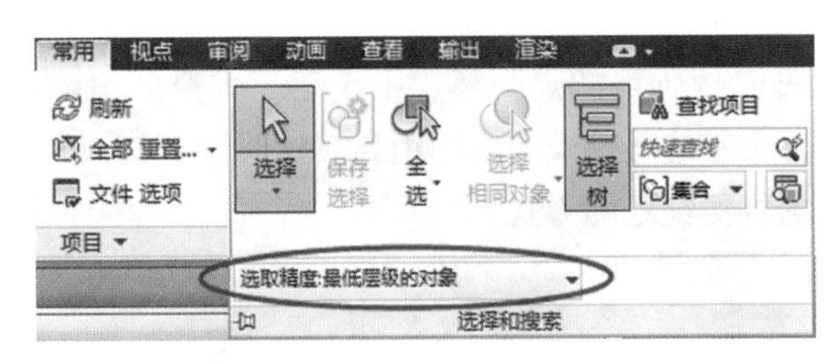

图622　选取精度

设定好“选取精度”后，就可以点击选择模型对象。由于不同的建模软件其模型的几何图形构成各有不同，所以需要根据实际情况调整“选取精度”的级别，以满足实际的需要。

172. 如何进行精确的测量？

Navisworks 在进行测量时，可通过打开“捕捉”方式进行精确的测量，方法如下：

（1）选择“应用程序按钮 > 选项”命令，打开“选项编辑器”；

（2）在“选项编辑器”对话框，选择“界面 > 捕捉”，钩选“拾取”栏的捕捉方式，如图 623 所示。

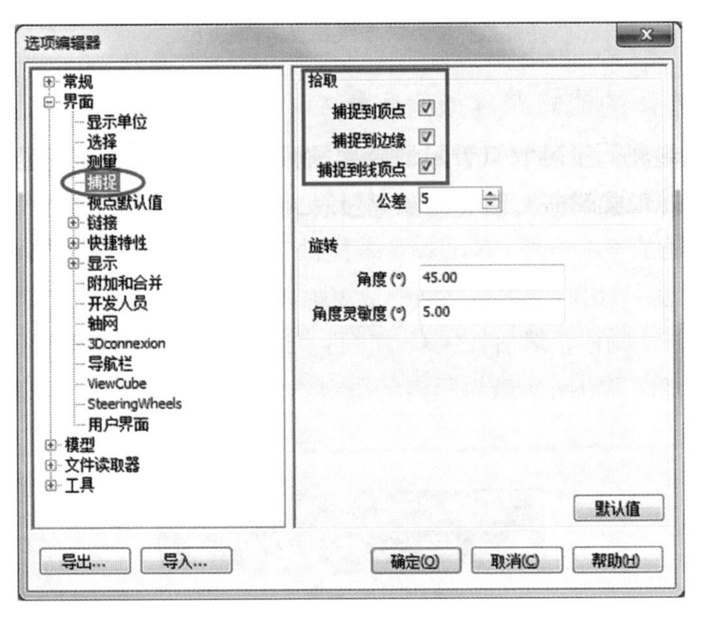

图623　捕捉方式设置

设定后，当在测量中移动光标时，会出现捕捉状态光标：

+：无捕捉；

人：捕捉到顶点、点、线端点；

※：捕捉到边缘。

在捕捉状态下就可以精确地测量距离。由于在三维空间中，有时需要测量 X、Y、Z 的某个方向距离，又或者是平行或垂直的距离，这时，可同时打开“锁定”功能（图624），这样测量的距离将按锁定的方式。

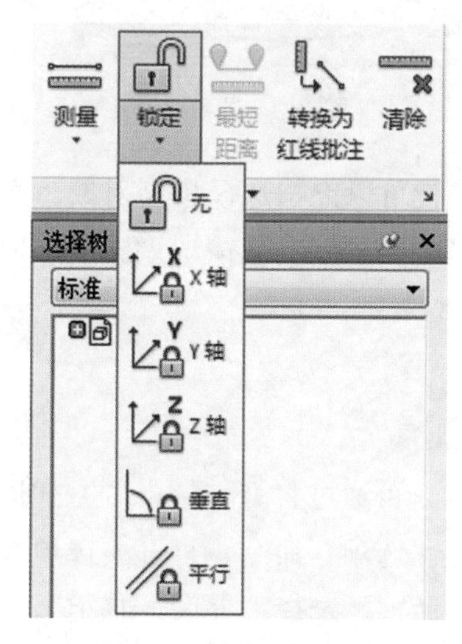

图624　锁定测量方式

173. 两个物体的最短距离如何测量？

我们经常需要测量两个物体的最短距离，例如梁底距离地面的净空、风管距离地面的净高、喷淋管距离倾斜的坡度的净高、管道之间的净空距离等。但使用第 172 问的方法测量两点距离还是不够方便，Navisworks 提供了一个非常方便的“最短距离”测量功能，可非常容易地测量出两个物体之间的最短距离，并标识出这两点的位置，方法如下：

（1）先点选一个物体，然后按住 Ctrl 键再点选添加另一个物体；

（2）选择功能区“审阅 > 最短距离”命令，从灰色显示转为正常显示的可选状态，如图 625 所示；

图625　最短距离命令

(3) 点击“最短距离”按钮，则显示出这两个物体的最短距离［图 626 (a)］。如果其中有物体较大（例如楼板等构件），Navisworks 会自动缩放到完整显示这两个物体的视角，反而不一定是很合适的视点，可立即按“Ctrl + Z”组合键，撤销当前视点，回到之前的视点位置。

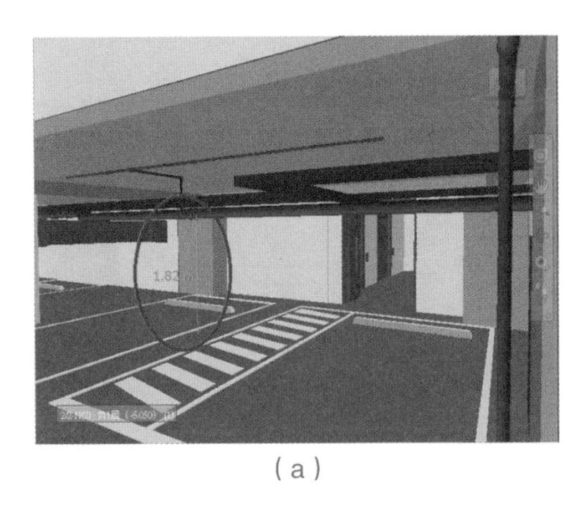

(a)

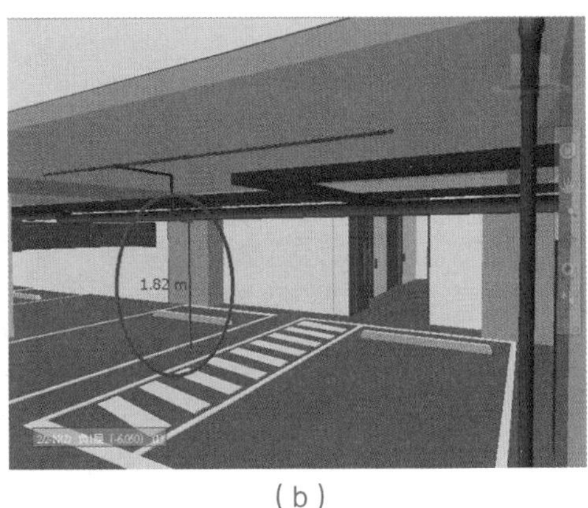

(b)

图626　最短距离标注和转换为红线批注
注：图片为优比服务项目：华西基金大厦地下车库。

由于这时显示出来的最短距离标注是临时的，如果希望成为永久的标注，可点击“转换为红线批注”按钮，这样在“保存的视点”窗口就自动把当前视点保存，并将临时标注转换为红线批注［图 626 (b)］。

174. Navisworks 漫游时怎么精确控制方向与角度？

Navisworks 在室内漫游时，一般通过鼠标控制方向与视角，但常常发现鼠标控制不好，容易穿出室外，或者透视畸变，甚至找不到北。如图 627 所示例子，在走廊里漫游，鼠标稍往前就偏向一边，很难再校正回来。如果据此制作动画，也很难得到好的效果。

图627　漫游方向失控案例

这是由于一开始的视点方向没有控制好。从图 627 左侧的缩略图中可以看出，视点方向跟走廊方向不一致，因此容易失控。为了精确控制方向与视角，我们可以通过数值的方式来设置视点。步骤如下：

在“视点”面板里，点击相机栏下方的小三角，拉出相机设置框，可以点图钉按钮将其固定，如图 628 所示，里面列出相机位置及观察点的 X、Y、Z 坐标。

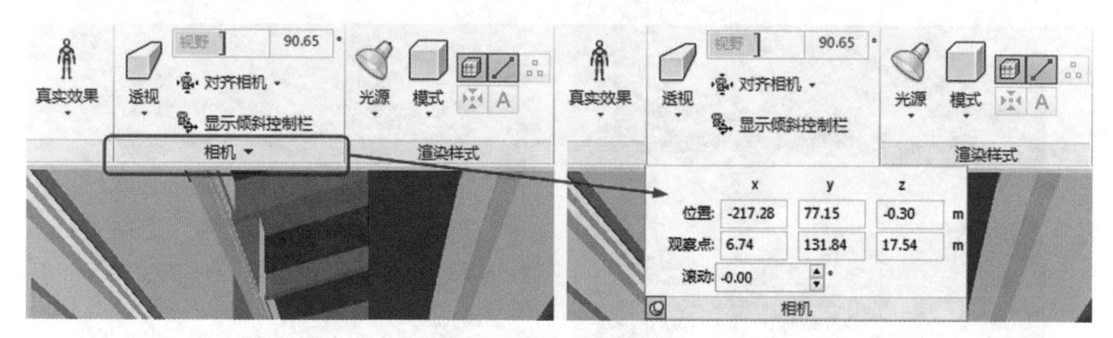

图628 拉出相机设置栏

在这里可以直接设置数值控制视点。如本例，走廊为东西走向，因此需将相机位置及观察点位置的 Y 坐标设为一致，使其严格按水平方向看。另外，为了避免三点透视，建议将两者的 Z 坐标设为一致。设好后的视点如图 629 所示。

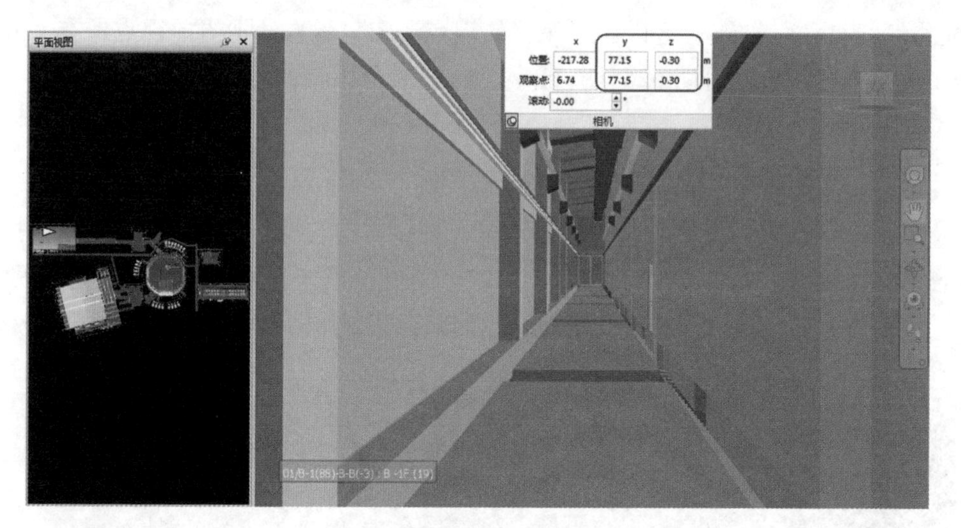

图629 精确设置相机视点

为了保持稳定的视点（尤其是在定义动画的关键帧的时候），如果是横平竖直的路径，建议不要用鼠标来控制行进路线，改用键盘的四个箭头控制，这样可以避免鼠标的不稳定因素，进行精确的控制。如图中 3 的视点，通过键盘“↑”方向键，可以沿走廊不偏不倚地径直走向尽端，如图 630 所示。

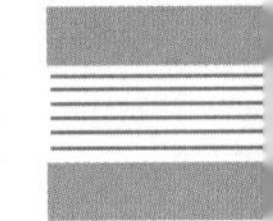

图630　键盘方向键控制路线

对于已保存的视点，还可以在视点列表中右键选择“编辑”，在弹出的设置框中进行同样的设置，如图 631 所示。在设置动画关键帧的时候，遇到直角转弯的地方，通过精确设置转弯点的坐标及角速度，可以让转弯更加流畅。

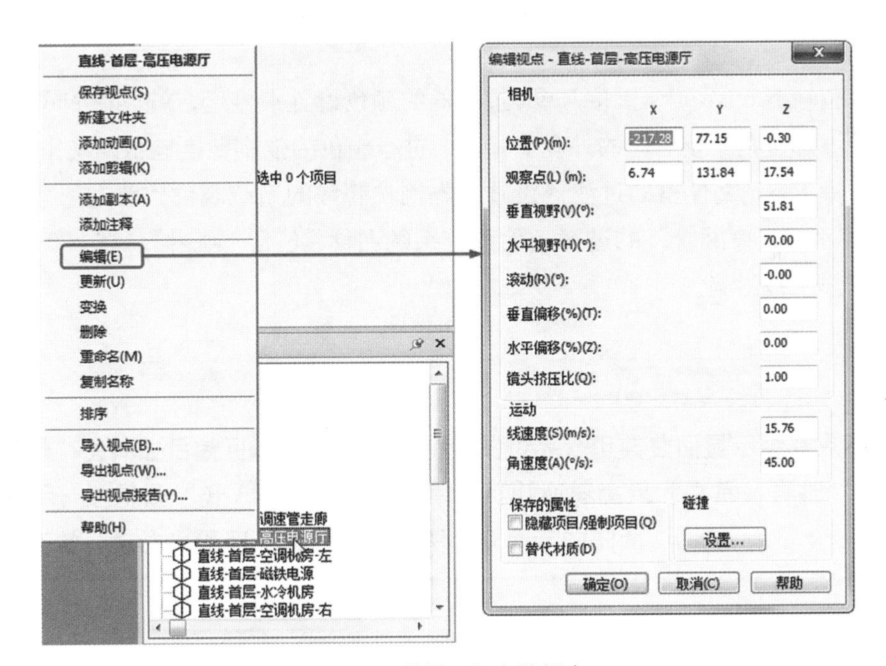

图631　编辑已保存的视点

175. 如何把 Revit 视图过滤器里设定的颜色传递到 Navisworks？

Revit 的视图过滤器设定的颜色为强制替换的颜色，并非材质本身颜色，因此模型转换到 Navisworks 里无法保留颜色设置。如图 632 所示例子，在 Revit 的 3D 视图里按设备管线的系统设定好过滤器及其颜色，但导入 Navisworks 后颜色全部丢失，显示为灰白色。

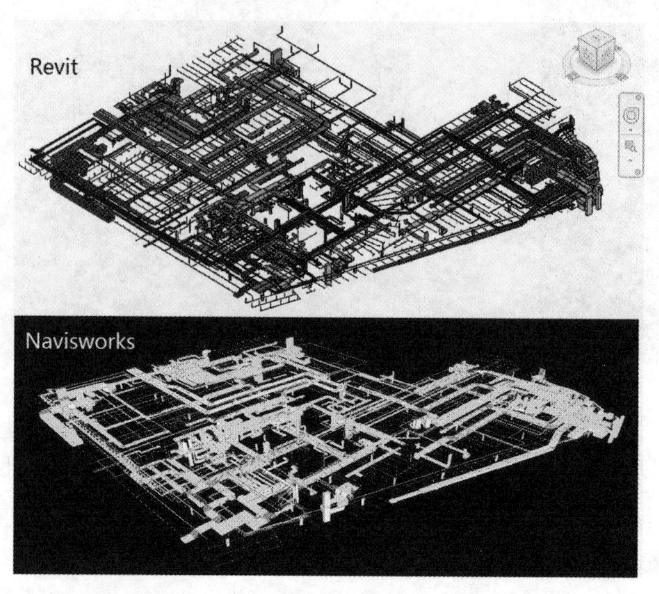

图632　Revit与Navisworks颜色对比

如果希望在 Navisworks 里按 Revit 过滤器的颜色设置来显示，就要在 Navisworks 里按类似方式添加搜索集及对应的外观配置器，进行颜色的强制替换显示。操作步骤如下：

（1）观察 Revit 文件里的过滤器设置，本例按管线的系统名称作为过滤条件，如图 633 所示，“消防 - 喷淋管”的过滤条件为“系统名称 - 包含 - 喷淋”。在 Navisworks 里需按此重建一个搜索集。

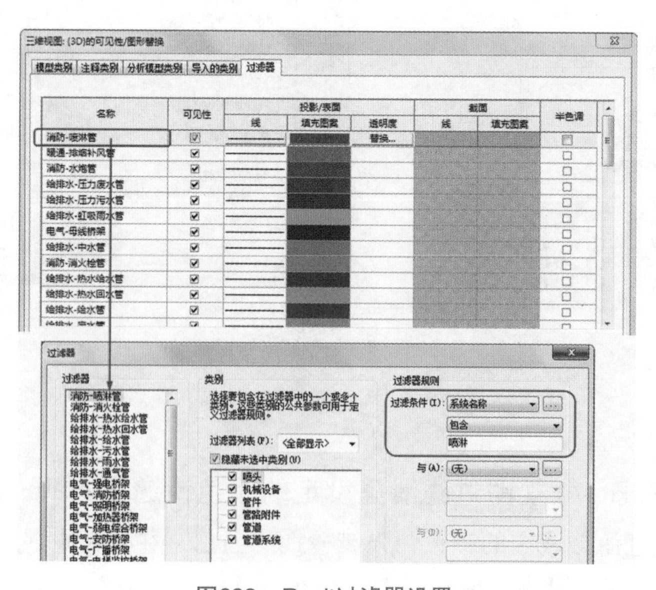

图633　Revit过滤器设置

（2）点击“常用”面板里的“查找项目”命令，调出“查找项目”面板，参照Revit 的规则设置添加一条查找规则，如图 634 所示，需注意不同的类别下可以设置不同的过滤条件，如本例中风管、管道按“系统名称”过滤，该参数位于“元素”类别；而对于桥架，按“类型标记”过滤，该参数位于“Revit 类型”类别下。设好后可以点击下方的“查找全部”按钮，观察过滤条件设置是否正确。

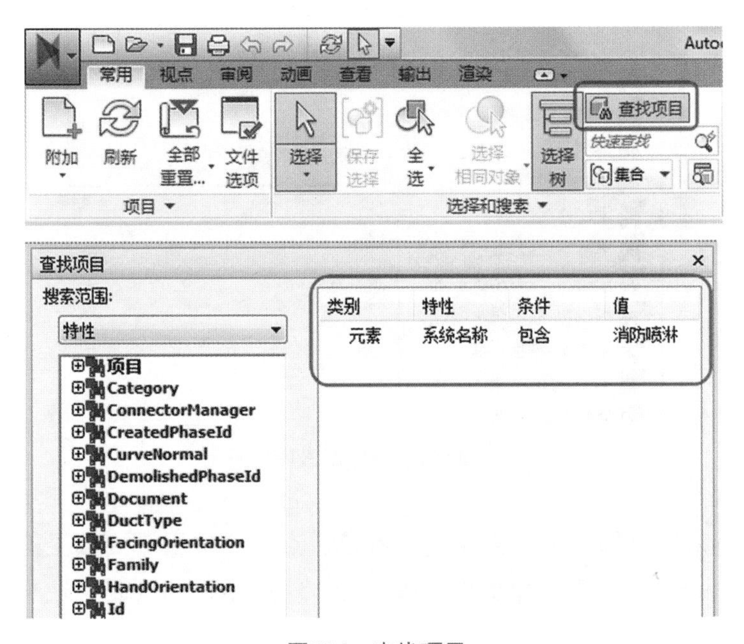

图634　查找项目

（3）点击“常用”面板里的“集合”按钮，调出“集合”面板，然后点击“保存搜索”按钮（ ），将其保存为新的搜索集，并重命名为“消防喷淋系统”，如图 635 所示。

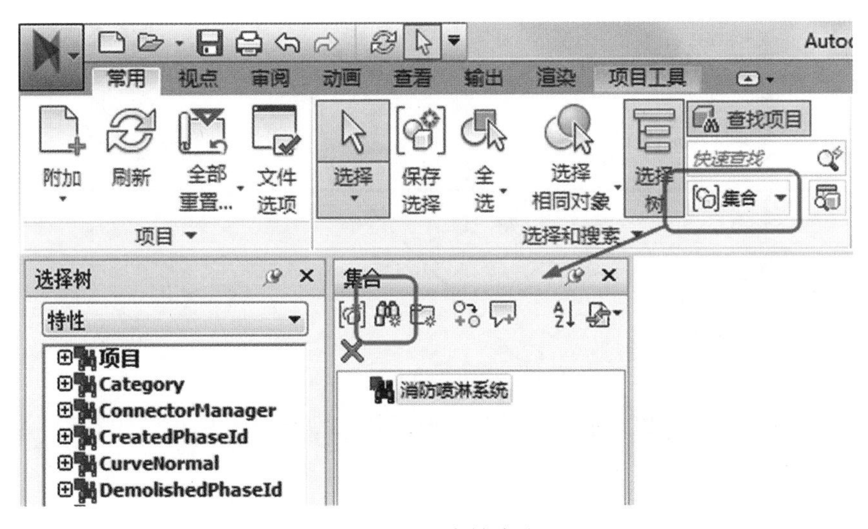

图635　保存搜索集

（4）在“查找项目”面板中更改搜索条件，继续增加各个搜索集。对于较复杂的管线综合项目，这个列表可能会有数十项，但只需设置一次，设好后通过“导出搜索集”将其导出为一个 xml 格式的设置文档，如图 636 所示，其他文件可以直接导入应用。

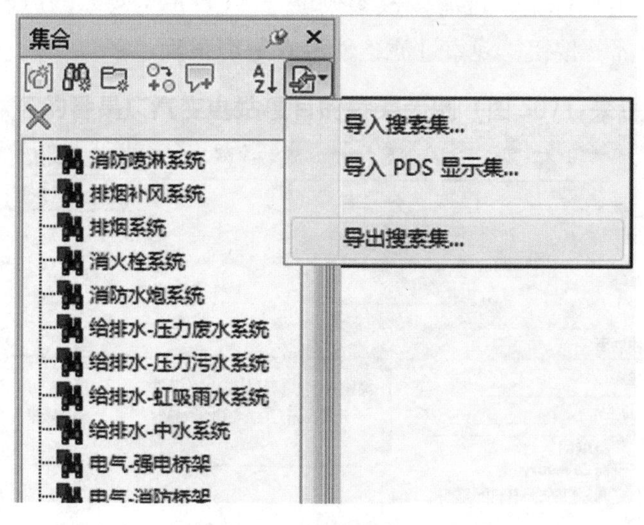

图636　导出搜索集

（5）下一步为针对每一个搜索集定义颜色。点击“常用”面板里的“外观配置器（Appearance Profiler）”按钮，弹出设置框如图 637 所示，切换到“按集合”页面，可看到刚刚设置好的搜索集列表。逐个选择搜索集，然后根据 Revit 里的设置，单击“颜色”按钮，设置该搜索集的颜色，再单击“添加”按钮，将其添加到右侧列表。

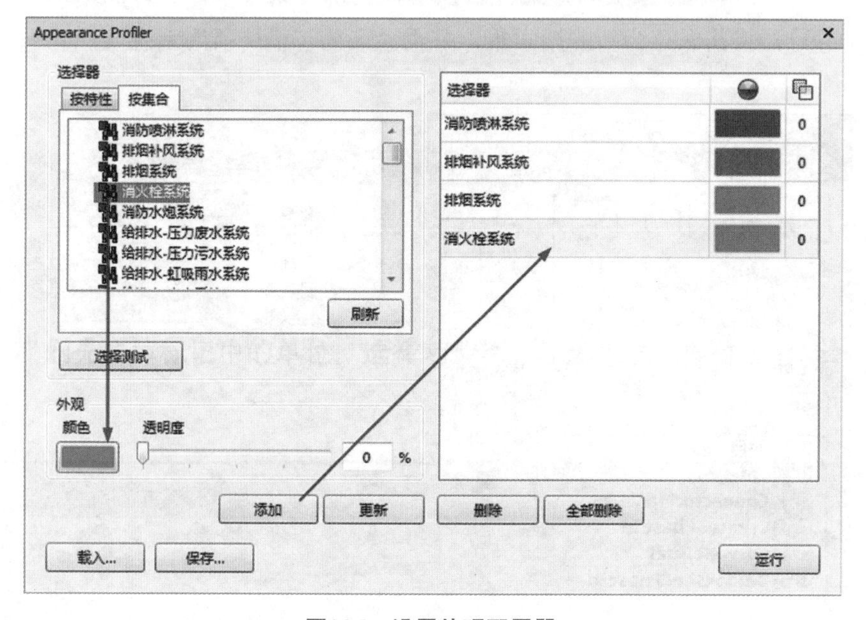

图637　设置外观配置器

（6）所有搜索集都设置好后，点击“保存…”按钮，将其保存为 .DAT 文件以供后来使用。点击“运行”按钮，经短暂运算后视图即按设置赋予颜色，如图 638 所示，可以看到跟 Revit 的视图颜色时一致的。

图638　完成颜色设置

这个过程共导出了两个设置文件：一是搜索集（xml 文件），一是外观配置器（DAT 文件），这两个文件可以保存下来，作为项目标准甚至公司标准，以后同类的文件可以直接调用。

176. Navisworks 实时漫游为什么不显示 Revit 里面的颜色和材质？

Navisworks 实时漫游有两种显示模式：Presenter 和 Autodesk Rendering。“Presenter”模式只可以显示 Revit 着色状态下的颜色，是显示不了 Revit 的材质的。“Autodesk Rendering”模式可以显示 Revit 里的颜色和材质。具体方法如下：

（1）选择功能区“视点 > 渲染样式 > 完全渲染”命令，如图 639 所示；

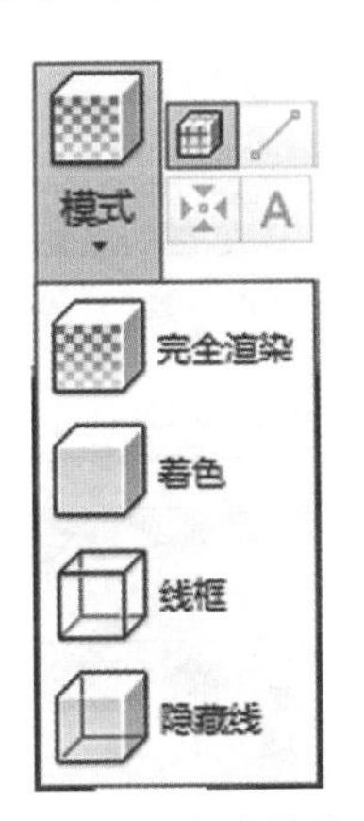

图639　完全渲染命令

（2）选择功能区“常用 > Autodesk Rendering”命令；

（3）实时漫游就进入带材质的显示模式（图 640），但带材质的显示模式会消耗电脑资源，特别是显示卡的资源，所以，如果希望实时漫游时带材质，需要配置较好的显示卡。所以，通常情况下，使用着色模式会让操作更流畅。

图640　带材质的实时漫游显示

177. 在检查模型时发现了问题，如何进行红线批注和增加文字说明？

在 Navisworks 里进行模型检查时，发现问题后，可以使用红色的云线把有问题的部位圈阅处理，还可添加注释，以便协同工作的其他相关人员进行查阅和修改问题。但要注意的是，由于 Navisworks 是在一个三维空间内活动，而任何的红线批注都是二维的，所以红线批注必须依托于一个视图，一旦视点移动了，这些红线批注也就不显示了，当然如果切换到带红线批注的视图，原来的红线批注也恢复显示。具体方法如下：

（1）首先保存当前视点；

（2）选择功能区“审阅 > 绘图 > 云线”命令（图 641），绘制云线，鼠标右键结束云线绘制；

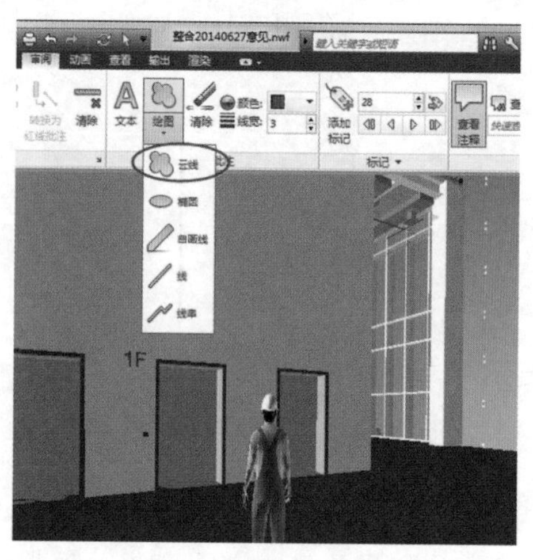

图641　红色云线批注

（3）选择功能区“审阅 > 添加标记”命令，在“添加注释”窗口（图 642），输入问题描述（如图中“电梯门高度不足”）；

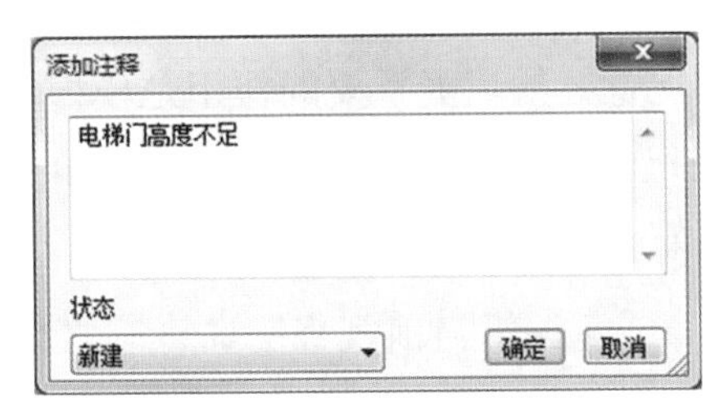

图642 “添加注释”窗口

（4）单击“确定”按钮，完成批注，如图 643 所示。

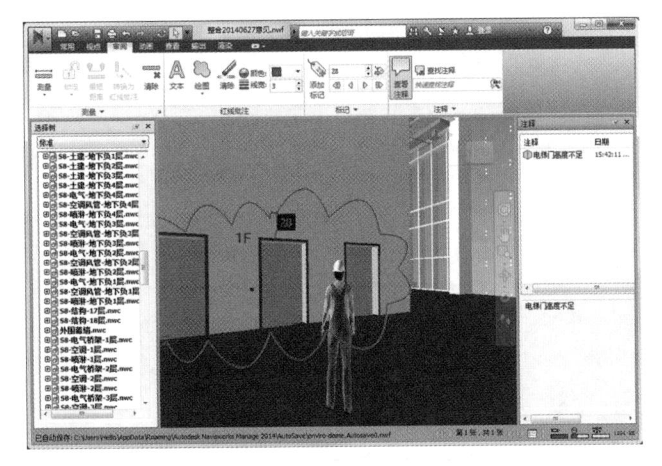

图643 优比服务项目–S8地块项目截图：红线批注完成

如果要查阅相关的注释内容，点击功能区“审阅 > 查看注释”命令，显示“注释”内容的窗口，如图 644 所示。

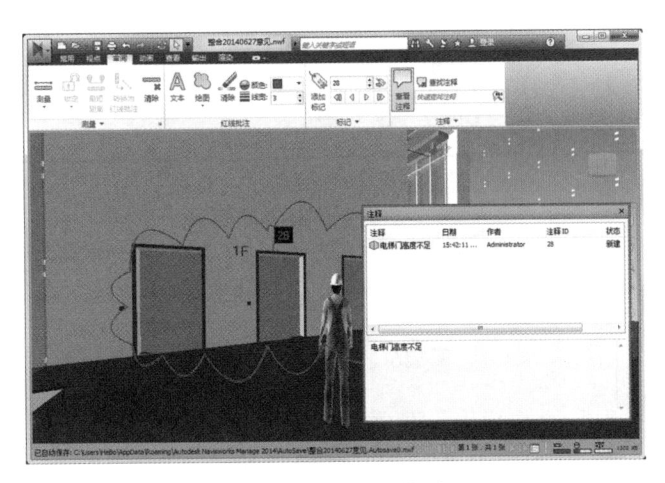

图644 显示“注释”窗口

178. 模型漫游时“第三人”的身高可以调整吗？

Navisworks 在模型漫游时，可以放置一个“人”（第三人）到模型中模拟人的漫游，其目的不仅仅是为了纯粹的视觉效果，更重要的作用是模拟人与模型之间的关系，例如空间是否可以让人通过或进行安装、维护检修等活动空间的检查，所以这个“第三人”需要真实的尺寸，具体方法如下：

（1）选择功能区“视点 > 编辑当前视点”命令，打开“编辑视点”窗口，如图645 所示；

图645 “编辑视点”窗口

（2）点击“碰撞”栏的“设置”按钮，打开“碰撞”窗口，如图 646 所示；

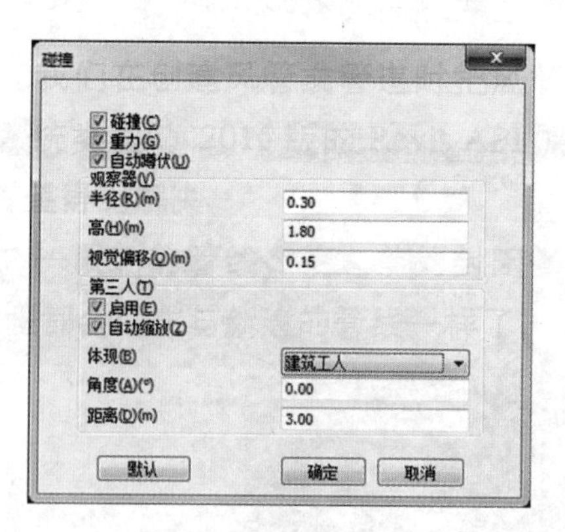

图646 “碰撞”窗口

（3）钩选“第三人”的“启用”选项，分别调整如下关键参数：

①体现：选择“第三人”的模型，例如建筑工人；

②碰撞：模拟当遇到物体阻挡是否能通过；

③重力：模拟重力的效果，这在让“第三人”上下楼梯和坡道时非常用；

④自动蹲伏：当“第三人”身高大于模型净高时，模拟自动蹲伏并可进入，如果不钩选，“第三人”则直立而无法蹲下进入通过；

⑤半径：“第三人”的半径；

⑥高：“第三人”的身高；

⑦角度：视线与“第三人”夹角，例如：0°就是相机放在“第三人”的后面，15°就是相机以15°的角度俯视“第三人”；

⑧距离：相机与“第三人”的距离；

(4) 单击“确定”按钮，完成设置，模型出现“第三人”，如图647所示。

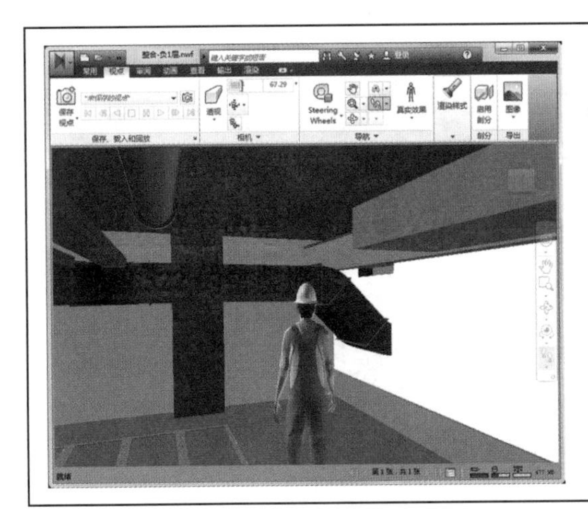
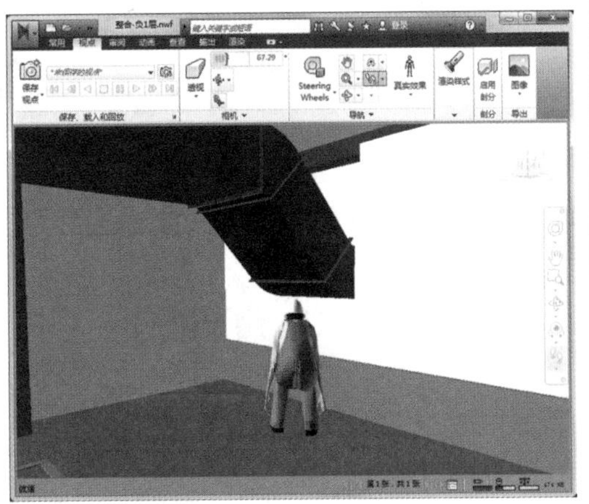

图647 “第三人”直立和“第三人”蹲伏

179. Navisworks 会显示 Revit 的轴网，可以关闭吗？

Navisworks 为了方便观察模型时可判断当前的位置，提供了 Revit 轴网显示功能，如图648所示。

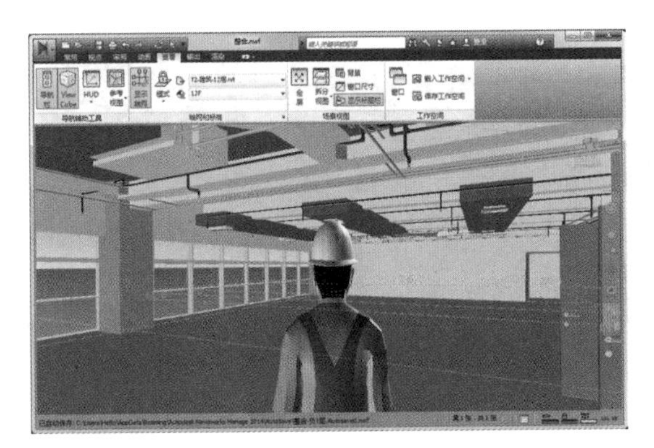

图648 显示轴网的图面

当不需要显示轴网时，可以把它关闭，具体方法如下：

（1）选择功能区“查看 > 显示轴网”命令来切换打开还是关闭显示轴网；

（2）可以对轴网的显示效果进行设置，点击如图 649 右下角的小箭头，打开“选项编辑器”窗口（图 650）；

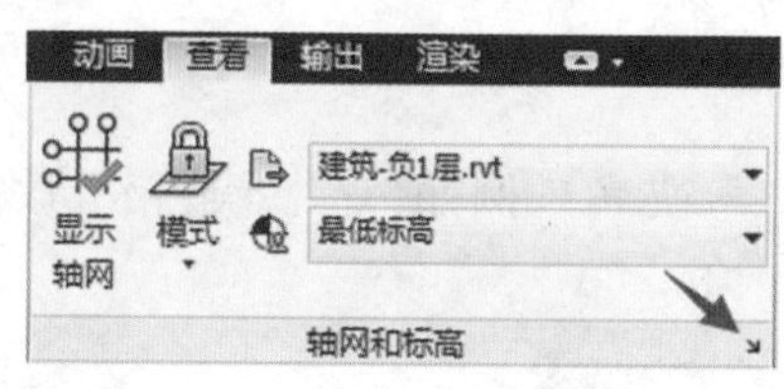

图649　打开“选项编辑器”

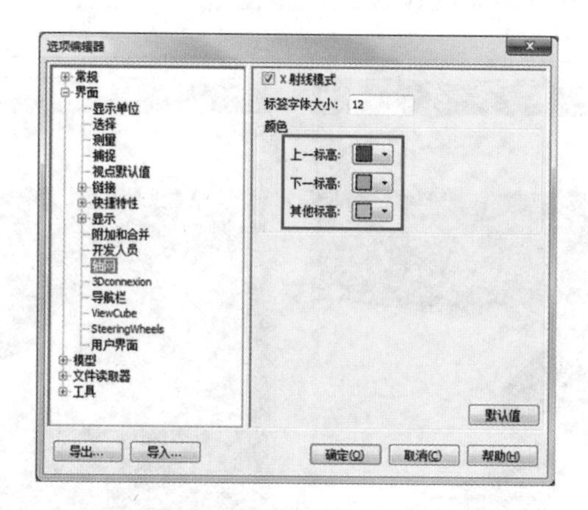

图650　轴网显示设置窗口

（3）可修改在当前视点以下和以上的轴网的颜色，点击“确定”按钮，设置完成。

180. 如何剖切模型进行查看？

为了观察模型内部情况，可以对模型进行剖切来查看。可以使用“平面”（图 651）或“长方体”（图 652）模式对模型进行剖切。

图651　优比服务项目-中国商用飞机总部基地——平面剖分模式

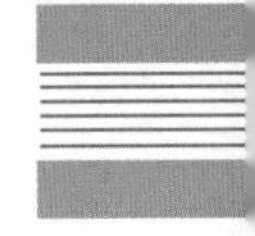

图652　优比服务项目–中国商用飞机总部基地——长方体剖分模式

“平面”剖分模式的具体方法如下：

（1）选择功能区“视点 > 启用剖分”命令；

（2）选择“平面”剖分模式；

（3）在“对齐”方式选择合适的剖切面（图 653）；

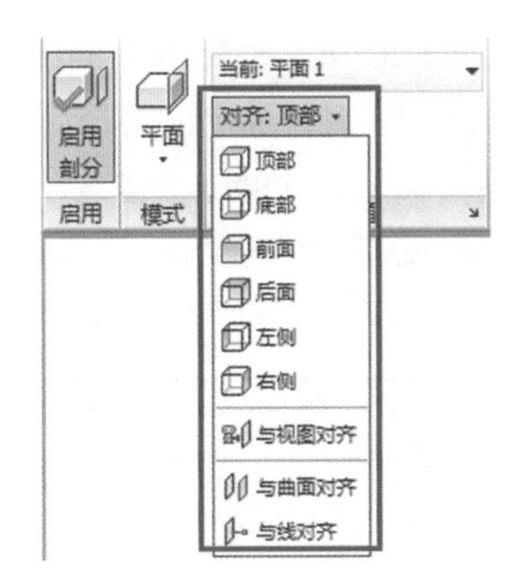

图653　剖切面对齐方式

（4）点选“移动”按钮，移动剖切面的位置；

（5）（可选）如果要精确控制剖切面的位置，还可以展开“变换”，输入剖切面位置值，如图 654 所示。

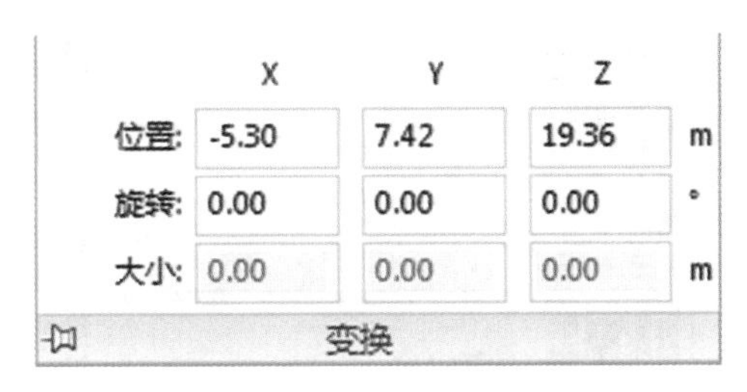

图654　剖切面变换位置值

如果需要在一个大的模型中截取出一小部分模型来观察，可以使用“长方体”剖分模式，具体方法如下：

(1) 选择功能区“视点 > 启用剖分”命令；

(2) 选择“长方体”剖分模型；

(3) 展开“变换”(图 655)，调整剖切框的大小；

(4) 点选“移动”按钮，移动剖切框的位置；

(5)(可选) 如果要精确控制剖切框的位置，还可以在“变换”(图 655)，输入剖切框位置值。

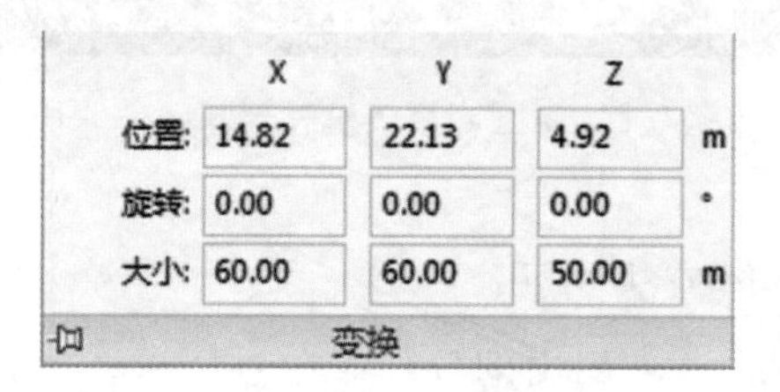

图655 剖切框的大小和位置设置

181. Navisworks 中导出的碰撞报告不能显示图片，如何处理？

Navisworks 导出碰撞报告（图 656）时，导出的路径如果含有中文，则可能出现碰撞报告中无法显示图片的情况，这应该是软件的一个错误，解决的方法是将保存的文件夹和文件命名全部改用英文或数字组成即可。

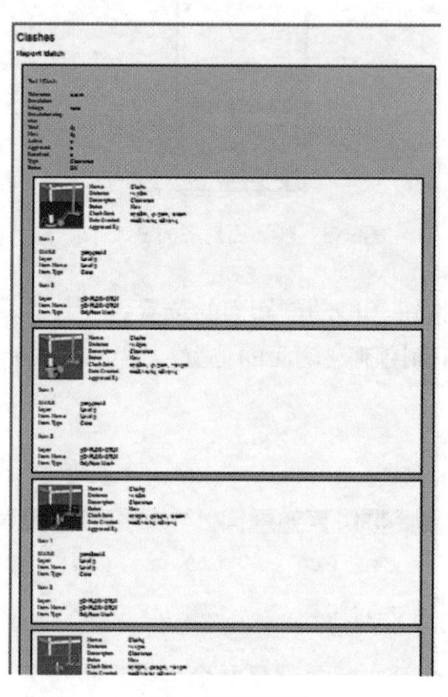

图656 碰撞报告

182. 在 Navisworks 发现模型问题后，如何一键返回 Revit 进行模型修改？

通常用 Revit 建模，在 Navisworks 检查模型，当发现问题后，就需要返回 Revit 进行模型修改，Navisworks 提供了一个从当前的 Navisworks 视点快速返回 Revit 并创建和 Navisworks 视点一致的三维视图，从而实现快速定位。

例如，在 Navisworks 模型（图 657）发现风管有问题，需要返回 Revit 进行模型修改，利用这个功能，就可以快速返回到 Revit 模型（图 658），减少你在 Revit 查找相应的风管模型的时间。

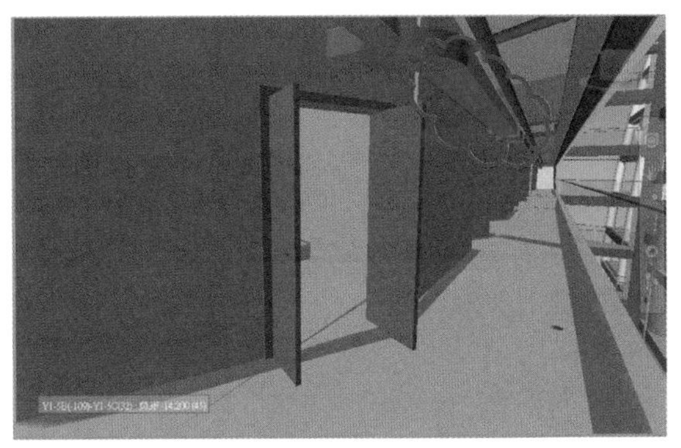

图657 Navisworks模型

图658 Revit模型

具体方法如下：

（1）在 Revit 打开模型；

（2）选择功能区“附加模块 > 外部工具 >Navisworks SwitchBack”命令，启用返回功能。注意，不要关闭 Revit，要注意保持 Revit 目前打开的状态；

（3）在 Navisworks 里打开从 Revit 中导出的 NWC 文件，或已保存的 NWF 或 NWD 文件，进行模型检查工作；

（4）如果在 Navisworks 里发现问题，需要修改模型，在 Navisworks 选中要修改的模型，鼠标右键菜单，选择“返回”，或选择功能区“项目工具 > ”命令，

（5）切换到 Revit 就能看到与 Navisworks 视点一致的三维视图，视图自动命名为“Navisworks SwitchBack”。

183. 为何 4D 模拟（Timeliner）在播放时模型没有正常出现？

当在 4D 模拟（Timeliner）播放时，模型没有正常出现，可能的原因需要从以下几个方面进行解决。

（1）在“任务”选项卡：

1）检查“计划开始、计划结束”时间和“实际开始、实际结束”时间是否已经设置，至少应该有计划或者实际时间，如果同时设置了计划和实际时间，Navisworks 可以

进行进度的差异对比。

2）检查“任务类型”是否已经设置正确，任务类型可选构造、拆除和临时三种类型。

3）检查“附着的”内容是否已经关联了模型。

(2) 在“配置”选项卡（图 659）：

检查配置中的三种任务类型：构造、拆除和临时的外观设置是否正确。

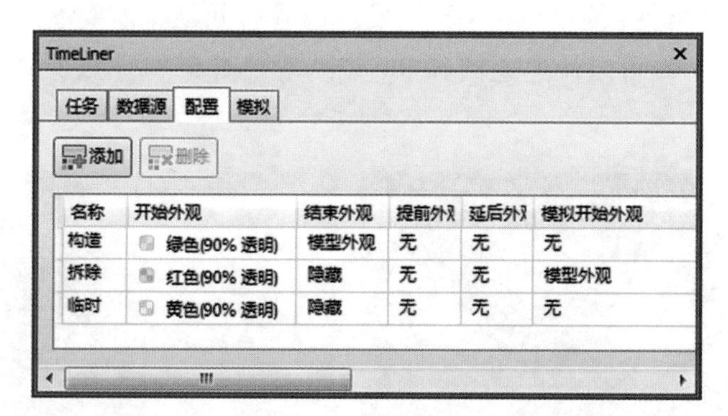

图659 “配置”选项卡任务类型外观设置

(3) 在“模拟”选项卡，点击“设置”按钮，打开“模拟设置”窗口（图 660）：

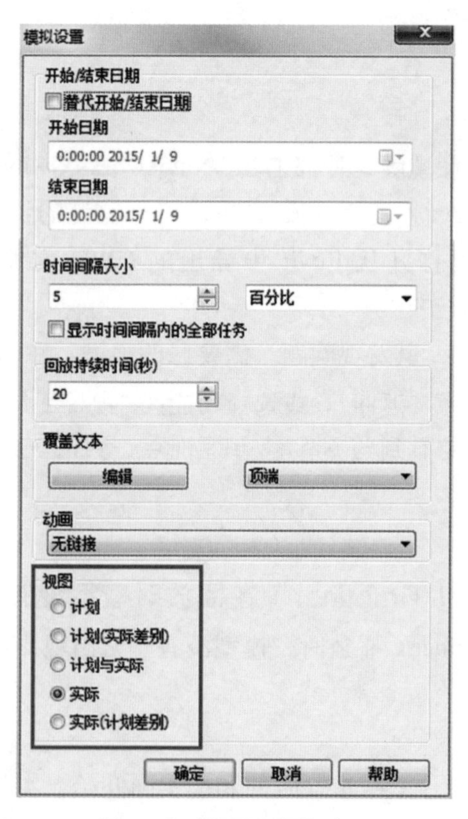

图660 “模拟设置”窗口

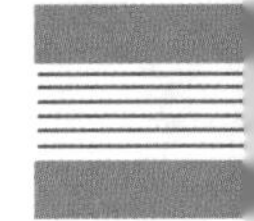

检查模拟设置里面“视图”栏中的时间选择是否与任务中时间对应。例如，在任务中设置了“计划”时间，这里“视图”就要选择“计划”，如果在任务中设置了“计划”和“实际”时间，希望模拟计划与实际的差别，就选择“计划（实际差别）”，如此类推。

184. 如何调整“头光源”的亮度？

Navisworks 的“头光源”有默认的亮度值，有时候因为场景空间的问题，其亮度会过高或过低，通过调整“头光源”的亮度可以实现较好的显示效果，具体的设置方法如下。

（1）选择功能区“视点 > 头光源”命令（图 661）；

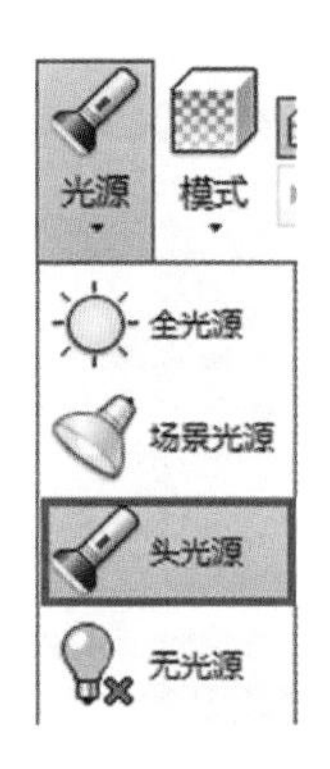

图661　光源选择对话框

（2）选择功能区“常用 > 文件选项”命令（图 662）；

图662　文件选项界面

（3）在“文件选项”窗口，切换“头光源”选项卡（图 663），调整“头光源”亮度。

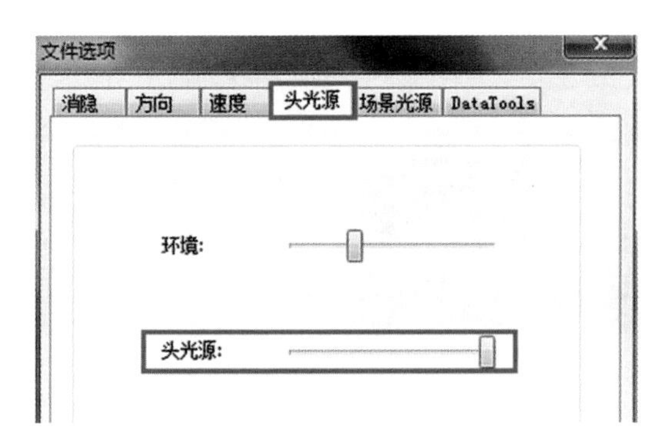

图663　光源设置对话框

185. 如何让 Navisworks 的模型在 iPAD 上使用？

手持便携设备 iPAD 对于在项目现场进行工作非常方便，Navisworks 模型可以利用安装在 iPAD 上的 Autodesk BIM 360 Glue 应用程序打开 NWD 格式文件，具体步骤如下：

（1）在 Navisworks 将模型保存或发布为 NWD 格式，选择功能区“输出 > NWD”命令；

（2）在 iPAD 中安装“BIM 360 Glue”软件，该软件可以通过 iTunes 下载安装；

（3）在你的电脑上运行“iTunes”( )，选择“iPAD > 应用程序 > BIM 360 Glue > 添加文件”，选择 NWD 文件（图 664）；

（4）然后点击“同步”按钮，把 NWD 文件同步到 iPAD 上；

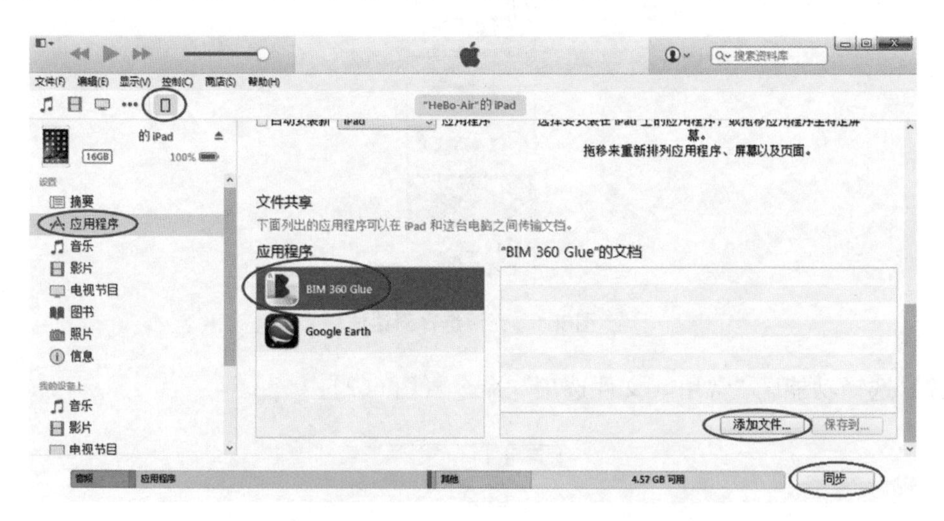

图664 iTunes里为BIM 360 Gluet添加NWD文件

（5）在 iPAD 上打开“BIM 360 Glue”；

（6）选择“Standalone Models”（图 665），出现刚才从电脑同步到 iPAD 上的 NWD 文件，选择并打开文件。

图665 BIM 360 GLUE界面

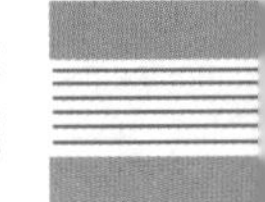

186. Navisworks 的碰撞检查与 Revit 的碰撞检查有何区别?

Navisworks 和 Revit 都有模型碰撞检查功能，在建模阶段，通常直接使用 Revit 的碰撞检查更为方便。例如建筑建模时，可以把结构模型整合进来进行建筑模型与结构模型之间的协调，以检查结构与建筑模型之间的协调性。同样，暖通建模时也可以把建筑、结构和其他机电专业模型整合进来进行模型之间的协调检查，发现问题并进行修改。在 Revit 里检查模型碰撞最大的优势是可以在建模时就可进行，其即时性比较强，但 Revit 对于整个项目模型进行整体模型整合时，需要消耗电脑的资源较大，如果模型较大就难以实现，这时利用 Navisworks 进行模型整合和碰撞检查就有优势，因为 Navisworks 处理同样的模型所消耗电脑资源比 Revit 要少得多。另外，Revit 目前版本只能处理硬碰撞，也就是说模型对象必须是有物理上的碰撞才能检查出来，但工程上的碰撞检查还不仅限于物理碰撞，“软碰撞”或称“间隙碰撞”也属于碰撞检查范围。例如，机电管道之间的间隙必须满足安装和检修的空间要求，即使物理上没有碰撞，但间隙不够也属于碰撞，Navisworks 就可以进行“软碰撞”或“间隙碰撞”的检查。

所以，这两个软件进行模型检查可以根据表 4 情况择优选择。

模型检查的软件选择　　表 4

阶段	建议使用的软件	选择的原因
建模初期、本专业不同区域、上下楼层	Revit	即时、直接
建模中期、小区域、本楼层、2~3 个专业协调	Revit	即时、直接
建模中期、大区域、跨楼层、所有专业协调	Navisworks	能处理大模型
建模后期、整体模型、所有专业协调	Navisworks	能处理大模型
对“软碰撞”或“间隙碰撞”的检查	Navisworks	因 Revit 暂不具备此功能

187. “间隙”碰撞有何作用?

第 186 问题简单说明了“间隙碰撞”的作用，工程意义上的碰撞，除了物理碰撞以外，还要包括模型对象之间的间隙是否能满足安装和检修的空间要求，Navisworks 提供了一个“间隙碰撞”检查功能，可以根据所设定的最小间隙进行碰撞检查，当模型之间的物理几何间隙距离少于所设置的范围，都视为碰撞。

具体方法如下。

（1）选择功能区“常用 > Clash Detective”命令；

（2）在“Clash Detective”窗口（图 666），点击“添加测试”按钮；

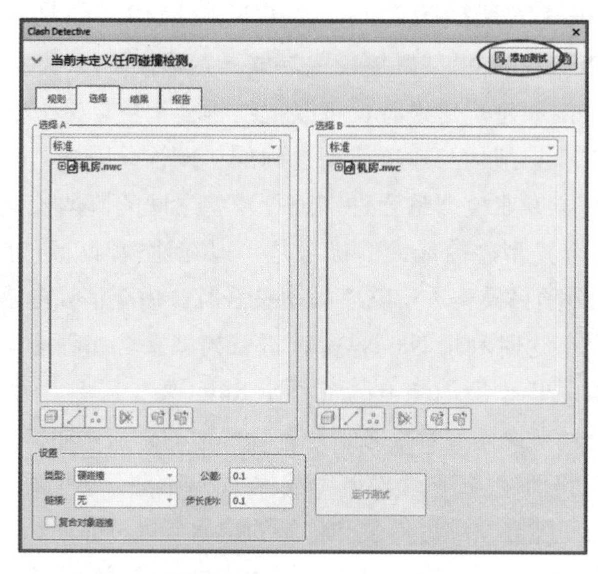

图666　Clash Detective窗口

（3）选择要进行碰撞检查的模型类别（例如“管道”），进行管道之间的间隙碰撞检查；

（4）设置碰撞类型为“间隙”，设定最小的间隙距离“公差”，然后点击“运行测试”按钮进行间隙碰撞检查，如图 667 所示；

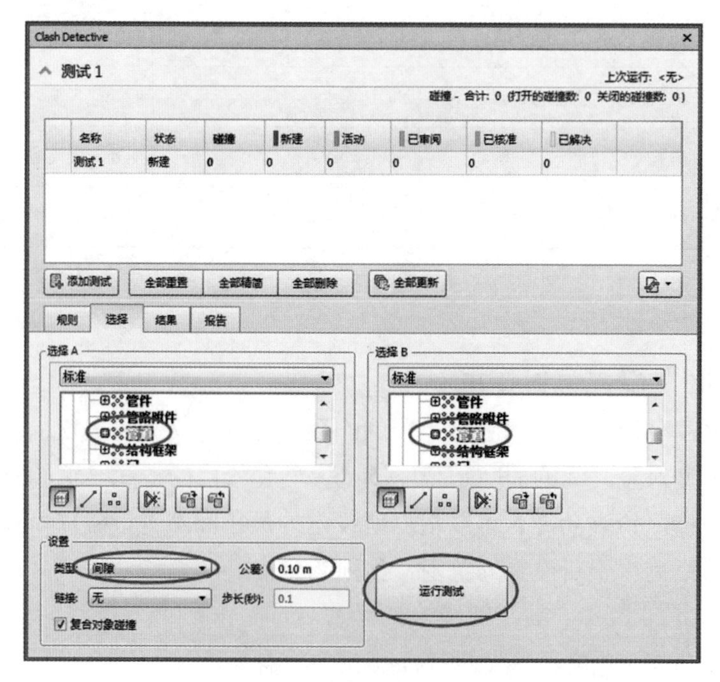

图667　“间隙”碰撞检查设置

(5) 运行完成后，弹出检查结果，点击“碰撞名称”按钮，碰撞的两个模型以不同颜色高亮显示，如图 668 所示。

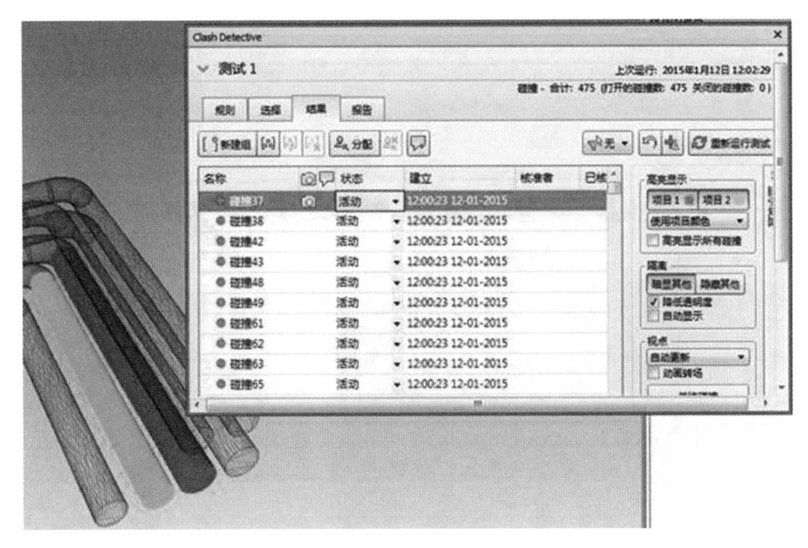

图668 “间隙”碰撞检查结果

188. 怎样模拟人在现场进行施工或检修操作时所需的空间?

在第 178 问作了如何设置“第三人”身体尺寸的说明。Navisworks 这个“第三人”除了可以设置一个人的真实尺寸，还可以设置一个“碰撞量”来模拟人在现场进行施工或检修操作时所需的空间。图 669 中蓝色椭圆体就是 Navisworks 的“碰撞量”，可设置这个“碰撞量”的大小模拟人的活动操作范围。

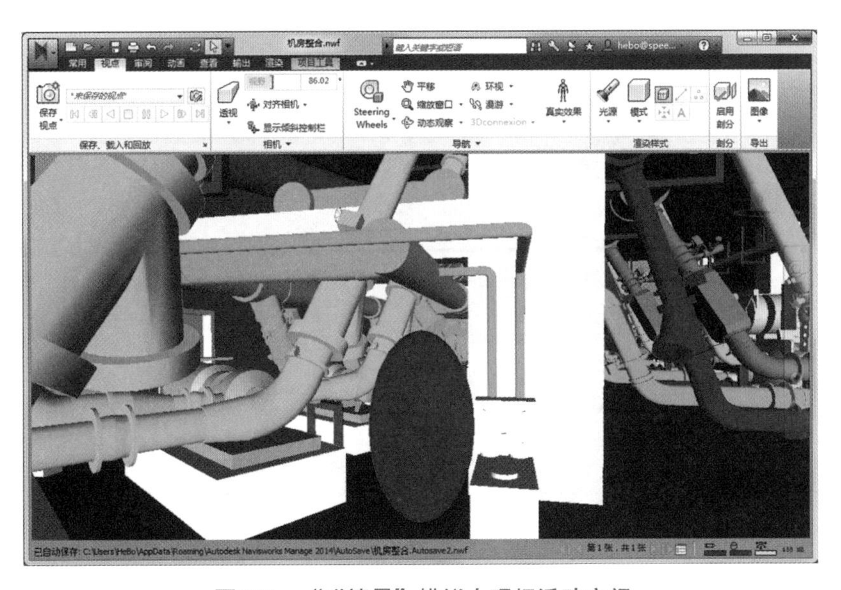

图669 “碰撞量”模拟人现场活动空间

如果空间不足，“碰撞量”与模型发生碰撞，“碰撞量”椭圆体就从蓝色变为红色，如图 670 所示。

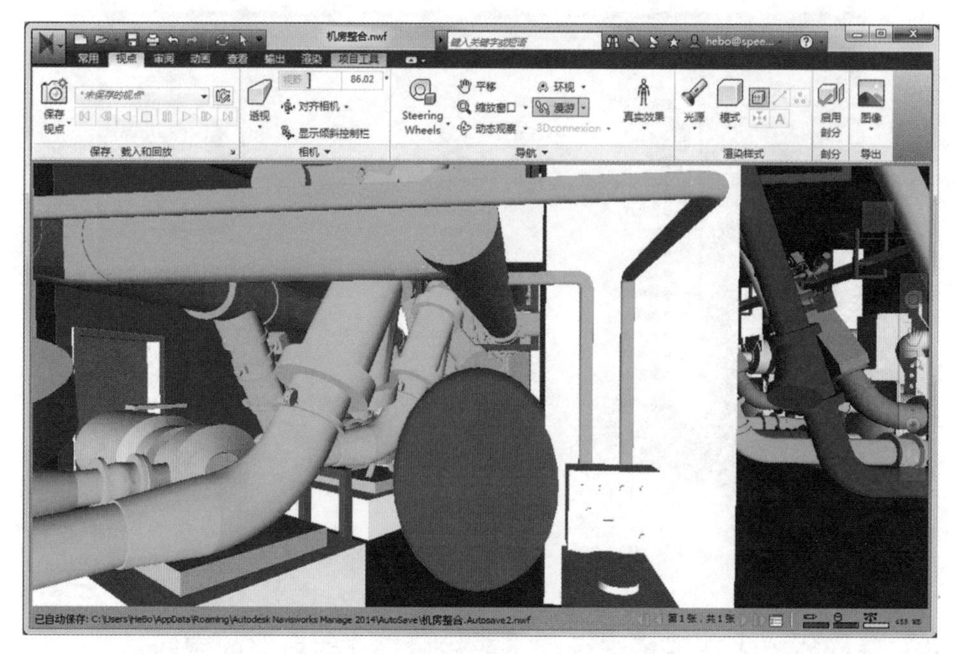

图670　“碰撞量”与模型发生碰撞

设置“碰撞量”的方法与“第三人”一样，只是在“碰撞”窗口（图 671）的第三人“体现”选择“碰撞量”，其他设置相同。

碰撞

☑ 碰撞(C)
☑ 重力(G)
☐ 自动蹲伏(U)

观察器(V)

半径(R)(m)	0.70
高(H)(m)	1.80
视觉偏移(O)(m)	0.15

第三人(T)

☑ 启用(E)
☐ 自动缩放(Z)

体现(B)	碰撞量
角度(A)(°)	0.00
距离(D)(m)	4.00

默认　确定　取消

图671　第三人“碰撞”窗口

189. 用于贴图的图片原来精度是比较高的，但在 Navisworks 里显示却比较模糊，如何提高显示的精度呢？

在 Navisworks 进行贴图时，原贴图图片精度是比较高的，但在 Navisworks 里进行实时漫游时，显示的图片却变得模糊了，如图 672 所示的道路交通指示牌，图 673 停车场内的交通指示牌。

图672　优比服务项目-武汉国际博览中心展馆道路交通指示牌

图673　优比服务项目-武汉国际博览中心展馆停车场内的交通指示牌

造成这个原因是 Navisworks 设置的参数问题，Navisworks 为了在实时漫游时可以尽可能地流畅，在“选项”设置中，默认的“最大图像纹理尺寸”参数值为 256。调整这个参数，可提高图像在模型漫游时的显示精度，操作步骤如下。

（1）选择功能区，应用程序按钮 > “选项”命令（见图 674）；

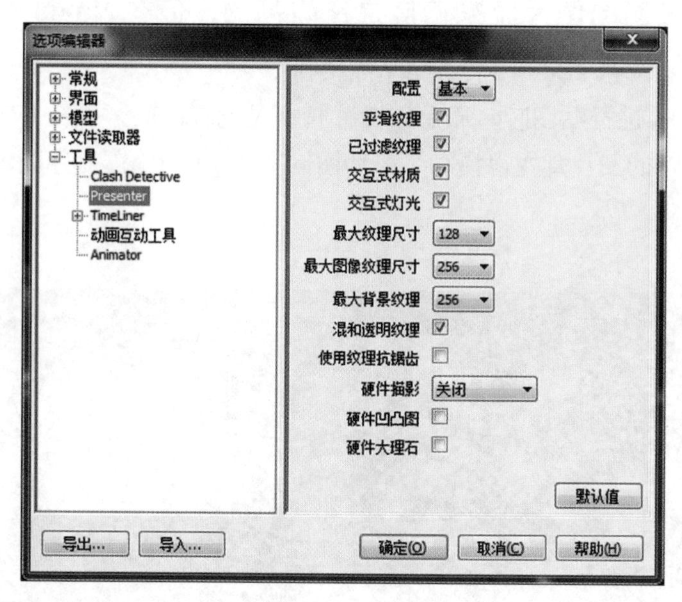

图674　选项编辑器窗口

（2）展开“工具”，选择“Presenter”；

（3）调整“最大图像纹理尺寸”参数值。

通过调整这个参数的设置，例如设为 4096（见图 675）。这个参数调整后，需先退出 Navisworks 后再重启 Navisworks 才能起作用，这样就可以让实时漫游时的贴图图像显示更清晰，如图 676 和图 677 所示。

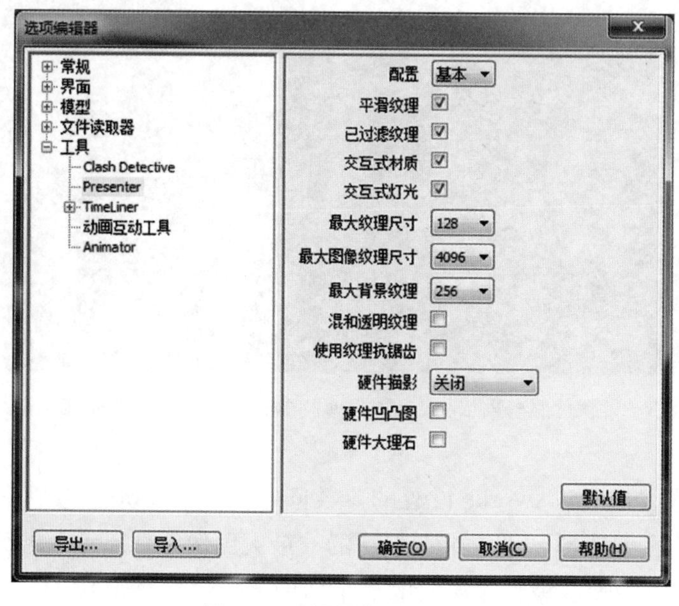

图675　贴图图像显示设置

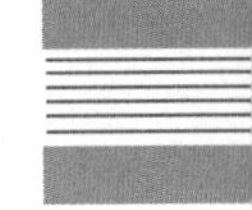

图676　优比服务项目–武汉国际博览中心展馆

图677　优比服务项目–武汉国际博览中心展馆

在进行上述操作时，有两个地方是需要特别注意的：一是虽然“最大图像纹理尺寸”参数值越大，实时漫游的显示就越清晰，但同时带来的问题就是可能会导致漫游时流畅性降低，所以，这个参数的设置需要根据实际情况进行调整和测试，在显示清晰度和漫游的流畅性之间取得平衡；二是“最大图像纹理尺寸”与贴图图像的长边长度有关，图 677 中交通指示标识牌贴图图像，即使高度不大，但宽度比较宽，可能需要把“最大图像纹理尺寸”参数值调到比较大才能让显示更清晰。

190. 在进行 4D 进度模拟（TimeLiner）时，怎样能够让视点进行移动、旋转等，让效果更生动一些？

在 4D 施工模拟中，默认情况下模型只是根据进度计划的时间依次出现，视点角度是静止的，导致整个 4D 过程不够生动，为了让在 4D 模拟的过程中视点可随着项目时间的推进而移动，可以使用关联保存的视点动画及关联相机两种方法实现。

（1）关联保存的视点动画：

1）先根据需要制作相关的视点动画，并保存为名称为“标准层动画”的视点动画；

2）选择功能区“动画 > 选择‘标准层动画’视点动画”（图 678），让动画回放的内容处于播放“标准层动画”的状态；

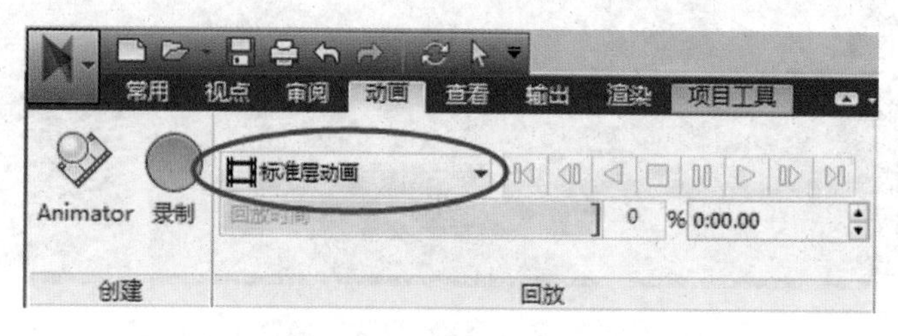

图678　动画回放界面

3）在 Timelines 模拟设置面板中的动画栏，选择“保存的视点动画”，步骤如下：

①在“Timeliner”窗口，选择“模拟 > 设置”命令，打开“模拟设置”窗口；

②在“动画”下拉选项选择“保存的视点动画”（图 679）。

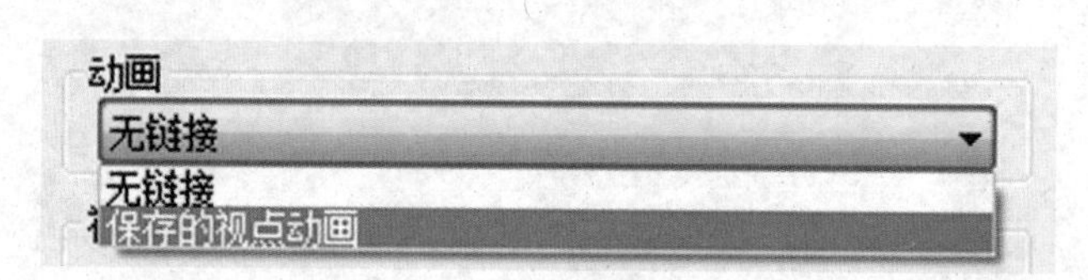

图679　Timeline 设置动画连接界面

这样在 4D 模拟时，“Timeliner”就会在进行进度计划模拟的同时，播放选择的“标准层动画”。

（2）关联相机动画：

1）在“Animator”中添加相机动画（此步骤较多，不在此处展开，请参阅有关 Navisworks 的培训资料）；

2）在“Timeliner”任务选项卡中“列”从默认的“标准”改为“拓展”，任务中就会多出“动画”选项（图 680），如果当前窗口宽度不够没有显示出来，可拖动窗口下的滑条以显示右侧更多的内容；

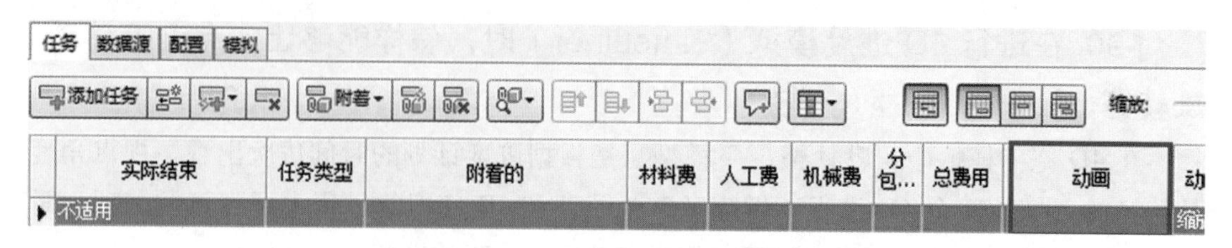

图680　Timeline 任务附加动画对话框

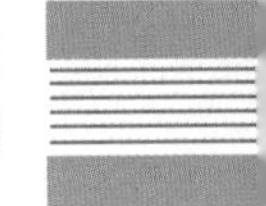

3）在动画中选择相应的相机动画，如图 681 所示。

图681 Timeline 任务附加动画界面

191. 在进行 4D 进度模拟（TimeLiner）时，怎样能够让场景中的物体（例如汽车、机械设备等）移动、旋转?

Timeliner 通过时间来控制物体出现的先后时间顺序，为了让场景中的物体活动起来，例如塔吊的转动、汽车的行走、机械设备的运动等（图 682），就需要在"Animator"中分别添加相应的对象动画，然后关联到对应的任务中。

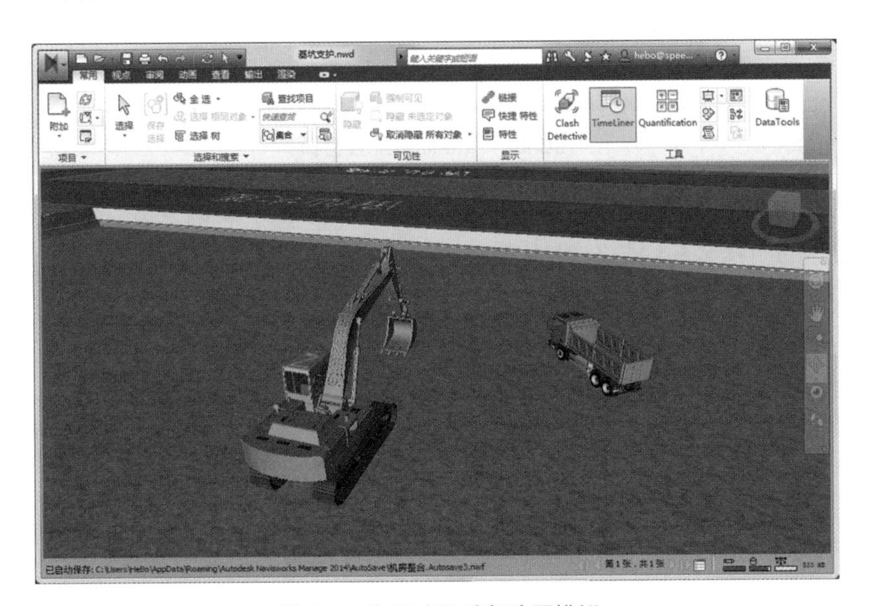

图682 施工过程对象动画模拟

方法如下：

(1) 在"Animator"中添加对象动画集（此步骤较多，不在此处展开，另参阅相关培训资料）；

(2) 在"Timeliner"任务选项卡中"列"从默认的"标准"改为"拓展"，任务中就会多出"动画"选项（图 680），如果当前窗口宽度不够没有显示出来，可拖动窗口下的滑条以显示右侧更多的内容；

(3) 在动画中选择相应的动画集（图 681）。

192. 4D 模拟（Timeliner）中“计划”与“实际”的对比怎样表现出来?

Navisworks 的 4D 模拟（Timeliner）可以把“计划”与“实际”的对比通过不同的颜色显示出来，更直观地表现出实际进度与进度计划的提前、按时还是滞后三种状态。

具体方法如下：

（1）在“任务”选项卡，创建任务时分别设置“计划开始”、“计划结束”时间和“实际开始”、“实际结束”时间；

（2）在“配置”选项卡，把“构造”的“提前外观”和“延后外观”分别设置不同的颜色。例如提前使用绿色，延后使用红色，如图 683 所示；

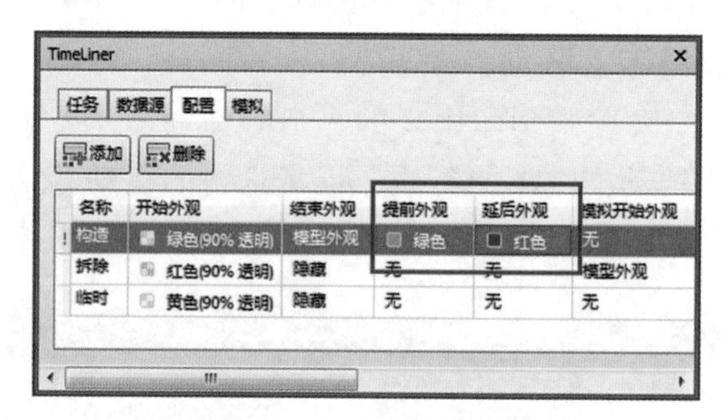

图683　Timeliner配置窗口

（3）在“模拟”选项卡，点击“设置”按钮，打开“模拟设置”窗口（图 684），选择“视图”的“计划与实际”对比方式。

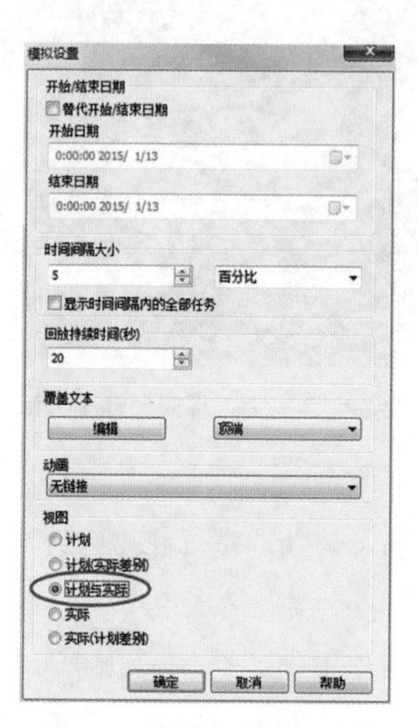

图684　“模拟设置”窗口

通过上述设置，在 4D 模拟时，对于提前的任务就会以绿色显示模型，对于延后的任务就会以红色显示模型。

193. 4D模拟（Timeliner）中关联的动画行为方式“缩放、匹配开始、匹配结束”如何理解？

为了能够在4D模拟时能让模型也跟随进度进行一些活动的动作，例如墙体的生长、塔吊的旋转、大型设备吊装等，需要关联之前做好的对象动画。但对象动画的时间与模拟播放的时间往往是不一样的，为了匹配两者的时间，在Timeliner的“任务”设置中，有一个“动画行为”的字段可以进行设置（点击图标，从默认的“标准”改为“拓展”，任务中就会多出“动画行为”字段）见图685所示：

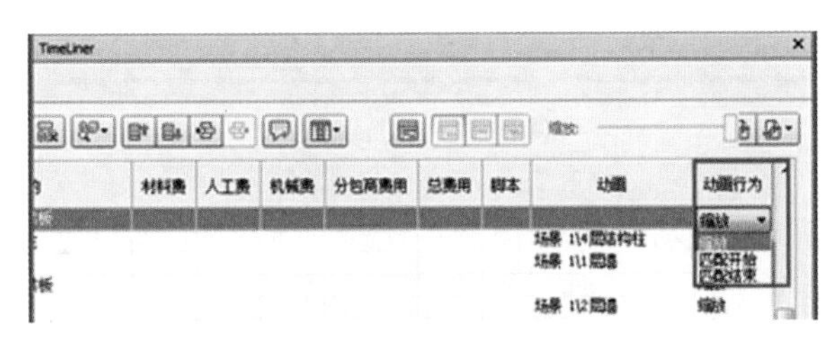

图685　动画行为设置

（1）缩放：动画持续时间与任务持续时间匹配，这是默认设置。

（2）匹配开始：动画在任务开始时开始。如果动画的运行超过了“TimeLiner”模拟的结尾，则动画的结尾将被截断。

（3）匹配结束：动画开始的时间足够早，以便动画能够与任务同时结束。如果动画的开始时间早于“TimeLiner”模拟的开始时间，则动画的开头将被截断。

194. 如何模拟自动门感应到人接近时自动开启和关闭？

模拟自动门感应到人接近时自动开启和关闭需要三个步骤来完成，第一步：创建一个开门的动画集；第二步：创建脚本动画；第三步：演示脚本动画。

第一步：创建一个开门的动画集

1）如果“动画制作工具”窗口尚未打开，请单击“动画”选项卡 ➤ “创建”面板 ➤ “动画制作工具”图标，如图686所示；

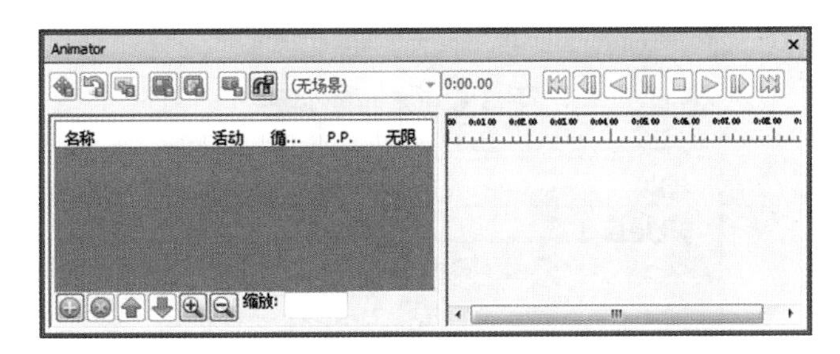

图686　Animator对话框

2）在“动画制作工具”对话框中单击图标，然后在关联菜单上单击“添加场景”按钮，如图 687 所示；

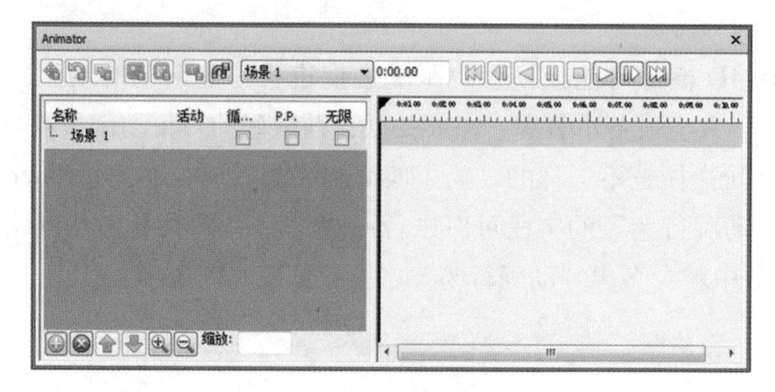

图687　添加场景

3）在“场景视图”中或从“选择树”中选择所需的几何图形对象（如，门）；

4）在场景名称上单击鼠标右键，然后在关联菜单上单击“添加动画集”➤“从当前选择”按钮，如图 688 所示；

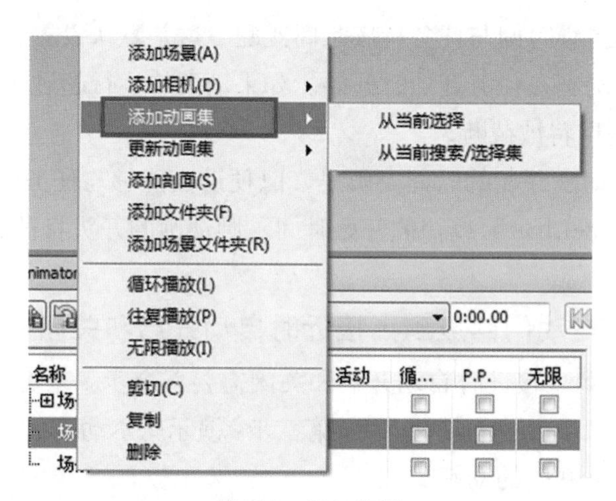

图688　添加选择

5）如果需要，请为新“动画集”输入一个名称，然后按“Enter”键，如图 689 所示；

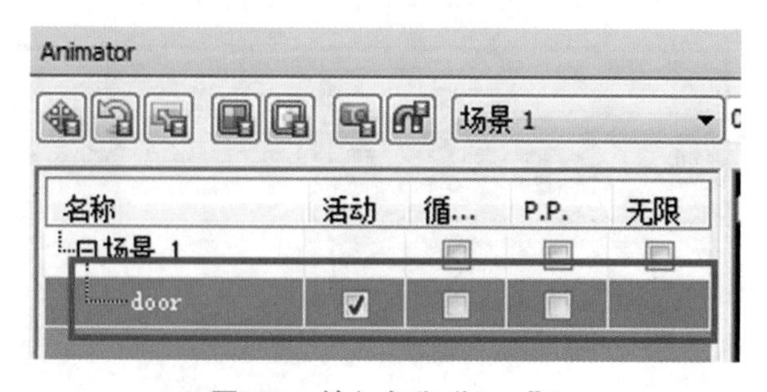

图689　输入名称“door”

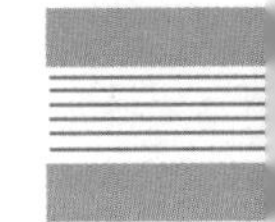

6）单击“动画制作工具”工具栏上的“捕捉关键帧”图标，使用初始对象状态创建关键帧，如图 690 所示；

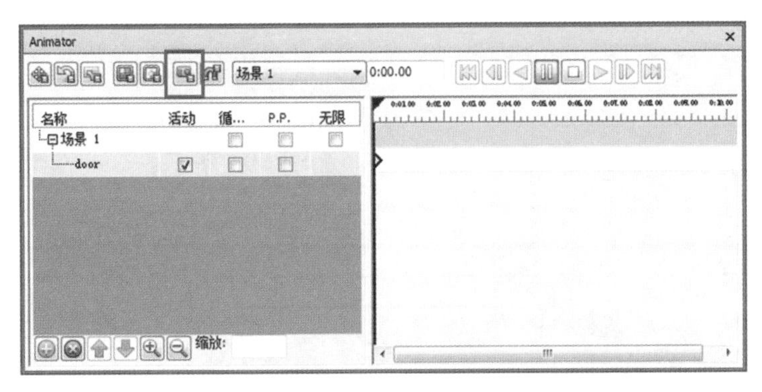

图690　点击捕捉关键帧

7）在时间轴视图中，向右移动黑色时间滑块，以设置所需的时间，如图 691 所示；

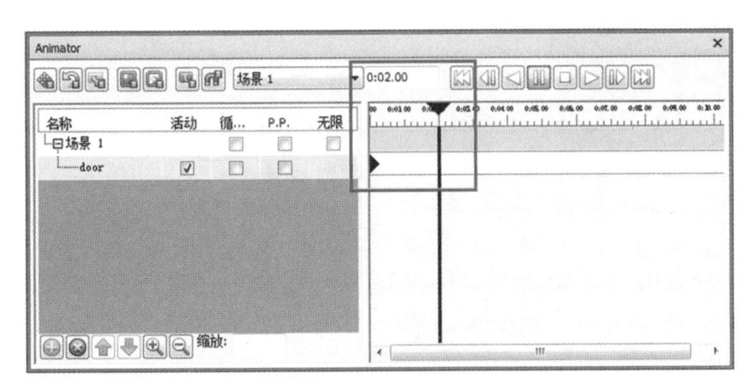

图691　移动时间轴

8）单击“动画制作工具”工具栏上的“旋转动画集”图标；

9）使用“旋转”小控件旋转选定对象，如图 692 所示；

图692　旋转对象

10）要捕捉关键帧中的当前对象更改，请单击“Animator”工具栏上的“捕捉关键帧”图标。

第二步：创建开门 / 开门脚本

“Scripter”窗口是一个浮动窗口，通过该窗口可以给模型中的对象动画添加交互性。开门的脚本如下：

1）选择功能区“动画 > Scripter”命令，如图 693 所示；

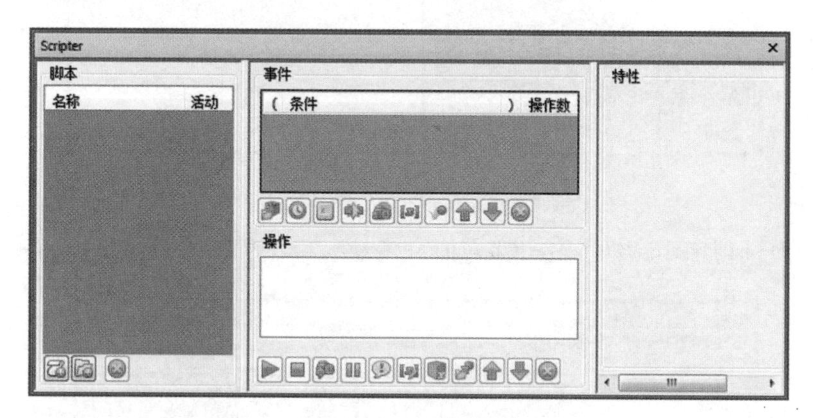

图693　Scripter对话框

2）在脚本栏中单击“添加新脚本”图标，重命名“开门”脚本为“open door”；“关门”脚本为“close door”，如图 694 所示；

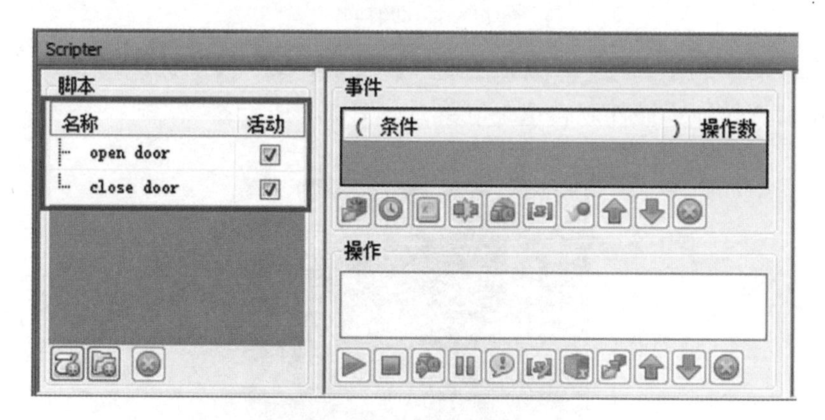

图694　更改脚本名称

3）在开门事件栏中单击“热点触发”图标；在特性栏中，热点选为“球体”，触发时间选为“进入”；单击“拾取”按钮，到模型中点取动画对象“门”，以获取门的位置坐标，半径设定一个值“1.5”，如图 695 所示；

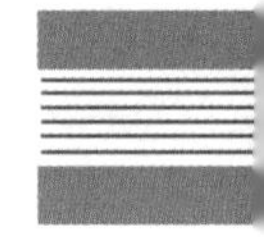

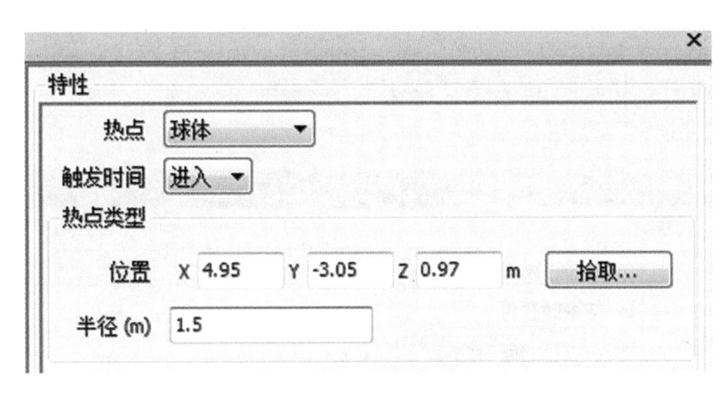

图695 特性对话框（一）

4）在关门事件栏中单击“热点触发”图标；在特性栏中，热点选为“球体”，触发时间选为“离开”；单击“拾取”按钮，到模型中点取动画对象“门”，以获取门的位置坐标，半径设定一个值“1.5”，如图 696 所示；

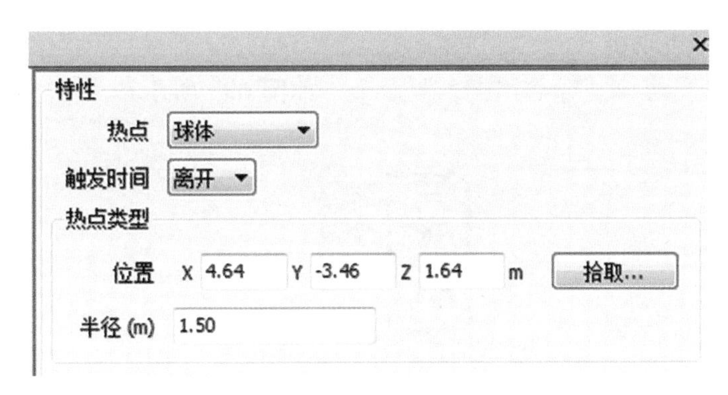

图696 特性对话框（二）

5）在开门的操作栏中单击“播放动画”图标；在特性栏中，动画列表选择刚建立好的对象动画“door”；开始时间选为“开始”，结束时间选为“结束”，如图 697 所示；

特性
动画 door
结束时暂停
开始时间 开始
结束时间 结束
特定的开始时间 (秒) 0
特定的结束时间 (秒) 0

图697 热点触发对话框（一）

6）在关门的操作栏中单击“播放动画”图标；在特性栏中，动画列表选择刚建立好的对象动画“door”；开始时间选为“结束”，结束时间选为“开始”，如图 698 所示。

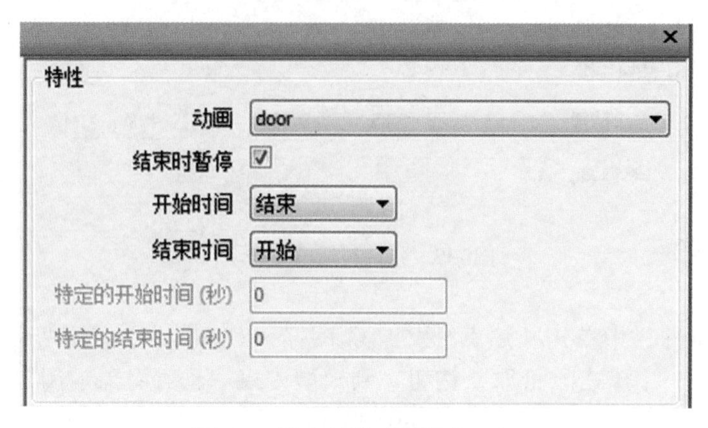

图698　热点触发对话框（二）

第三步：演示脚本动画

1）选择功能区“动画 > 启用脚本”命令，如图 699 所示；

图699　启用脚本按钮

2）选择功能区“视点 > 真实效果”，下拉菜单 ：“第三人”复选框，如图 700 所示；

图700　启用第三人

3）选择功能区“视点 > 漫游”命令，控制第三人走到门口前，门将自动打开，如图 701 所示；

图701　门自动打开效果

后退远离门口到 1.5m，门将自动关闭，如图 702 所示。

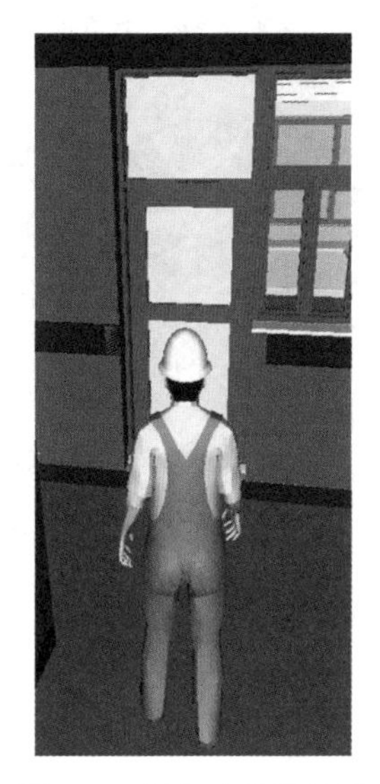

图702　门自动关闭效果

注意：如果无法使用“Scripter”窗口中的任何控件，则表示处于交互模式。要退出该模式，选择功能区“动画 > 启用脚本”命令，激活启用脚本。

195. 大型设备吊装模拟时，如何让物体移动和旋转？

大型设备吊装模拟，可在对象动画（Animator）使用“平移动画集”和“旋转动画集”功能，具体步骤如下：

（1）选择功能区“常用 > Animator”命令，打开“Animator”窗口；

（2）点击按钮，添加场景，你可以给场景指定一个名称；

（3）在模型中选择要模拟吊装的设备模型；

（4）点击按钮，添加动画集，选择“从当前选择”菜单（图 703），添加当前选择的设备到动画集；

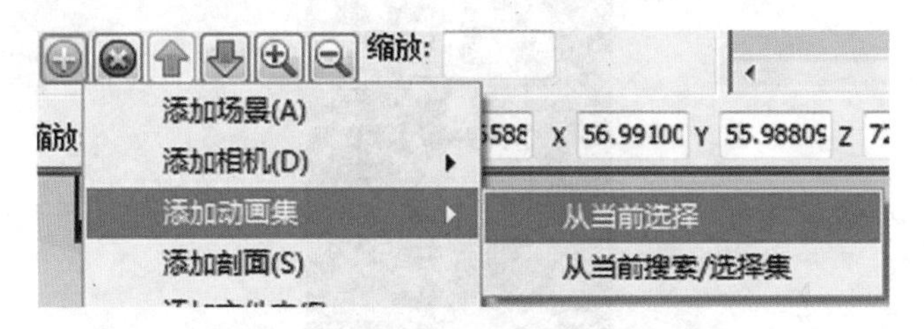

图703　添加当前选择的设备到动画集

（5）点击按钮平移动画集，模型出现平移控件，按住“Ctrl”键拖动该控件到吊装设备的起始位置（图 704）；

图704　平移控件置于设备起始位置

（6）点击按钮，捕捉时间为 0 的关键帧；

（7）拖动时间线调整吊装提升的时间，例如 5 秒钟；

（8）拖动控件的 Z 轴使设备升高，或修改窗口底部平移的 Z 值，可更精确控制升高的高度；

（9）点击按钮，捕捉在 5 秒处的关键帧，完成对象动画的设置。

如果在设备吊装过程中，还需要旋转设备，可以组合使用“平移控件”和“旋转控件”来控制吊装的姿态。

196. 如何制作出沿时间线增高的墙体对象动画或按指定边开始浇筑的楼板对象动画？

制作出沿时间线增高的墙体对象动画，可在对象动画（Animator）中使用“缩

放动画集”功能，因为是模拟墙体随时间线增高，所以，缩放要沿 Z 轴进行，具体方法如下：

（1）选择功能区“常用 > Animator”命令，打开“Animator”窗口；

（2）点击按钮，添加场景，你可以给场景指定一个名称；

（3）在模型中选择要模拟的墙体；

（4）点击按钮，添加动画集，选择“从当前选择”菜单（图 705），添加当前选择的墙体到动画集；

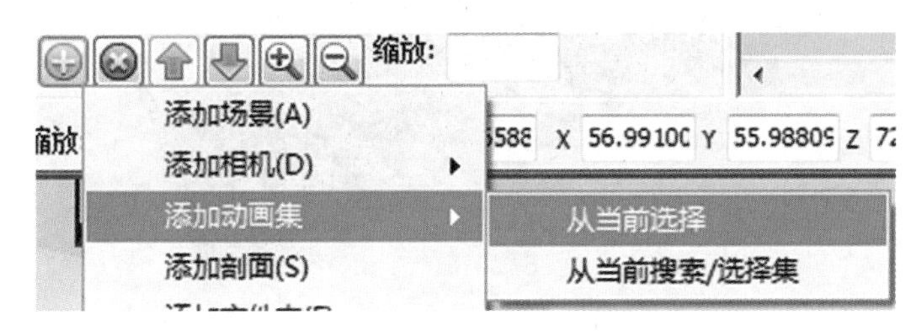

图705　添加当前选择的墙体到动画集

（5）点击按钮缩放动画集，模型出现缩放控件（图 706），按住“Ctrl”键拖动该控件到墙底部，以模拟墙是从底部向上生长；

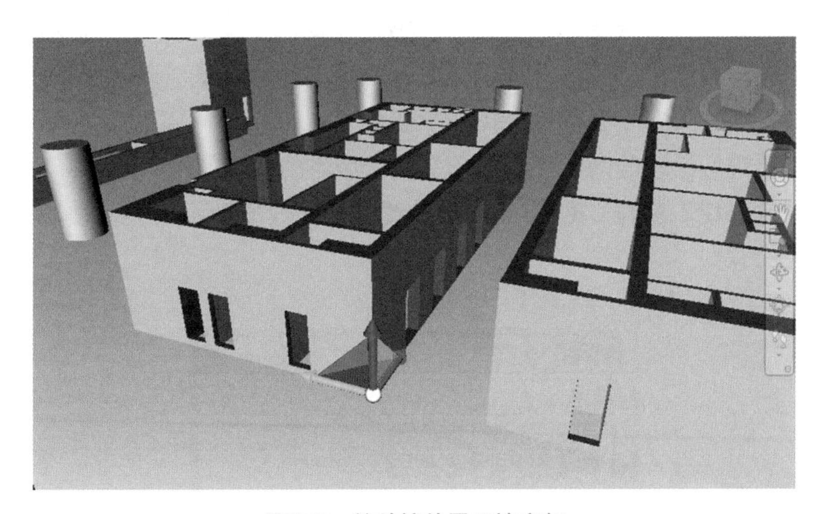

图706　缩放控件置于墙底部

（6）拖动控件的 Z 轴或修改窗口底部缩放的 Z 值，使墙体高度缩小为 0；

（7）点击按钮，捕捉时间为 0 的关键帧；

（8）拖动时间线调整墙体增高的时间，例如 3 秒钟；

（9）拖动控件的 Z 轴使墙体增高，或修改窗口底部缩放的 Z 值为 1；

（10）点击按钮，捕捉在 3 秒处的关键帧，完成对象动画的设置。

对要模拟混凝土楼板按某个板边开始浇筑，步骤与上述墙体增高的模拟一样，关键的步骤是要把缩放的控件移动到板的边缘（图 707），其他步骤不重复叙述。

图707　缩放控件置于板边

197. 如何比较模型两个版本的差异?

变更是实际工程项目在设计和施工过程中不可避免的，项目越复杂或规模越大，要检查发现模型变更位置的难度也越大。Navisworks 提供了一个模型比较功能，可以对两个模型或选择的对象进行比较，并通过颜色来标记“相同”或“差异”的模型构件，可极大提高模型检查的效率和准确性。操作步骤如下：

（1）附加要进行比较的两个模型（前后两个版本的模型）;

（2）在“选择树”窗口 (见图 708) 选择要进行比较的两个模型（使用“Ctrl”键或“Shift”键多选）;

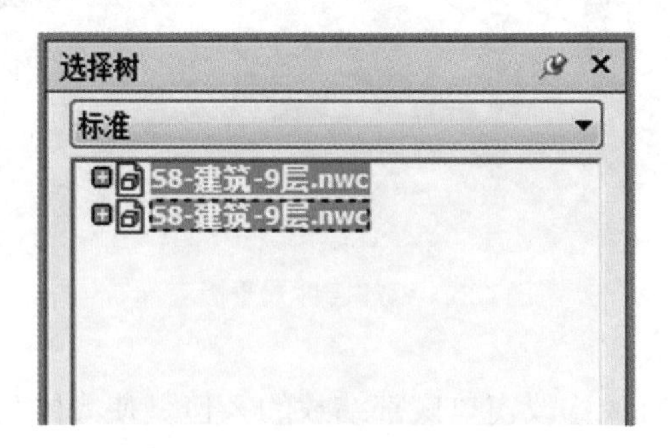

图708　选择树窗口

（3）选择功能区“常用”>“比较”命令，在“比较”窗口（见图 709）钩选需要的选项，通常情况下，比较模型差异主要是几何图形，例如对象位置的差异、是否增加或减少门窗或尺寸的大小差异等，所以图 709“比较”窗口左侧的“查找以下方面的区别”选项很重要。如果都钩选，模型比较后的结果可能毫无意义，因为几乎都有区别，所以，一般情况下只需钩选“几何图形”即可，而其他选项则根据需要钩选。

比较

查找以下方面的区别
- [ ] 类型
- [ ] 唯一 ID
- [ ] 名称
- [ ] 特性
- [ ] 路径
- [x] 几何图形
- [ ] 子目录结构
- [ ] 重载的材质
- [ ] 重载的变换

结果
- [x] 另存为选择集
- [x] 将每个区别保存为集合
- [x] 删除旧结果
- [x] 隐藏匹配
- [x] 高亮显示结果

确定　取消　帮助

图709　“比较”窗口

图 709“比较”窗口右侧的“结果”选项，通常建议全都钩选，特别是“隐藏匹配”项目，模型比较之后会把匹配的模型自动隐藏，以便于检查不匹配的模型。而“高亮显示结果”就更为重要，对于不匹配的模型用高亮颜色来标识。

（4）点击“确定”按钮后进行模型的比较，模型的显示从图 710 的原始显示状态转换为图 711 的比较后的显示状态。

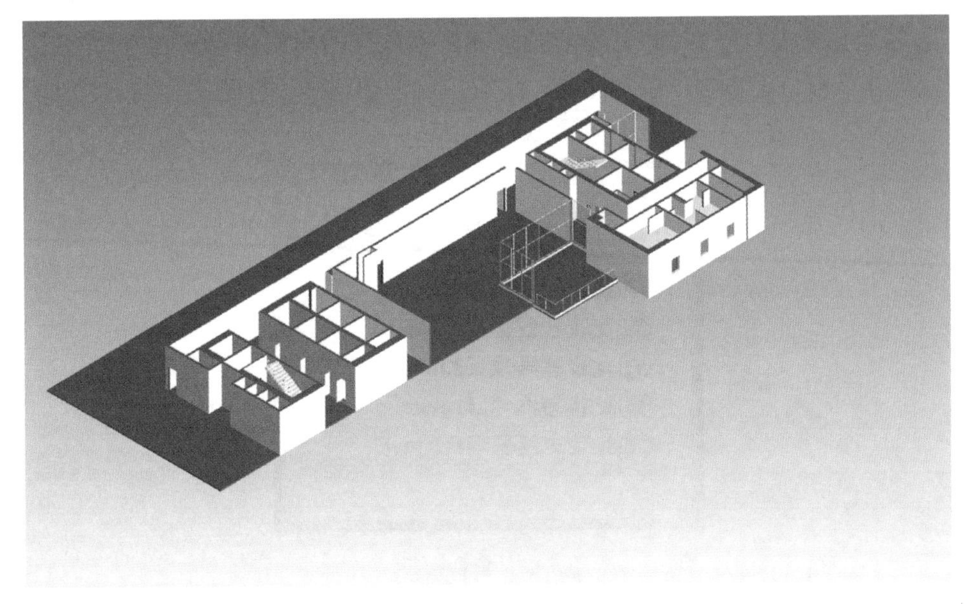

图710　模型原始显示

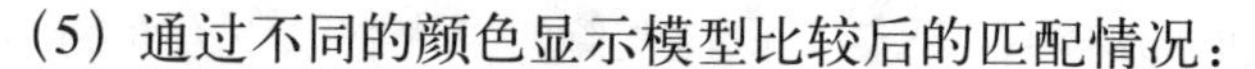

（5）通过不同的颜色显示模型比较后的匹配情况：

①红色：具有差异的项目。

②黄色：第一个项目包含在第二个项目中未找到的内容。

③青色：第二个项目包含在第一个项目中未找到的内容。

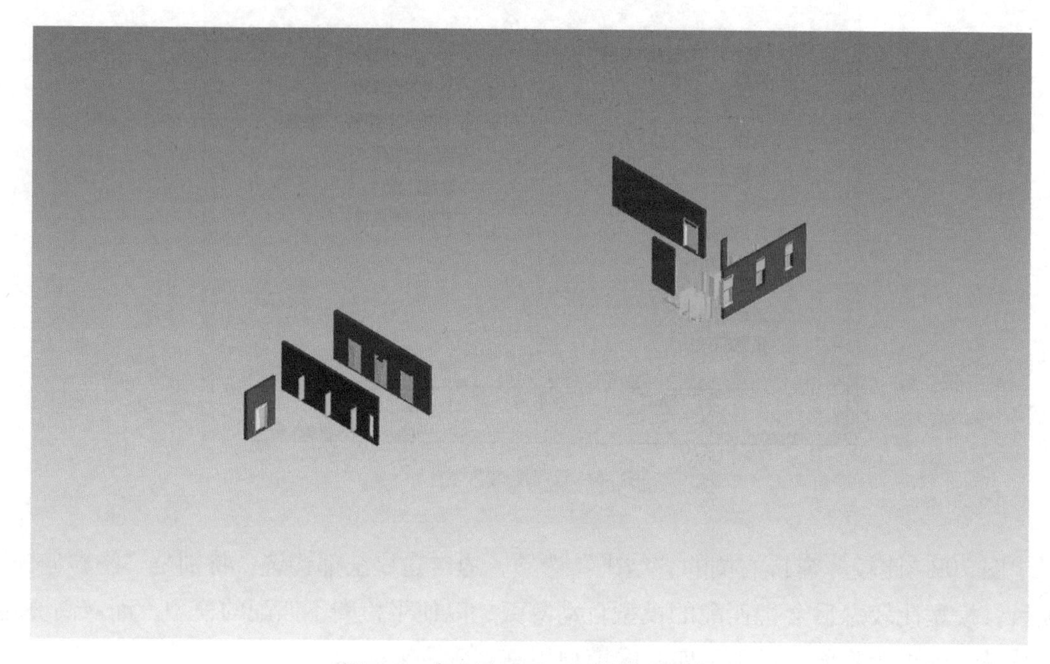

图711　高亮显示不匹配的模型对象

模型比较后，如果把图 709“比较”窗口右侧的“结果”选项中的“另存为选择集”钩选，可在选择集窗口（图 712）更容易地找到不匹配的模型对象。此外，还可以点击图 712“集合”窗口上方的“添加注释”按钮，对需要添加注释的集合增加“注释”。

图712　集合窗口

如果添加了注释，可以在图 713“注释”窗口看到注释的内容。打开“注释”窗口的快捷键是 Shift+F6，或者在功能区：“查看 > 窗口”，钩选“注释”也可打开图 713“注释”窗口。

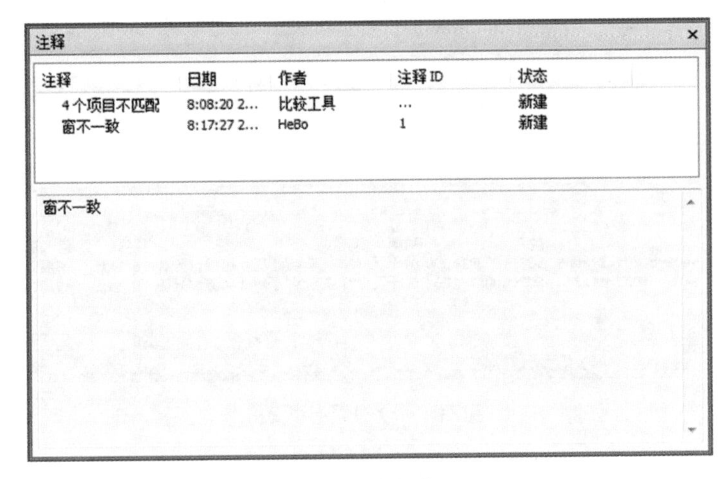

图713　注释窗口

在比较完成后，要取消不匹配模型的高亮显示，可在功能区“常用 > 全部重置 > 外观”，恢复模型原来的颜色。

198. 不通过开发编程，可以为模型从外部数据库或电子表格文件中附加额外的信息吗?

BIM 软件的核心功能之一是处理模型元素属性，大多数 BIM 软件都提供用户自定义参数或字段来补充软件原有的参数或字段。但有些情况下，信息并不一定能在建模时输入，或者不适合在建模时输入。例如，设计阶段的 BIM 模型，到了施工阶段可能要补充增加一些施工的额外信息，而且这些信息还可能是动态的，所以，要求在设计建模时输入这些信息显然不合适。

利用 Navisworks 软件的“Data Tools”，可以与外部数据关联，在对象特性里附加显示外部数据的内容。例如，空调机房的冷却泵，在设计模型时还未进行设备选型，所以冷却泵可能没有具体的厂商信息，也就无法用共享参数额外增加信息。到了施工安装时，就可以用 Microsoft Excel 的外部文件保存冷却泵的型号参数等信息，通过 Navisworks 的“Data Tools”来显示这些信息，而无需再去 Revit 文件里修改增加冷却泵的族参数。

首先需要利用数据库（如 Microsoft Access 或者 Microsoft SQL）创建冷却泵的参数数据，当然也可以使用 Microsoft Excel 来创建，以下操作以 Microsoft Excel 为例，具体说明如下：

（1）新建 Microsoft Excel 文件，创建工作表，并给工作表一个名称，例如“泵参数”。

（2）第 1 行创建字段名称，从第 2 行开始是具体的数据内容，如图 714 所示的冷却泵参数表。

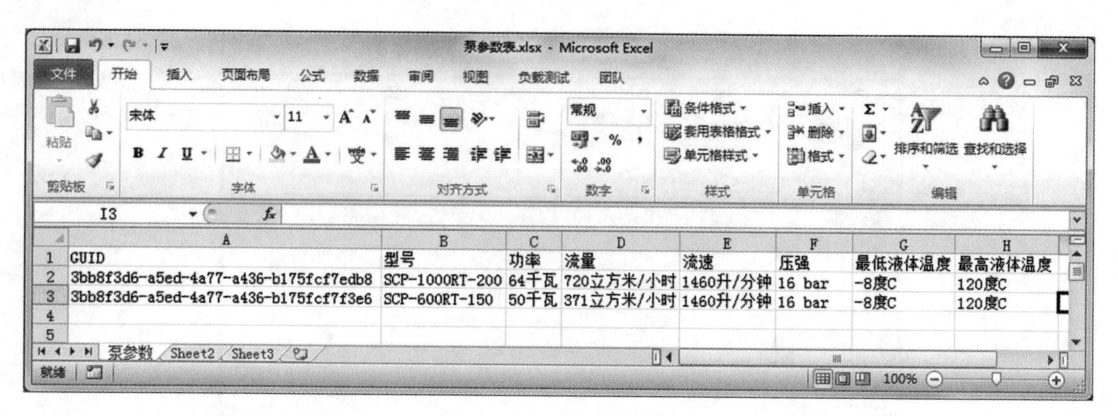

GUID	型号	功率	流量	流速	压强	最低液体温度	最高液体温度
3bb8f3d6-a5ed-4a77-a436-b175fcf7edb8	SCP-1000RT-200	64千瓦	720立方米/小时	1460升/分钟	16 bar	-8度C	120度C
3bb8f3d6-a5ed-4a77-a436-b175fcf7f3e6	SCP-600RT-150	50千瓦	371立方米/小时	1460升/分钟	16 bar	-8度C	120度C

图714　冷却泵参数表

表 714 中最关键的字段是“GUID”，该字段的值要对应 Navisworks 中冷却泵模型的 GUID 值，该值在模型中是唯一的，我们将利用它与外部数据进行关联，要查看这个冷却泵的 GUID 值，可选择该模型对象，在“特性”窗口的“项目”页，可看到其 GUID 值，鼠标右键可把该值复制并粘贴到该 Microsoft Excel 表里。其他字段的数据则根据需要任意创建，保存该 Microsoft Excel 文件为“泵参数表 .xlsx”，然后在 Navisworks 里利用“Data Tools”建立与该 Excel 的关联，具体操作如下：

1）点击 Navisworks 的功能区“常用”>“Data Tools”命令，打开 Data Tools 窗口，如图 715 所示。

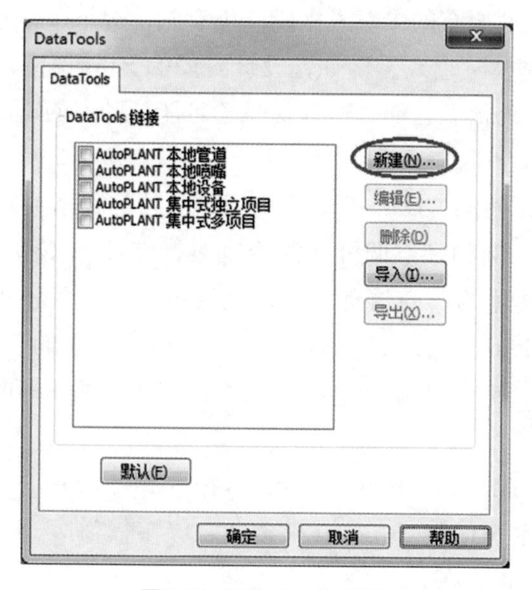

图715　Data Toola窗口

2）点击“新建”按钮，打开“新建链接”窗口，如图 716 所示。

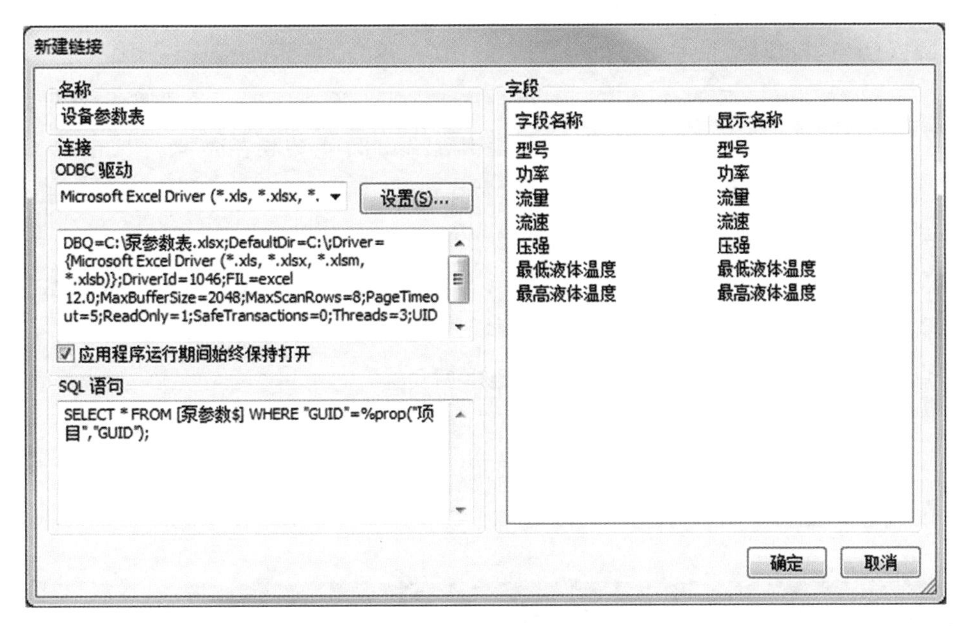

图716　链接窗口

其他设置步骤如下：

①名称：指定一个链接名称，例如设备参数表；

②连接 ODBC 驱动：选择 Microsoft Excel Driver；

③点击“设置”按钮，打开“ODBC Microsoft Excel 安装”窗口（图 717）；

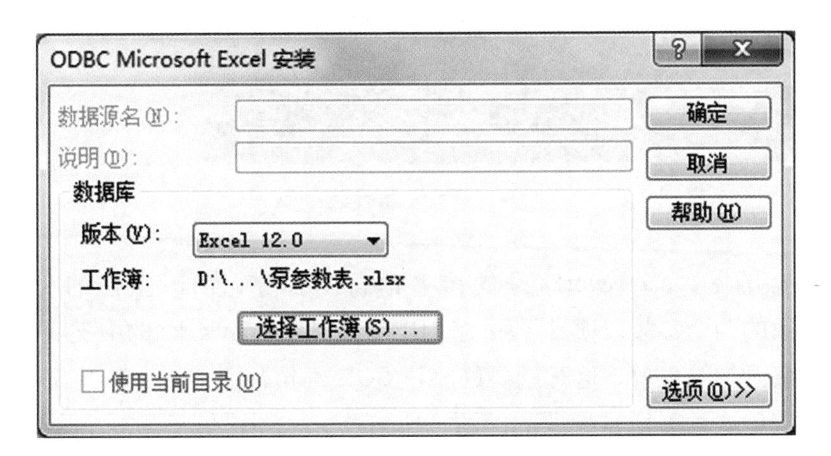

图717　ODBC Microsoft Excel安装窗口

④在图 717 窗口点击“选择工作簿”，选择之前保存的 Microsoft Excel 文件：泵参数表 .xlsx，点“确定”按钮，返回图 716 的链接窗口；

⑤钩选“应用程序运行期间始终保持打开”；

⑥ SQL 语句：指定要查询的数据库表，例如以下选择语句：

SELECT * FROM [泵参数$] WHERE “GUID” =%prop(“项目”, “GUID”);

该行 SQL 语句的含义为：从泵参数表.xlsx 文件中的“泵参数”表中选择所有列，要求字段名为“GUID”的列与 Navisworks 里的模型对象特性中的“项目”页的特性内容“GUID”匹配，其中“%prop”为 Navisworks 的函数名，注意要用英文小写，因为在编程中大小写是敏感的。

⑦在“字段”区域，双击“字段名称”，输入“泵参数表.xlsx”的“泵参数”表的字段名称。此处的文字将会在 Navisworks 的“特性”窗口显示出来；

⑧点击“确定”按钮，退出图 716 的链接窗口。

3）打开“特性”窗口（快捷键 Shift+F7）。

4）点选已关联的模型对象，例如冷却泵，在“特性”窗口将出现匹配的“设备参数表”的内容，如图 718 所示。

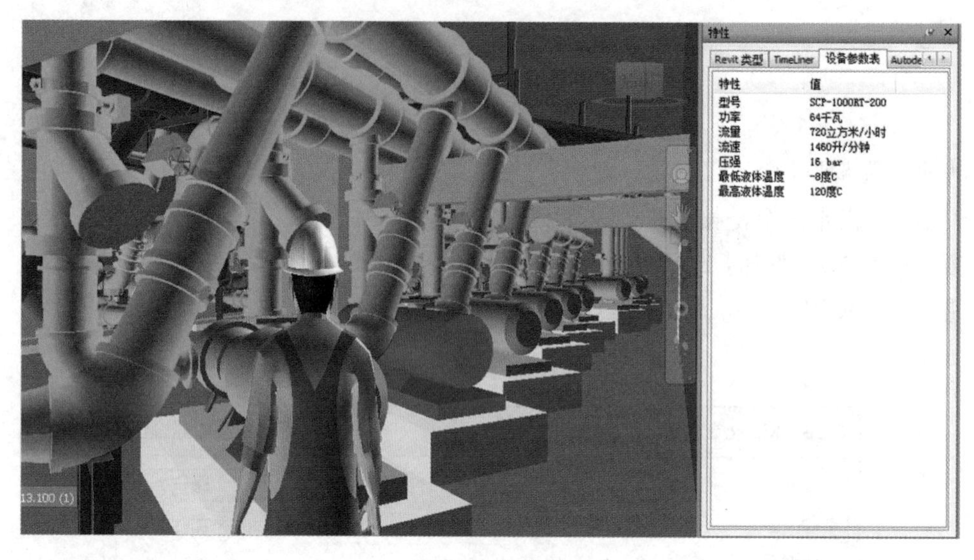

图718　特性栏

需要注意的是，Navisworks 是支持多语言的程序，所以上述的 SQL 语句中的“%prop”函数的两个参数“项目”和“GUID”是与 Navisworks 的中文版有关的，如果在英文版上该语句就失效，这时就要修改该 SQL 语句，把“项目”改为英文版对应的名称。为了避免这种多语言导致的问题，Navisworks 还提供了另一个和语言无关的函数：%intprop，我们可以把上述的 SQL 语句改为如下方式：

SELECT * FROM [泵参数$] WHERE “GUID” =%intprop(“LcOaNode”, “GUID”);

其中“%intprop”函数的第 1 个参数要使用相应的特性内部名称“LcOaNode”，第 2 个参数使用特性内部名称“LcOaNodeGuid”。

要了解特性的内部名称，可在“应用程序 > 选项 > 界面”（见图 719）钩选“显示特性内部名称”，点击“确定”按钮后，在“特性”窗口将在括号里显示内部名称，如图 720 所示。

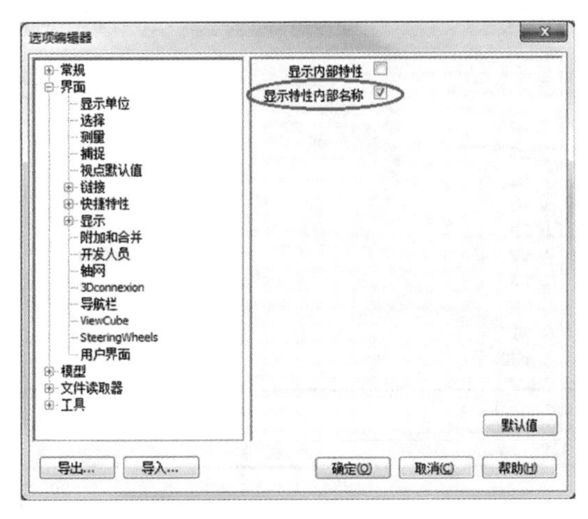

图719　选项编辑器

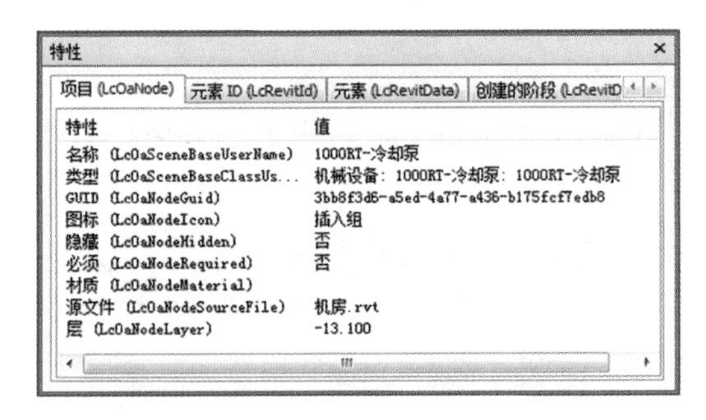

图720　特性窗口

199. 保存的视点可以在另外的模型中使用吗?

保存的视点要在另外的模型中使用，可通过导出 XML 视点文件，然后再打开另外的模型导入 XML 视点文件，这样保存的视点就可以在另外的模型中使用。

导出 XML 视点文件的方法有两种：

（1）选择功能区“输出 > 视点”命令，如图 721 所示。

图721　“视点”命令

即出现“导出”对话框，设置文件名和保存位置，就可以导出 XML 视点文件，如图 722 所示。

图722 导出视点窗口

（2）选择功能区“视点 > ↘”命令，如图 723 所示。

图723 打开“保存的视点”

即出现“保存的视点”的窗口，如图 724 所示。

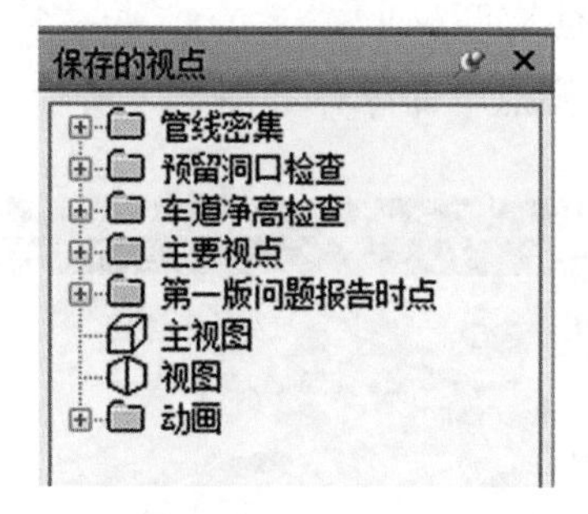

图724 保存的视点窗口

鼠标在“保存的视点”窗口的空白处点击右键，在菜单中选择“导出视点”，就可以导出 XML 视点文件，如图 725 所示。

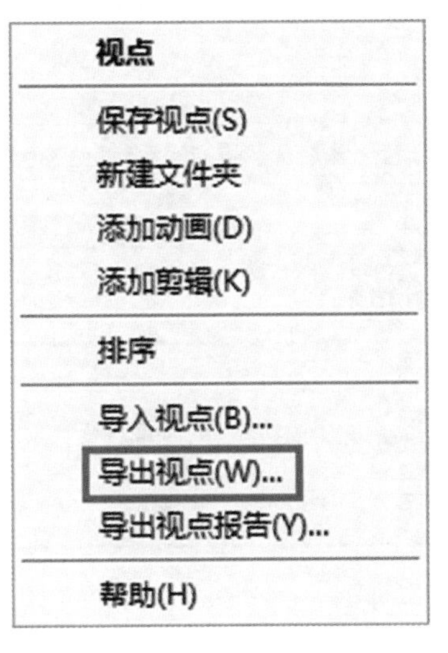

图725　右键菜单

200. 漫游时为何远处的模型被裁掉看不见了？

Navisworks 软件为了提高大模型的处理性能，对基于当前视点太近和太远的物体进行剪裁，被剪裁的物体就不显示，以提高显示的性能。默认情况下 Navisworks 是自动处理的，但有时候会出现你不希望出现的情况，例如远处的物体被剪裁了，而这些物体你还是希望显示，如图 726 所示。

图726　远处塔楼被剪裁

可以通过以下方法调整剪裁平面：

（1）选择功能区“常用 > 文件选项”命令；

（2）在“文件选项”窗口，选择“消隐”选项卡，如图 727 所示；

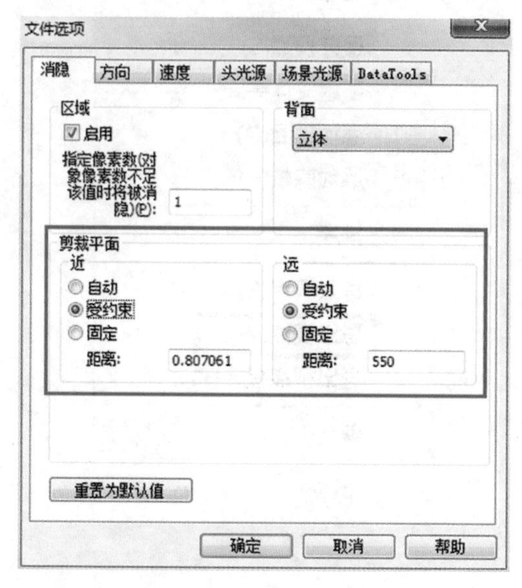

图727　“消隐”选项卡

（3）把剪裁平面的“近”和“远”从“自动”调整为“受约束”或“固定”，并相应调整“距离”值，例如把剪裁平面的距离加大，直至你希望远处的塔楼完整显示，如图 728 所示。

图728　远处塔楼完整显示

编委简历

何　波

广州优比建筑咨询有限公司副总经理，负责 BIM 项目级应用和软件开发。中国建筑工业出版社“BIM 技术应用丛书”《BIM 第一维度——项目不同阶段的 BIM 应用》、《BIM 第二维度——项目不同参与方的 BIM 应用》副主编，中建股份《建筑工程设计 BIM 应用指南》、《建筑工程施工 BIM 应用指南》编委。1985 年开始进行电脑辅助结构计算，1989 年从事推广普及 CAD 技术，2004 年开始推广 BIM 在工程建设行业的应用，曾经在国企、民企从事过工业与民用建筑设计、软件开发应用和咨询服务等工作。

王轶群

广州优比建筑咨询有限公司技术总监，中国建筑工业出版社《BIM 总论》副主编，中建股份《建筑工程设计 BIM 应用指南》、《建筑工程施工 BIM 应用指南》编委。曾从事室内设计方案创作、设计深化和项目管理等工作多年。2005 年加入 Autodesk，研究 BIM 应用工具，参与相关软件的设计和研发，推广 BIM 技术在建筑工程领域的应用。2008 年作为 Autodesk 在中国的第一位咨询顾问，负责拓展和实施 BIM 咨询服务，直接支持国内外工程设计、施工、业主企业在项目建设全过程中的 BIM 应用。

杨远丰

广东省建筑设计研究院副总工程师，院 BIM 设计研究中心总工程师，中国图学学会建筑信息模型（BIM）专业委员会委员，高级建筑师。从事建筑设计及 BIM 技术研究多年，负责多个大中型项目的 BIM 专项服务，对两大主流 BIM 软件 Revit 与 ArchiCAD 有深入的研究与开发，致力于通过完善流程与标准、编写插件、制作图库等手段，推进与拓展从设计到施工的 BIM 技术应用。著有《ArchiCAD 施工图技术》一书。